可再生能源系列

可再生能源基础

［英］Robert Ehrlich 著

王社教 闫家泓 胡俊文 等译

石 油 工 业 出 版 社

内容提要

本书是一本关于可再生能源方面的基础读物，内容涉及生物质能、地热能、风能、水电、太阳辐射能、太阳热能及光伏发电等可再生能源，并对煤炭、石油等化石能源及核能等常规能源做了介绍，分析了能源储存和传输的技术、方法，阐述了中国、美国、印度等国的能源政策，对我国可再生能源发展有一定的参考意义。

本书可供从事可再生能源研究的科研人员、管理人员及高等院校相关专业的师生参考阅读。

图书在版编目（CIP）数据

可再生能源基础／（英）罗伯特·欧利希 著；王社教等译．— 北京：石油工业出版社，2017.9

书名原文：Renewable Energy：A First Course

ISBN 978-7-5183-2073-8

Ⅰ．①可… Ⅱ．①罗…②王… Ⅲ．①再生能源-研究 Ⅳ．①TK01

中国版本图书馆 CIP 数据核字（2017）第 223326 号

Renewable Energy：*A First Course*
by Robert Ehrlich
ISBN：978-1-4398-6115-8
ⓒ2013 by Taylor & Francis Group, LLC
CRC Press is an imprint of Taylor & Francis Group, an Informa business
All Rights Reserved
Authorized translation from English language edition published by CRC Press, part of Taylor & Francis Group LLC.

本书经 Taylor & Francis Group, LLC 授权翻译出版并在中国大陆地区销售，简体中文版权归石油工业出版社有限公司所有，侵权必究。

Copies of this book sold without a Taylor & Francis sticker on the cover are unauthorized and illegal. 本书封面贴有 Taylor & Francis 公司防伪标签，无标签者不得销售。

北京市版权局著作权合同登记号：01-2016-0887

出版发行：石油工业出版社有限公司
　　　　　（北京安定门外安华里 2 区 1 号　100011）
　　　　　网　　址：www.petropub.com
　　　　　编辑部：（010）64523544
　　　　　图书营销中心：（010）64523633
经　　销：全国新华书店
印　　刷：北京中石油彩色印刷有限责任公司

2017 年 9 月第 1 版　2017 年 9 月第 1 次印刷
787×1092 毫米　开本：1/16　印张：20
字数：512 千字

定价：160.00 元
（如出现印装质量问题，我社图书营销中心负责调换）
版权所有，翻印必究

作者简介

Robert Ehrlich 是美国乔治梅森大学物理学教授。在布鲁克林学院获得物理学学士学位、哥伦比亚大学获得博士学位,是美国物理学会会员。之前就职于乔治梅森大学物理系和纽约州立大学,从事物理学教学近四十年。

Ehrlich 博士是一名基本粒子物理学家,同时也从事许多其他领域的研究工作。已编写或主编书籍 20 本,发表论文约 100 篇。他当前的学术兴趣包括可再生能源和超光速粒子。http://arxiv.org/pdf/1204.0484.pdf

前　言

　　本书涉及可再生能源技术并解释其中的基本原理，对于具备一些物理学和微积分基础的理工科学生来说是一本有用的基础教程。本书尽可能避免使用技术性术语和常见于该类书籍的高深的数学方法。与其他可再生能源书籍不同的是，本书的章节也并不冗长，其 14 个章节的内容至少很适合美国大部分学校一个学期的教学。我个人认为有些教科书确实令人生畏，希望本书不会归类于此类教材。我从 4 年前才开始研究这一学科。相对而言，在能源领域算是新人。但我的确不是一名年轻的教员，事实上，我的教学生涯即将结束。4 年前，我试图找到余生可能致力的有意义的研究方向，而可再生能源对我来说是一个不错的选择。在此之前，我的教学和科研工作完全或几乎都集中于物理学领域。因此，4 年前，在可再生能源领域我还是一个相对的"新人"，不得不去弄清许多问题。如此一来，我对这一学科困扰学生的各种问题以及如何尽可能清晰地对这些问题做出讲解仍铭记在心。

　　考虑到与大多数能源生产方式相关的环境问题以及能源在社会中所占据的中心地位，可再生能源对世界的未来具有重大意义。为了避免环境灾害、严重的能源短缺甚至社会混乱或战争，需要做出适当的能源选择。这些适当的选择并不是显而易见的事，也定然不像说"拯救环境，请停止使用化石燃料和核能"那么简单。明智的决策需要充分考虑所有的干系并深入观察经济、环境、技术、政治等动态，权衡一系列潜在技术的相对成本和利益。因此，即便你的职业规划并非这一领域，但作为一个公民和消费者而言，本书也将帮助你做出更明智的选择。

　　本书尽管题名为"可再生能源基础"，但有三章为非可再生能源的内容：化石燃料有一个章节，核能有两个章节，核能的第一个章节关注科学，而第二个章节关注技术。这是对可再生能源的重要补充。因为只有与现今其他主要能源方式相对比，才能更好地评价可再生能源的优缺点。此外，即便有一些国家，例如德国，已选择逐步淘汰核能和燃煤发电厂，但这些类型的技术可能仍将保持一段时间。一些观察人士认为，就现实而言，到 2030 年才可能完全转为可再生能源（如太阳能、风能、生物燃料、地热和水力发电），而大多数观点认为在时间点上可能还要进一步往后延。本书还包含了 4 个不限定任何能源类型的重要主题，即能源保护、能源储存、能源运输、能源政策。能源领域是一个不断变化的领域，因而跟踪最新的进展非常重要。本书提供了最新的信息，尽管这些信息可能在几年内需要作一些修订。希望读者能喜欢本书。

目　　录

第1章　绪论 ……………………………………………………………………………… (1)
　1.1　写作本书的目的 ……………………………………………………………………… (1)
　1.2　能源对社会为何如此重要？ ………………………………………………………… (1)
　1.3　什么是能量？ ………………………………………………………………………… (2)
　1.4　是否还有某些未知的新的能量形式？ ……………………………………………… (3)
　1.5　能量的单位是什么？ ………………………………………………………………… (4)
　1.6　热力学定律 …………………………………………………………………………… (5)
　1.7　什么是能源？ ………………………………………………………………………… (7)
　1.8　世界能源问题究竟是什么？ ………………………………………………………… (7)
　1.9　如何定义绿色或可再生能源？ ……………………………………………………… (10)
　1.10　为何可再生能源和资源的保护长期以来被忽视？ ……………………………… (11)
　1.11　能效真的重要吗？ ………………………………………………………………… (12)
　1.12　哪一种可再生能源最有前景？ …………………………………………………… (13)
　1.13　谁处于可再生能源的世界领先地位？ …………………………………………… (14)
　1.14　能源的未来可能是什么状况？ …………………………………………………… (15)
　1.15　为未来指明最佳方案的复杂性 …………………………………………………… (17)
　1.16　小结 ………………………………………………………………………………… (19)
　问题 ……………………………………………………………………………………… (19)
　参考文献 ………………………………………………………………………………… (20)

第2章　化石燃料 ……………………………………………………………………… (21)
　2.1　概述 …………………………………………………………………………………… (21)
　2.2　煤炭 …………………………………………………………………………………… (23)
　2.3　石油和天然气 ………………………………………………………………………… (34)
　2.4　小结 …………………………………………………………………………………… (43)
　问题 ……………………………………………………………………………………… (43)
　参考文献 ………………………………………………………………………………… (44)

第3章　核能基础 ……………………………………………………………………… (46)
　3.1　早期概况 ……………………………………………………………………………… (46)
　3.2　原子核的发现 ………………………………………………………………………… (48)
　3.3　卢瑟福散射实验的数学运算 ………………………………………………………… (49)
　3.4　原子及其核的组成和结构 …………………………………………………………… (52)
　3.5　核半径 ………………………………………………………………………………… (53)
　3.6　核力 …………………………………………………………………………………… (53)
　3.7　电离辐射和核转变 …………………………………………………………………… (54)

3.8 核的质量和能量 ·· (55)
3.9 核结合能 ··· (56)
3.10 核聚变的能量释放 ·· (57)
3.11 核裂变的机制 ·· (57)
3.12 核聚变的机制 ·· (58)
3.13 放射性衰变定律 ··· (60)
3.14 保健物理学 ··· (60)
3.15 辐射探测器 ··· (60)
3.16 辐射源 ··· (61)
3.17 辐射对人类的影响 ·· (62)
3.18 小结 ·· (64)
问题 ·· (64)
参考文献 ·· (65)

第 4 章 核能技术 ·· (67)

4.1 概述 ·· (67)
4.2 早期历史 ·· (68)
4.3 临界质量 ·· (69)
4.4 核武器和核扩散 ··· (72)
4.5 世界首个核反应堆 ·· (74)
4.6 第Ⅰ代和第Ⅱ代核反应堆 ··· (75)
4.7 已有反应堆类型 ··· (76)
4.8 反应堆事故 ··· (80)
4.9 燃料循环前端：获得原矿石 ··· (83)
4.10 燃料循环后端：核废料处理 ·· (84)
4.11 大规模核电力的经济效益 ·· (86)
4.12 小型模块化核反应堆 ·· (88)
4.13 核聚变反应 ·· (90)
4.14 小结 ··· (92)
问题 ·· (92)
参考文献 ·· (93)

第 5 章 生物燃料 ·· (95)

5.1 概述 ·· (95)
5.2 光合作用 ·· (96)
5.3 生物燃料分类 ·· (99)
5.4 生物燃料其他用途及社会环境影响 ·· (105)
5.5 人造光合作用 ·· (108)
5.6 总结 ·· (108)
问题 ·· (108)
参考文献 ·· (110)

第 6 章 地热能 ··· (111)

6.1	概述	(111)
6.2	地球内部的地球物理特征	(113)
6.3	地温梯度	(113)
6.4	资源特征和相对富集程度	(115)
6.5	地热发电厂	(118)
6.6	地热民用和商业用途	(119)
6.7	地热可持续性	(121)
6.8	环境影响	(123)
6.9	地热发电经济效益	(124)
6.10	小结	(127)
	问题	(127)
	参考文献	(128)

第7章 风能 (130)

7.1	概述	(130)
7.2	风能特征和资源	(132)
7.3	传给涡轮机的能量	(138)
7.4	涡轮类型和相关术语	(139)
7.5	可控的和最优的风速涡轮机性能	(144)
7.6	供电及输电网集成	(147)
7.7	微风	(150)
7.8	近岸风力	(151)
7.9	环境影响	(151)
7.10	不同寻常的设计和应用	(153)
	问题	(155)
	参考文献	(156)

第8章 水动力能 (157)

8.1	概述	(157)
8.2	波浪、潮汐和海洋热能资源	(167)
8.3	潮汐能及成因	(170)
8.4	海洋热能转化	(175)
8.5	水力发电对社会和环境影响	(175)
8.6	小结	(176)
	问题	(176)
	参考文献	(177)

第9章 太阳辐射与地球气候 (178)

9.1	概述	(178)
9.2	电磁辐射	(179)
9.3	光谱类型	(179)
9.4	太阳在天空中的视运动	(182)
9.5	太阳辐射的利用	(184)

9.6 太阳能集热器的最优方位及倾向 …………………………………… (185)
9.7 温室效应 …………………………………………………………… (186)
9.8 小结 ………………………………………………………………… (196)
问题 ……………………………………………………………………… (196)
参考文献 ………………………………………………………………… (198)

第10章 太阳辐射热能 …………………………………………………… (199)
10.1 概述 ……………………………………………………………… (199)
10.2 太阳能热水系统 ………………………………………………… (200)
10.3 平板集热器 ……………………………………………………… (200)
10.4 真空管集热器 …………………………………………………… (202)
10.5 集热器和系统效率 ……………………………………………… (203)
10.6 管道热损耗 ……………………………………………………… (206)
10.7 水箱和热容 ……………………………………………………… (207)
10.8 被动式太阳能热水系统 ………………………………………… (208)
10.9 游泳池加热 ……………………………………………………… (210)
10.10 空间加热和制冷 ………………………………………………… (210)
10.11 非常适合发展中国家的三个应用 ……………………………… (211)
10.12 发电 ……………………………………………………………… (213)
10.13 小结 ……………………………………………………………… (219)
附录 四种热量传递机制 ……………………………………………… (219)
问题 ……………………………………………………………………… (222)
参考文献 ………………………………………………………………… (223)

第11章 太阳能光伏 ……………………………………………………… (224)
11.1 概述 ……………………………………………………………… (224)
11.2 导体、绝缘体和半导体 ………………………………………… (226)
11.3 半导体通过掺杂电导率增加 …………………………………… (228)
11.4 pn结 ……………………………………………………………… (231)
11.5 通用光伏电池 …………………………………………………… (232)
11.6 太阳能的电学性能 ……………………………………………… (233)
11.7 太阳能电池及太阳能系统的效率 ……………………………… (234)
11.8 太阳能系统的效率 ……………………………………………… (236)
11.9 电网连接和逆变器 ……………………………………………… (237)
11.10 其他类型的太阳能电池 ………………………………………… (238)
11.11 环境问题 ………………………………………………………… (239)
11.12 小结 ……………………………………………………………… (239)
附录 基本量子力学和能带的形成 …………………………………… (239)
问题 ……………………………………………………………………… (242)
参考文献 ………………………………………………………………… (243)

第12章 节能和能源效率 ………………………………………………… (244)
12.1 概述 ……………………………………………………………… (244)

12.2 除了效率之外影响能源相关选择的因素	(246)
12.3 最低的低挂果实	(248)
12.4 效率和节能的障碍	(259)
12.5 能源效率和节能最终会徒劳吗?	(260)
12.6 小结	(261)
问题	(261)
参考文献	(262)

第13章 能源储存与运输 (264)

13.1 能源储存	(264)
13.2 能量传输	(285)
13.3 小结	(293)
问题	(293)
参考文献	(294)

第14章 气候和能源：政策、政治和公众舆论 (296)

14.1 国际条约的重要性	(296)
14.2 三大温室气体排放国在干什么?	(298)
14.3 世界摆脱化石燃料需要多长时间?	(300)
14.4 公众舆论如何发展	(301)
14.5 最好的出路	(303)
14.6 小结	(305)
14.7 一些结论性的思考	(305)
问题	(307)
参考文献	(307)

附录 问题答案 (308)

第1章 绪　　论

1.1　写作本书的目的

撰写本书的想法源于首次讲授的一门可再生能源课程。该课程并不属于"能源101"项目，而是为已完成物理学入门系列和参加过微积分培训的学生设计的课程。在搜集适宜教材的过程中，我对可供选择的书籍感到非常失望，几乎所有的书籍都或多或少地显得太基础或太过深奥。少数水平适中的书籍似乎又太专注于技术，而不能鲜明地体现出我所期望的课程应涵盖的基本内容。此外，我更喜欢写作风格相对通俗的教材，甚至于偶尔也可来点幽默。但在我所见过的所有教材中都缺少这一点。本书主要专注于可再生能源，但我认为涉及一些非可再生能源（特别是化石燃料和核能）也相当重要，因为只有这样才能形成有效的对照，但我认为许多书籍忽略了该部分内容。虽然该课程含有物理量，由物理学家讲授，公正地说它有"物理学取向"，但其内容远远超出物理学的范围。物理学家有特定的、不同于其他科学家和工程师看待世界的方式。他们想知道"事物如何运作"，想剖开事物的现象看本质。从激光到计算机断层扫描（CT）再到原子弹，许多新技术的出现并非偶然，物理学家发明和发展新技术，而新技术的细化则由工程师来完成。因此，尽管工程学可能对可再生能源跨学科领域的贡献最大，但我感到作为一名物理学家，能担当起本书的写作任务是一件非常惬意的事情。

1.2　能源对社会为何如此重要？

我们这些有幸生活在发达国家的人通常理所应当地认为有丰富的能量来源可用，完全不理解世界上有半数以上的人口所面临的生活困境，他们在用自己的劳力或畜力替代发达国家常见的机器和设备作业。停电可以让人短暂地体验到没有丰富能量来源的生活究竟是什么滋味。不过，这种短暂的间断对生存可能并没有太大影响（特殊情况除外）。但如果停电一段时间，譬如说6个月，试想生活会是什么样子？没有移动电话、电视、互联网或无线广播对你来说可能只是小问题，特别的情况下，如果食物短缺的寒冬腊月发生持久的电力故障，即便你拥有知识、工具和土地可以"从事农耕"，但那也纯粹只是笑谈。尽管我们当中的一些人可能幻想工业化前那种简单、没有现代高科技社会所有诱惑的生活方式是何等快乐，但如果我们突然陷入一个完全没有电力的世界，现实可能就完全不同。很可能大部分人挨不过6个月。多个国家的电网同时发生持久故障的想法不仅仅是某些奇幻电影的场景，正如本书第14章所讨论的那样，太阳大耀斑就可能造成这种状况。太阳耀斑最近一次大规模的影响显然是电气文明之前发生于1859年的"卡林顿事件"（Carrington Event），它导致了北美和欧洲电报系统失灵。

1.3 什么是能量?

上学时许多人都知道"能量是做功的能力","它不能被创造或被毁灭"(能量守恒)。但这些被熟记和人云亦云的表达在实际情况下并不总是能应用自如。例如,假定你有一台连接灯泡的手摇曲柄式或脚踏驱动式发电机,如果把灯泡从灯座中松开或换上一个低瓦数的灯泡,你是否认为转动发电机的难度和之前是一样的?多数人(甚至工科的学生)对这个问题的回答是"是",而实验后经常会惊奇地发现答案是"否"——拿掉灯泡或换上一个低瓦数的灯泡的发电机更容易转动。遵循能量守恒定律必定如此,因为转动曲柄的机械能正在被转化为电能,当松开灯泡时则缺少电能。如果不管灯泡是否被点亮或发光有多明亮,发电机的手柄都一样容易转动,那么给一个百万人口的城市供电将会跟给一个只有一千人口的城市供电一样容易!顺便说一句,你可能忘了用脚踏驱动式发电机时付出的体力,因为即便是一个狂热的自行车手最多只能提供美国人平均消耗的几个百分点的电量。

除了对能量守恒定律在特定条件下的意义有误解,定律本身也有一些有趣和微妙的复杂性。理查德·费曼(Richard Feynman)是 20 世纪最伟大的物理学家之一,他有许多重大发现,包括与朱利安·施温格(Julian Schwinger)在量子电动力学领域的发现。费曼的人生多姿多彩,且是一位天赋极高的老师,具有独到的观察世界的方式。他知道能量的概念和能量的守恒远比许多其他的物理量更复杂和抽象,如电荷的守恒涉及一个单独的量——净电荷量。然而,就能量而言,问题在于其表现形式多样,包括动能、势能、热能、光能、电能、磁能和核能都可以相互转化。跟踪净能量和认识能量的守恒牵涉到一些复杂的"记账式工作",例如,要知道多少个单位的热量(卡路里)与多少个单位的机械能(焦耳)相当。

> **知识盒 1cal 等于多少 J?**
>
> 1cal 是 1g 水升温 1℃ 的热量。由于这个量对温度有少许依赖,有时引进换算因子把它视为稍微不同的值,通常是 4.1868 J/cal。

在介绍能量的概念及其守恒定律时,费曼编了一个小男孩玩 28 块固定积木的故事(Feynman,1985)。男孩的妈妈每天回家都看到有 28 块积木,直到有一天,她发现只有 27 块积木。善于观察的妈妈注意到有一个积木落在了后院,意识到她的儿子一定是把它抛出了窗外。很明显,积木的数量(像能量一样)只有在封闭系统中才能"守恒",既不会有积木或能量的进入,也不会有丢失。之后,她更加留心不让窗户开着。一天,当这位妈妈回到家里,她发现只剩下 25 块积木,她推断失踪的三块积木一定被藏在什么地方——但到底藏在哪儿呢?

男孩为了增加他妈妈搜寻的难度并没有让她打开可能藏有积木的盒子。但这位聪明的妈妈发现盒子的重量比空时要重,确切地说超出了一块积木重量的三倍,由此她得出了明确的答案。随着母子间的这一游戏一天天地继续,孩子找到更多巧妙的藏积木的地方。例如,有一天他把几块积木藏到了水槽的污水下,但这位妈妈注意到水位上升了相当于两块积木体积的高度。需要注意的是,这位妈妈从没看到任何藏着的积木,但通过仔细观察就能推断出不同地方所藏的积木数量,由于窗户是关闭的,她总能发现积木的总数不变。如果这位妈妈愿意的话,她可以把她的发现写成"积木守恒"方程。

$$\text{可见积木数} + \text{藏在盒子中的数} + \text{藏在水槽中的数} + \cdots = 28$$

其中，每个所藏积木的数量必须通过仔细测量推断出，…表示可能藏在其他地方的任意积木数。

能量守恒类似于积木的故事，当你考虑所有能量的形式时（所有积木的藏匿地）算出的总数是一个常数。但请记住，为了得出积木数守恒的结论，这位妈妈需要确切地知道对应一块积木盒子超重多少、洗碗水上升了多少等。这同样也适用于能量守恒。如果我们想看涉及运动和热的某些过程其能量是否守恒，需要确切地知道每单位的机械能（J）与多少单位的热（cal）相当。事实上，物理学家詹姆斯·普雷斯科特·焦耳（James Prescott Joule）就是用这种方式证明了热是能量的一种形式。是否会有能量不守恒的物理状况，结果只可能有四种。在进一步阅读之前看你能否把它们找出来。

1.4 是否还有某些未知的新的能量形式？

费曼的"男孩与积木"的故事恰如其分地类比了人类发现新的能量形式的过程，能量往往藏匿得很好，只有当看似违反了能量守恒时才被发现。例如，一个世纪以前，谁会幻想所有原子核内都贮存着巨大的能量并可能被释放？即便在原子核发现之后，当科学家们意识到原子核所含的巨大能量可以被利用时已过去了 30 年时间。当然，发现新的能量形式并不是常见的事情，而最近一次的发现事实上与核能有关。

> **知识盒　能量不守恒的四种可能结果：**
> - 所面对的不是封闭系统——能量正以一种形式进入，或以另一种形式逃离系统。
> - 能量虽存在于系统中，但因表现为某种方式而被忽略（可能由于我们对它的存在形式一无所知）。
> - 因测量导致的错误分析。
> - 发现了违反能量守恒的案例。
>
> 对多数物理学家而言，最后一种可能性完全是不可想象的，因而当看似发生这种情况时，提议用高度游离的替代物——中微子来替代，例如，解释 beta 衰变中见不到能量的"消失"——见第 3 章。

仍有可能存在某些至今仍未被发现的能量形式，但当下所有这类声明都没有足够的说服力。很可能是由于系统不封闭，或者没有合理地解释所有已知的能量形式从而导致能量在任何情况下都看似不守恒。同样地，那些认为人体周围有仪器不可测的能量场，可以被具有手电波特技的触摸理疗师操控的人是在自欺欺人。这种认为生物体的运转是基于特殊能量场而不是仪器可测量的正常电磁场的想法本质上被认为是 19 世纪臭名昭著的"活力论"思想。这一理论认为，生命结构中存在某种与生俱来的能量，或活力是生命体本身特有的力量。

在一个由六年级学生巧妙设计、完成，并发表于著名医学杂志的实验中，触摸理疗师无法感知任何本应感知到的能量场。事实上，他们猜对的次数低于正常概率，只有 44%（Rosa，1998）。不用说，如此荒谬的信徒是不太可能对本书感兴趣的（图 1.1）。

图 1.1 触摸理疗师（左）试图感知她两手中哪一只上方出现了右边年轻实验者的手
（据美国加利福尼亚州阿尔塔迪纳怀疑论学会授权）

1.5 能量的单位是什么？

事实上，能量有多种多样的存在形式，部分原因是它的量有多种不同的表征单位，例如，卡路里（cal）和英制热单位（Btu）通常用于热能；焦耳（J）、尔格（erg，$1J = 10^7 erg$）和英尺·磅（ft·lb）用于机械能；千瓦时（kW·h）用于电能；兆电子伏（MeV）用于核能。然而，由于所有这些单位均描述相同的基本实体，它们之间必定有换算因子的关系。更容易迷惑人的是，功率在定量上有一套独立的单位，指的是能量产出或消耗的比率，即：

$$p = \frac{dE}{dt} = \dot{E} \quad 或 \quad E = \int p dt \tag{1.1}$$

需要注意的是，任意上方加点的量表示其时间导数的缩写。许多功率和能量的单位看起来相似，如千瓦（kW）是功率单位，而千瓦时是能量单位（表 1.1）。

表 1.1 一些能量单位

名称	定义
焦耳（J）	1N 力作用 1m 所做的功（即 1W）
尔格（erg）	1dyne 力作用 1cm 所做的功
卡路里（cal）	1g 水升温 1℃所需的热量
Btu	1lb 水升温 1℉所需的热量

续表

名称	定义
千瓦时（kW·h）	1kW 电流持续 1h 的能量
库德（quad）	10^{15} Btu
色姆（therm）	100000Btu
电子伏（eV）	电子穿过 1V 的电位差获得的能量
兆吨（Mt）	100 万吨 TNT 炸药爆炸所释放的能量
英尺磅（ft·lb）	1lb 力作用 1ft 所做的功

注：根据上述定义，与食品相关的 1 卡路里实际为 1000cal 或 1 kcal。1 kcal 有时写成 1 Cal。读者应熟知一些更重要的换算因子。

> **知识盒　你支付电费或能量费用吗？**
>
> 发电厂是根据其兆瓦（MW）级的输电功率来评级，但在大部分情况下，仅仅以千瓦时（kW·h）的总能量消耗而不是以使用率或每天使用的时间向用户收取费用。有些地方这些因素都考虑，消费者的处境经常就有很大差别。此外，为了缓和需求，实际上如果用户的使用率趋于一致，一些电力公司会考虑给一个特殊的费率，而对其他情况则按高峰和非高峰的使用率产生不同的付费。除了这些特殊的价格选项外，对于 100kW·h 的供电量，无论你是用 100W 的灯泡点 1000h 还是 200W 的灯泡点 500h，电力公司向你收取的费用相同。

1.6　热力学定律

能量守恒定律也被称为热力学第一定律，且正如我们所见，这一定律从来没有被违背过。对能量而言，本质上热力学第一定律说的是"不能无中生有"。而热力学第二定律更有意思，它讲的是"收支不能恰好相当"。热力学第二定律有多种形式，但最常见的一种形式是由热 Q_C 生成机械功 W，其中，下标 C 代表燃烧热。一般说来，可定义任意过程的能效为：

$$e \equiv \frac{E_{\text{有用}}}{E_{\text{输入}}} = \frac{W}{Q_C} = \frac{\dot{W}}{\dot{Q}_C} \tag{1.2}$$

方程（1.2）的最后一个等式提示我们能效方程适用于能量也适用于功率。根据热力学第一定律，能效可能的最大值是 1.0 或 100%。而热力学第二定律则更严格地限定了它的值。对于燃料在温度 T_C 下发生燃烧，热在环境温度 T_a 下排放的过程而言，一般说来，由输出的有用功除以输入热所定义的能效不能超过卡诺效率：

$$e_C = 1 - \frac{T_a}{T_C} \tag{1.3}$$

其中，温度均为开尔文温度（绝对温度）。这一限制是热力学第二定律的直接结果，它阐明了热能总是自发地从高温流向低温。卡诺效率只适用于出现两个方向值均等的理想过程，除了极限的情况,在真实世界中并不存在。例如,如果你拍一段任意真实过程的影片,如逐渐减慢的单摆运动,当影片倒放或正放时无疑类似于这种情况。时间可逆的理想过程要求净熵 S 为常数,熵的微小变化可以用某些特定温度 T 下的热流 dQ 来定义为:

$$dS = \frac{dQ}{T} \tag{1.4}$$

因此,热力学第二定律的另一种定义是对于任意真实过程 $dS>0$。

> **知识盒　永动机**
>
> 在历史发展的过程中,许多发明家曾提出名为永动机装置的想法,它或者能从无到有地产生能量(违背热力学第一定律),或者违背热力学第二定律。对于后者,产出的有用功虽然小于热消耗但超出由卡诺极限所决定的总量。尽管这类专利申请很普遍,但永动机从来都没有实现过,以至于美国专利和商标局(USPTO)定了一个官方政策,没有工作样机拒绝授权永动机专利。事实上,有意思的是 USPTO 对这类装置已给予了相当多的专利授权——甚至有一些是在最近几年。然而,也要注意专利授权并不意味着发明真正有效果,只不过是专利审查员想象不到为何它不会有效果。

例 1　计算功率随时间变化的能量

假定在一个核反应堆测试期间,2h 内其功率水平从 0 提升到 1000 MW 额定功率,接着全功率运行 6h,2h 内下降到 0。计算这 10h 内反应堆产生的总能量。

求解

在此,将假定功率的提升和下降随时间呈线性变化,因此 10h 内反应堆产生功率的相应变化如图 1.2 所示。

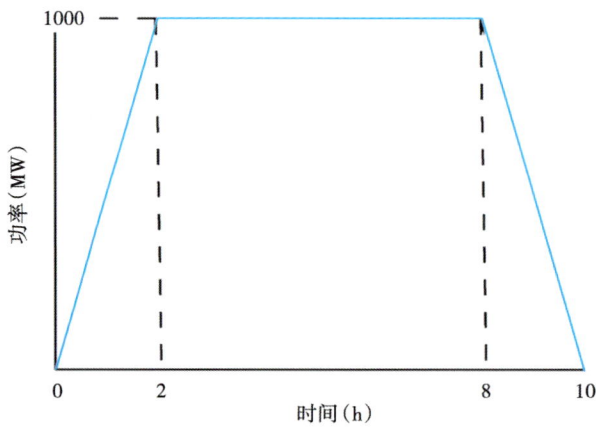

图 1.2　10h 测试期间核反应堆的功率分布图

根据方程(1.1),积分结果定义为功率—时间曲线下的面积,能量必等于图 1.2 中梯形的面积,即 8000MW·h(表 1.2)。

表 1.2 一些用于标示 10 的不同次方的常见前缀术语

前缀	定义	前缀	定义
尧（Y）	10^{24}	毫（m）	10^{-3}
泽（Z）	10^{21}	微（μ）	10^{-6}
艾（E）	10^{18}	纳（n）	10^{-9}
拍（P）	10^{15}	皮（p）	10^{-12}
太（T）	10^{12}	飞（f）	10^{-15}
吉（G）	10^{9}	阿（a）	10^{-18}
兆（M）	10^{6}	仄（z）	10^{-21}
千（k）	10^{3}	幺（y）	10^{-24}

1.7 什么是能源？

一些能源的能量典型地是以化学能或核能等方式存储（或储藏），并在使用时释放出来。另一些能源的能量则是流动于自然环境中，在特定时间和地点表现出不同程度的变化。第一类能源可以是煤、石油或铀，而风能或太阳能为第二类能源。细想一下电力——它是不是一种能源？自然环境中，电以闪电的极端形式存在，因此它可以被认为是第二类能源。事实上，闪电可以被当作一种能源，因为来自闪击的电荷可以被捕获和存储（在电容器中）并在使用时释放出来。任何见过风暴的人都有可能惊叹于闪电球的可怕力量，其功率确实惊人——通常约 1 TW（10^{12} W）。数量上等于 1000 个 1000 MW 核反应堆输出的功率——而全世界现有的核反应堆也没那么多！这样的比较可能会激发人们的想象：好极了！为何不利用闪电来作为一种能源呢？问题不在于找出如何捕获闪电的方法，而在于当功率非常高时，闪电所含的能量非常小。由于闪电球持续时间短——约 30μs（$3×10^{-5}$ s），根据方程（1.1），其所含的能量约 $10^{12}×3×10^{-5}=3×10^{7}$ J＝30MJ。30MJ 看上去也很不错，但假如我们设计一个可捕获其 10% 能量的"闪电捕捉器"，它仅够 100 W 灯泡使用的时间是 $t = E/p = 3×10^{6}$ J/100W＝3000s，低于 1h——考虑可能涉及的费用，它几乎不是一种可用的能源。

人造电怎么样——它算是一种能源吗？不是！由于一些能量总是会作为热量散失到环境中，任何创造电力所需输入的能量都大于电本身的能量。因此，人造电无论是来自电池、发电机或太阳能板，其本身不是能源，而仅仅是由能源所创造的产品。就发电机而言，无论如何它都是由迫使其转动的机械能产生，而太阳能板提供的是作用在面板上入射光的能量。

1.8 世界能源问题究竟是什么？

所有的能源都会对环境产生一些影响，众所周知，不同能源的影响程度有很大差别。化石燃料（煤、石油和天然气）和核能大概是人们担心最多的能源，而可再生的（"绿色"）能源被认为不构成危害——即便它们也有一些有害的影响。此外，使用化石能源和核能对环境的影响随时间的推移已变得越来越糟，随着人口的增加，人均能源使用量也在上升——这是世界各地生活标准提高不可避免的结果。更不用说人均财富变多人均能源使用量也随之相应增加，二者强烈相关。根据新闻报道的石油泄漏、煤矿灾难以及像日本福岛这样的核能外泄等引人注目的事件，人们非常清楚化石燃料和核电站对环境的有害影响。其他空气、水和土地污染的影响可能不太突出但也在不断发生，可能要花相当长的时间才凸显出来。

1.8.1　气候变化

对于环境的长期影响，人们关注最多的是全球气候变化或全球变暖，这与温室气体排放到地球大气中的水平上升有关，其原因多样，但最显而易见的是化石燃料的燃烧。温室效应有基本的科学依据。科学家认为（1）由于人类的活动，大气温室气体的水平随时间明显上升；（2）排放量的增加在某种程度上导致气候变化——多数气候学家认为这是重要的，甚至是最主要的原因。

政府间气候变化专门委员会（IPCC）是一个由数百名气候学家组成的国际合作组织，它定期发布报告，总结气候变化研究的科学状况。2007年发布的 IPCC 第四次评估报告发现，人类活动"极有可能"是全球变暖的原因，概率达到90%或更高。此外，2007年由巴西、加拿大、中国、法国、德国、意大利、印度、日本、墨西哥、俄罗斯、南非、英国和美国联合签署的一份声明一致认为：明确地说，气候正在发生变化，人类对大气不断增加的干扰极有可能是造成气候变化的主要原因。

最终，一份被广泛引述的调查发现，有97.4%活跃于气候学研究的人认为"人类活动是全球平均温度变化中的一个重要贡献因子"（Doran 和 Kendall Zimmerman，2009）。利用调查的结果，一些人得出结论，认为人类造成的全球变暖问题故此应完全由气候学家来解决，这也许有点夸张。赞同气候变化中人为成分"很显著"而并非微不足道，并不等同于认为它就是唯一的原因。更重要的是，科学中的问题从来都不是根据多数投票来决定，而是根据论据的真实性。关于全球变暖问题的公众调查与气候学家的调查则是针锋相对的，只有很少一部分人认为人类活动应负主要责任。第9章将更深入地讨论气候变化的主题，第14章讨论气候变化怀疑论的水平为何在美国有显著上升，并提出弥合分歧的方法。

1.8.2　人口增长是能源和环境问题的根源吗?

托马斯·罗伯特·马尔萨斯（Thomas Robert Malthus）是一名经济学家，生活于1766年到1834年，他写了闻名于世的非常有影响力的关于人口学和人口增长的著作。像其他一些经济学家一样，他也是一位人性悲观主义者。在写工业革命所带来的影响已经开始点燃沉寂了几个世纪的人口增长时，马尔萨斯认识到"人口的力量无限大于地球为人类提供生存的力量"。令马尔萨斯意想不到的技术进步已使得部分人口的生活方式达到了连他那个时代的国王也要羡慕的地步，人口数也允许远超当时的人口水平。马尔萨斯怀着对未来人类进步的悲观思想，认为在人口压力的唆使下，历史贯穿着战争、瘟疫或饥荒，总会导致很大一部分人生活在痛苦中。对于马尔萨斯所列出的饥荒、战争和疾病等灾祸问题，现今的观察人士可能会再列上剧烈的气候变化、污染、物种消失以及自然资源、能源和水的短缺——所有这些都因人口过剩而恶化（图1.3）。

最近20年，尽管人口增长已经明显减慢，但尚不清楚是否已及时地避免了灾难的发生，有些观察人士仍持有地球人口已太多不可能有长期可持续未来的观点。当前，半数人口的生活维系在2.5美元/天以下，根据人口结构变化的趋势，发达国家和发展中国家间的差距可能在变大而不是缩小。即便许多发达国家的人口已经开始下降，考虑到前几代的高生育率以及活在当下的未来父母数量（即便他们的生育应相对较低），人口统计学家预测21世纪上半叶将出现不可避免的人口增长,而局部贫困地区的人口增长最快。

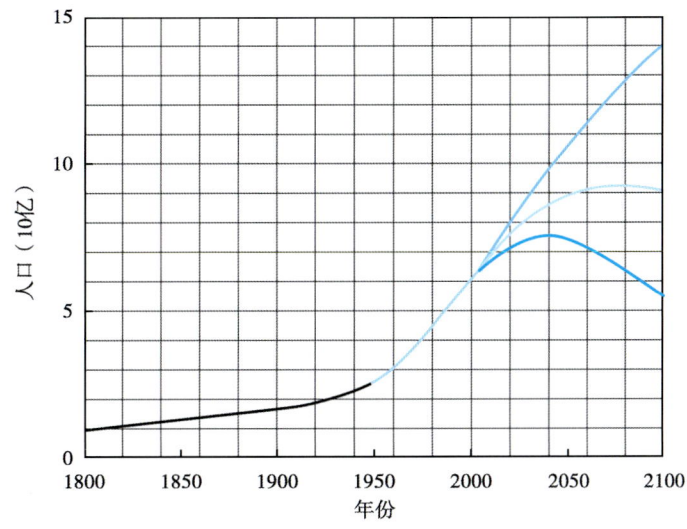

图1.3　自1800年以来的人口增长

据联合国2004年的预测和美国人口调查局的历史估计。两条高、低曲线显示的是根据联合国数据估计的2010年后的人口增长的高、低值

生物学家保罗·埃利克(Paul Ehrlich)是20世纪预测人口过剩灾难的著名环保人士之一,他于1968年出版了一本著名的、有争议的书《人口大爆炸》,开头戏剧性地、显式地阐明道:"给养全人类的战斗已结束。尽管现在着手于任何应急措施,数以亿计的人口将在20世纪70年代挨饿至死。自此之后,没有什么能阻止世界死亡率的大幅增长……"当然,尽管出现了许多因干旱或战争而导致的饥荒,但在规模和时间上并不像埃利克所提到的那样。许多环保人士仍在有增无减地继续担忧终有一天清算的日子会到来,在他们看来,按照所能维持的最大人口数,地球已远远超出其承受能力。

如果真如保罗·吉尔丁(Paul Gilding)这样的环保人士所认为的那样,地球确实已超出其承受能力的50%,那么改善能效可能对解决人类问题的根源没有多大帮助,也即是人太多。考虑到人口统计学家告诉我们的到2050年左右人口将持续增长约50%,生活贫困的比例越来越大,疫情、饥荒和战争的老问题以及气候变化、物种消失和资源短缺的新问题很可能导致难以想象的大规模的苦难和死亡。出人意料的是,吉尔丁本人相信故事的结局可能很乐观。就像绞刑即将来临前集中精神期待奇迹一样,吉尔丁认为当"大混乱"来临时,我们最终会像长大成人那样,齐心协力迅猛地采取必要的行动,"以今天难以想象的规模和速度,仅在短短几十年完全改变我们的经济状况,包括能源和运输行业"。希望他是对的,而马尔萨斯和保罗·埃利克是错误的。

1.8.3　我们有多少时间?

当然,关于全世界最快要多久才能弃用化石燃料的问题争论相当大,这取决于气候变化的威胁有多严重。如果像一些民众和科学家所认为的那样具有灾难性,结合全球平均温度可能以2℃的幅度上升到"引爆点",那么我们几乎没有犯错的余地,需要采取紧急措施。正如前面所提到的,一些环保人士认为阻止灾难已为时过晚。

除了气候变化和其他与化石燃料相关的环境问题外，还有许多原因也要求世界实现能源转型，最重要的一点是我们毫无选择。没有一种化石燃料是可再生的，全都会被逐渐耗尽——其中一些来得更快。例如，据判断世界的石油供应可能只剩40年，开采的"巅峰石油期"在你读到此书时可能正在发生，这意味着随着经济条件变化，未来的石油将变得越来越稀缺。因此，从化石燃料（尤其是石油）中转移出来，是确保能源供应充足、提升国家（以及全球）安全、促进良好经济状况的关键所在——尤其是美国和日本这些严重依赖外来能源的国家。

1.9 如何定义绿色或可再生能源？

我们已经用了可再生能源这一术语，因此有必要给出定义并描述其属性。一种定义是，可再生能源是一种能量来自可再生自然资源的能源。许多这类可再生资源受太阳驱动，包括风能、水力能、海浪能、光合作用生物能，当然也包括直接的太阳能。水力能受太阳驱动是因为太阳的加热作用驱动着地球的水循环。其他的几种可再生能源是潮汐能（主要受月球驱动，而不是太阳）和来自地球炽热内部的地热能。地表上可用的可再生能源在数量级上相当惊人。图1.4中的数字是按人均基数给出的数字，因此，如果你想知道地球的实际总数，只需乘上世界人口数——约70亿。以人均基数来表示是因为这便于与2.4 kW的世界人均功耗基数相比较（美国的功耗基数是其四倍，约10 kW）。如图1.4所示，太阳辐射的汇入通量使所有其他的流量都相形见绌，约是现今人类世界功耗的5000倍。基于这一事实的一个推论结果是，如果我们能以100%的效率收集太阳能，仅仅只需在1/5000的地球表面上覆盖太阳能收集器就可产生当前世界所用的全部能量。

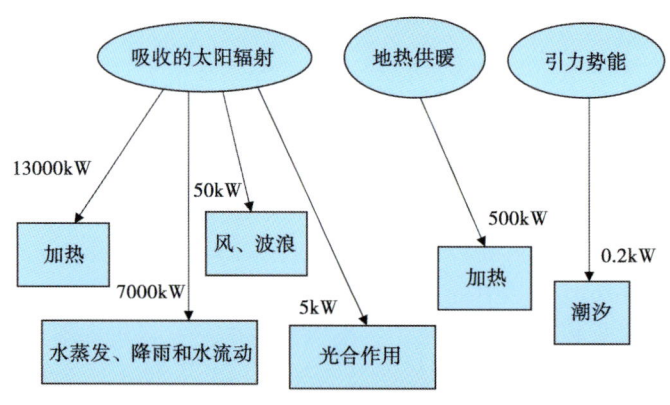

图1.4 地表可用的可再生资源的人均功率
就地热的功率而言，需要有钻井才能获得

另外一类可再生能源不是来源于自然资源，它涉及将人类文明的废料转化为能源——某些填埋场利用垃圾生成沼气然后产生电力。可再生能源享有5个非常值得期望的重要性能，同时也存在一些缺陷（表1.3）。

由于没有"耗尽"一说，可持续性的概念本质上意味着利用可再生能源绝不是为满足下一代人的能源需求而采取的折中方案。可再生资源中有一些能很好地满足这些条件。例如，地热能在任何地方都存在，在某些地方它比其他可再生资源更容易获取，这取决于地下高温层的深度,而且它的间歇时间比其他可再生资源要短。风能对场地有高度的依赖(比太阳能更甚),因为在许多地区风速达不到产生可行替代能源的要求。因此,从某种意义上讲,就像我们说勘探矿产资源一样,可以说"勘探"可再生资源(找到特定可再生资源的最佳位置)。然而,有意思的是,国家政策可能比资源的可用量要重要得多。例如,德国作为世界上太阳能利用领先的国家并不是以晴天的日子多而著称!

表1.3 可再生能源的期望性能和缺陷

期望性能	缺陷
几乎取之不尽	时间上有高度的间歇性
本质上无污染	可能远离人群
可持续性	非常稀疏(占地面积大)
无燃料	涉及前期成本
适宜于脱网使用和分布式供电	可能更昂贵(忽略"外在成本"),可能某种程度上涉及环境问题

1.10 为何可再生能源和资源的保护长期以来被忽视?

人类对可再生能源的利用有一点点误解,这在近年来尤为突出,这是由于有些可再生资源已经伴随我们几千年,包括风能(推动帆船和风车)、生物能/太阳能(种植粮食和木材)以及水力能。当前可再生能源的利用率在社会总能源的利用率中仅占很小的份额,但相对来说至少在大多数国家近期已有明显地推进。弃用化石燃料而转向可再生能源的问题正面临着挑战,而这种挑战将一直持续下去,这除了简单的惯性因素外,还有许多原因。首先,认识化石燃料相关的环境问题在意识上是非常缓慢的过程,而且气候变化构成严重威胁的看法也存在相当大的差异。此外,在经济不稳定时期,长期的环境问题相对于更加迫在眉睫的问题而言容易处于较次要的地位,尤其对于拥有房产的人来说更是如此(图1.5)。

图1.5 太阳能家庭住宅(美国马萨诸塞州波士顿市附近)

其次，与化石燃料相比较，可再生资源的问题可能在于非常分散、具有间歇性、费用高——尽管成本差别变化范围较大，且经常顾及不到经济学家所说的"外部效应"，即社会全体或环境所负担的成本。如果可再生资源被用于与电网相连的大型中央电站发电，其间歇性会造成特殊问题。虽然可以利用各种能量储集的方法和升级电网来处理这一问题，但二者无疑都存在成本消耗。事实上，对一些可再生资源来说，成本可能是最大问题，尤其是前期成本。尽管不需要燃料，从以往的情况看，许多可再生资源与化石燃料相比在成本上根本没有竞争力，即便这种状况正得到快速改观，但总体上仍不适用于可再生资源。如表 1.4 所示，在一些可再生资源中，包括地热能和生物能，尤其是水力能和陆上风能，其发电成本非常适合作比较。有些可再生资源的"发电容量"低（尤其是风能和太阳能），本质上可归咎于它们的间歇性特征，无论如何都是一个严重的缺陷。

表 1.4　截至 2011 年的发电成本

来源	美元/（MW·h）	发电容量（%）
天然气（循环燃烧）	66.1	87.0
水	86.4	52.0
煤	94.8	85.0
风	97.0	34.0
地热能	101.7	92.0
生物质能	112.5	83.0
先进核燃料	113.9	90.0
具备 CCS 技术的煤	136.2	85.0
太阳能光伏	210.7	25.0
风（海上）	243.2	34.0
太阳热能	311.8	18.8

来源：EIA《2011 年度能源展望》2011。

注："发电容量"指以来源的最大额定功率百分比计算的实际平均电量。

本节所提到的节能不是指能量守恒定律，而是指尽可能少而高效地利用能源。从某种意义上讲，节能可以被认为是一种"能源的来源"，如果减少节能，所需的发电容量就会增加。考虑到各经济部门的能源浪费量，节能有相当大的机会发挥重大作用，这在美国尤为突出。一些节能类型涉及前期成本，如升级家里的隔热层，但许多并不涉及而只是简单地改变行为方式，如拼车或关掉家里的恒温器。在第 12 章我们将看到，即便涉及前期成本，初始投资的回报可能是巨大的，例如，用发光二极管（LEDs）替代白炽灯或升级不良的隔热层。

1.11　能效真的重要吗？

本节标题所提出的问题并不是挑衅，因为能效（通常很值得考虑但）无关紧要的情况是有的。例如，审视整体的能效始终很重要，而不能仅仅看一部分过程的能效。因此，就电热水器加热水的过程而言其所达到的能效是 100%（$e=1.0$），这是因为所有电能都被用于生热，但这一事实并不恰当，因为它忽略了能效的降低与电厂发电并传输至家中有内在的联系。正因为如此，燃气热水器在整体能效方面比电热水器有显著提升。能效可能无关紧要的另一种情况是牵涉到任一种可再生的能源（燃料免费且丰富）。接下来的例子将阐明这一点。

例 2 哪一种太阳能板更具优势？

假定 10 个 A 类太阳能板所产的电力足够满足你的用电需求，它们的寿命为 30 年，成本仅 1000 美元，但能效仅 5%。5 个 B 类太阳能板的成本为 5000 美元，但能效为 10%，且只能持续使用 15 年而不是 30 年。你会购买哪一种太阳能板？

求解

显然，比起 A 类太阳能板，能效更高的太阳能板仅仅占用一半的屋顶面积，但如果它们都能满足你的需求，没有人会在意这点差别。对于 A 类太阳能板，30 年的成本是 1000 美元，但对于能效更高的 B 类太阳能板而言（由于只能持续使用一半的时间）产生等量电力的成本是 10000 美元，因此在这种情况下很明显你会选择低能效的一方。一般说来，只要燃料免费，且劳动力或维护成本上没有差异，你会选择长寿命一方的单位产能成本作为主要考虑的事项。

1.12 哪一种可再生能源最有前景？

对一个给定的地区而言，适合哪种可再生能源取决于它的可用性。很难说哪一种可再生能源在将来会有巨大前景，因为技术上的突破可能使得某种被认为适用范围有限的能源得到提升而进入"第一梯队"，如地热。在过去，主要用于加热的水电（3.4%）和生物质能（10%）是发电量最大的两种能源，而其他可再生能源约构成最终能源消耗的 3%。尽管在发展中国家水电有相当大的扩展空间，但在发达国家，鉴于最佳场址已被利用，其扩展空间可能就不明显。生物燃料可能继续占有重要地位，尤其是作为电动汽车的另一类运输燃料。但就全球（平均）范围而言，风能和太阳能可能是对未来影响最大的两种能源。风能集中发电在经济上已切实可行，光伏（PV）太阳能电池不久将可能与常规能源的成本齐平并期望到 2020 年达到燃煤发电站的水平。

装机光伏（IPV）太阳能板用于中央电厂和个体发电的增长已相当惊人，自 1975 年以来增加了百分之一百万。图 1.6 显示，由于技术提升导致的成本下降，增长趋势大致与图 1.6 中指数函数的趋势线相符，指示一个年增长 24.7% 的常数比例，其方程可描述为：

$$\text{IPV} = 4.92\exp(0.247t) \tag{1.5}$$

式中，t 为年度减去 1975；IPV 代表以兆瓦（MW）计的装机光伏太阳能电池量。

> **知识盒　70 规则**
>
> 根据这一规则，对于每年以一个固定百分率 p 增长的任意量，可发现以年为单位的倍增时间大致为 $70/p$ 年。通过对 $df/dt = pf$ 求积分发现 $f = f_0 e^{pt}$ 很容易证明这一规则。最后，给定 $f = 0.5f_0$ 正好计算出 t 并获得 $t = 69.3/p \approx 70/p$。如果我们希望估计减半的时间，70 规则对于每年以固定百分率 p 减少的量同样适用。

截至 2012 年，装机光伏提供的能量仅仅是世界总能量的约 0.06%。作为一个练习，我们运用 "70 规则" 估计认为，以装机光伏的年增长率 24.7% 计算，每翻一倍的时间为 $70/24.7 \approx 2.5$ 年。从 0.06% 增加到 100% 需要提高系数至 $100/0.06 \approx 1700$，这需要翻 10~

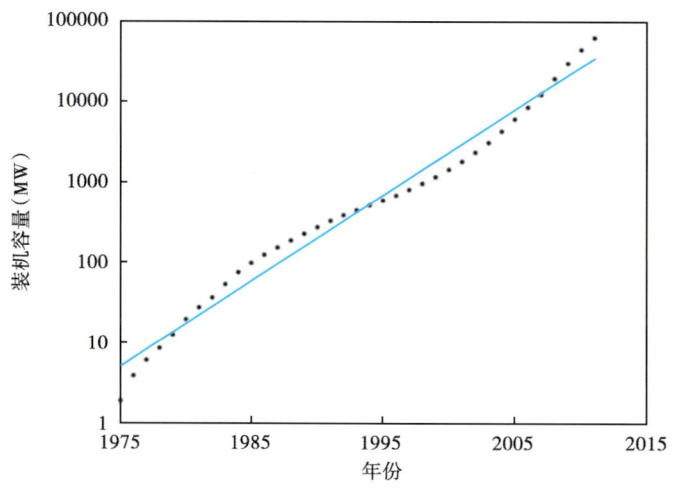

图 1.6 全球装机光伏容量的增长（据 EPI，2011）

1975—1979 年数据来自世界观察研究所（Worldwatch Institute）的 2004 年要点光盘，由华盛顿特区 2004 年发布；1980—2000 年数据来自世界观察研究所的 2007—2008 年资料，由华盛顿特区 2008 年发布；2001—2006 年数据来自普罗米修斯研究院和绿色科技传媒，发布于 2009 年；2007—2009 年数据来自绿能科技媒体（GTM Research）分析师茜娅姆·梅塔（Shyam Metha）与地球政策研究所罗尼（J. M. Roney）于 2010 年 6 月 21 日的 email 通信

11 倍，或 25～27.5 年。因此，自 2012 年开始，如果持续指数增长，太阳能光伏到 2040 年之前在世界能源结构中将占一个主要的份额。

同时，太阳能板的安装正呈指数增长，而其成本则稳步下降。事实上，光伏发电成本与累计的部署量之间也已被发现有一个有趣的经验关系，它在自 1975 年以来的整个时间段都成立（Handleman，2008）。

$$\text{IPV} \approx \frac{31900}{C^3} \tag{1.6}$$

式中，C 是以"美元/W"计的成本。

因此，根据这一关系，成本的指数下降与累计部署光伏的指数上升相关（图 1.6）。

对特定地区而言，尽管风能和太阳能各自有各自更好的选择，以总体"平均"计，太阳能基本上可认为是更佳的能源（表 1.5）。

表 1.5 太阳能高于风能的优势

潜力：太阳能在地理位置上比风能更适用于大多数地区
费用：风能的最佳位置是海上，开发非常昂贵
维护：太阳能所需的维护成本比风能小，且容易安装
配电：太阳能通常更适合被个体单位用来配电
多样性：太阳能有三种推行方式，包括光伏、太阳热能和太阳能热风，在随后各章节有讨论

1.13 谁处于可再生能源的世界领先地位？

就可再生能源的利用来说，中国、美国和德国这三个国家位列世界前三位。中国和美国加在一起向可再生能源开发投入的资本已达到世界总数的一半，但也需要说明，他们也占有世界上半数的 CO_2 排放，作为两个最大的经济体这并不令人惊奇。

按人均计算，德国远超中国，绝对位列第一，而美国位列第二。就可再生能源的百分比而言，有一些国家比德国"更绿色"——例如挪威和冰岛。然而，就这种情形而言，可再生能源的广泛利用很大程度上是由地理条件决定的：挪威99%的发电量靠水电，而冰岛100%来自可再生能源——既有水电也有地热。

1.13.1 德国

很少有国家（像德国那样）对"绿色环保"作出强烈承诺，他们承诺在绿色能源与常规能源在经济上接近持平之前长期支持绿色能源。德国已经通过国家政策支持绿色能源，对其给予补贴，同时撤除对包括煤等常规能源的不明智资助。德国也是光伏发电装机容量第一的国家，且在2011年日本福岛核事故后已决定逐渐淘汰核电站。德国正好可作为一个测试案例来说明一个国家如何走向可再生能源而不会危害到它的经济或为其能源支付额外的费用。当然，当比较各种能源成本时，难以量化的环境成本经常并不纳入到通常的计算中，以至于德国的方式可能表现出相当大的意义。然而，一些观察家担心如果德国太快地放弃核能并被迫从邻国输入电力以弥补任何能源短缺，德国人会造成环境污染输出，甚至可能恶化气候变化，因为核能是没有 CO_2 排放的。

1.13.2 中国

中国在可再生能源领域迎头赶上的能力得益于政府的巨大资助，包括减税、低息贷款和免费提供土地建厂，这已使得一些美国的太阳能生产商转向中国市场。中国在成为世界可再生能源领导者方面有几点优势，包括大量的科技和工程人才，庞大的相对廉价的劳动力，稀土元素供应量占世界的96%。像镝、钕、铽、铈、钇和铟等稀土元素对清洁能源技术至关重要。

1.13.3 美国

尽管可再生能源仍只是国家能源利用中很小的一部分，美国有扩大可再生能源的迹象，其投资程度仅次于中国。此外，民意测验表明许多民众支持可再生能源，即便他们可能怀疑会有人为的气候变化影响。不幸的是，许多可大量利用可再生能源的政策，如"可再生能源标准（RES）"要求公共设施能产生一定比例的可再生能源电力的政策，即便在有些州（如加利福尼亚州）的支持力度很大，甚至于像得克萨斯州那样以政治观念保守著称的州对风能也很乐于接受，但只适用于州政府而不是联邦政府。在联邦政府，分裂的政府和经济不稳定（截至2012年秋）导致的政治僵局已经在实际行动上阻碍了可再生能源的进展。更糟糕的是，美国对化石燃料能源和核能不断的补贴比起可再生能源的补贴明显地继续在变大，大部分的补贴是以减税的形式进行（Shahan，2011）。一个积极的方面是，联邦政府已经承诺在一定时期内提高新型汽车的里程标准——这是交通部门实现高能效的一种重要方式。

1.14 能源的未来可能是什么状况？

如果世界人口持续增长，许多发展中国家的生活标准日益提高，在未来几十年间对能源的需求事实上将不可避免。有助于增长的能源结构并不那么确定——尤其对长期而言。图 1.7 显示了由德国咨询理事会对直到 2300 年全球变化所做的这样一种预测。

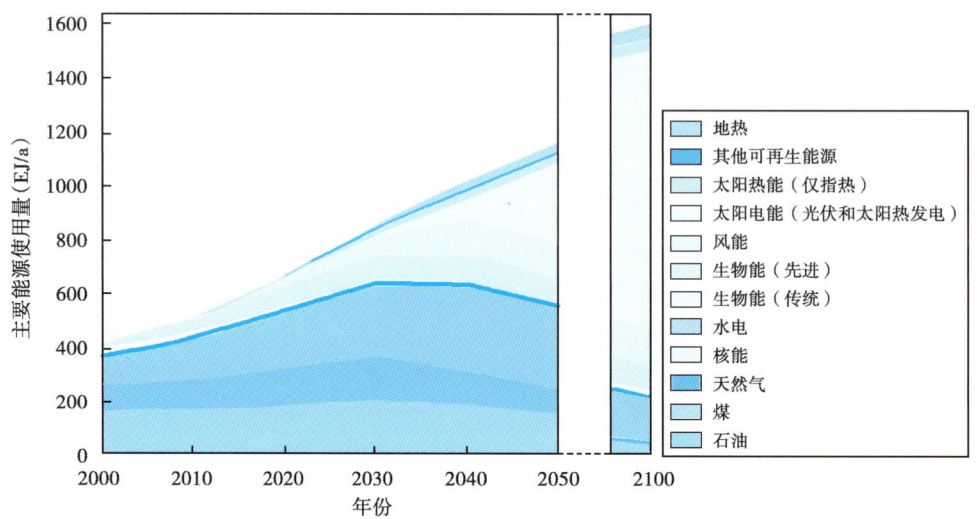

图 1.7　全球能源结构转变（据德 WBGU，2003）

> **知识盒　一个不恰当的话题？**
>
> 有的老师可能认为在教科书上用一节课来讲解工作和职业问题并不恰当。如果你碰巧是他们中的一员，请一定要告诉学生"他们不用对接下来的这一节负责，也不会涉及任何测验内容"。

图 1.7 中有几个有意思的预测。第一个是尽管可再生能源期望在世界能源中占更大的份额，该理事会预言到 2030 年结构上很少会再次调整，在未来的整个世纪中三种化石燃料都会存在，煤——作为环境上最有害的能源——削减的程度最大。然而，最有意思的预测是迄今为止，尤其是 2050 年后主要的可再生能源将是太阳能。这些预测是否会成为现实？没人能看到水晶球，但太阳能（起点基数非常微小）存在指数的增长提供了一些合理性。

预测将来的就业状况可能是非常危险的事情，这依赖于将来的人类行为和全球经济不可知的变化。事实上，预测未来 20 年可能的就业需求几乎和预测从现在到一个世纪后的全球可能平均温度一样存在大量的不确定性，它同样也依赖于人类行为和全球经济！尽管如此，如果太阳能和风能在以往的增长都非常强劲，随成本持续下滑而有可能持续增长，那么想象接下来的 10 年或 20 年按当前的轨迹有可能出现持续增长就是合理的。

联合国环境规划署最近资助的一项报告对全球太阳能光伏行业的就业作出预测，其结论认为到 2030 年预期世界范围内太阳能光伏行业的就业机会从 2006 年的 17 万提高到 630 万（UNEP，2006）。美国太阳能协会的另一项研究对整个可再生能源领域作出了展望，结论是单就美国而言，到 2030 年在"一切照旧"的情况下可创造约 130 万直接和间接的就业机会，在国家政策（包括目标、标准、强有力的研究和发展）强烈倾向可再生能源的情况下就业机会约 790 万个（ASES，2006）。

对考虑在可再生能源领域从业的任何学生自然想知道哪一类工作有空缺，哪一类教育需要有所准备。表 1.6 显示了美国可再生能源公司网站登出的当前空缺的一份调查结论，括号内的数字为所列的职位数。

表 1.6 www.careerbuilder.com 网站 2011 年 8 月 11 日所列的美国可再生能源职位空缺数

职位	空缺数	职位	空缺数
工程	232	咨询	23
安装—维护	31	制造	51
管理	121	普通商务	21
会计	29	设计	46
销售	105	专业服务	19
金融	29	施工	43
技术工种	68	科学	17
质量控制	27	商业开发	39
信息技术	65	人力资源	15
行政	23	战略规划	35
市场	61		

显然，许多职位需要一个 4 年的学位，且多数工科特殊研究领域的职位明显排在前列，但各个分支业务也非常重要。尽管"科学"在列表中排得较远，必须注意的是网站登出的是公司机会，并不包括在大学、科研院所和国家实验室从事可再生能源领域基础研究的机会。数量虽少，但找这一类工作的人更少。表 1.6 所列的分类可适用于任何工作领域，因此如果按与可再生能源相关的特定工作领域去划分可能更具有相关性。此处列出部分清单：

（1）基础研究、咨询、消费教育、新材料设计；
（2）"智能电网"设计、能源审计、能源教育、环境影响；
（3）环境治理、绿色建筑、太阳能板设计、计量；
（4）风轮机设计、检测和维护、流体动力模拟；
（5）风电场管理、风能资源评估、风力机电。

如何做可再生能源领域的职业准备？修几门可再生能源课程或者像乔治梅森大学那样辅修一个专业将是有用的。辅修可能比专修能源专业学位更好一些，因为清单上的许多职位倾向于具备工程、商务或科学等学位的常规学术背景的人才。

1.15 为未来指明最佳方案的复杂性

正如前面所提，随着时间推移全世界要摆脱化石燃料势在必行，但其紧迫程度取决于人们对灾难性气候变化可能性的考量，尤其是对避免气候系统"引爆点"的需求。即使人们长期致力于发展可再生能源，但对在此期间做点什么、注意某些化石燃料具有更大的环境危害性、在经济不稳定时期对经济成本和环境效益有所认识等仍存在很严重的问题。其他有争议的事项包括核能的长期角色，碳封存能否使煤变成清洁能源。多数可能是观念分歧，关乎某种是否有意义的地球工程，如阻止 CO_2 水平上升以操控地球气候的地球工程，或者危险是否到了完全不能接受的程度。这些议题将在随后的章节中作充分地探讨。

举例说来，当试图规划最佳发展方式时我们所面对的情况是复杂的，应当考虑对天然气持续的依赖性。人们对这一议题会有许多可能的立场，其中扼要介绍如下四种。哪一种是最佳方案很大程度上取决于你的假设以及环境和经济问题的组合，以及你给每个问题分配的权重：

（1）尽快逐步淘汰天然气以及其他所有化石燃料的使用；
（2）追求新的天然气发现，并用它替代煤发电；
（3）追求新的天然气发现，并用它替代石油作运输燃料；
（4）追求新的天然气发现，并用它作运输燃料和发电。

在此举例说明第三项观点。天然气的污染物和温室气体排放量明显比煤要少得多，即便天然气的"压裂"开采存在环境问题，如果措施得当，它们是可控的，且其总体的环境影响明显低于煤。由于天然气的新发现，其价格已大幅下降，美国近十年来的天然气可用量已翻番。当前，尽管天然气是最廉价的发电方式，但在过去它大多用于为高峰需求期的电站提供额外的电量，因为这种电站在电力切换方面远比煤或核电站快得多。

这一属性在更多地使用风能和太阳能这类可再生能源时将变得越来越重要。事实上，除天然气外很少有其他能源具有这么理想的特性，因此可能产生一种似是而非的观点，认为当需求量最大时不要把它的发电用途扩大到供电以外以防天然气储量被快速用尽。相比之下，天然气（用以取代石油）的运输用途可能更重要，因为其他替代品尚不清楚。交通部门可能存在石油替代品，包括所有电动汽车，但市场不一定认可，除非它们的行动范围（完全充电状态）有显著的提升。

请注意何以形成天然气主要用作运输燃料而不是提高其在发电方面应用的观点，我们已讨论过环境和经济利益相混杂的问题，最重要的是发电部门和运输部门都要对二者作出权衡。对于其他替代方案，思考一下类似观点的构成可能是有意义的。

知识盒　少何以变多？

本特克能源（Bentek Energy）公司进行的一个测试可再生能源替代化石燃料的案例出现了一个违反常理的结果（Bentek，2010）。测试中，风轮机弥补了一部分煤电厂的供电，而为了补偿风力发电的多变性，煤电厂需要调整其输出电量。理论上，应用风能替代煤电厂的某些发电量可能会导致 CO_2 排放量的减少（因为输出总电量相同），但情况恰恰相反，这是由于煤电厂在短时间内循环地上下变动导致其能效大大降低。正如我们所见，天然气电厂没有这方面的缺点，如果结合风轮机一起使用排放量会降低。

例3　使用风力发电弥补燃煤发电为何产生的排放更多而不是更少？

假定500MW的煤电站所产生的一部分电量由风力发电来弥补。如果煤电站以恒定额定功率运行的能效为35%，但当它需要上下变动以补偿风力发电的变化时，其能效按 $e = 0.35 - 0.00001p^2$ 减小，其中 p 为风力发电量。当500 MW中有90 MW的电量由风力发电所产生，请找出排放的增长率。

求解

为了产生500 MW的电量，煤电站需要从煤中获得 500/0.35 = 1429 MW 的热量。如果风力发电为90MW，煤电站的能效减小到 $e = 0.35 - 0.00001 \times 90^2 = 0.269$，由此需要产生500-

90=410MW 电量的热量为 410/0.269＝1524 MW。排放的增长率与煤电站热量的增长率相同，即 6.7%。

1.16 小结

本章讨论了一些与能源相关的背景话题。接下来将讨论可再生能源的本质、世界的能源—环境问题、从化石燃料能源及其有限供应和有害环境影响（气候变化正好是其中之一）转型的需求。本章最后一节讨论了可再生能源领域的就业问题。

问　题

关于问题部分的一般性注解。以下注解在每一章节中都有所涉及。本书的某些问题可能要求作出粗略的估计，另一些情况下可能需要从网上找到缺省的数据。尽管通过网络确定答案没什么不妥，但请不要用网络来替代计算过程。请务必检查所有计算结果的合理性。

（1）比较 10 个 100W，发光效率为 5%，寿命为 1000h，价格为 50 美分的白炽灯串联时所耗费的直接成本与一个相同照明度下效率为 22%，寿命为 10000h，价格为 3 美元的荧光灯的直接成本。假定电价为 10 美分/（kW·h）。

（2）一个 1000 MW 的核电站一年的发电量是多少千瓦时（kW·h）?

（3）考虑一个核电站其功率从 0 上升至最大 1000 MW 接着在 10h 内回落到 0。假定在 10h 内功率水平随时间的变化是一个二次函数。请写出功率作为时间的函数的表达式，并计算电站在 10h 内产生的总能量。

（4）美国每年产出和使用大约 71quad 能量，且其可再生能源产出的能量约 40GW。如果可再生能源的发电约占 1/3，那么可再生能源使用部分占多少份额？

（5）根据方程（1.6），如果成本减少 30%，光伏太阳能板总量增加多少倍？

（6）证明方程（1.5）指出的 24.7% 的年增长率。

（7）如果方程（1.5）和（1.6）持续成立，到哪一年光伏装机的成本可达到 50 美分/W？

（8）你认为方程（1.5）所描述的趋势是方程（1.6）的原因还是结果？讨论。

（9）如果图 1.6 所示的趋势在将来继续成立，太阳能电池何时能满足人类当前的能量需求？

（10）边长为 L 的一个正方形，如果将它铺在撒哈拉沙漠中部，上覆效率为 10% 的太阳能电池，其面积需要有多大，其发电量才能够满足全世界当前的能量需求？

（11）用例 3 的数据，找出可用于 500MW 燃煤电厂并导致排放量最小的风能的量。

（12）尽管通常只是基于总的耗电（kW·h）数向用户收取费用，一些公共事业的付款计划旨在鼓励用户将其能源使用切换到非高峰时段。假定在标准计划下公共事业按 7.9 美分/（kW·h）向多数用户收取费用，但在特定的"分时计价"计划下对非高峰时段（工作日 10pm—11am）按 3 美分/（kW·h）收费，其他时间按 16 美分/（kW·h）收费。如果一个用户在所有时段的用电量相同，他/她会选哪一种计划？

（13）图 1.7 显示了在 2050 年前太阳能光伏安装达到 200EJ/a。定量地比较预期结果与图 1.6 所示的历史趋势——注意单位的不同。

参 考 文 献

ASES (2006) *Green Jobs: Towards Decent Work in a Sustainable, Low-Carbon World*, a 2008 report by the United Nations, http://www.everblue.edu/renewable-energy-training/solar-and-wind-energy-jobs (Accessed on Fall, 2011).

Bentek (2010) How less became more: Wind, power and unintended consequences in the Colorado energy market, http://www.bentekenergy.com/WindCoalandGasStudy.aspx (Accessed on Fall, 2011).

Doran, P. T. and M. Kendall Zimmerman (2009) Direct examination of the scientific consensus on climate change, *EOS*, 90 (3), 22.

Ehrlich, P. R. (1968) *The Population Bomb*, Ballantine Books, NY.

EIA (2011) *Annual Energy Outlook 2011*, Energy Information Administration, Washington, DC.

EPI (2011) Data compiled by Earth Policy Institute with 1975–1979 data from Worldwatch Institute, Signposts 2004, CD-ROM, Washington, DC, 2004; 1980–2000 from Worldwatch Institute, Vital Signs 2007–2008, Washington, DC, 2008, p. 39; 2001–2006 from Prometheus Institute and Greentech Media, "25th Annual Data Collection Results: PV Production Explodes in 2008," *PVNews*, 28 (4), 15–18, April 2009; 2007–2009 from Shyam Mehta, GTM Research, e-mail to J. M. Roney, Earth Policy Institute, June 21, 2010.

Feynman, R. (1985) *The Character of Physical Law*, MIT Press, Cambridge, MA. http://www.scribd.com/doc/32653291/The-Character-of-Physical-Law-Richard-Feynman (Accessed on Fall, 2011).

Handleman, C. (2008) An experience curve based model for the projection of PV module costs and its policy implications, Heliotronic. Available at: http://www.heliotronics.com/papers/PV-Breakeven.pdf (Retrieved on May 29, 2008).

Rosa, L., E. Rosa, L. Sarner, and S. Barrett (1998) A close look at therapeutic touch, *JAMA*, 279, 1005–1010.

Sanders (2011) *Sanders The Sole Vote Against Small Modular Reactor Research*, http://theenergycollective.com/meredith-angwin/63331/sanders-sole-vote-against-smallmodular-reactor-research (Accessed on Fall, 2011).

Shahan, Z. (2011) *Wind Power Subsidies Don't Compare to Fossil Fuel & Nuclear Subsidies*, http://cleantechnica.com/2011/06/20/wind-power-subsidies-dont-compareto-fossil-fuel-nuclear-subsidies/?utm_source=feedburner&utm_medium=feed&utm_campaign=Feed%3A+IM-cleantechnica+%28CleanTechnica%29 (Accessed on Fall, 2011).

UNEP (2006) *Green Jobs: Towards Decent Work in a Sustainable, Low-Carbon World*, http://www.everblue.edu/renewable-energy-training/solar-and-wind-energy-jobs.

WBGU (2003) *World in Transition: Towards Sustainable Energy Systems. Summary for Policy-Makers*, WBGU, Berlin, Germany.

第 2 章 化石燃料

2.1 概述

大多数化石燃料，包括煤、石油和天然气，是由几十万到数百万年前的古生物残体形成——由此冠以化石之名。甲烷是一个例外，它作为天然气的主要成分，其来源兼有非生物成因和生物成因，并可在相当短的时间内形成。某些古生物在含氧状态下的分解不会变成化石燃料，这是由于原始存储的化学能在氧化过程中会被释放。现今，在海洋和沼泽地尤其是泥炭沼泽中，仍有化石燃料持续形成。然而这些未来的化石燃料目前可能仍处于初期的形成阶段，其形成的速率比起人类为推动工业社会而使用化石燃料的速率相形见绌，也正因为如此，化石燃料是一种不可再生的能源。

没人能确定未来会有多少新的煤、石油和天然气被发现，但可对未来的发现作出适当估计。因此，我们可以说，人类本身所处的化石燃料时代对于长时间尺度而言只是昙花一现，这意味着定性地看来，世界上的化石燃料消费就如同图 2.1 所示的那样。

显然，由于剩余储量有限，化石燃料时代至多在一个或两个世纪左右注定会终结。然而，正如你所猜想的那样，出于种种原因坐等化石燃料在转型前耗尽对地球来说将是一场大劫难，而气候变化只是其中之一（图 2.2）。现今，化石燃料占世界主要能源使用总量的 85%，核能和水电的构成是 8% 和 3%，

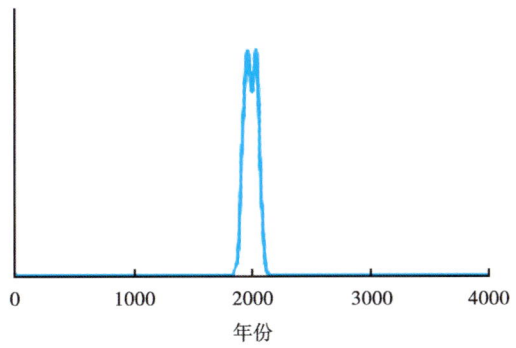

图 2.1 人类年消耗的化石燃料随时间的变化
峰值的下降是未来三种化石燃料耗尽的结果，双峰反映在石油被利用之前煤开始被大量利用

地热、太阳能、潮汐能、风能和废木料等可再生能源合计略大于 1%。问题很明显，是什么使得化石燃料在过去以及至今被当作一种有吸引力的能源，而且尽管有大量证据表明它们构成了环境问题，但为何难以摆脱它们。答案根本在于它们存有巨大的能量。例如，每千克煤、石油和天然气的能量至少是铅酸汽车电池所储能量的 200 倍，且不像汽车电池那样，这种能量是大自然赐予的。化石燃料所储的是高度浓缩能量，相比之下典型的可再生能源（如风能和太阳能）的浓度要低得多，而且无论何时何地，它们的采集、存储、运输和使用都可以比大多数可再生能源更容易和更便宜。当然，化石燃料的低价和高能量密度并不是我们对其青睐的全部理由，习惯和强权政治也扮演着重要的角色。石油和天然气尽管可能有许多相似性，如它们的形成和开采过程，但煤则完全不同，这使得逻辑上要将它们分开考虑。

图 2.2 1968 年弗吉尼亚西部法明顿煤矿灾难，致 78 名矿工死亡
尽管煤多数在于影响大气 CO_2 水平的升高，但短期内也有一些备受关注的负面影响
来源：http://en.wikipedia.org/wiki/Coal_mining

> **知识盒　有多少化石燃料？**
>
> 　　关于三种化石燃料在持续时间上受影响最大的问题在于评估每种情况下的剩余量。该领域的专家基于地质的确定性和经济价值把矿产划分为两类，"储量"和"资源量"。因此，储量被认为是有价值且可利用当前技术进行经济开采，而"资源量"则是指有潜在价值，可能最终会被用于经济开采。根据可被现有技术进行经济开采的确定性程度，储量经常被进一步划分为探明储量、控制储量和预测储量。例如，"探明储量"意味着确定性>90%，"控制储量"意味着确定性为 50%。对于一种特定的化石燃料，根据用词的不同人们可能获得不同的评估。因此，尽管美国剩余石油的探明储量估计是 $220×10^8$ bbl，其控制储量是这一数字的 10 倍（$2740×10^8$ bbl），与加拿大油砂的数量大致相当。

　　碳循环：碳元素是所有化石燃料及其来源古（现代）生物的基本组成。诚然，如科幻迷们所知，我们（以及地球上的其他生物）是碳基物种。事实上，多数生命体近一半的干重是由碳组成。碳循环描述了大量的生物地球化学过程，以此形成碳在地球表层和内层的多种储层之间交换。地表或近地表的这些储层包括大气圈（大多数的碳为 CO_2）、生物圈、海洋和沉积物，沉积物中包括了化石燃料矿藏。目前最大的储层是海洋，深海的碳成分最多

（38000 Gt），但不能与上层或大气圈交换碳。地壳的储层中化石燃料矿藏最多，而对于地上陆生植物来说森林存储的碳成分最多（86%）。碳有很多途径可进入或离开大气圈，包括动、植物体的腐烂、化石燃料的燃烧、水泥生产和火山喷发。随着地球由于大气 CO_2 上升而变暖，甚至更多 CO_2 因为海洋上层溶解 CO_2 的平衡态浓度减少而进入大气圈。

2.2 煤炭

世界上由煤炭提供的能量与所有其他化石燃料合在一起的能量相差不多，估计为 2.9×10^{20} kJ，多数不能经济开发。人类用煤炭作加热燃料的历史至少已有 4000 年，但欧洲人最早的使用历史仅可追溯到 1000 年前。在 18 世纪初期的工业革命时期正是由于煤才推动了蒸汽机的发展，可以说，没有它什么也不可能发生。工业革命初期，煤的广泛使用以大气 CO_2（主要的温室气体）浓度显著增加的方式给地球上留下了烙印，CO_2 浓度从那时起开始上升。南极洲冰心中的气泡捕捉体研究表明，工业革命之前大气 CO_2 水平约为 $260\sim 280$ mL/m^3，但自那以后已呈快速上升——尤其是在最近半个世纪期间。事实上，当前的大气 CO_2 水平已经上升到更高点，超过了最近 400000 年的点数，而且自工业革命开始以来的上升几乎完全是由人类造成的——大部分归因于燃煤发电站。

与以往相比，人类仍旧依赖于煤——它在加热方面的应用比以往少很多，但更多用于发电以及各种各样的工业过程。现今，全世界约 41% 的电产自燃煤电站，它与使用石油衍生品的汽车一起已成为提高大气 CO_2 水平的主要来源。伴随温室效应的气候变化问题和人类对气候变化的贡献将在第 9 章详细讨论。可以这么说，温室效应背后的基本物理关系毋庸置疑，人类对气候变化的贡献程度如果不占优势的话是值得深思的。

2.2.1 煤的组成

煤是可燃沉积岩石。它不同于其他通常由矿物组成的无机岩石。煤大部分由碳构成，主要来源于植物而且是有机岩石。尽管碳可能是它的主要成分，它也含有少量的烃，如甲烷，以及被认为是杂质的无机矿物。煤没有特定的化学组成，由于硫、氧、氢、氮和其他元素的精确配比，它产生了特定的分级或品级变化，甚至在一个品级中也有差异。例如，无烟煤是最高级别和最深级别的煤，其组成包括 $0\sim 3.75\%$ 的氢、$0\sim 2.5\%$ 的氧以及约 1.6% 的硫。煤的分级数依赖于分类体系，表 2.1 列出了一个广泛使用的四级体系。

表 2.1 美国标准协会关于煤的 4 种基本分级

分级	碳含量（%）	能量含量（Btu/lb）
褐煤	<46	5500~8300
次烟煤	46~60	8300~11000
烟煤	46~86	11000~13500
无烟煤	86~98	13500~15600

注：褐煤的级别最低。

如表 2.1 所示，从上到下对应煤的品级从低到高，高品级煤的碳百分含量和单位质量的能量含量更高。高品级煤由于更富含碳而趋向于少氢、氧和硫，它们含"挥发分"的百分含量也趋向于更低，挥发分是当煤在隔绝空气的情况下加热至高温时馏出的物质。对一个给定的煤样品，挥发分的百分率不是基于它的化学成分计算，而是通过将煤置于某一标准温度一段时间后直接测量得出。尽管煤中含有一些简单的化合物，多数煤分子往往非常巨大和复杂，这是因为它们通常来源于长的植物纤维。这些分子有些还缺乏命名，在不同煤块之间和同一煤块内都有变化。图 2.3 描绘了一个这样的无名分子。

图 2.3 使用了有机化学家熟悉的符号。例如，单线的六角形为 6 个碳原子组成的环，而螺母一样的双线六角形代表苯环（6 个相连的碳，角顶总有氢原子附着）。

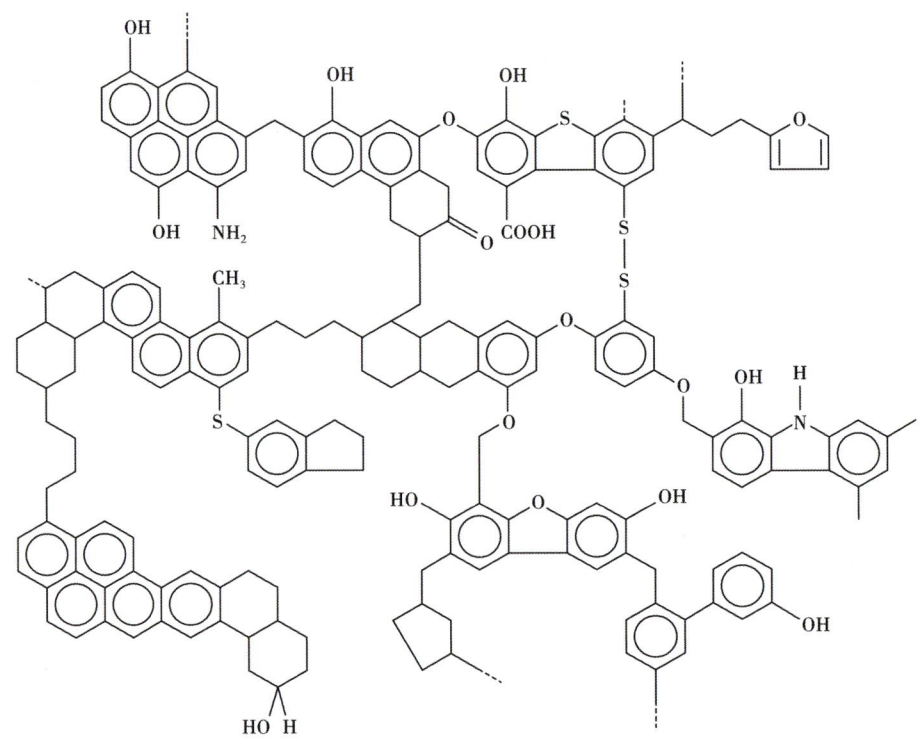

图 2.3 煤中的复杂分子

例 1 煤的能量含量

根据碳、氢、氧和硫的元素丰度得出的一个计算煤能量含量的经验公式为

$$E = 337C + 1442(H - O/8) + 93S \tag{2.1}$$

式中，E 的单位为 kJ/kg，符号 C、H、O、S 代表元素的质量百分比。利用方程（2.1）和前面关于无烟煤的信息，如，H = 0~3.75%、O = 0~2.5%、S = 1%，假定除 C、H、O、S 外没有其他元素，估计无烟煤能量含量的最高值、最低值和平均值。

求解

根据方程（2.1）中的常数值，最大能量密度要求 H 的值尽可能高、O 的值尽可能低，最小能量的要求则相反。因此，利用表（2.1）的数据，有

$$E_{max} = 337 \times 95.25 + 1442 \times (3.75 - 0/8) + 93 \times 1 = 36700 \text{kJ/kg}$$
$$= 15800 \text{Btu/lb}$$

$$E_{min} = 337 \times 96.5 + 1442 \times (0 - 2.5/8) + 93 \times 1 = 32200 \text{kJ/kg}$$
$$= 13800 \text{Btu/lb}$$

经检查，我们注意到这些值与表 2.1 提供的无烟煤的数值相当接近。

2.2.2 煤的形成

据地质学家研究，所有分级或品级的煤都形成于相同的过程，起初都是死亡的植物。在大多数时间和场所中，当植物死亡时它们产生分解或被焚烧，即氧化。但在少数情况和特定场所中，尤其在沼泽地，沉积下来的植物可以在地层中聚集并由于缺氧而免于腐烂和燃烧。由于缺氧，沼泽是这类物质逐渐在水中形成的理想场所。实际上，如果存在少量的氧，可能会出现一些腐烂，但只要腐烂的速率小于沉积速率，随着时间增加残留层的厚度将会增长。显然，厚度的增长是相当缓慢的。据估计，地层厚度要累积到 10m 厚（煤层厚度最终可能只有 1m）可能要花几千年。

尽管有些煤发现于 20 亿年的岩石中，有些发现于 200 万年的岩石中，世界上的煤大多数开始形成于 359—299Ma 前的石炭纪时期。当时由于海平面高，森林往往位于热带沿海有海水淹没的沼泽地带，成煤条件相当适宜。当一个厚的有机质残留层沉积下来后，沿海沼泽之上发生海侵或海退，但有溪流沉积注入时将导致其上沉积砂泥层。随着海平面的升降，其他的死亡有机质地层像三明治一样夹杂于砂泥层之间。随着时间的推移，沉积物将转变成岩石，并伴随着挥发分在压力和热作用下排出，有机层的压实和碳浓度的升高发生成煤过程（"煤化作用"）。根据这一现象，不同品级的煤，泥煤→褐煤→次烟煤→烟煤→无烟煤，构成了一个时间序列，这一过程在任意给定的地区可能因经历的时间、压力或热不同而仅仅达到某个中间阶段（图 2.4）。

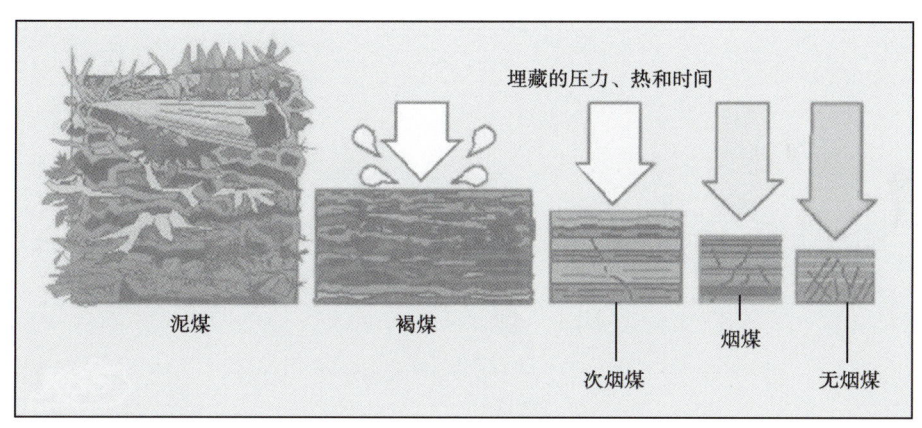

图 2.4 煤形成的过程（据肯塔基地质调查局地质学家吉姆·科布（Jim Cobb）
http://www.uky.edu/KGS/coal/coal-kinds.htm）

基于上述序列可以看出，煤的品级从低到高的变化不是简单地根据碳含量定义的人工分类，而是一个演化的时间序列。成煤理论有三方面的证据：（1）煤总是见于"煤层"或地层中；（2）煤层有时含有植物化石；（3）高品级煤往往①见于埋深大的地方、②见于经历更高温度和压力的地方、③更致密、④含挥发分更少、⑤能量含量更高。顺便说一下，尽管无烟煤列于最后，但有时随着碳含量的上升可变为纯碳质的石墨。而且，纯石墨甚至可变为金刚石，但压力需要超过 14500atm（$1.45×10^9$Pa），这只发生在非常深的条件下。

> **知识盒　金刚石形成于何处？**
>
> 假定地球的质量和半径已知，我们很容易计算出地球的平均密度为 $5500kg/m^3$。尽管地核由铁质组成且密度高于此数，由于地核只占地球总体积的一小部分，平均密度代表的是地球岩石地幔的密度。假定压力是地表之下埋深的函数，从等式 $P=\rho gy$ 可计算出石墨可转变为金刚石的深度 y 为 $y=P/(\rho g)=1.45×10^9/(5500×9.8)=26900m=26.9km$。然而，尽管金刚石处于碳演化序列的最终端元，地质学家并不认为金刚石是由带到地下足够深度的碳形成。相反，通常认为金刚石矿形成于深地幔并由火山喷发带到地表。对于金刚石形成的深度，可接受的值在 150~200km 之间——略小于我们的估计值。

2.2.3　资源基数

煤是最丰富的化石燃料，约有 50 个国家在进行商业化开采。世界上 85% 的煤可采储量集中于 9 个国家：美国（22.6%）、俄罗斯（14.4%）、中国（12.6%）、澳大利亚（8.9%）、印度（7.0%）、德国（4.7%）、乌克兰（3.9%）、哈萨克斯坦（3.9%）和南非（3.5%）。假如前面所描述的特殊成煤环境是主导因素，上述国家富煤就不会令人感到惊奇，而在不同地区煤的类型也有所不同（图 2.5）。

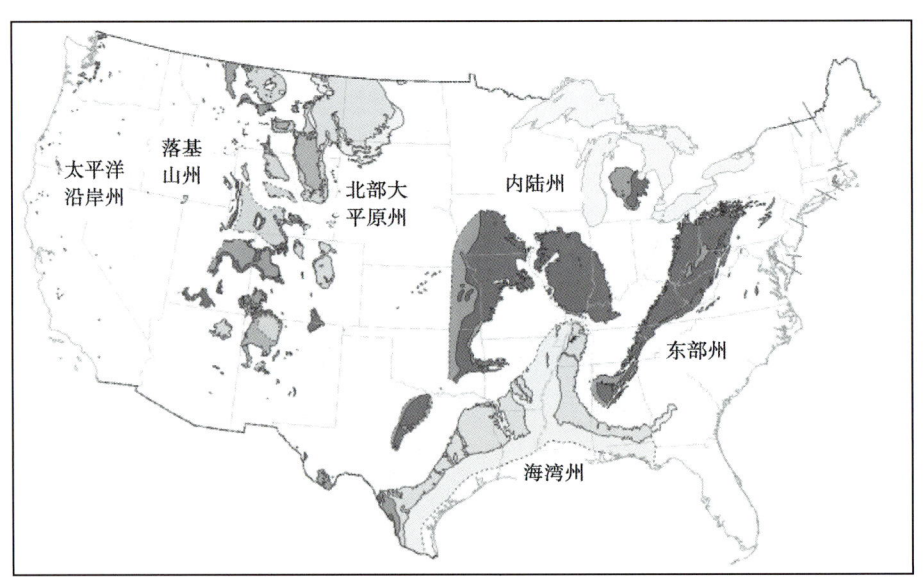

图 2.5　美国煤沉积位置
色标指示沉积物分级：亮灰色和深灰色为烟煤，亮黄色和深黄色为褐煤
来源：http://en.wikipedia.org/wiki/Coal

以美国当前的消耗率计算，美国的剩余煤炭可开采约 240 年。全球范围内，以当前消耗率计算，已知储量足以维持一个世纪。令人遗憾的是，由于中国煤产量快速增长，消耗率稳步上升，中国现今的煤产量（使用量）大致占全球煤产出量的一半。在中国，尽管煤有其工业用途，而且有时也被用作家庭取暖，但煤的使用量主要与发电有关，占电力燃料的 69%。平均而言，中国每周就有几个燃煤电站建成且在未来数年内都将如此。这使得中国的

CO_2 年排放量在 2006 年超过了美国，成为排放量最多的国家。尽管在这一方面美国让出了头把交椅，但它的人均 CO_2 排放量仍远超中国（图 2.6）。

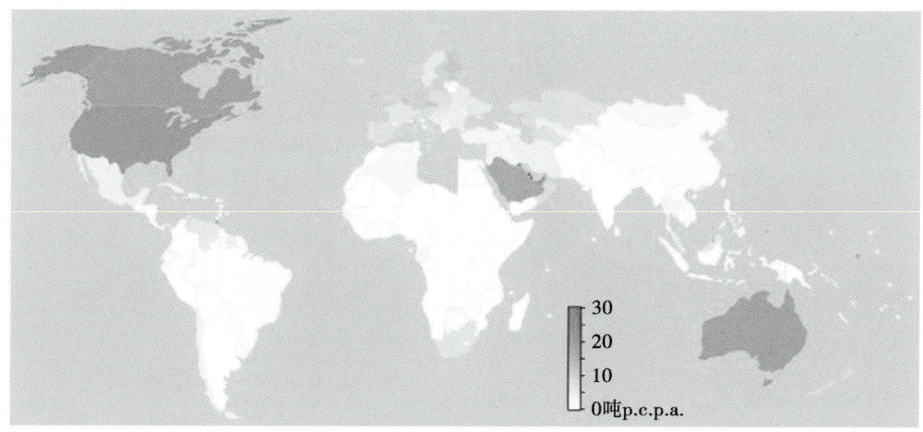

图 2.6　以每年每人 CO_2 吨数为单位的各国人均 CO_2 排放量
http：// en. wikipedia. org/wiki/File：CO_2_ per_ captita_ per_ country. png

中国大约有 60% 的在建新电站已经在技术上得到提高，可高效地限制 CO_2 的排放。某种程度上电力公司为建新电站清退了一批老旧高污染的电站，最终结果将是减少到无 CO_2 排放的程度。尽管引进更有效的燃煤电站也意味着每兆瓦发电所排放的 CO_2 更少，但任何此类效益都被中国煤炭消耗的年增量所抵消，煤炭消耗每年约有 9% 的上升。

2.2.4　煤发电

三种化石燃料都可被用于发电，但石油在其他部门用得更多（石油化工和交通运输燃料），而煤往往是发电的主要化石燃料。然而，一个国家（如德国或日本）可能出于许多原因希望利用天然气或石油而不是煤来发电，即便煤在过去最廉价——忽略"外部"（环境的）成本。这是由于考虑环境和人类健康、国内缺乏丰富的煤储量、油气通过现存管道或附近港口运输更容易。

图 2.7 显示了把燃煤的热量转换为电的基本过程。煤被粉碎和传送到燃烧室后，燃烧产生的热量使水汽化产生高压蒸汽，驱动与发电机相连的涡轮机。根据热力学第二定律，有一部分燃烧热不可避免地要通过烟道或冷凝蒸汽的冷却水带到环境中，这就是为什么煤电站跟所有热电站一样通常临近湖泊或河流。铁路是电站运煤的常用方式，河流也可担当起驳船运输。一个大型燃煤电站每日通常需要约 100 节列车厢（长度大于 1mile）或 1×10^4 t 的运煤量。

理想情况下如果排到环境中的热量尽可能地小，更多的热量可转化为涡轮机的机械能，但卡诺定理决定了基本的极限。

例 2　燃煤电站的效率

假定煤约在 450℃ 点燃，效率为 33% 的燃煤电站与受卡诺极限控制的最大可能效率相比如何？

$$e_C = 1 - \frac{T_a}{T_C} \tag{2.2}$$

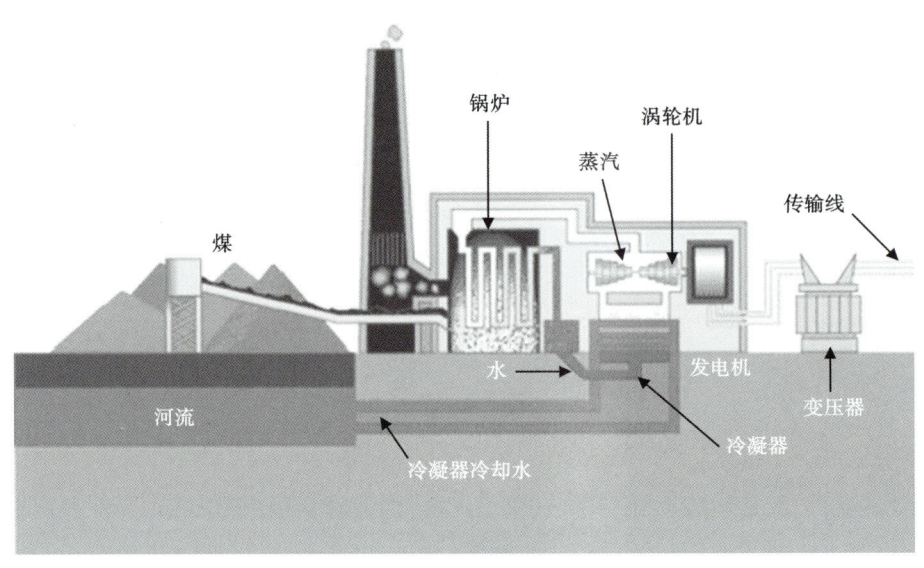

图 2.7 燃煤电站的基本组成

求解

利用方程（2.2），$T_c=450℃=723K$ 和 $T_a≈300K$，发现 $e_c=1-300/723=0.59$，即 59%，几乎是燃煤电站平均效率的两倍。

郎肯循环：所有化石燃料电站都用热机将热量转化为机械功，而全球有 80% 这种电站依赖于郎肯循环完成这一工作。图 2.8 描述了一个郎肯循环的例子，使用了温度（T）和熵（S）作变量，而不是通常的 p—V（压力—体积）变量，以便符合一些读者习惯。用 T—S 图而不是 p—V 图的优势在于在这种情况下两个等热的理想卡诺循环和两个绝热循环可以用一个简单的矩形代替。另外要注意的一点是 $\oint TdS$ 和 $\oint pdV$ 所定义的闭环面积相同，代表一次循环所做的功 W。此外，两种表达方式都遵循能量守恒定律；$W=Q_{输入}-Q_{输出}$。

郎肯循环中的工作液是液态水或气态水，图 2.8 中 T—S 图的下凹曲线显示两相的边界。最大曲率处标注为临界点的点是最大温度点，水以液态存在。在循环中 1→2、2→3、3→4 和 4→1 代表发生在蒸汽锅炉中特定过程的时序。为了更好地理解循环阶段与物理过程的对应关系，现考虑以 2→3 阶段为例。在此我们看到，图中高压水进入锅炉并使其温度从 60℃ 上升到 260℃（大多沿着曲线的左半部分）直到在水平路径部分的起点处足以汽化。当横穿该部分时，越来越多的水在恒定温度下被转化为蒸汽。一旦到达点 3，所有液态水都变为蒸汽。对一个理想的郎肯循环，1→2 和 3→4 阶段将是垂直线，循环将近似于卡诺循环，主要的差异在于循环的前半部分与垂直直线毫不相干——在 T—S 图中为绝热路径。

假定卡诺效率公式用于热机［方程（2.2）］，提升理论上的最大效率的两种方式是降低环境温度（不可行）或提升工作液的最大温度。对于以郎肯循环运行的电站，这可以通过在循环中增加一个额外的 3→3′ 阶段，使得循环在最终完全之前（3′→4）沿 50 bar 等压线上升到一个高于临界温度的温度（产生"超临界"蒸汽）来实现。这在曲线内有一个面积增加的效应并由此提高过程的效率。超临界郎肯循环部分可通过合金实现，合金可承受所需的高温高压。全球范围的超临界电站（仍为少数）运行于 540℃ 的水温和 3500 psi 条件下，效率超过 45%。

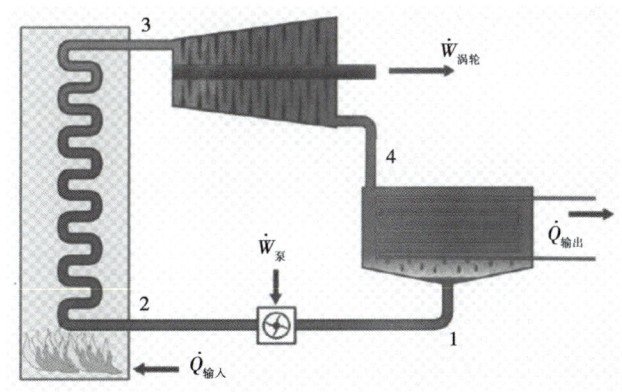

a. 运转流程

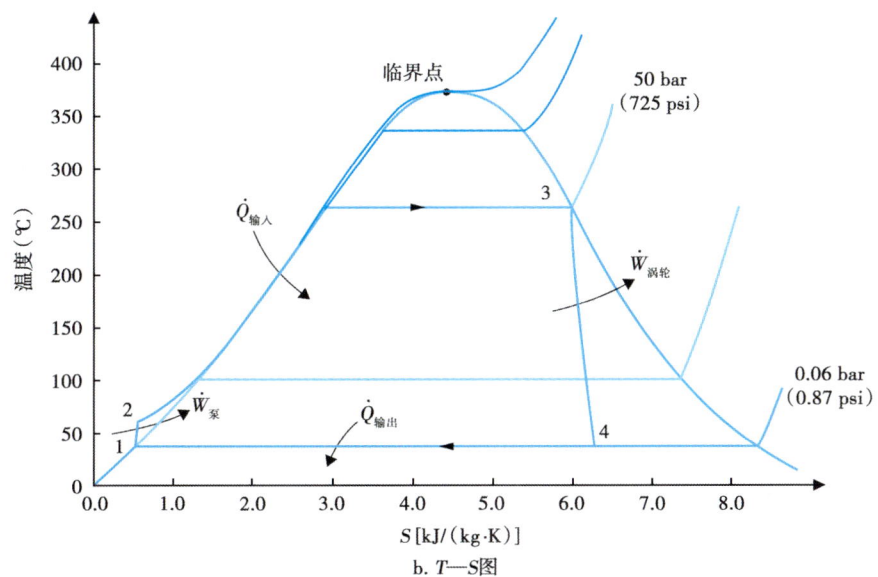

b. T—S图

图 2.8　郎肯循环的两种表示法

郎肯循环的例子显示，在 1→2、2→3、3→4、4→1 的循环阶段热量被添加和清除，所做的功为正或负

2.2.5　煤转化为运输燃料

除了蒸汽动力机车由煤提供动力，运输燃料通常为液体或气体。气态燃料"合成气"（一种一氧化碳和氢的混合物）可以通过在水蒸气存在的高压条件下加热煤而产生。已知煤气化的合成气反应为

$$煤 + O_2 + H_2O \rightarrow H_2 + CO \tag{2.3}$$

尽管合成气本身可用作运输燃料，但它的能量含量仅仅是天然气的一半，因此通常不是将它转化为类似汽油的富能量液态燃料而是提取氢用作燃料电池。

类似汽油或柴油的液相转化可以通过费托（F—T）合成实现，这涉及一系列化学反应，开始为合成气而最终产物为各种液态烃。F—T 合成由 20 世纪 20 年代的一对德国科学家发明，在第二次世界大战期间被德国使用，当时的德国汽油供应紧缺。事实上，到 1944 年，

德国每天生产 124000 bbl 合成燃料。在南非的种族隔离时期，外部汽油供应被切断时也同样使用 F—T 合成。这一合成直到今天仍被南非政府用来从煤中制取合成汽油——占其燃料需求的 30%。在大多数其他国家，合成燃料通常用天然气而不是煤来生产——这在当前是更经济之选。尽管如此，如果技术的突破使得煤更可行，万一石油短缺或价格上涨时，它可能成为富有吸引力的后备技术。

2.2.6 采煤

煤的开采有两种基本方式：地表（或露天）开采和井下开采。地表开采用于煤层深度浅的地方，煤层只需剥掉上覆物即可暴露出来，经济上优于难度更大危险性更高的地下开采。在美国，如果煤层深度小于 50m 通常是地表开采，深度超过 100m 通常为井下开采，对于 50~100m 之间的深度根据煤层厚度来选择。美国曾有一段时期几乎所有采煤都是井下开采，但现今有 60% 为地表开采，有时使用到有争议的山顶移除方法，这通常会导致自然生态系统完全破坏。

历史上，采煤是一种又脏又危险的职业。中国和美国是两个最大的产煤国，截至 2011 年两国合计产煤量占全球的 63%，因此，审视这两个国家的一些统计数据很有意义。据估计，美国在过去的一个世纪里有 10 万煤矿工人死于事故，而伴随着技术和安全措施的提升年死亡率呈显著下降。其他大部分国家近几十年在煤矿安全方面也有巨大进步，煤矿死亡数也显著下降——当前美国的矿难相关死亡数平均每年约 30 人。尘肺病在煤矿工人当中相当普遍，例如，在过去 10 年，美国有 10000 以上的煤矿工人死于尘肺病。

2.2.7 煤的环境影响

尽管在与煤相关的负面影响中煤矿工人所受的影响可能最大，严格说来，当煤被开采、运输、存储、燃烧时每个人的健康和环境甚至在很久以后都会受到影响。与采煤和燃煤相关的环境影响包括空气、水和土地污染，这些都对人类和生态系统有着长期非常严重的后果。

2.2.7.1 燃煤电站的大气排放

尽管新型电站使用"洗涤器"过滤废气，使得废气穿过烟囱时某些排放物明显下降，但燃煤电站仍是巨大的污染排放源。此外，如表 2.2 所示，煤还是最脏的化石燃料。与燃气电站相比，煤电站排放 1200 倍的颗粒物和近两倍的 CO_2。

表 2.2 使用不同燃料的电厂排放　　　　　　　　　　　　　　　　单位：kg/GJ

污染物	硬煤	褐煤	燃油	天然气
CO_2	94.6	101.0	77.4	56.1
SO_2	0.765	1.36	0.228	0.00068
NOx	0.292	0.183	0.195	0.093
CO	0.0891	0.0891	0.0157	0.0145
颗粒物	1.203	3.254	0.016	0.0001

据：欧洲环境署（EEA）根据电厂的实际排放给出燃料相关的排放系数。

除温室气体对气候变化有作用外，由于燃煤电站导致的空气污染对人类也有非常严重的后果。美国每年与煤相关的死亡数为 2.4 万人，许多是由于空气污染所致（EPA，2004）。此外，一项 EPA 资助的研究认为利用当前的可行性技术可避免 90% 的死亡率。事实上，

EPA早在1990年的《清洁空气法案》中已经被赋予规范排放的权力，但由于煤炭行业的游说，直到2011年限制汞和其他有毒物质排放的新法规才得以执行。新法规影响了美国约40%的燃煤电站，EPA估计有1.1万过早死亡将得以避免，同时每年节约370亿~900亿美元的保健成本。新法规预计煤炭行业花销的一次性评估费用约100亿美元，将可能涉及关闭一些老旧脏乱的无论如何都该清退的燃煤电站。

2.2.7.2 放射性等大气排放

尽管人们通常把放射性与核电站的排放物和废料相联系，在某种意义上燃煤电站的情况明显更糟糕。根据加州大学伯克利分校的一项研究，即便核废料的放射性大于燃煤煤灰，但在很多电站只有后者被一贯性地释放到环境中，这些电站缺乏捕获燃烧烟气所释放的煤灰的技术。因此，研究推论煤电站的煤灰释放到环境中的放射性是一个以兆瓦级正常运转的核电站的100倍（Hvistendahl，2011）。当然，核电站并不总是运转正常，核事故问题将在第4章考虑。

除了煤燃烧期间的大气排放，在采煤期间也产生明显的排放，包括煤矿中的甲烷气排放。除了对矿工有直接的危害，释放到大气中的甲烷是特别强劲的温室气体，其"令全球变暖的潜能"是CO_2的20倍。

2.2.7.3 水源污染和酸雨

当煤被开采时，水与煤的表面接触析出硫酸，甚至在煤矿被关闭后仍存在。硫酸污染溪流，致使水栖生物死亡并对人类的水源供应造成问题，这对于地表开采来说尤为严重。溶解于水的有毒微量元素也助长污染，除了导致环境破坏也造成严重的经济损失，破坏农业和渔业。在洪水事件中可导致环境破坏的地域范围急剧扩大。

除了开采造成水污染，煤燃烧期间需要大量的水，但这通常不会导致显著的污染，而酸雨是个重要的例外，它来自烟气中的二氧化碳尤其是二氧化硫与雨水的反应，产生碳酸和硫酸。我们把这些也都归为"水源"污染，即便其从工厂排出时还是气体但却以雨水的方式沉积。这些腐蚀性物质（尤其是硫酸）可致树木死亡和鱼类灭绝。由于许多电站的烟囱极高，这类污染在局部范围内减少，但实际效果是经常在远离源区的几百英里外产生酸雨——有时甚至发生在其他国家。通过立法，美国和欧盟的酸雨问题已大幅下降，成本相当低（约为之前预计的1/4），但在俄罗斯、中国和其他地区，酸雨仍旧是一个显著的问题（图2.9）。

图2.9 德国死于酸雨的树林

通过燃煤排入大气的额外 CO_2 也对全球海洋有着显著的影响,由于从大气中吸收额外的 CO_2,使得海洋更具酸性(低 pH 值)。例如,自工业革命以来,平均海洋的 pH 值已从 8.25 下降到 8.14。这一变化听起来可能不明显,但实际上酸度发生了近 30% 的巨大变化。此外,到 2100 年,预计大气 CO_2 上升将导致酸度可能上升到工业化前的 227%,对水栖生物有着巨大的影响。

例 3　酸度和 pH 值的联系

到 2100 年,pH 值相应于酸度预期增长 127% 有何变化?

求解

pH 值的定义为

$$pH = -\lg H^+ \quad (2.4)$$

式中,H^+ 为氢离子浓度,mol/L。根据工业化前海洋 pH 值(8.25)水平,利用方程式(2.4),氢离子浓度为 $H^+ = 10^{-pH} = 10^{-8.25} = 5.62 \times 10^{-9}$。如果酸度,即 H^+ 离子数,以 127% 增长,酸度将上升到 $2.27 \times 5.62 \times 10^{-9} = 1.27 \times 10^{-8}$,那么 pH 将为 $pH = -\lg 1.27 \times 10^{-8} = 7.89$,距其工业化前的值有 -0.36 的变化。

海洋酸度的上升可能对由碳酸钙构成的贝壳类的产率影响最大,因为随着海洋酸度的上升钙化过程受到极大抑制。尽管贝壳类产量下降的全方位影响仍未可知,但对生物以及大范围海洋有机物的生存相当不利,对某些特定物种的实验室实验揭示了此类信息(Hardt,2010)。

2.2.7.4　土地影响

地表采煤对山地有着严重的影响,常常破坏先存的生态系统和栖息地——通常构成永久性的毁坏。周缘几百英亩的土地受到影响的情况很常见,生活在受影响地区的人们被迫长期流离失所。缺乏重建能力、表土层流失以及采矿产生有毒元素可使土地变成广阔贫瘠的荒地。一旦关闭矿山,具备了重建能力,一些土地可被重新开垦,但通常的结果是已不适合原先的用途。

2.2.8　碳封存和"清洁煤"

"清洁煤"只是煤炭公司宣传的标语吗,它有望使煤炭成为对环境有利的能源吗?无疑,能明显减少污染物但不减少 CO_2 的技术是存在的。这些技术包括清除气体(尤其是二氧化硫)、有毒微量元素和燃烧粉尘的"洗涤器"。洗涤器已被用于一些燃煤电站,它使很多国家的许多新型燃煤电站明显比过去更清洁。例如,全球约半数的燃煤电站已使用洗涤器,可以的话,烧低硫煤的简单应急方案也能进一步减少污染。然而,真正的问题在于清除或明显降低 CO_2 排放的可能性。这一挑战的难度要大得多,其可行性和成本实效仍有待证实。此外,一旦 CO_2 被清除,以合理的成本对它进行处理("隔离")有一定技术难度,某种程度上需保持其安全性且随后不得进入大气层。

有两种处理方法受到广泛地研究,包括在废弃矿山中存储 CO_2,以及将它注入那些不再生产的老油气田中或存到深海底。如果气体被注入超过 2700m 上的深度,其密度将超过海水,如此一来它将不会上升到地表。但是,无论行业发言人怎么声明,没有迹象表明碳捕获和封存(CCS)技术在经济上有成效。如果已开发的技术得以实施,可能使煤的发电成本翻倍,而广泛地实施完全依赖于补贴或者规定 CO_2 排放价格——通过"总量管制与交易"体系或碳税，二者任选其一。鉴于许多可再生能源技术，尤其是风能，在成本上已接近与煤炭平价，且随着时间变化正变得更廉价，因此，提升煤炭利用效果（除气候变化外的所有环境问题）的整体想法是难以理解的，除非某人依赖于煤炭行业来维持生计。

> **知识盒　美国CCS计划**
>
> 美国最大的CCS实用性尝试在2011年被无限期搁置。公司不知道是否监管机构会允许它向用户收费以回收项目成本，而且据信美国国会在近期内有可能通过任何与全球变暖相关的气候立法——包括总量管制与交易体系或碳税。

最有望可行的、现实的、经济上可行的解决办法是碳捕获和利用（CCU）而不是碳捕获和封存（CCS）。捕获CO_2的各种可能的方式包括

(1) 作为合成各类化学品的原料；
(2) 作为一种通过矿物碳酸化生产建筑材料的方式；
(3) 作为促进藻类生长的营养品用于生物燃料生产。

曾经有人建议通过各种方法将CO_2本身转化为一种能源。其中之一牵涉到将它注入地下足够深的深度，深层温压可将气体转化为超临界态使得气体具有某些液体的特性，接下来驱使它（抽到地表）带动涡轮机。当然，是否这类设计都能创造成本实效，以及是否与气候变化无关的煤对环境和健康造成的有害影响能大大减小到"清洁煤"的程度而不仅仅是一个行业标语，依旧是个问题（图2.10）。

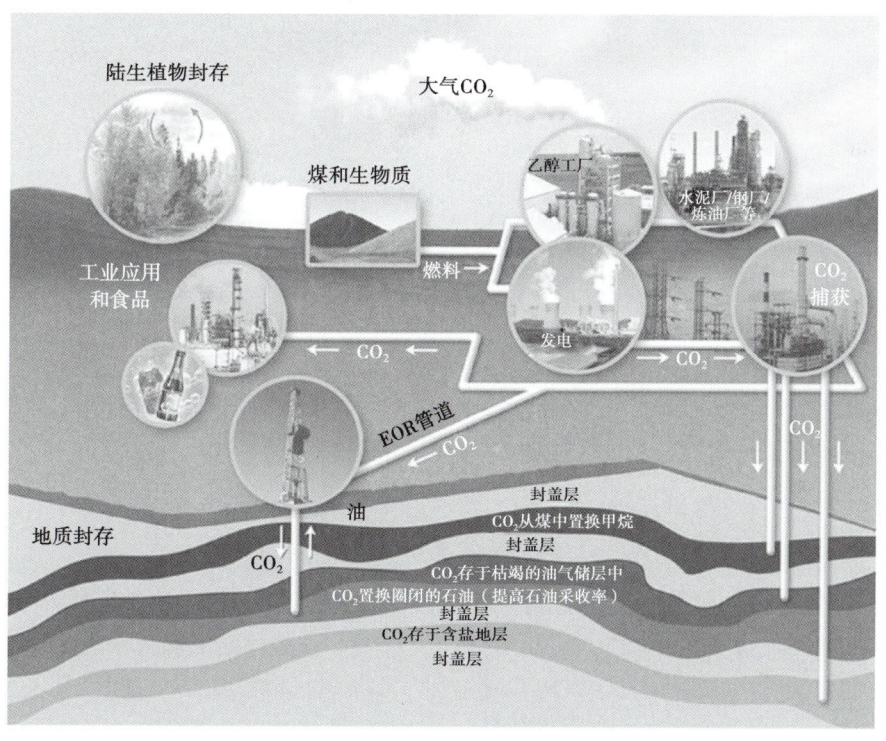

图2.10　碳封存的多种选择

2.3 石油和天然气

石油是由各种各样复杂分子组成的液态烃。它的元素组成包括83%~87%的碳、10%~14%的氢、0~6%的硫以及低于2%的氮和氧。天然气是气态的烃,主要为甲烷（CH_4）以及高达20%的高级烃,主要为乙烷。回想一下,煤中的复杂分子往往有多串排列成六角形的碳原子（图2.3）。而在另一方面,石油来自腐烂微生物（主要是海洋动植物）的残留体而不是长的植物纤维。微生物产生的烃具有不同长度的链。短链烃以气体（天然气）形式存在,长链烃以液体（油或石油）形式存在。与煤一样,石油或原油也含有各种杂质,如硫。

2.3.1 石油的使用历史

已知各种形式的石油可追溯到大约4000年前,但直到19世纪50年代,波兰钻了第一口商业油井,煤油的提炼过程才被发明,并作为鲸油的替代品被用于照明。由于天然气管道很晚才出现,最初,伴随着石油的天然气由于不易存储和运输只有烧掉和浪费掉。在美国,1859年宾夕法尼亚州的泰特斯维尔市发现地下渗出黑色流体,从此开始了石油钻探。20世纪早期,当内燃机动力汽车开始大量生产,石油的利用才真正开启（图2.11）。

从全球来看,自20世纪早期以来,石油的生产已显示出相当大的增长。人们并不能确切地知道未来石油将有何变化,但预期可考虑从已知的探明储量、逐渐增加的开采成本、替代品的成本、环境问题和法规等来作出估计。

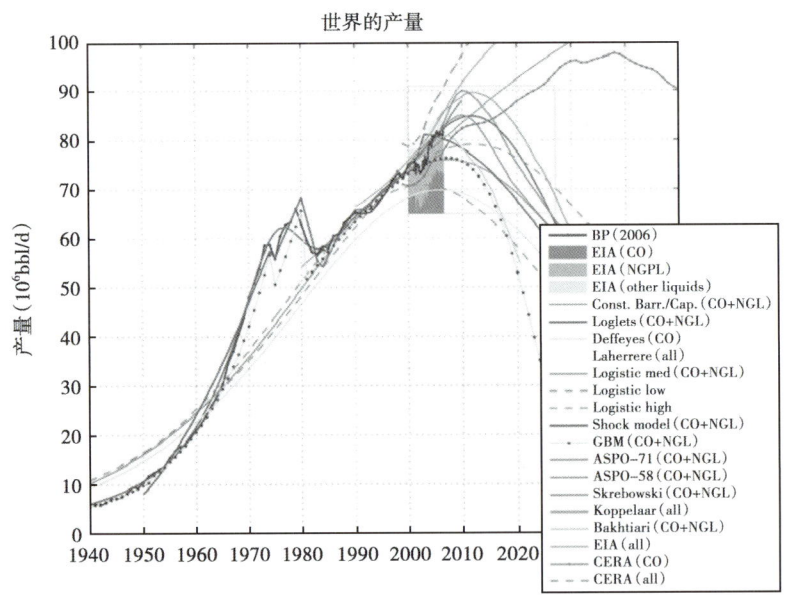

图2.11　1940年以来的世界石油产量

各种来源的预测结果多数显示巅峰产量在2010年左右,尽管有些显示出在未来几十年

http://en.wikipedia.org/wiki/Peak_oil

2.3.2 油气的资源基数

跟煤的情况一样，世界的石油储量在全球范围内分布相当不均。如图 2.12 所示，尽管中东国家占有主要的探明储量（56%），但北美（16%）、非洲（9%）、南美（主要为委内瑞拉，8%）和欧亚（7%）的储量也非常显著。美国曾有一段时期在世界探明储量中占有相当大的份额，但由于国家正以巨大的速率将其消耗掉，美国产油的巅峰时代（1970 年）在很久以前就已逝去。尽管 7 届美国总统（开始于尼克松）均倡导更大的能源自主性需求，但美国（作为世界头号消费者）大部分逐渐增加的石油消耗依赖于进口，这并不足为奇。近几十年来美国的石油进口呈稳定上升。例如，2007 年之前的整个 20 年石油消耗从 27% 上升至 67%；只有在 2007 年后有部分下降——由于美国国内石油产量低于经济条件。石油进口是导致国家贸易逆差的主要因素。事实上，如果不用进口石油，美国 5000 亿美元的贸易逆差（2011 年）大致会减半。任何有限资源总会到一个开采率最大的时间点，接着出现不可避免的下滑。对石油来说，有理由相信在几年内或在现在就处于巅峰时期。

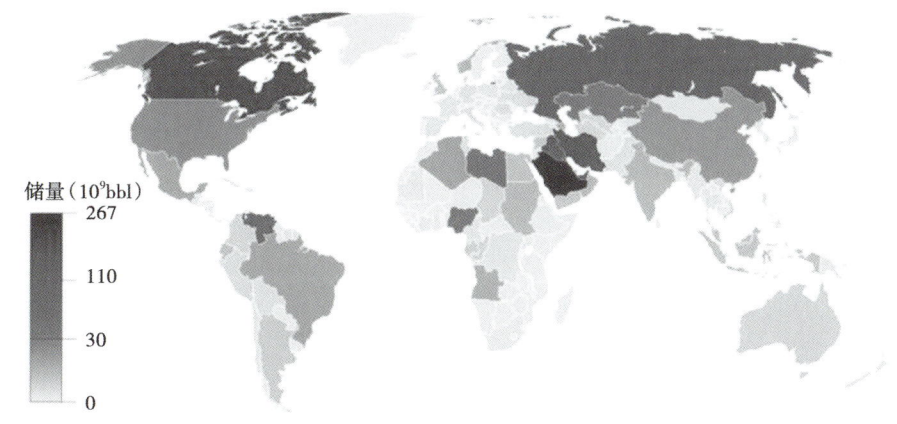

图 2.12　各国石油探明储量

天然气可见于独立的气藏，但也经常与石油相伴生。因此，除了某些例外，一些拥有大型油藏的国家也同样拥有大型气藏。截至 2010 年，全球探明天然气储量为 $188×10^{12} m^3$，表 2.3 列出了前六位国家所占的百分比。

表 2.3　截至 2010 年世界天然气探明储量各国占比

国家	占世界天然气储量（%）
俄罗斯	25.0
伊朗	15.6
卡塔尔	13.4
土库曼斯坦	3.95
沙特阿拉伯	3.92
美国	3.64

俄罗斯的油藏即便比起一些中东国家相形见绌，但它拥有比其他任何国家都多的天然气储量；美国的石油储量尽管不到沙特阿拉伯的十分之一，但拥有的天然气储量几乎与沙特阿

拉伯一样多。由于新技术使得之前一些遥不可及的天然气藏（主要为页岩气）的开发成为可能，在过去10年，作为美国主要的能源开发项目之一，国家天然气储备已近翻倍。

2.3.3 油气的形成和场所

油气主要形成于包括藻类在内的腐烂微型海洋有机质（浮游生物）。与煤的另一个不同在于油气能通过多孔隙岩层向上渗透。因此，油气通常形成于烃源岩中，接着向上运移到渗透性的储层中。油气藏能够保存下来需要有不渗透的盖层覆盖到储层之上使之形成圈闭，否则油气将不能聚集，油田就不存在。当然，这对固体的煤而言是没有必要的。与图2.13所指的不同，油气不会以文字所示的池子形式出现，而是存在于多孔隙岩石的微孔中。

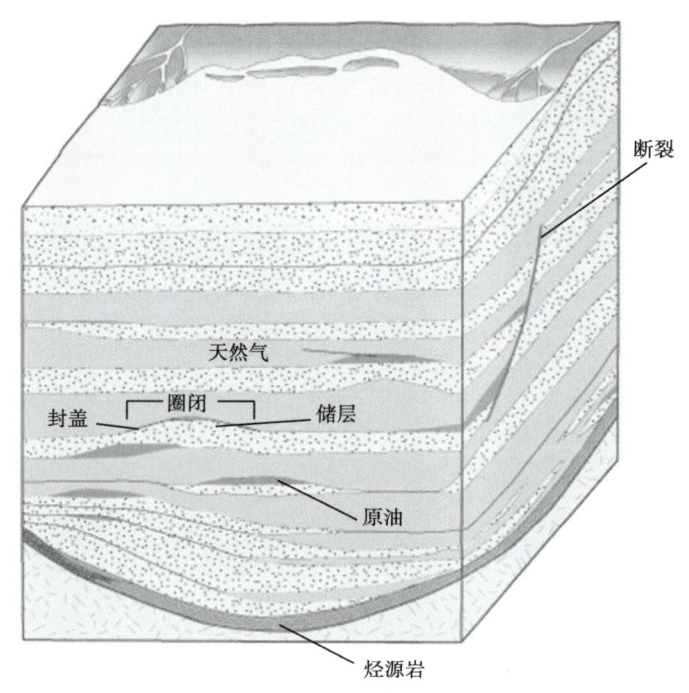

图 2.13 油气藏示意图

在一定温压条件下油气从烃源岩中形成并通过渗透性岩石和断裂
向上运移直至在非渗透性岩石下被圈闭

页岩油或页岩气的成藏方式有所不同。烃聚集于非渗透性页岩中并在此形成圈闭。水压裂形成空隙并使得流体能被采出。

鉴于油气藏须有非常特殊的岩层组合，地质学家可通过地震识别不同位置岩层的层序和结构对它们进行勘探，接着进行探井钻探。钻探可能是一个费用很高的过程，取决于钻井深度。许多有前景的位置可能位于海底，这当然也使得石油钻探和开采过程的费用更高、有所发现的风险更大。

海底也是甲烷大量贮存之地，甲烷以"笼形化合物"或称为甲烷水合物的形式存在，它是一种类似于冰的基于结晶水的固体，可封存甲烷。事实上，估计有 6.4×10^{12} t 甲烷封存于海底甲烷水合物矿藏中，但距离经济开采还较远。石油的形成需要一定的温压条件。如果温度太低，可能形成天然气但不能形成石油。在较高温度（生油窗）的情况下，油和气都可形成。高于此温度时油将发生破坏，转化为甲烷。世界上许多老油气藏，如美国和俄罗斯的油气藏，所经历的温度已超过生油窗，因而它们现在许多为气田。

与石油不同，天然气除了有生物成因，也可能来源于非生物成因。理论上，在地球非常深的部位，高温高压可将埋藏的有机质转化为"热成因的"天然气。没有这样一种备用的非生物成因形成过程，将难以理解在不曾有过生命存在的"巨型气体"行星（包括木星）及其卫星中何以有大量的甲烷生成。

2.3.4 煤、石油和天然气真的是化石燃料吗？

化石燃料在概念上意味着它主要形成于原先为生命物质，但经历了长时间温压过程后被转变。需要注意，煤、石油和天然气的形成理论只是一个通常所接受的认识，证明该理论需要权衡一些可能与之相矛盾的理论。一个可能的选项是生烃过程为非生物成因，有机质来源于地球原始组成的一部分。这一观点为已故康纳尔大学物理学家托马斯·戈尔德（Thomas Gold）和其他一些人所倡导，烃形成于地球深部并向上渗透到地壳，有的到达地表有的形成地下矿产——其中一些在后来凝固成煤（Gold，1999）。

对甲烷甚至固体碳质材料（金刚石）来说，地质学家愿意承认这种现象能够而且确实存在，但他们极不喜欢将此延伸到液态的石油以及尤为特殊的煤。作为思考各种有争议的科学理论以及评估它们正反面证据的一部分工作，我曾在其他地方考察过关于煤、石油和天然气是否化石燃料的"疯狂"想法（Ehrlich，2001）。我的调查结果认为戈尔德关于大规模非生物成因来源的假说大致可信，但这并没有受到大多数地质学家的欢迎。尽管如此，作者还是认为，这一假说尽管未得到证实但似乎仍有道理。据悉，非生物成因假说实际上过去在地质学家当中有相当广泛的认识，但在20世纪末由于未能用于预测油藏的可能位置而被放弃（Glasby 和 Geoffrey，2006）。然而，能源公司的科学家存有功利性的想法尽管可以理解，但这似乎与科学理论的有效性无关。

以下是一些支持非生物成因理论的论点：

（1）实验室试验显示烃可以在地球上地幔的温压条件下合成。

（2）岩石的孔隙提供了气体和液体向上运移的路径，但这不适用于固体的煤。

（3）如果已知甲烷有非生物成因来源，为何石油就不能也有非生物成因，因为在解释它们的来源时（在生物成因理论中）用到了同样的机制。

（4）所谓的见于石油的生物标志物，据信给出了生物成因的证据，但在一些陨石中也已被发现。

（5）石油往往被发现于与地壳深大尺度结构特征相关的大型模式中而不仅仅是沉积的结果。

（6）油气藏随时间有自发重新充注的迹象——这可能来源于下部。

当然，这一理论有许多反驳观点。例如，地质学家指出，油藏的自发重新充注不意味着来自地球内部深层的上涌，而是可能指示来自油藏之下的其他层的向上渗透。此外，化学家指出，当分析原油时，总会发现甾类化合物分子，而这类分子除了生物外没有其他形成途径。

> **知识盒　我们是否应当考虑煤、石油和天然气真的是化石燃料?**
>
> 石油理论无论是否为非生物成因,都可为找油服务,指导寻找新的前景区,如果理论成真,仍有重要的现实意义。首先,正如上述最后一个论点预示的那样,未来石油的来源可能仅仅取决于钻井闲置的时间。其次,如果石油和其他化石燃料的总量远超过我们现在的想象(以非生物成因理论来推测),不改变化石燃料的使用现状,对气候变化的潜在影响也将是非常巨大的。第三,如果化石燃料的供应真的是"近乎无限"(如几千年的供应量),下一节讨论的问题就变得毫无意义。

2.3.5　石油峰值

石油峰值的概念由地质学家金·哈伯特(M. King Hubbert)于 1956 年首次提出。他的基本想法相当简单,即只要石油的数量有限,那么对于假定的任何一个地区或国家或整个地球,产油率往往会遵循一条钟形的曲线。例如,考虑单个油田——我们将如何预期它的年产量随时间的变化?油田继首次发现之后,随着开发利用的投入加大,钻井越来越多,生产率将快速上升。在某些情况下,开采变得越来越困难,增产的速率逐渐变小,达到最大产量后,不可避免地继之出现产量下滑,油田开始变得枯竭。尽管哈伯特最初并没有提出用特征数学方程来描述特定油田的产量随时间变化的钟形曲线,但在后来他提出了用逻辑函数 $Q = Q_0 (1+ae^{-bt})$ 的微分来描述,这比常用的高斯曲线更能匹配观察的结果。如果国家的油气供应不具有太多的地理分散性,把哈伯特方程运用于整个国家而不是单个油田仍然能得到与理论相匹配的结果。图 2.14a 为挪威的产油曲线。另一方面,像美国这样的大国,石油勘探的投入在地理上有差异,与哈伯特理论的一致性可能就不如预期的那么好(图 2.14b)。值得注意的是,哈伯特的石油峰值理论产生于许多国家尚处于早期阶段而钟形曲线显示上升的时代,即峰值之前处于良好状态的时代。哈伯特尽管没有预见一个简单的钟形曲线会应用于此,但他将理论应用到了整个世界并预测在 2000 年左右产油将达到最大。如果说有什么不同的话,那就是当新的、开发难度更大的能源得到利用,人们可预期有一系列钟形曲线会随时间而变迁。

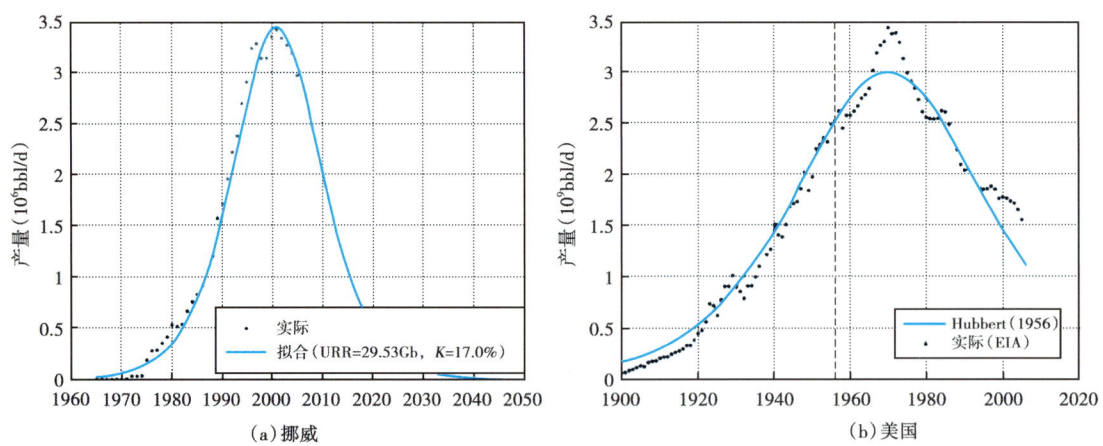

图 2.14　随时间变化的产油量以及哈伯特拟合曲线

除此之外，从整个世界范围来说，假定涉及的时间尺度非常长，人们需要考虑许多对单个油田不适用的因素。这些因素包括供需问题以及竞争性石油替代品的成本——这些因素对 1956 年的哈伯特可能仅仅只是猜想。换句话说，当石油变得越来越稀缺，油价将上涨，这既包含市场的作用也包含钻探高难度（如海底）油藏的需求。某种程度上，油价的上涨会使得替代燃料更具诱惑力，这将进一步降低石油的开采率。哈伯特 1956 年对世界石油峰值的预测不完美并不足为奇，因为世界产油的峰值并没有发生在他 44 年前所提出的 2000 年左右，而是至少在十年以后。尽管如此，他的预测基本上看似是对的。今天，许多地质学家认为以当前的消耗（生产）率来计算，石油的供应大约为 40 年，如果以此给出一条哈伯特预测宽度的钟形曲线，这与 2011 年为峰值时期相当一致。当然，当考虑到石油来自于非常规油气（和更昂贵）时（Feasta，2007）时，有许多持异议者和一些分析家把峰值放到了 2040 年左右。图 2.11 显示了关于何时达到峰值产量的各种预测。

石油峰值在国内外的社会经济中具有相当重要的意义，因为它提出放弃化石燃料（尤其是石油）不只是一种选择而是一种必然。它也意味着如果这个世界不能得到快速地过渡，结果可能意味着深刻的社会动荡，石油供应相对于需求变得日益紧缺，为竞争石油而引发国际冲突的潜在性与日俱增。这种压力可能随着中国和印度的经济崛起、中东（占世界大部分石油储量）的政治不稳定而加剧。对日本这种完全依赖能源进口的国家尤其严峻，对美国这种石油严重依赖进口的国家程度要小一点。在许多发展中国家，即便他们对石油几乎没有需求，气候变化对粮食和水供应的影响也在进一步加剧潜在的冲突。事实上，有关粮食、能源、水和气候（可能要加上经济和政治动荡）已被称为"对全球事件的一场风暴"（Beddington，2009）。

例 4　还剩多少年？

假设某一资源当前全世界的消费量处于其绝对峰值，且消费遵循高斯曲线，那么以当前消费率 R_0 定义的剩余年数 T 大致等于高斯曲线的半峰宽（FWHM）的一半。很显然半峰宽（FWHM）和标准偏差的相关关系为 FWHM = 2.35σ。

求解

如果我们现处于峰值（意味着零增长），未来的年消费可写作时间 t 的函数，其中 σ 为标准偏差：

$$R = R_0 \exp\left(-\frac{t^2}{2\sigma^2}\right) \tag{2.5}$$

对方程（2.5）在未来的所有时间进行积分给出资源剩余量 A：

$$A = \frac{1}{2}\sigma R_0 \sqrt{2\pi} = \frac{1}{2.35}(\text{FWHM}) R_0 \sqrt{\pi/2} = R_0 T \tag{2.6}$$

其中，最后一个等式遵循 T 的定义。求解方程（2.6）获得 T = 0.53FWHM。由此，如果现在正处于峰值期，以当前使用率计算的剩余年数等于半峰宽（FWHM）的一半，约 40 年。当然，这仅仅是数学上的推演而非预测，因为当产油达到巅峰时，不同观察者会得到不同的估计。

2.3.6 石油和天然气处理

油藏或气藏起初通过地质来确定其所处位置并通过测试井确定下来，在原油或天然气产品可被利用之前，要经历许多阶段，我们将在此讨论其中三个阶段：开采、运输和精炼。

2.3.6.1 油气开采

在油井开钻后的初期阶段，压力通常足以自发地驱油至地表。通常情况下，一次采油阶段可持续达到油藏容量的 5%~15%。一旦压力降低且开采进入第二阶段，必须使用泵或向井中注水将油带到地表。在某些情况下甚至这些方法也不起作用，必须利用提高采收率方法采油，其中包括注蒸汽加热（以减小原油黏度）或表面活性剂（清洁剂）以减低其表面张力。20 世纪 40 年代提高采收率方法主要水力压裂、水压裂或简单压裂。这种方法为了诱发岩层的裂缝而将流体注入岩层当中，并由此为圈闭于岩石孔隙中的油提供了到达地表的通道。因此，注入的流体（通常是水、化学品以及悬浮砂状颗粒的混合物）具有开启和增大裂缝的双重目的，并有助于悬浮颗粒在流体中传输、保持通道开放。压裂被用于天然气和石油开采，可显著地提高可采储量，油气开采的岩层深度可达到 20000ft，经济上可适用于以往未考虑的地层，如天然渗透性非常低的页岩，当采用水平井联合压裂新技术时效果更明显。这种联合允许只用一口垂直钻井而不是 10 口就可实现大面积开采。正如之前所提的那样，由于拥有这些技术，美国在过去 10 年里储量的探明程度已大致翻倍。尽管如此，由于考虑到环境问题，压裂的做法仍旧备受争议。

2.3.6.2 油气炼制

一般说来，原油和天然气在使用前需要经过处理或炼制。炼油厂是庞大的极其复杂的化工厂，绵延数里的管道连接着各个处理单元。天然气处理通过分离杂质和各种非甲烷烃来净化原料天然气，以产生"符合管道外输标准"的干天然气。炼油厂通常每天可处理几十万桶原油，往往是连续处理而非分批处理。石油炼化的基本处理涉及分馏，根据挥发程度分离各种有用的原油组分。原油包含许多不同的有用组分，包括汽油、煤油、柴油、燃油、润滑油、石蜡和沥青等组成。每一种原油组分由许多不同的分子构成，其结构上可预期的属性使它适合在燃料、润滑剂、焦油或生产石化产品的原料等方面发挥应用。与由单分子单沸点构成的物质不同，原油的馏分各自以沸点范围定义。因此，煤油是沸点在 150~200℃ 之间的馏分。图 2.15 为分馏处理过程示意图。

低沸点的石油馏分倾向于更轻，通常将它们分成三类：轻质油、中质油、重油或渣油（轻质组分剔除后的剩余物）。例如，轻质石油的馏分包括液化石油气（LPG）、汽油和石脑油，中质馏分包括煤油（及其相关喷气燃料）和柴油。这些被当作燃料的馏分最重要的是要清除非烃的组分，如硫，它可用于其他用途（如制硫酸）。燃料也以其他方式作深度处理，包括将它们混合以达到适当的辛烷值，测量自燃温度。

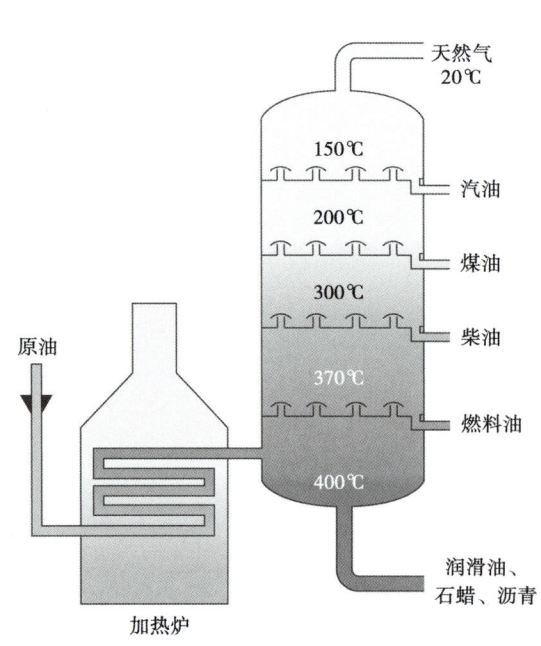

图 2.15 炼油厂的"直馏"精制分馏过程

现今多数汽油是通过大分子到小分子的"催化裂解"并将其改造而制成

美国有 148 家石油精炼厂，它们中近一半位于三大州（路易斯安那州、得克萨斯州和加利福尼亚州），全部位于近海岸地区，这使得它们在飓风登陆时易受攻击。出于环境考虑，自 1976 年以来，尽管许多现存的炼油厂已扩张，但美国不再建新的炼油厂。就经济损失、经济破坏以及对周边社区的危害而言，炼油厂也可能比保护较好的核电站更容易成为恐怖分子的目标——即便它们缺乏一切与核相关的心理上的"恐惧因素"。对于像印度这样的炼油厂高度密集的国家而言，如印度的 Reliance 炼油厂掌握着整个国家近半数的产能，这样的攻击将会格外严重。

2.3.7 油气发电站

用天然气作发电燃料在环境上比煤的危害性更小，这种电站尤其适用于高峰期供电。能够进行高峰期供电是由于它们的电力输出不像燃煤电站，可通过调整气体的流量在短时间尺度内变化。新的天然气涡轮发电站依赖于使用几个串联涡轮机的联合循环。在联合循环电站，第一次循环排出的部分热被转化为功（驱动第二发电机）。由于输入相同热量产生的功更多，联合循环比单循环的效率明显更高，也更经济。当第一涡轮机（天然气涡轮机）的点火温度相对高，联合循环电站的功效就好，其排烟温度相当高（450~650℃），能为第二阶段提供足够的热量；通常，第二阶段使用蒸汽作为工作流体并按郎肯循环运转。图 2.16 为双循环电站的示意图。此外，还存在具有高、中、低压涡轮机的三次循环电站，它们的效率更高。在图 2.16 中，从每次循环的输入和输出很容易看出，双循环电站的效率可用每次循环的效率表达为

$$e_{CC} = \frac{Work}{Heat_{in}} = \frac{e_1 Q + e_2(1-e_1)Q}{Q} = e_1 + e_2 - e_1 e_2 \tag{2.7}$$

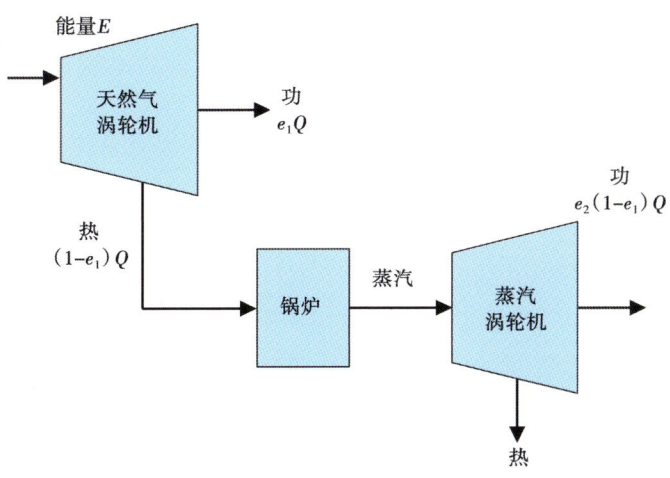

图 2.16 联合循环（双循环）电站示意图

联合循环燃气电站的高效也体现在更经济以及每兆瓦发电量 CO_2 排放更低方面。例如，尽管常规燃煤电站比常规（单循环）燃气电站造价低廉，但当考虑常规联合循环燃气电站时情况则完全不同。如果考虑碳捕获与封存（CCS），成本比较上对煤而言更不利。因此，包括美国、德国和英国等一些国家在内，计划逐渐改成燃气联合循环电站并降低燃煤电站的权重，这并不足为奇。

例5 双循环电站

假定双循环电站第一阶段的效率为35%。如果第二阶段的运行温度为227℃ = 500K，并向27℃ = 300K的环境排热，最大可能的总效率为多少？

求解

从卡诺效应找出第二阶段的最大效率，得出 $e_2 = 1 - 300/500 = 0.4$。因此，利用方程（2.7），得出总效率为 $e_{CC} = e_1 + e_2 + e_1 e_2 = 0.35 + 0.40 + 0.35 \times 0.4 = 0.61$ 或 61%。

2.3.8 油气的环境影响

石油和天然气对环境有着长足的影响，这些影响发生在开采、运输、炼制以及最终使用等各个环节，主要在于交通燃料或发电。考虑煤的环境影响，我们之前已知其大气排放明显大于石油和天然气。对于运输行业而言，通过改造某些引擎，汽车和卡车可能燃烧液化天然气（LNG）或压缩天然气（CNG）而不用汽油。研究显示，这类交通工具的氮氧化物的污染水平可降低49%，颗粒物降低90%。天然气的 CO_2 排放尽管明显小于煤（表2.2），但与汽油相比则降低程度适中——根据天然气来源的不同可达25%。因此，对于把一部分运输行业（如所有重型卡车）转成使用天然气的提议，就石油进口量的缩减以及低空气污染（CO_2尤其是非CO_2类）的结果而言是有道理的。尽管使用天然气造成的 CO_2 排放确实少于煤，但气体泄漏有时是一个容易被忽略的排放源，它可以释放大量的甲烷进入大气。像CO_2一样，甲烷是一种温室气体，事实上，以每千克为基数，它对全球变暖的影响是CO_2的25倍。根据EPA的估计，天然气的泄漏率约为2.4%。这低于3.2%的临界值，高于此值实际上天然气将比煤更易成为全球变暖的根源！

有关天然气的主要环境问题可能涉及"压裂"，以及流体化学添加剂注入油井或气井中造成的地下水综合污染。除化学添加剂外，压裂的污水也经常掺有高腐蚀性的盐、苯类致癌物以及其他地下深层天然存在的放射性元素，如镭。2010年EPA的一项研究发现钻井附近的饮用水中含有毒污染物，尽管该研究并不能排除有农业等其他污染源（EPA，2010）。麻省理工学院的另一项研究给出相似的混合结论，即"页岩开发（压裂）的环境影响正面临着挑战但可控制"。该研究进一步推论认为"对裂缝也可能穿透浅层淡水带，使得淡水带受压裂液污染的担心是存在的，但这目前并无证据"（MIT，2011a）。其他大学对有关水污染问题的研究则更可怕。例如，根据2011年的一项研究认为，取自页岩气钻井附近的68口井的水样，根据美国内政部标准，其甲烷浓度处于危险水平。在某些情况下，水中甲烷的含量高到房主可从水龙头流出的水流边上划一根火柴就将其点燃的程度。2011年，美国能源部起草了有关压裂的最终报告。本质上，报告支持使用水力压裂但附带各种保障措施并对钻井的排放作连续监控（DOE，2011）。援引DOE的报告，其他具体措施包括披露压裂液的成分、禁止使用特定液体（柴油）。钻探气井或油井的代价高昂，一些钻井公司急于在尽可能短的时间内开采天然气，其所采用的手段是极其卑劣的。

> **知识盒 与压裂有关的相互矛盾的说法**
>
> 天然气工业声称尚无记录表明存在因压裂而引起的地下水污染事件，但一些环保人士认为有记录表明数以千计的地下水污染事件是由于油气钻探造成。出人意料的是，这些说法可能是真实的。钻探导致地下水污染有许多途径，包括地表泄漏随后向下渗透到含水层——这是一种比压裂更可能的污染途径，诱发的裂缝出现于几千英尺的深度。与以往不同，由于垂直井的压裂很少，其实际对地下水污染的净影响可能很小。

与油气相关的对环境有显著影响的另一个领域是漏油。

小漏油事件是经常发生的事情。媒体未能报道。但当大型的惊人的漏油事件发生时，它可能长时间地吸引公众的注意力。如发生在 2010 年的 BP "深水地平线"号钻井平台灾难。大型漏油可毁坏受影响区的野生物种。举例说来，即便清理干净，受油污浸泡的鸟幸存下来的数量可能小于 1%，因此事故后的精力似乎主要投入到维护公共关系上。通过清理来恢复生态系统困难而漫长，主要依赖人类的补救措施与大自然的修复能力，包括气候、洋流以及水中出现耗油细菌等。尽管大型漏油的经济损失可能相对容易评估，但对生态系统和人类健康（尤其对清理工人）造成的长久影响可能难以估量。只要这个世界还依赖石油，漏油就是现实问题，值得注意的是，尽管小型漏油每天都有发生，但自 20 世纪 70 年代以来随着时间的推移大型漏油发生的频率已变少（ITOPF，2011）。

与油气管道相关的健康和死亡成本也是相当可观的。例如，2011 年在肯尼亚内罗毕发生汽油管道爆炸事件，导致近 100 人死亡。从整体来看，尽管石油和天然气远不够环保，但他们对环境的影响并不像煤那么糟糕，尤其对天然气而言更是如此。这种判断不应被解释为坚持使用化石燃料的理由，因为它们全都对环境有着严重的负面影响——它只能判断哪种影响更糟一些。

> **知识盒　天然气——对可再生能源是敌是友？**
>
> 对天然气和风能、太阳能这样的可再生资源的关系有两派意见。一些观察家（包括作者）把天然气视为一种重要的可替代煤、甚至在某种程度上可替代石油的"过渡燃料"，它在几十年内有必要作为一种更清洁的替代品，实现向可再生能源的切换。其他观察家持相反的观点，认为丰富廉价的天然气将阻碍向可再生能源的转型。然而，考虑到可再生能源成本正在下降的速率，以及它们渗透到市场的速率，这种顾虑可能没有必要。此外，电网为了提供稳定的电力输出，可将天然气作为一种电力资源填补因可再生能源不稳定而造成的间歇。因此，它能补偿可再生能源的可变性，作为清洁能源的扩展组合将变得越来越重要。一些环保人士反对将天然气作为"过渡燃料"的一个论点在于它可能对到 2100 年把全球温度限制在最多上升 2℃ 造成困难，这被视为不会引发灾难的最高水平。这一观点的是非曲直将在第 9 章和第 14 章有关气候变化的问题作讨论。

2.4　小结

本章涉及煤、石油和天然气三种化石燃料的形成、利用和对环境的危害性，尤其是煤。也涉及各种有争议的问题，包括煤、石油和天然气是否真正是化石燃料，"清洁"煤是否存在，以及比煤或石油可能更清洁的天然气是否真的可以作为我们迈向可再生能源的"过渡燃料"。

问　题

（1）从定义出发，对熵的微小变化 $dS = dQ/T$，证明 $W = \oint p dV = \oint T dS$。

（2）解释为什么卡诺循环在 T—S 图中以矩形描述。提示：根据熵的定义，为什么必须用垂直线代表绝热过程?

（3）从物理上解释图2.8中3→4阶段有什么情况发生?

（4）如何理解"根据方程（2.1）中的常数值,最大能量密度要求H的值尽可能高、O的值尽可能低,最小能量的要求则相反。"

（5）假定燃煤电站燃烧褐煤。根据褐煤的能量含量（表2.1）,以kg/GJ来估计CO_2的排放量并将结果与表2.2中的排放数据进行对比。假设煤中的所有碳都转变为CO_2,产生CO的量可忽略不计。

（6）在第2.8节中提到,自工业革命以来海洋的平均pH值已从8.25下降到8.14。证明这与海洋酸度接近上升30%相一致。注意根据定义中性蒸馏水的pH值为7.0,酸度增加的百分比是相对于这一中性点。

（7）有人提出隔绝煤燃烧期间排出的CO_2的一种途径是将它存储于深度大于2700m的深海底。①假定海水密度为1020kg/m^3,求这一深度下的大气压力;②假定温度为280K,通过网络搜索确定的CO_2在这一压力下的相态（固态、液态或气态）;③在网上找到密度—压力相图,估计这一深度下的密度,检验密度是否超过海水密度。

（8）世界探明天然气储量据估计为$1.9×10^{14}m^3$。假定常压下1t天然气所占的体积为48700ft^3。天然气水合物的圈闭量（估计为$6.4×10^{12}t$）相比于探明储量如何?

（9）解释正文中这两句话:"今天,许多地质学家认为以当前的消耗（生产）率来计算,石油的供应大约为40年,如果以此给出一条哈伯特预测宽度的高斯型曲线,这与2011年为峰值时期相当一致。"

（10）在一个联合循环的燃气电站中,哪一个循环的效率更高重要吗?事实上你可能期望哪一个循环的效率更高?对于三循环电站,就e_1、e_2和e_3三个效率而言,总体效率的近似公式是什么样?

（11）考虑一个电站的额定输出电力为1000MW。证明如果电站的效率从33%上升到50%,每兆瓦发电所释放的热流减半。

（12）对一个联合循环（双循环）电站,如果假定每个循环为卡诺循环,证明其总效率与同等燃烧和环境温度条件下的单循环一致。

（13）美国每天消耗大约$4×10^8$gal汽油。假定将全国200万辆18轮的挂斗载重货车队转为使用天然气,美国石油的进口量下降多少?假设美国石油的进口量为其消耗量的50%,18轮货车平均每加仑行驶6mile,每年行驶60000mile。

（14）如果你认为"压裂"（水力压裂）的风险太大而不可行,查找一些资源并用一页的篇幅来支持这一观点,看看你是否能找到该论点的任何缺陷。同样,如果你碰巧认为压裂应该可行,也试着证明。

（15）写一篇相对于严格的技术问题（如化石燃料的富能量密度）而言,我们对化石燃料依赖背后的政治和经济因素相对重要的分析。

参考文献

Beddington, J. (2009) Food energy water and the climate: A perfect storm of global events? http://www.guardian.co.uk/science/2009/mar/18/perfect-storm-john-beddington-energy-food-climate.

China (2004) Shanghai Star Newspaper. November 18, 2004, http://app1.chinadaily.com.

cn/star/2004/1118/bz9-3. html.

China (2005) People's Daily Online. March 18, 2005, http://english. peopledaily. com. cn/200503/18/eng20050318_ 177365. html.

China (2009) http://www. nytimes. com/2009/05/11/world/asia/11coal. html.

DOE (2011) http://www. shalegas. energy. gov/resources/111811_final_report. pdf.

EEA (2008) European Environment Agency (EEA) gives fuel-dependent emission factors based on actual emissions from power plants in EU. Air Pollution from Electricity-Generating Large Combustion Plants, EEA, Copenhagen, Denmark, ISBN 978-92-9167-355-1.

Ehrlich, R. (2001) Nine Crazy Ideas in Science, Princeton University Press, Princeton, NJ.

EPA (2004) http://www. msnbc. msn. com/id/5174391/

EPA (2010) EPA: Natural gas drilling may contaminate drinking water-science news, redOrbit, June 25, 2011.

Feasta (2007) http://www. feasta. org/2007/01/12/why-confusion-exists-over-when-the-oilpeak-will-occur/

Glasby, G. P. (2006) A biogenic origin of hydrocarbons: An historical overview, Resour. Geol., 56 (1), 83-96.

Gold, T. (1999) The Deep, Hot Biosphere: The Myth of Fossil Fuels, Copernicus Books, New York.

Hardt, M. J. (2010) http://www. scientificamerican. com/article. cfm? id=threatening-ocean-life.

Hvistendahl, M. (2011) Coal ash is more radioactive than nuclear waste: Scientific American, Scientific American, Nature America, Inc., December 13, 2007. Web: March 18, 2011.

ITOPF (2011) http://www. itopf. com/information-services/data-and-statistics/statistics/

MIT (2011a) MIT Energy Initiative (2011). The future of natural gas: An interdisciplinary MIT study, MIT Energy Initiative, 7, 8, http://web. mit. edu/mitei/research/studies/documents/natural-gas-2011/NaturalGas_Chapter%201_Context. pdf, accessed July 29, 2011.

MIT (2011b) http://blog. cleantechies. com/2011/06/22/liquefied-coal-may-become-aneconomically-viable-fuel-option/

Spill (2011) Expert recommends killing oil-soaked birds, Spiegel Online, May 6, 2010, http://www. spiegel. de/international/world/0, 1518, 693359, 00. html, accessed August 1, 2011.

Zhang, J. and K. Smith (2007) Household air pollution from coal and biomass fuels in China: Measurements, health impacts, and interventions, Environ. Health Perspect., June 2007, 115 (6), 848-855.

第 3 章 核 能 基 础

一些可再生能源的书不涉及核能，但根据需要把可再生能源与核能等其他能源技术相比较是很重要的。此外，从实际情况看，核能是可再生能源的一种形式。在核能的两个章节中，这一章我们主要考虑基础知识，下一章了解必要的技术问题。本章开始为历史概述，接下来介绍核能基础学科的进展，同时也对核辐射及其对人类的影响作相关的探讨。

3.1 早期概况

与任何新兴科学一样，核科学在早期经历了一个困惑和意外发现的阶段。有许多先驱作出了重要的贡献，我们在此重点介绍三个人物：亨利·贝克勒尔（Henri Becquerel）、玛丽·居里（Marie Curie）以及尤为重要的欧内斯特·卢瑟福（Ernest Rutherford）。亨利·贝克勒尔（与玛丽·居里、皮埃尔·居里一起获得1903年的诺贝尔物理学奖）通常被公认为是放射性的发现者。贝克勒尔的发现完全是出于意外，而这一意外发生于1896年的某一天，当时他正在研究铀盐的磷光（Becquerel，1896）。他碰巧把一些铀盐放到了照相底板上，而为了防止曝光，底板是用非常厚的黑纸包裹着的。但贝克勒尔发现照相底板变模糊了。他记录道"如果把一个打孔的硬币或镂刻的金属屏放在磷光物质和纸中间，可以在底片上看到这些物体……从这些实验中可推论上述磷光物质发射了射线，穿透不透明的纸并还原银盐。"（Becquerel，1896）

当贝克勒尔取得发现时，还没有完全认识到"放射性"辐射的属性，正如放射性与原子核的联系在10年后才发现。贝克勒尔的名字现在被附加到了核科学的一个重要SI单位中，贝克勒尔（Bq）被定义为一次核衰变或每秒一次衰变。

玛丽·居里对早期核科学的重要贡献在于她对放射性理论的创新及其对放射性现象是由于存在某些迄今未知的元素的认识。她将第一个未知元素命名为钋，以此向她的祖国波兰致敬，第二个未知元素命名为镭。玛丽·居里与其丈夫皮埃尔合作，他们共享1903年的诺贝尔物理学奖。引人注目的是，她的女儿伊伦·约里奥·居里（Irène Joliot-Curie）也与其丈夫费雷德克里·约里奥·居里（Frédéric Joliot-Curie）共享诺贝尔奖。玛丽·居里（出生名为玛丽亚·斯克沃多夫斯卡）也赢得了1911年的诺贝尔化学奖，她是一位真正了不起的女性，也是第一位两次获得诺贝尔奖的科学家。玛丽·居里在法国巴黎大学完成她的发现，是巴黎大学的第一位女性教授。玛丽·居里和皮埃尔·居里从原料沥青铀矿中分离元素镭的工作涉及艰辛的体力劳动，是在难以置信的原始条件下在一个没有窗户、没有供暖、漏水的棚屋中进行的（图3.1）。

知识盒　玛丽·居里的其他遗产

在大多数国家，物理学方面的女性代表在科学界所占的比例很低。例如美国，根据美国物理学会（AIP）的数据，2007年约有18%的物理学博士学位被授予女性（AIP，2010）。2005年AIP的一份报告调查了19个国家的类似统计（AIP，2010）。有趣的是，在玛丽·居里出生和作出巨大贡献的两个国家（波兰和法国）分别位列第二和第一，女性物理学博士占23%和27%。这仅仅是一个巧合吗？

现实的工作难点之一是提取0.1g重的氯化镭需要1t重的原料沥青铀矿。当然，早些年并没有认得到放射性的危害，玛丽·居里也因此可能付出了患癌的代价。为了纪念这位伟大的科学家，我们以居里（Ci）为放射性单位，代表每秒370亿次核衰变或贝克勒尔，这一数字大致相当于1g纯镭的放射性强度。

知识盒　放射性诱发癌症？

放射性致癌与自发癌症没有区别，因此并不能确切地说居里夫人死于放射性诱发的癌症。但事实上她的工作无疑使她暴露于非常高的放射性条件下，明显会增加患癌的概率。此外，她的整个成年生活都处于健康欠佳的状态（Coppes-Zatinga，1998）。带有讽刺意味的是，尽管电离辐射可能致癌，它也被用于治疗——玛丽·居里开创的领域。

(a) (b)

图3.1　(a) 玛丽·居里和皮埃尔·居里在旧棚屋首次提取出镭元素
（照片来自玛丽·居里自传，由AIP埃米利奥·塞格雷档案馆提供）；
(b) 玛丽·居里，诺贝尔化学和物理学奖获得者

3.2 原子核的发现

20世纪早期，根据化学参数，物质由各种元素对应的原子组成的概念被合理地建立起来，即便还有一些科学家怀疑原子存在的真实性且没人理解原子的结构。包括汤姆森（J. J. Thomson）在内的一些物理学家对原子结构模型进行了假设，最著名的即为汤姆森的所谓葡萄干布丁模型（Thomson，1904）。汤姆森于1897年发现电子带负电（Thomson，1897）。由于已知原子通常为电中性，他推测电子可被看作静态的、呈等量连续分布、带正电荷块体（"布丁"）中的葡萄干。这一模型有许多引人注目的特点，但只有实验检验才能揭示其真实性。这一任务落到了物理学家欧内斯特·卢瑟福的头上，他的实验揭示了自然界中基本粒子的属性，成为今天大量实验的原型。

随后几年，卢瑟福开展了更多开创性的工作，他于1908年获得诺贝尔化学奖。他与研究生汉斯·盖革（Hans Geiger，后来以盖革计数器闻名）和欧内斯特·马斯登（Ernest Marsden）一起完成了著名的实验，证实了原子核的自然属性。实验的基本思想相当简单。卢瑟福试图用平行（定向）发射的粒子束探测薄片材料的原子结构。平行光束很容易实现——只需在容纳放射性镭的厚层铅容器中打一个小孔。镭发射的所谓α粒子将是平行的，因为只有α粒子逃离容器并穿过窄孔。由于金箔容易做到非常薄（仅几个原子的厚度），卢瑟福选用金子作为原子的探测材料，这保证了α粒子束在穿过薄片时通常只碰到一个金原子（图3.2）。

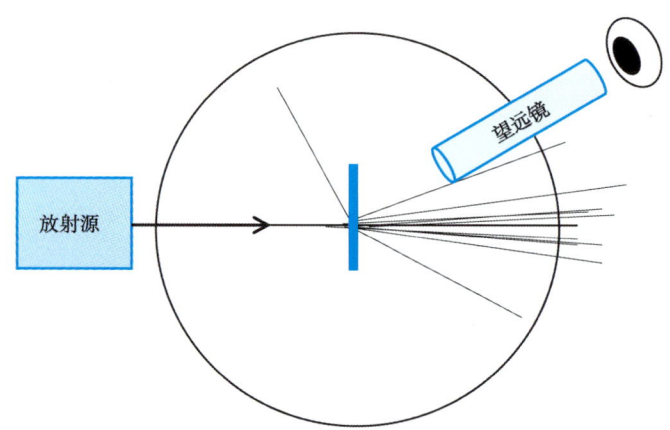

图 3.2 卢瑟福实验所用装置示意图
与放射源的入射α粒子束之间呈30°夹角的望远镜，绕垂直轴旋转，
计量粒子束撞击装置中央薄的金箔靶后以不同角度散射的α粒子数

卢瑟福在更早之前确定了α粒子的电荷为+2e（即量级上是电子电荷的两倍，符号表示方向相反），其质量约为电子的4000倍以上。α粒子现在被认为是氦原子核，当然这在卢瑟福发现原子核之前是不可能知道的。

卢瑟福希望观察当α粒子束撞击金原子时以不同角度散射的程度，他计划通过简单地计量不同角度偏转的α粒子的数量来完成。在没有现代化辐射探测器的时代，测量α粒子旅行轨迹的偏转角度对其学生盖革和马斯登的视力来说无疑是巨大的挑战！卢瑟福早前已开发了硫化锌闪烁计数屏，并用它来检测当一个 α 粒子击打屏幕上的指定点并引起闪光时的偏转角度。卢瑟福有什么预期吗？假定 α 粒子质量大、速度高，他预期绝大多数 α 粒子在受 α 粒子及其所遭遇的最近原子之间的电荷（库仑）力作用下，只有很小的偏转。事实上，基于汤姆森葡萄干布丁模型的一级近似，由于原子总体上为电中性，其正电荷是弥散的，偏转力将几乎为零。

盖革和马斯登日复一日地记录着闪光数，他们观察到各种各样的偏转角度，并确定了卢瑟福的预期结果，即绝大多数的角度非常小。然而，数据显得有点怪异。一些 α 粒子（即便只有 1/8000）的偏转角度非常大（大于 90°）。事实上，有很小比例的 α 粒子几乎呈 180° 偏转，即直接呈反方向。表 3.1 显示了各个角度的计数结果。

表 3.1 盖革和马斯登所记录的金箔 α 粒子散射数据（据 Geiger 和 Marsden，1913）

角度	150	135	120	105	75	60	45	37.5	30	22.5	15
计数	33.1	43	51.9	69.5	211	477	1435	3300	7800	27300	13200

注：记录间隔为 1°，计数角度从 15°~150°。

原著中出现了某些角度的计数结果含小数部分。这种看似不可能的情况反映了一个事实，即对于大于 90° 的角度，为了获得统计上有意义的数值必须增加观察时段，当调整的计数阶段不同时，就会导致计数结果为小数。

对盖革和马斯登在大角度区观察到的计数的认识，援引卢瑟福的话说：

"这是我一生中曾碰到的最不可思议的事情。就犹如你在一张薄纸上发射一颗 15in 的炮弹，但它朝你反弹了回来。"（Cassidy 等，2002）

卢瑟福意识到这部分怪异数据说明原子存在微小的核，它占大部分的质量。在此状况下，如果 α 粒子直接冲向原子核，质量大而体积小的原子核将能够使 α 粒子发生偶然性反向偏转。而为数不多的反向或近反向偏转意味着原子核的大小相对于原子本身相当小。通常对卢瑟福发现原子核的描述都到此为止，但这并不足以评价卢瑟福取得的辉煌成就。任何幸运的科学家都能观察到数据异常并据此而构想出新的革命性的理论，但只有伟大的科学家会继续前行，排出其他理论，使新理论在所有定量环节上都得到数据的全面支持。

3.3 卢瑟福散射实验的数学运算

卢瑟福试图用原子中央存在质量大而体积小的原子核的设想来解释由他的学生盖格和马斯登记录的 α 粒子的精确角分布现象。由于本节的数学运算比起本书的多数章节更具挑战性，读者在阅读时不妨跳过此节，只需关注卢瑟福对不同角度散射粒子数的推导结果即可（图 3.3）。

> **知识盒 立体角的概念**
>
> 三维中模拟的角被称为立体角，它以球面度而不是弧度来测量。回顾一下弧度角的基本定义，即沿绕一点的单位圆的弧线长度。立体角的相应定义为在绕一点的单位球体上的面积，一般用符号 Ω 表示。显然，最大的立体角为 $\Omega = 4\pi$。

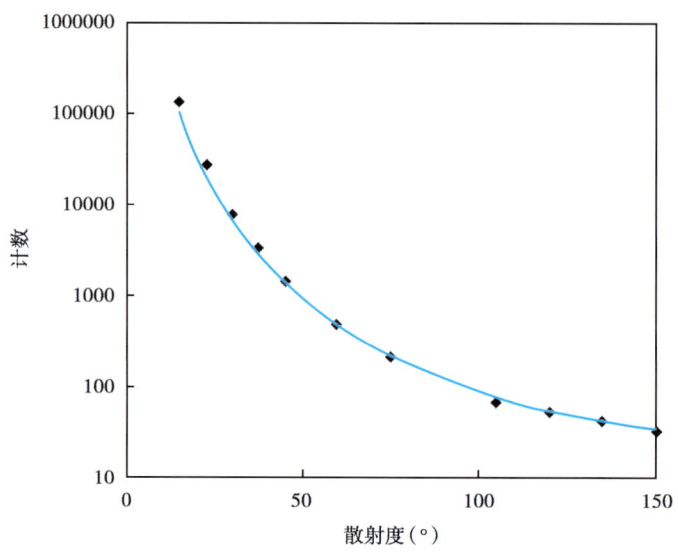

图 3.3 卢瑟福实验的数据及理论
点为实验观察的计数与散射角度的关系，光滑曲线据 $C\sin^{-4}(\theta/2)$ 作图，
C 为常数。对于适当的 C 值，数据有很好的一致性

卢瑟福假定单个 α 粒子严格按"碰撞参量" b 产生不同角度的偏转，b 被定义为当粒子距离靶非常远时，从 x 轴到入射 α 粒子速度矢量的垂直距离。因此，直接冲向原子核的 α 粒子（$b=0$）将偏转 180°，而碰撞参量大的那些粒子偏转的角度就小。利用经典力学和库仑力与距离的平方呈反比的关系，很容易地推导出碰撞参量 b 和散射角 θ 之间的关系（Goldstein 等，2000）为：

$$b = \frac{kq_1q_2}{2E\tan(\theta/2)} \tag{3.1}$$

式中，E 为 α 粒子的动能；$k = 9 \times 10^9 \text{Nm}^2/\text{C}^2$ 为库仑力常数。

α 粒子和原子核各自的电荷为 $q_1 = +2e$ 和 $q_2 = +79e$。

在推导方程（3.1）的过程中，卢瑟福假定 α 粒子在与原子的碰撞中所受的作用力几乎完全来自足够小且带正电的原子核，因此当 α 粒子处于球形电子云当中时，电子云对 α 粒子将不施加作用力。通过进一步假定随机分布的碰撞参量，卢瑟福能够推导每一角度散射的粒子分数。按现代的术语称之为微分截面：

$$dA = \sigma(\theta) = 2\pi b db \tag{3.2}$$

微分截面代表围绕靶原子核（散射中心）的（环形区域的）面积，穿过该区域的抛物体发生偏转（散射）的角度为 θ，更确切地说角度区间为 $\theta \sim \theta+d\theta$。

图 3.4 是对微分截面概念的图解说明，粒子呈小角度 $d\theta$ 或呈三维立体角 $d\Omega = 2\pi\sin\theta \, d\theta$ 散射。散射到立体角小区间的粒子数由下式给出：

$$dN = N_0\sigma(\theta)d\Omega = N_0\sigma(\theta)(2\pi\sin\theta)d\theta \tag{3.3}$$

式中，N_0 为入射强度（单位时间单位面积的粒子数）。

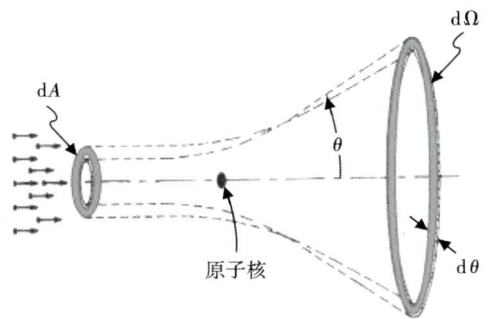

图 3.4 平行的粒子在环形区域 dA 中入射，被散射到图中所定义的微分立体角 dΩ 中

即便不宜把粒子设想为沿轨迹行进（按量子力学），仍可利用下式通过方程（3.3）给散射定义一个测量的截面：

$$\sigma(\theta) = \frac{1}{N_0} \frac{dN}{d\Omega} \tag{3.4}$$

然而，到目前为止我们假定的是单靶原子核。一般说来，对一张在粒子束面积 S 内含有 N_t 个原子核的金属箔片而言，分散在给定的立体角范围内的实际粒子数 dN 为：

$$dN = N_t N_0 \sigma(\theta) d\Omega \tag{3.5}$$

就已知的量而言，唯一未解决的是找出靶原子核数 N_t。利用维度分析很容易看出金属箔片中的靶原子核数取决于粒子束的面积，可用箔的密度 ρ、厚度 d、阿伏伽德罗常数 N_A、面积 S 以及材料的原子量 A 来表达，即，

$$N_t = \rho d N_A \frac{S}{A} \tag{3.6}$$

注意方程（3.2）到（3.6）适用于任意作用力，但方程（3.1）仅仅适用于负二次方的作用力。利用方程（3.1）和经典力学的守恒定律，可得（Goldstein 等，2000）

$$\sigma(\theta) = \frac{dN}{d\Omega} = \left(\frac{kq_1q_2}{4E}\right)^2 \frac{1}{\sin^4(\theta/2)} \tag{3.7}$$

方程（3.7）的关键在于每单位立体角散射的 α 粒子数与半散射角的负四次方成正比。因此，举例来说，过 60° 角的粒子数应比以 180° 散射的粒子数大 16 倍。卢瑟福由此完美地解释了 α 散射数据，他对原子核的断言不仅只对异常数据（某些 α 粒子存在大角度偏转）给出定性的相符的解释，也给出了详细的定量描述。

例 1 对原子核的大小设置一个上限

利用盖革和马斯登记录的数据和镭发射 α 粒子的主能量（4.75MeV），确定卢瑟福能为金原子核半径设置的实验上限。将这一数据与金原子核以及金原子的实际半径相比较。注意 $1eV = 1.6 \times 10^{-19} J$。

求解

为了使卢瑟福散射公式即便在散射角接近 180° 的条件下也与数据相符，原子核的尺寸需小于最近距离 r。在最近距离处（对于一个 180° 的散射），α 粒子初始的动能 E 将完全转

换为静电势能（由于暂时停止），因此

$$E = \frac{kq_1q_2}{r} \tag{3.8}$$

利用 E = 4.75MeV、q_1 = 2e、q_2 = 79e，得出 r = 4.79×10^{-14}m = 47.9fm。根据网络数据，金原子核的实际半径已知为 7.3fm，而金原子的半径为 0.144nm，卢瑟福的金原子核半径上限约为金原子大小的 1/3000——真的微不足道。

除了充分考虑微分截面，也可通过全体角度的积分对任意过程定义总截面（积分散射截面）：

$$\sigma_{\text{FOT}} = \int_0^{4\pi} \frac{d\sigma}{d\Omega} d\Omega \tag{3.9}$$

注意对任意碰撞参量，总截面可看作靶原子核的有效粒径（截面面积）。但一般说来，不同入射粒子的总截面可能不同，而且总截面的意义不限于弹性散射问题，但可被应用于由抛射诱发的任意原子核过程。截面是对入射粒子引发散射概率的一种度量。

3.4 原子及其核的组成和结构

卢瑟福提出原子核的质量大体积小，1911 年他继续提出了原子的行星模型的假设，其中认为，犹如一个微型的太阳系一样，电子是围绕着原子核沿轨道盘旋（Rutherford，1911）。两年以后，尼尔斯·玻尔（Niels Bohr）把一些新的基团要素引进到行星模型中提出了他自己的模型。这些基团要素包括在所谓的基态之间的量子跃迁（Bohr，1913）。波尔的模型在大多数物理学入门的课程中都有讲授，它基于量子力学，是通往全面理解原子结构的一个重要桥梁。

与此同时，卢瑟福等人也在继续从事着原子核结构和组成方面的工作。1919 年，卢瑟福发现通过 α 粒子的轰击，可将一种元素转变（"嬗变"）为另一种元素。在随后的实验中，卢瑟福等人发现，在核嬗变期间经常有氢原子核被发射出来。显然，氢核（现在称之为质子）在核结构中扮演者基础的角色。通过将核的质量与其电荷相比较，物理学家认识到核所带的正电荷可以解释为质子的整数倍。1920 年，卢瑟福提出了原子核中有中性粒子（现在称之为中子）的假设，他认为电子受质子束缚（Rutherford，1921）。对这些质量与质子相同的中性粒子，有必要观察原子数（电荷 Z）和原子质量 A 之间的差异。直到 1932 年，詹姆斯·查德威克（James Chadwick）才真正能够检测到卢瑟福提出的中子并确定其存在（Chadwick，1932）。

随着实验上发现了中子，现今原子的组成就显得完整了：原子核占原子质量的大部分，其外为 Z 个电子，原子核由 Z 个质子加 $N=A-Z$ 个中子组成❶。一个给定的元素是以原子数 Z 为特征，它决定了元素的化学属性，元素的各种同位素有不同的中子数或者说不同的 A 值。中子和质子共享许多特征，包括质量相同（差异在 0.1% 范围内）、自旋相同，因此将他们总称为"核子"。

---

❶ 此处忽略了一个事实，即中子和质子现在认为不是基本的粒子（如电子），它们本身是由夸克构成。关于夸克理论有许多好的普及书籍，更通行的"万物理论"被称之为弦理论。

3.5 核半径

之前提到,卢瑟福根据散射实验可设定金原子半径的上限。利用能量更高的 α 粒子,它们可更靠近原子核,就有可能实际测量出原子核的大小,而不仅仅是设定上限值。然而,实践上经常使用的是电子而不是 α 粒子来完成实验操作。这样的实验已经在许多不同的靶原子核中开展,而且规律很显著。对于所有已测得半径的原子核,与质量数 A 有如下的关系:

$$r = r_0 A^{1/3} \tag{3.10}$$

其中,$r_0 = 1.25 \text{fm}$。诚然,把原子核看作具有轮廓分明的表面有点过于简化。为了理解公式的意义,用球形核的半径来简化计算其体积[方程(3.10)],你将看到体积与 A 成正比。这意味着什么呢?

值得注意的是,这种特性(体积与粒子数成正比)完全不同于核外原子,这是因为原子的体积与其所含的电子数并不成正比。因此,与电子不同,核子看上去像近距离挤在一起的不可压缩的物体。换另一种方式来表达这种状态即需要注意所有的原子核恰好具有相同的密度,利用方程(3.10),可得出其值相当惊人,为 $2 \times 10^{17} \text{kg/m}^3$,是水的 200 万亿倍。除了原子核本身外,这么大密度的物质在宇宙的其他地方存在吗?令人惊讶的是答案是肯定的,它存在于被称之为中子星的外天体内部,中子星是超新星生命即将终结,经历了大爆炸后的星体残骸❶。

3.6 核力

卢瑟福和其他同时代的核科学家设法解决的一个问题是原子核靠什么聚在一起?如果只存在电磁的自然作用力,带正电荷的质子很明显会相互排斥,因而即便存在对电磁力无"感应"的中子,也不可能存在稳定的质子集群。显然,必须存在某些强大的足以克服库仑斥力的吸引力。这种附加作用力被取了一个无趣的名字叫"强作用力"。表 3.2 通过与众所周知的库仑力和重力以及鲜为人知的弱作用力的比较,总结了强作用力的性质。

给强作用力的强度赋值为 1 是主观而为。需要注意的是,重力相对于其他三个而言是极弱的,这就是为何当考虑核反应时重力没有意义。其他的基本作用力中有一个被称为"弱"作用力的,它在原子核内发挥作用,但考虑到它的作用范围短,它跟强作用力一样在原子核外不起任何作用。在粒子物理学中,所有的作用力都被假定为以粒子为媒介进行交换。因此,正如表 3.2 所指出的那样,电子与电子间的作用力是由于它们之间交换光子所造成。然而,交换的粒子并不能被观察到,与可被探测器观察到的"真实"粒子相对比它们被称为"虚拟"粒子。近年来,已出现一些好的论证,显示在足够高的能量状态下这四种基本作用力统一为一体。

---

❶ 地球上一满茶匙的核物质将重 $100 \times 10^8 \text{t}$。找一种材料去造出这样一个茶匙将是巨大的挑战!

表 3.2　四种基本作用力间的比较

比较参数	强作用力	库仑力	弱作用力	重力
强度	1	1/137	10^{-13}	10^{-40}
作用范围	约 1fm	无穷（$\sim 1/r^2$）	约 0.01 fm	无穷（$\sim 1/r^2$）
特征	总是吸引力	对特征相反的电荷为吸引力	斥力	总是吸引力
感应	核子	任意带电粒子	任意粒子	任意物质
媒介	胶子	光子	W 和 Z 玻色子	引力子

> **知识盒　有关核同位素的基本情况**
>
> （1）一个元素的所有同位素具有相同的质子数 Z，即化学特性相同。但它们的中子数不同，原子量 A 有差别，例如 $^{235}_{92}U$ 或 $^{238}_{92}U$ 是铀的两个同位素，元素的 $Z=92$，$A=235$ 或 238。
>
> （2）某些同位素稳定而某些不稳定（放射性），但某些"稳定的"同位素只是半衰期太长而不能被观察到——半衰期是放射性原子核原有数量衰变一半的时间 $\tau_{1/2}$。
>
> （3）某些元素有许多稳定同位素，如锡和氙各有 9 种同位素之多，而有一些元素则没有同位素，如铍。截至 2010 年，已知半衰期最长的同位素是碲-128，其半衰期 $\tau_{1/2}=8\times 10^{24}a$；半衰期最短的为铍-13，其半衰期 $\tau_{1/2}=2.7\times 10^{-21}s$。
>
> （4）同位素只能被物理（而不是化学）分离意味着它们对核质量的微小差异敏感。

3.7　电离辐射和核转变

根据定义，当放射性原子核衰变时会发射辐射。这种辐射经常能穿透物质并留下电离痕迹，因而术语电离辐射是更松散的核辐射术语。事实上，不是所有的电离辐射都发源于原子核，如 X 射线，也不是所有发源于原子核的辐射都有电离，如中微子。尽管许多辐射在剂量足够高时会对生物有机体造成危害，但电离辐射的危害尤为严重。这不是简单地指它的穿透力（无线电波的穿透性也很强），而是指与辐射后离子所留痕迹相关的细胞损害。

电离辐射已知有 α、β 和 γ 三种常见的类型。前面已提到，α 粒子是氦核，它的 $A=4$ 而 $Z=2$，因此，当"母"核 (A, Z) 衰变发射出 α 粒子后，其"子"核的原子数量为 $A-4$ 和 $Z-2$，正如在 $^{238}_{92}U$ 同位素衰变中所描述的那样，我们将它写成 $^{238}_{92}U \rightarrow ^{234}_{90}Th + ^{4}_{2}He$。β 射线或为电子或为带正电荷的对应物质（称之为正电子）。在 β+ 核发射期间，根据反应：$p \rightarrow n + e^+ + v$，质子转变为中子和正电子以及第三种粒子——幽灵一般的电子中微子❶，而在 β- 的情况下，根据反应：$n \rightarrow p + e^- + \bar{v}$，中子转变为质子、电子和反中微子。请注意在这两种情况中，由于核的原子数发生了 $\Delta Z = \pm 1$ 的变化，含转变的 n 或 p 的核在特性上都必然发生改变。γ 射线也来自原子核，此时核的能级发生改变，但核的特性不变，即 A 或 Z 的值不变。

---

❶ 此时此刻每秒有万亿个中微子通过你的身体，但它们无论如何都不会造成伤害，因为中微子与物质的相互作用非常微弱。检测中微子需要巨大的探测器，因为它们的相互作用非常弱。

你可能想知道质子在什么条件下转变为中子以及 β± 衰变何时发生逆转。原子核自发地倾斜于从低稳定态向高稳定态转变。一般说来，质量数为 A 的最稳定的原子核往往具有特定的中子—质子比率，对轻的原子核来说为 50/50（N=Z），即 Z 值上限约为 Z= 20，而对重的原子核来说中子具有上升的趋势（N>Z）。在图 3.5 中最稳定的核位于红色的"稳定谷"区域。当一个特定的同位素处于"稳定谷"的上方和左方时发生 β+ 衰变（一个质子变为一个中子），这是由于它们较富质子，相反，当一个特定的同位素位于其下方或右方时，发生 β- 衰变。

图 3.5 中深色的点代表稳定的核，它们沿着一条被称之为"稳定谷"的曲线分布。当移向谷的任何一边，原子核就会变得越来越不稳定（半衰期更短）。灰色区域为 β+ 和 β- 发射区。位于谷上端的大质量原子核倾向于发射 α 粒子，因为这一过程可以有效地减少核的质量。读者可能疑惑为何 Z 值最大约在 Z=20 时原子核的中子和质子数相等，即 N=Z，而对于 Z>20，中子增加的趋势大于质子。原因在于原子核中的中子和质子与原子中的电子一样，是从最低能级开始充填一系列能级，但每个粒子各自充填自己的能级（就像电子一样，每一能级有两个粒子）。因此，假设原子核中有 10 个质子但只有 6 个中子，在这种情况下能量将优先驱使两个质子转变为中子并充填到空缺中子的最低能级中，使得中子和质子数量相等。

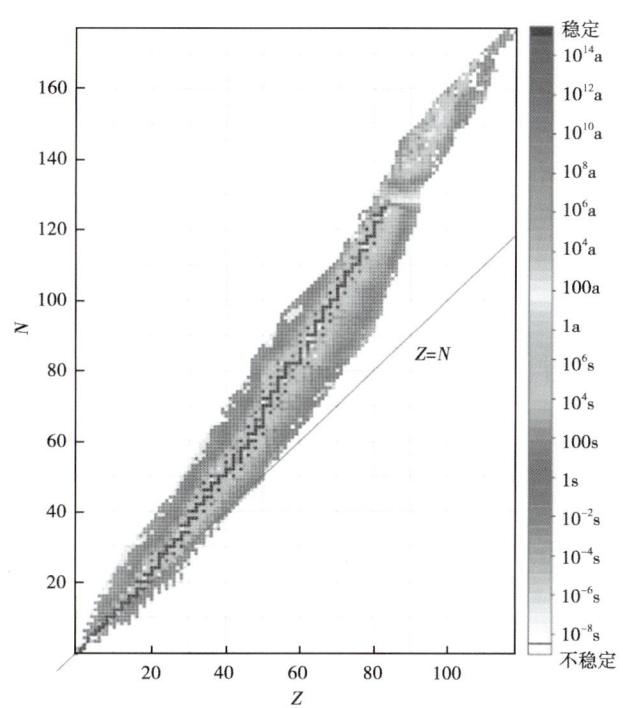

图 3.5　所有已知原子核的中子数 N 与质子数 Z 关系图
原子核按其衰变周期编码，图片由 BenRG 绘制
http：//commons. wikimedia. org/wiki/File：Isotope_and_half-life. svg

然而，在超过 Z=20 之后的情况则有所不同，因为当 Z 值增大时质子间相互感应的斥力也逐渐增加。究其原因是由于质子与质子相互作用的数量是随 $Z(Z-1)/2 \sim Z^2$ 变化，而最邻近的短程的强引力只随 Z 值变化。当 Z 值增大时质子和质子间逐渐增大的斥力大于引力，致使质子的能级上升并高于中子的能级。

3.8　核的质量和能量

在任意一个所讨论的三种衰变过程中，母核衰变时所释放的能量是巨大的——以每个原子或每千克为基数计约为化学过程的 100 万倍。

尽管能量巨大，被誉为核科学之父的卢瑟福针对他的核研究曾说过："……任何人希望从原子的转变中得到电源都是空谈"（Hendee 等，2002）。值得注意的是，这是他在 1933 年核裂变将要发现之际所作的评论。卢瑟福对其工作的实际影响认识不足是可以理解的，因为就他知道的这类过程而言真的不适合大规模发电。为了理解核反应释放的能量来源，我们需要考虑爱因斯坦（Einstein）1905 年的狭义相对论，及其曾写下的最著名的方程：$E=mc^2$。对该方程的一种解释认为质量（m）是能量（E）的一种形式，质量（单位为 kg）和能量（单位为 J）之间的"换算系数"是参数 c^2，c 为光速，3×10^8m/s❶。对 $E=mc^2$ 的另一种理解认为由于质量只是能量的一种形式，在任意释放能量 E 的反应中，反应物的净质量必然以量 $m=E/c^2$ 减少。考虑到参数 c^2 巨大，这种质量变化只会在真正释放出惊人能量的情况下才显著，如核反应。在这种过程中，尽管系统的质量确实是由于初始和最终状态间的结合能不同而根据 $E=mc^2$ 变化，但核子的总数保持不变。

3.9 核结合能

强作用力克服（质子间）较弱的库仑斥力将原子核结合在一起，因此毫无疑问要把一个原子核拆解为其本构核子需要相当巨大的能量。完全拆解的能量代表了原子核的"结合能"，它等于所有本构核子（Z 个质子和 N 个中子）与原先原子核的质量差乘以 c^2，如以下方程所示：

$$E_B = (Zm_p + Nm_n - M)c^2 \tag{3.11}$$

图 3.6 为 E_B/A 图（每单位核子的结合能）。

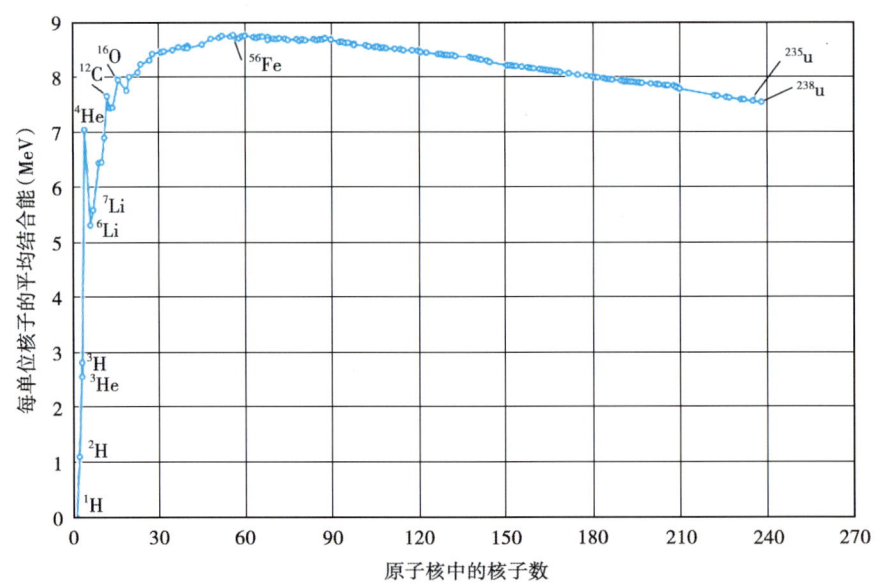

图 3.6 每单位核子的核结合能曲线
或称为 E_B/A 与核子数关系图，由 Mononomic 绘制并对公众开放
http：//en.wikipedia.org/wiki/File：Binding_energy_curve_-_common_isotopes_with_gridlines.svg

---

❶ 假如可将 1kg "填料"通过某种方式完全转化为能量，其可用量将是 9×10^{16}J，供电量够美国纽约市用 2 年。

E_B/A 值最高的原子核趋于最稳定，因而它们结合得最紧密。由方程（3.11）可知，这些原子核的核质量与本构核子的质量相比也最小。根据图 3.6，最稳定的原子核为铁（Fe^{56}）。许多学生对结合能的符号不清楚。根据其定义，由于拆解一个结合的系统（原子核）需要做功，很显然它一定是用正号。但早期对于将系统束缚在一起的势能是用负号。

3.10　核聚变的能量释放

结合能曲线的形态暗示了核能可通过两种过程提取：裂变和聚变。非常重的原子核每单位核子的结合能小于铁附近原子核的结合能，因此如果把铀这样的重原子核分裂（裂变）成两个轻核，两个轻核合并的质量将小于原先的母核，而丢失的质量转换成能量被释放出来。与之类似，如果将两个轻核结合（聚合），同样也将释放出能量。为了阐明这一点，以"D—T"聚变反应来考量，D 和 T 分别代表氢的同位素氘和氚，也常被写作 ^2H 和 ^3H。D—T 反应可写作 $^2H+^3H\rightarrow ^4He+n_1$，其中 n_1 为中子。假定已知各自初始原子核的结合能为 2.2MeV 和 8.5MeV，最终原子核的结合能 28.3MeV 和 0MeV，那么减少的结合能则为 17.6MeV，因此反应中的质量丢失为 17.6MeV/c^2，而释放的能量为 17.6MeV。注意，在此为了方便把 c^2 简单地考虑为质量单位的一部分，即 MeV/c^2。

例 2　估计核聚变释放的能量
氢聚变反应释放的能量与普通的氢燃烧相比如何？
求解
如果燃烧 1kg 氢，释放的能量为 130MJ，根据 $E=mc^2$，与 1kg 原料相当的能量为 $9\times10^{16}=9\times10^{10}$MJ。因此，变化份额仅为 1.5×10^{-7}%。相比之下，以 D—T 聚变反应释放出 17.6MeV 来考虑，原先的两个原子核合并后的质量 $A=5$，能量大致相当于 5×938MeV = 4690MeV，百分数变化为 0.38%。质量降低 0.38% 看似不多，但它（每次反应）所释放出的能量比普通的氢燃烧高出 250 万倍！

3.11　核裂变的机制

重原子核可自发裂变为两个轻核，如 $^{238}_{92}U$，但半衰期相当长（45 亿年），也可通过诱发发生，通常是吸收一个中子。中子对诱发核裂变尤其有效，这是因为与带正电的质子不同，它们很容易在不受任何库仑斥力阻碍的情况下穿透原子核，而且不像电子，它们对核引力的感应强。图 3.7 描绘了中子诱发重核裂变的概念。哑铃形摆动的长方向首先呈水平接着变为垂直，看起来像发生在太空梭无重力环境下液滴的摆动。造成能量释放的原因可理解为当哑铃在摆动期间处于大幅度拉伸时，两碎片间的库仑斥力驱使它们分开并超过短程的强作用力，发生完全破裂，并在随后的库仑斥力作用下使碎片产生加速。

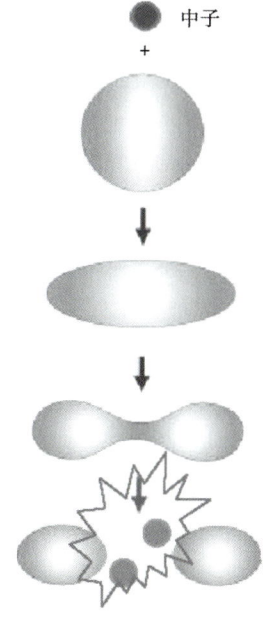

图 3.7　通过中子吸收诱发原子核裂变示意图

以形成两个子核、两个中子并释放能量结束。该图暗示在实际裂变之前的中间阶段母核如何遭受摆动形成"哑铃"的形态。实际情况与图中不一样，两个裂变碎片（或子核）的大小往往不等

随核裂变发射出两个或三个中子要求重核的中子比例比轻核高。因此，当它们分裂成两个碎片时，这些原子核将趋于富中子状态并在短期内将发射出中子以达到更稳定的原子核状态。

例3　估计裂变释放的能量

考虑$^{238}_{92}$U原子核的自发裂变。将其设想为简单地裂变成两个等质量的碎片。利用图3.6估计这一事件所释放的能量，并将估计值与通报值相比较。提示：图3.6中曲线上$A=90$和$A=240$之间的近似直线段的E_B/A值近似从8.7到7.6变化。

求解

利用提示所给的值可见，当A的变化为150个单位，E_B/A值的变化为1.1MeV。假定该段曲线的斜率恒定，如果$^{238}_{92}$U原子核分裂为$A=119$的等大小碎片，原先的A值也变为119，因此裂变期间的E_B/A值将为每单位核子（1.1×119）/150 = 0.87MeV。假定原先原子核中总核子数为238，我们得出当$^{238}_{92}$U分裂时结合能上升了$0.87\times238=207$MeV；由此，207MeV也是所释放能量的估计值，与$^{238}_{92}$U裂变期间以往的估计值非常接近。

3.12　核聚变的机制

伴随裂变所发射的中子很重要，这是因为它使得链式反应在概念上成为可能，是产生大量核能的关键所在。撇开"冷聚变"不谈，核聚变不像裂变，原子不经过相当高温（可与太阳中心温度相比）的融合是不能发生聚变的。

> **知识盒　冷聚变**
>
> 1989年，电化学家马丁·弗莱许曼（Martin Fleischmann）和史坦利·庞斯（Stanley Pons）向世界宣称他们拥有在接近室温下产生核聚变的方法（Fleischmann和Pons，1989）。实验涉及在钯电极下电解重水，并声称所依据的是（1）异常热产物（"余热"）和（2）观测到中子和氚等少量核副产物。有人从理论上对此申明提出了质疑，随后据透露并没有令人信服的证据表明产生了他们所述的核反应副产物。随着其他一些人尝试去证实这些结果——有正面也有负面，美国能源部（DOE）同年召集了一个小组对这一项工作进行了评审（DOE，1989）。小组中的大多数人认为这一新的核过程的发现在证据上并没有说服力。此外，2004年DOE的第二次小组评审得到了与第一次相似的结论（DOE，2004）。冷聚变现在已被其忠实信徒重命名为低能核反应（LENR）和凝聚态核科学，以逃避不光彩的历史。

由两个带正电的核子间库仑斥力推测，聚变的启动需要非常高的温度。这种斥力只有在核子以足够高的速度和能量相互碰撞时才能克服。让我们看一下D—D聚变反应$^2H+^2H\rightarrow^4He^*$，$^4He^*$代表相当短寿的原子核，它在瞬间以三种途径之一衰变。当一个氘核从远处正面与另一个相接近，其势能的函数关系可表现为如图3.8的变化。

这一势能图（用粗曲线表示）以围绕$r=0$（目标氘核的位置）对称作图。对于r大于几个飞米（位于势能尖点），氘核间$1/r$的库仑斥力对它们起排斥的作用。图3.8的左半部分和右半部分对比了以经典力学或量子力学所描述的相互作用的情况，对于经典力学的情况（图的右半部分），根据其能量值（虚线的高度），相互接近的氘核停在小圆所指的点处并接

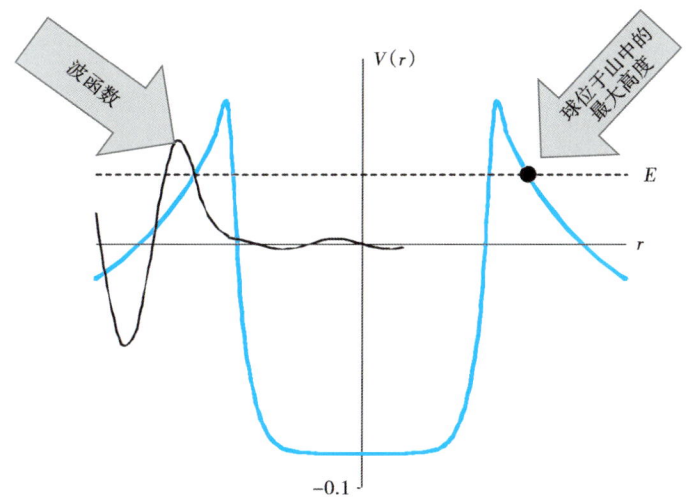

图 3.8 势能 $V(r)$ 作为一个氘核与另一个接近时的 r 的函数

当距离大于几个飞米（1fm = 10^{-15}m）时，$V(r)$ 表现为库仑排斥势能 $1/r$，但当距离更短时（在势阱内），势能受强引力势所控制——表现为陡壁。如果相互接近的氘核用经典力学来描述可参考图的右半部分；如果遵循量子力学可参考图的左半部分

着返回——形态上很像一个小球向山上滚动。只有当能量大于山顶，经典力学下的氘核才能进入到强作用（吸引）力区间，并相互融合。

现在再来看看图 3.8 左半部分正确的量子力学描述。此处一个氘核从左边接近另一个氘核时描述为波函数。当它穿过禁带（$V>E$ 的区域）时波函数的振幅呈指数衰减，但它在阱内的非零振幅指示有聚变的可能，即便以经典力学来说在这一能量 E 下不允许它发生聚变。

例 4 找出启动 D—D 聚变所需的温度

求解

在非常高温的情况下，如太阳的核部，物质处于所谓的原子核和电子随机运动的等离子态，有点像气体中的分子。在这种状态下，可用分子运动论关系定义温度：

$$E = \frac{3}{2} k_B T \tag{3.12}$$

式中，E 为原子核或电子的平均能量；T 为绝对温度；k_B 为玻尔兹曼常数。

两个氘核的半径由方程（3.10）给出。在 $A=2$ 的情况下，算出的半径为 $r=1.57$fm。因此，只有当两个核子相互以中心对中心的正向接近，其间隔等于 3.14fm 时才能保证发生聚变。我们继续考虑正向碰撞的情况，计算就最简化。如果两个原子核在距离非常远时的能量 E 相同，在它们刚刚接触时动能完全转化为静电势能。那么，有

$$2E = \frac{kq^2}{r} = 2 \times \frac{3}{2} k_B T \tag{3.13}$$

由此可得

$$T = \frac{kq^2}{3k_B r} = \frac{(9 \times 10^9) \times (1.6 \times 10^{-19})^2}{(3 \times 1.38 \times 10^{-23}) \times (3.14 \times 10^{-15})} = 1.77 \times 10^9 \text{K} \tag{3.14}$$

计算发生 D—D 反应的"点火"温度为 35.4×10^8 K，高于文献的报道值 1.8×10^8 K。正如前面所提到的，产生差异的原因在于此处必须用量子力学而不是经典力学来计算。

3.13　放射性衰变定律

放射性衰变完全是一个随机过程，这意味着一个反射性原子核对于要等多长时间去衰变是没有"记忆"的。事实上，对于一个给定的放射性同位素而言，每秒的衰变仅仅依赖于给定时间内存在的原子核数。因此，在时间 t 内剩余的原子核的数 N 可表示为初始数量 N_0 以及衰变常数 λ 或所谓的平均寿命 T，根据：

$$N = N_0 e^{-\lambda t} = N_0 e^{-t/T} \tag{3.15}$$

这一结果的另一种表达是用半衰期数 $n=t/\tau_{1/2}$：

$$N = N_0 2^{-n} \tag{3.16}$$

方程（3.15）的微分显示在任意给定时间内的活性也满足指数衰变定律：

$$\frac{dN}{dt} = -\lambda N = -\frac{0.693 N}{\tau_{1/2}} \tag{3.17}$$

3.14　保健物理学

保健物理学是指与辐射物理学和辐射生物学相关的学科领域，侧重于保护人员免受电离辐射的有害影响。保健物理学使用的单位有点复杂——既有 SI 单位也有一套在许多文献中仍出现的老单位（表3.3）。

> **知识盒　生物等效剂量**
>
> 生物等效剂量是随辐射类型而调整的剂量。例如，一些粒子所留下的电离痕迹往往比较局限，但有时其危害性要大得多。因此，对一个等效剂量来说，中子的危害性是伽马射线的10倍。当考虑生物效应时，剂量率也很重要。由于在低剂量率下细胞可自发修复，如果接受剂量太快，对于一个给定的总剂量很可能造成很大的伤害。

表3.3　对各种辐射量的一些重要单位

名称	SI 单位	老单位	转换
活度（衰变/s）	贝克勒尔（Bq）1	居里（Ci）3.7×10^{10}	
辐射剂量（吸收的能量）	格雷（Gy）1 J/kg	rad 100 erg/g	1 cGy = 1 rad
生物等效剂量	西弗（Sv）	rem	1 cSv = 1 rem
剂量率	格雷/s	rad/s	

3.15　辐射探测器

经常会提到以任何其他方式我们都不能看到、触摸到、闻到或感受到电离辐射的存在，这也可能是电离辐射可怕的一面。因此，必须依靠各种辐射探测器，如盖格计数器，它本质上是计量每秒穿过探测管的粒子数量。

人们很容易想象汉斯·盖格发明盖格计数器的动机：在他和马斯登受卢瑟福指导开展实验期间，他们要花好多天通过看闪烁屏来观测计数（图 3.9）。

图 3.9　汉斯·盖格画像（Kevin Milani 绘制）

现在，辐射探测器有多种多样的形式——有些小到可挂在你的钥匙链上。甚至有用简单的应用程序把你的智能手机转变为辐射探测器的。很显然，你所需要做的是安装应用程序并在相机镜头上贴上不透明的黑色胶带，如电工胶带。由于智能手机相机所用的传感器不仅仅采集可见光而且也接收来自辐射源的伽马射线和 X 射线，那么盖住镜头就是让这些光线被传感器接收。接着应用程序对传感器接收到的撞击数进行计数并将它转换为每小时微西弗的数值。

3.16　辐射源

电离辐射在自然环境中频繁出现。有三种主要的自然辐射来源：（1）太空——以宇宙射线的形式（多数被大气所屏蔽）；（2）地球——食物❶和水，以及建筑材料；（3）大气——大多以地壳释放的氡气形式存在。宇宙射线数量和氡气水平都极大地依赖于周边环境；前者随你所处的海拔高度而增高，后者依赖于当地的地质条件。氡气通常是最大的自然辐射源，典型情况下每年的数量约达到 200 mrem 或 2000 μSv，但变化范围很大。

你所接受到的最显著的人造源辐射是来自医疗检查或治疗。这些医疗照射可能根据目的的不同而有巨大的变化，责任医师会通过分析诊断或治疗的利弊来权衡辐射照射的风险。例如，一次简单的 X 光胸透的照射量可能相当于 3 天的正常背景辐射量，一次腹部 CT 扫描可能相当于 4.5 年的辐射量。这些估计值是以管理检测的技术人员遵守公认的指导方针以及机器无缺陷为前提，但遗憾的是并非总是如此。

---

❶ 为了杀菌，食物有时会经过非常高的辐射照射，但这种照射不会使食物本身具有放射性。事实上，辐射照射过的肉类甚至可不用放到冰箱内，而是存储在货架上。

例 5　两种放射源的比较

一个 1Ci 半衰期为 1 周的放射源与一个半衰期为 2 周的放射源在 t 时刻具有相同的放射性原子核。此时第二个放射源的活度是多少？4 周以后两个放射源的活度将是多少？哪一个放射源对周围更危险？

求解

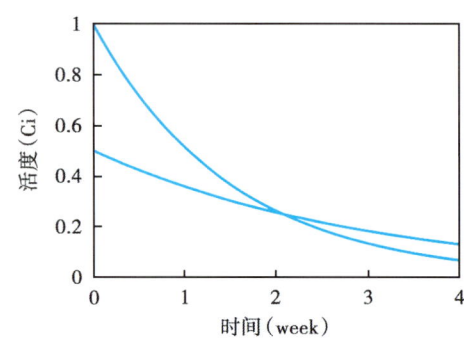

图 3.10　例 5 所讨论的两种放射源的活度与时间关系图

由于两个放射源具有相同的放射性原子核数量，依据方程（3.17），第二个放射源必定具有第一个放射源一半的活度（0.5Ci）。两个放射源的活度都依据其各自的半衰期呈指数衰减。因此，在 4 周结束时，第一个放射源的活度下降到 1/16 Ci 而第二个放射源的活度达到 1/8 Ci。刚开始的头两周，第一个放射源具有更高的活度（更危险），但在 2 周后，则是第二个放射源的活度更高（图 3.10）。如果你持续处于这两种放射源中，许多周后对整个时间内积分所接受到的总剂量将相同。

3.17　辐射对人类的影响

通常说来，处于放射源中的危险性依赖于许多因素：
（1）处于放射源的时间长度；
（2）放射源是否置于屏蔽好的容器中；
（3）距离放射源有多远；
（4）辐射的类型（α、β 或 γ）；
（5）通风性（放射性气体如氡气的情况）；
（6）自身条件（如是否怀孕）。

放射源是否已通过呼吸放射性气体如氡气或吃受辐射污染的食物进入到你的身体中也很重要。短期、大量的照射可以导致辐射病变和死亡，而长期照射可引起基因突变和癌症。就癌症而言，值得注意的是随着剂量增加风险也增大，而且发生癌症不会出现在辐射照射的多年后。

3.17.1　安全辐射水平和癌症风险

通常认为没有所谓的安全辐射水平，这可以被理解为没有低于任何损害结果的辐射水平。原因在于对于存在的损害很难建立一个辐射损害影响小、程度非常低的阀值。一项观察需要有不同寻常的统计数据才能揭示出意义。例如，考虑一下 X 光胸透（剂量约 2 mrem）是否会增加死于癌症的风险？即使从道义上讲不可能去做实验见证人类如何受任意给定剂量的影响，但已有大量数据对二战期间广岛—长崎爆炸的幸存者作了分析（Preston 等，2007）。基于这些数据，1 Sv 或 100 rem 的剂量将使死于癌症的可能性提高约 50%。如果假定造成的损伤与接受的剂量呈线性比例，死于癌症的可能性将增加 0.001%。由于约有 25% 的人口通常以任意方式死于癌症，这种增加将是不可能成立的。

即使对于超过 2 mrem 的更大量照射,它也难以确定是否存在损伤阀值。例如,天然辐射照射的最大来源是从地下渗漏的氡气。事实上,对于引起肺癌,氡气仅次于吸烟处于第二位。氡气水平的变化相当多地依赖于当地的地质条件。据物理学家伯纳德·科恩(Bernard Cohen)所做的一项研究报道,在美国,氡气水平高于平均值的县其肺癌率往往更低,解释为有争议的"辐射刺激效应"假说(Cohen,1997),但依据该类流行病学研究不能明确排除混杂变量的概率。

刺激效应是指非常高的剂量水平有害于健康,但低剂量实际上却有益于健康,它对于阳光、碘以及铁这样的介质或物质来说是成立的。无论低水平的辐射效应在事实上是否有害、有益或中性,辐射的风险需要与其他风险相比较才能评估。例如,乘坐飞机或搬到科罗拉多将会轻微地增加你的辐射照射量,但几乎没有人会因这一因素而动摇他们作出这些活动的决策。前者的情况是飞行(或更重要的是驾车去机场)的风险可能远远超过死于癌症的额外风险,而后者的情况是尽管科罗拉多的背景辐射水平稍微高一点,但鉴于气候、无烟雾以及民众健康的生活方式,搬到科罗拉多将有可能提高你的健康水平。

> **知识盒 "辐射悖论"**
>
> 伊朗拉姆萨尔附近是世界上自然背景辐射水平最高的地区,当地的辐射水平高于全球平均水平的 20 倍。该地区大部分辐射是由于热泉中溶解了镭-226 引起。高辐射并没有对居民造成任何明显的不良影响,他们比一般条件下的人活得更健康且更长寿。这种奇怪的现象和来自其他高自然辐射区的类似报道,以及像伯纳德·科恩所做的研究已被称为"辐射悖论"。它们可能并不能确切地证明"辐射刺激效应"正确,但它们确实反驳了当前作为辐射法规基础的线性无阈值假说。

3.17.2 相对风险

除却刺激效应的可能性,与其他灾害条件相比较,由各种辐射照射引起的生命相对风险在某种意义上是有用的。表 3.4 在这方面极具启发性。它显示了由于各种原因人的平均寿命趋向于缩短多少。就该表的最后一个条目而言,假定了核电站正常运转,而你一生都生活在核电站附近。

表 3.4 对各种灾害预期寿命缩短的比较

健康风险	寿命缩短
每天抽一包烟	6 年
超重 15%	2 年
饮酒	1 年
成为农民	1 年
所有意外事故	207 天
所有自然灾害	7 天
每年接受 300 mrem	15 天
生活在核电站附近	12 小时

3.18 小结

本章综述了需要了解的核反应堆如何运作的学科热点。开始简单概括了早期的核历史，包括卢瑟福发现原子核，接着描述了原子核的属性，包括核作用力以及它们在核转变（如 α、β 和 γ 衰变）中扮演的角色。考虑了质和能的关系，以及如何估计裂变和聚变过程中所释放的能量，这些能量可能高出化学反应 100 万倍。本章以主题讨论保健物理学，即辐射的生物效应结束。

问 题

（1）根据卢瑟福公式，证明总截面的直接积分为无穷。提示：小角度最大到 15° 可取得很好的近似，在此区间可对方程（3.7）进行积分。

（2）在卢瑟福的实验中，假定他在给定的时间间隔内，以 30° 为中心、间隔为 1° 观察到 1000 次散射事件。那么，在同样的时间间隔内，对于以 90° 为中心、间隔为 1° 将观察到多少次事件？

（3）通过网络查找盖格和马斯登原文中有关薄的银箔而非金箔的数据，证明它们不满足卢瑟福散射公式。

（4）在卢瑟福的实验中，对于一个 $b=0$ 的来自金原子核的散射，α 粒子必须用多大的能量才能进入到强力（约 1 fm）范围内？提示：首先找出一个 α 粒子和一个金原子核的近似半径，$b=0$ 意味着正向碰撞。

（5）①证明面积为 S，厚度为 d 的一块薄板材料的靶核，其原子数为 $N_t = \rho d N_A S/A$ ［方程（3.6）］。②利用这一方程证明在一块厚度为 dx 的薄板内每平方米的金原子核数为 $5.9 dx \times 10^{28} \text{m}^{-2}$。

（6）由单个同位素构成的放射源在某一时刻的活度为 1000 Bq，1 小时后为 900 Bq。它的半衰期是多少？10 小时后它的活度是多少？

（7）通过考虑重力和任意给定间隔的一对电子间库仑力的相对强度，核实表 3.2 中的数值 10^{-40}。

（8）量子隧穿已经解释了原子核发射 α 粒子的过程。它是怎么解释的？原子核中的一个 α 粒子处于怎样的状态？为何可观察到原子核的 α 发射，但质子发射实际上从来没有被观察到？

（9）对于许多原子核而言，$A=2Z$ 除了解释为原子核中存在中子外，另一种可能的解释是原子核内具有电子。根据量子力学的不确定性原理，这种情况为何不可信？

（10）计算第 3.5 节结尾所提到的核物质的密度。

（11）一个特定放射性同位素的 α 发射为何具有一个固定的能量（线状谱），而 β 发射为连续谱？提示：每一次衰变事件后出现多少个粒子？

（12）当一个铀-238 原子核经历 α 发射时，利用母核和子核已知的质量确定释放的能量数。这一能量中有多少给了 α 粒子，有多少给了子核？

（13）一个具有 $Z=N=50$ 的原子核，可能以什么样的形式发射辐射？

（14）上网查找纽约市每年用电多少并完成第 3.9 节脚注中的计算。

（15）证明如果一个放射源的活度仅仅与放射性原子核的数量成正比，那么必须遵循指数衰变法则。

（16）利用到目前为止发现的已知最长的半衰期（碲-128）$\tau_{1/2} = 8 \times 10^{24}$ a，估计在一个与宇宙年龄相等的时间长度内原始量已有多少份额发生衰变。

（17）非常慢的中子对造成核裂变特别有效。想一想在低速条件下，中子核吸收总截面可能随它们的速度呈反比例变化的原因是什么？提示：中子诱发裂变的概率取决于它接近原子核的时间。

（18）对"刺激效应"提出另一种合理的设想，解释第3.1节中伯纳德·科恩在氡研究中发现的结果。提示：吸烟是引发肺癌的主导原因。

（19）对于非常小的散射角度，如0.01°，为何不能指望卢瑟福实验中的数据能满足公式？

（20）考虑序列 A→B→C 中的两个衰变，它们有两个不同的半衰期。对原子核 B 在时间 t 后残留的数量推导一个表达式，用 A 核的初始数量和两个半衰期表示。

（21）假定你无意之下在半衰期为3小时的放射源中停留了4小时。如果初始的剂量率为 5 rad/h，计算你在4小时内总的照射量。

（22）假定线性无阈值假说为真，利用一次医疗照射等于3个月平均背景辐射值来估计癌症长期风险提高的百分数。

（23）根据图3.6，估计裂变和聚变中每千克释放出能量的相对关系。注意垂向轴的单位为 BE/A 而不是 BE。

参 考 文 献

AIP（2010）American Institute of Physics, Physics Graduate Enrollments and Degrees, Report R-151. 44, http：//www. aip. org/statistics/catalog. html（Accessed Fall, 2011）.

AIP, R. Ivie, R. Czujko, and K. Stowe（2001）*Women Physicists Speak*：*The 2001 International Study of Women in Physics*, American Institute of Physics, College Park, MA, http：//www. aip. org/statistics/catalog. html（Accessed Fall, 2011）.

Becquerel, H.（1896）Sur les radiations émises par phosphorescence, *Comptes Rendus*, 122, 420-421, http：//en. wikipedia. org/wiki/Henri_Becquerel（Accessed Fall, 2011）.

Bohr, N.（1913）On the constitution of atoms and molecules, Parts Ⅰ, Ⅱ, Ⅲ, *Philos. Mag.*, 26, 1-24, 476-502, 857-875.

Cassidy, D. C., G. J. Holton, and F. J. Rutherford（2002）*Understanding Physics Harvard Project Physics*, Birkhser Publishing, Basel, Switzerland, p. 632.

Chadwick, J.（1932）The existence of a neutron, *Proc. R. Soc. Lond. A*, 136, 692.

Cohen, B. L.（1997）Problems in the radon vs lung cancer test of the linear-no threshold theory and a procedure for resolving them, *Health Phys.*, 72, 623-628.

Coppes-Zatinga, A. R.（1998）Radium and Curie, *Can. Med. Assoc. J.*, 159, 1389.

Curie, M. and P. Curie,（1923）*Autobiographical Notes*, the Macmillan Company, New York.

DOE（1989）U. S. Department of Energy, A report of the Energy Research Advisory Board to the United States Department of Energy, U. S. Department of Energy, Washington, DC, http：//files. ncas. org/erab/（Accessed Fall, 2011）.

DOE（2004）U. S. Department of Energy, Report of the review of low energy nuclear reactions, U.

S. Department of Energy, Washington, DC.

Fleischmann, M. and S. Pons (1989) Electrochemically induced nuclear fusion of deuterium, *J. Electroanal. Chem.*, 261, 2A, 301–308.

Geiger, H. and E. Marsden (1913) The laws of deflexion (sic) of α particles through large angles, *Philosophical Magazine*, 6, 25, 148, http://www.chemteam.info/Chem-History/Geiger-Marsden-1913/GeigerMarsden-1913.html (Accessed Fall, 2011).

Goldstein, H., C. P. Poole, and J. L. Safko (2000) *Classical Mechanics*, Addison Wesley, Reading, MA, http://en.wikipedia.org/wiki/Rutherford_scattering.

Hendee, W., R. Ritenour, and E. Russell (2002) *Medical Imaging Physics*, John Wiley & Sons, New York, p. 21.

Preston, D. L. et al. (2007) Solid cancer incidence in atomic bomb survivors: 1958–1998, *Radiat. Res.*, 168, 1–64.

Rutherford, E. (1911) The scattering of α and β particles by matter and the structure of the atom, *Philos. Mag.*, 21, 669–688.

Rutherford, E. (1921) The mass of the long-range particles from thorium, *Philos. Mag.*, 41 (244), 570–574, http://en.wikipedia.org/wiki/Ernest_Rutherford (Accessed Fall, 2011).

Thompson, J. J. (1897) Cathode rays, *Philos. Mag.*, 44, 293, http://web.lemoyne.edu/GIUNTA/thomson1897.html (Accessed Fall, 2011).

Thompson, J. J. (1904) On the structure of the atom: An investigation of the stability and periods of oscillation of a number of corpuscles arranged at equal intervals around the circumference of a circle; with application of the results to the theory of atomic structure, *Philos. Mag.*, 7, 237–265, http://www.chemteam.info/Chem-History/Thomson-Structure-Atom.html (Accessed Fall, 2011).

第 4 章 核 能 技 术

4.1 概述

核能历史可以追溯到二战时期,它与原子武器(核武器)的发展密不可分。本章将讨论核武器以及核能。第二次世界大战后美国与苏联冷战期间,由于兵工厂的大量发展,"原子能为和平服务"的口号应运而生,扩大了包括商业核能在内的其他用途。在那段时期,美国原子能委员会委员原海军上将刘易斯·斯特劳斯(Lewis Strauss)乐观地宣称,核能将会"便宜到可忽略不计",这意味着它很快可以免费提供给消费者(Pfau,1984)。虽然 Strauss 的预言与事实相差甚远,并且人们对核能充满担忧,但是不可否认,核能的发电量为太阳能的 20 倍,相当于美国电力的 20%,接近世界平均水平。此外,像风能、太阳能和其他可再生能源一样,核能在发电过程中几乎不产生温室气体,这是许多国家环保人士(尤其是法国)看好核能发电的重要原因(图 4.1)。

图 4.1 法国核电站及反应堆冷却塔
法国核能发电占全国电力 78%,冷却塔上方的巨大羽状云层主要为水蒸气

除了产生少量温室气体(不考虑建核电厂所产生的温室气体),核能与其他可再生能源具有许多相似点,这使我们不得不认为核能也是一种可再生能源。无论你是否相信这充满争议的声明,新一代核反应堆已没有先前核反应堆的许多问题,这一点在关于可再生能源的相关著作中可以很容易产生证明,因为在确定可再生能源时,我们需要考虑所有能源的相对优

势。另外，核能还有一个其他能源所没有的属性——超高能量密度。具体来说，核反应释放的能量是每单位燃料化学反应过程中释放能量的 100 万倍。正是因为核能超高的能量密度使其同时具有作为能源的吸引力及万一控制不力所带来的灾难性。本章主要介绍核裂变——原子核分离。另外还将介绍未来核能提取方式——核聚变。轻原子核结合在一起的核聚变很多年前已经是一个热门研究课题，但是迄今为止，还没有商业核聚变反应堆，并且大多数推测认为在以后几十年内亦不可能存在。

4.2 早期历史

第二次世界大战前夕纳粹德国科学家奥托·哈恩（Otto Hahn），莉译·迈特纳（Lise Meitner）和弗里茨·斯特拉斯曼（Fritz Strassmann）发现了核裂变（Hahn 和 Strassmann, 1939；Meitner and Frisch, 1939）。迈特纳是犹太人，1938 年逃离德国。在斯德哥尔摩定居后，她继续与前同事哈恩秘密合作，哈恩一直在做实验来寻找裂变化学证据。然而，哈恩无法解释他的结论，最终 Meitner 成功解释它们。但是由于政治原因，哈恩与迈特纳那时无法合著出版他们的结论，因此哈恩与斯特拉斯曼发表了这个结论。当哈恩因为发现裂变而获得诺贝尔奖时，诺贝尔委员会没有注意到迈特纳所起的重要作用。虽然迈特纳很快意识到可以用裂变创造出巨大破坏性的武器，但是她却不是第一个意识到这一点的人。1933 年，在发现自然界裂变规律之前整整 5 年，匈牙利难民西拉德（Szilard）已经有了这个想法。有一天在等待伦敦交通信号灯时，西拉德如晴天霹雳般构思出核裂变链式反应的概念（图 4.2）。他的这个想法被授予一个专利，后来同恩里科·费米（Enrio Fermi）一起，就核反应堆在受控的状态下可释放核能的想法再次获得一个专利。

图 4.2 物理学家西拉德穿过伦敦帝国饭店前街道得到核裂变链式反应灵感

(图片由 Brian Page 提供)

在第二次世界大战前夕德国科学家证实了真实存在的裂变反应，西拉德想提醒美国政府抓紧核武器研究，以免让德国占尽先机。他努力说服了爱因斯坦为其出面说服美国政府。因为比起不知名的匈牙利难民，美国总统肯定更加相信世界著名的物理学家。1939 年 8 月，西拉德以爱因斯坦名义起草了一封给罗斯福总统的信，开始了美国绝密制造原子弹工程（即"曼哈顿计划"）（图 4.3）。

图 4.3　阿尔伯特·爱因斯坦，1921 年诺贝尔物理学奖得主

> **知识盒　爱因斯坦和原子弹**
>
> 尽管爱因斯坦的相对论，也就是 $E=mc^2$ 是原子能理论基础，以及他给罗斯福总统的信件，并由此开始美国原子弹研究工程，实际上他并没有参加原子弹研究。爱因斯坦一直宣称自己是一个和平主义者，虽然自 1933 年希特勒在德国使用武力时，他也不再绝对反战。即使这样，爱因斯坦对在日本使用原子弹这件事仍深表遗憾，他晚年期间曾写道："我一生中犯了一个严重的错误……当我在给罗斯福总统建议制造原子弹的信上签名时就已经注定了。但是当时是迫不得已——如果德国率先制造出原子弹，那将更加危险。"（Clark，1953）。然而讽刺的是，二战期间德国并没有发展核武器，在某种程度上可能是由于根本看不上爱因斯坦的"犹太物理学"（Lenard，1930）。

4.3　临界质量

假设存在核裂变且裂变过程中释放两三个中子，有这两个条件就不难理解西拉德的链式反应，但是在他提出这个想法时，这两个条件都没有得到证实。假设裂解中发射的两个中子分别被其他可裂变的原子核吸收，于是开始新一轮裂变，每一个裂变原子核再次发射2~3个中子，其中两个中子再次被吸收引起裂变。很明显，这个过程从第一次到下一次裂变，原子核成指数增长，n次裂解后达到了2^n个中子释放。如果反应时间（即中子发射到吸收的时间）足够短，那么将会产生巨大的爆炸威力。

你肯定想知道怎样才能阻止可裂变物质爆炸。这一切完全取决于可裂变物质的质量是否超过一个值，也就是所谓的临界质量。通常，我们定义f为被其他原子核吸收并引起其裂变的中子百分数，定义N_0为每次裂变释放中子的平均数——一般2~3个中子。没有引起核裂变的中子在被吸收之前逃逸出来。因此在经历N次裂变后裂变数量为：

$$N_n = (fN_0)^n \tag{4.1}$$

显然，为了实现指数增长必须要求$f>1/N_0$，这是定义临界条件的一种方法。那么什么会影响可裂变物质f的具体数值？主要变量是可裂变材料的质量，因为质量越大，发射中子越难逃逸，需要f越大。然而，除了质量本身还有很多变量，决定是否达到临界状态，是否会发生爆炸，包括密度、几何形状和可裂变同位素富集程度。几何形态因素很容易理解，对比质量相同的一个薄饼状及一个球体状物质，薄饼状物质表面较大，更多的发射中子离开物质表面，没有引发裂变反应。可裂变同位素富集程度同样也容易理解，含有可裂变同位素越多，中子引起裂变所需行走的距离越短，逃逸的可能性越小。

4.3.1 铀核吸收中子

为了弄清中子被一定厚度的铀吸收后的特征，可以做一个简单的几何实验：将一束平行中子束打在一片非常薄的铀板上面（图4.4）。定义中子束强度为I（每秒每单位面积中子数量）；薄板厚度为dx（dx非常小，中子穿过时几乎不可能被吸收）。

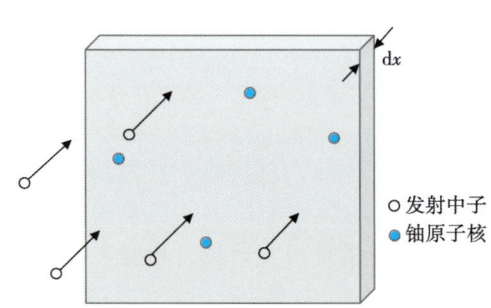

图4.4 平行中子束打在dx厚铀薄板上

定义中子吸收率为σ，即单位面积被原子核吸收的中子数。假设铀板单位体积内含有n个原子核，那么单位面积含有ndx个原子核。因此，通过铀板被吸收中子为σndx，但是不是每秒只有一个中子通过铀板，而是每秒每单位面积有I个中子。因此吸收强度与I成一定的比例关系，强度损失为$dI=-\sigma nIdx$，发现：

$$\frac{dI}{I}=-\sigma ndx \tag{4.2}$$

如果有一个厚x的板（假设很多薄板合在一起），对公式（4.2）积分后很容易发现总吸收强度为：

$$I=I_0 e^{-\sigma nx} \tag{4.3}$$

其中I_0表示光束未经过薄板时的初始强度，整理公式（4.3）后可以得到如下公式：

$$I=I_0 e^{-x/d} \tag{4.4}$$

这里的d表示平均自由程，需要满足以下条件：

$$d=\frac{1}{\sigma n} \tag{4.5}$$

由此可知平均自由程物理学意义为中子在被吸收前走过的平均距离。

4.3.2 为什么密度决定临界质量

物质密度确定铀临界质量的重要性需要更进一步解释。公式（4.5）给出了中子在50%的机会被可裂变原子核吸收之前将要行走的距离d，我们注意到其与单位体积内可裂变原子核密度成反比。因此，这种半径为R的可裂变球体是否临界取决于d/R大小。假设一个球体的半径为R，使d/R略高于临界值。如果将球半径压缩至原始半径f，球体密度增加至nf^{-3}，平均自由程降为df^3，平均自由程与半径之比为$f^2(d/R)$。

因此，如果d/R略高于临界值时，要求压缩因子f相对较小。如果想通过压缩亚临界状态球体来引爆一枚核弹，可以用炸药包裹炸弹核部，通过引爆炸药导致球体发生内爆，增加它的密度来实现。

然而，两次爆炸必须几乎同时发生。内爆形态必须准确无误，否则爆炸不对称，导致压缩材料没有形成球体，将不会发生爆炸。

例1 估算临界质量

吸收含Mev能量的中子^{235}U横截面约等于几barn，这里$1 barn = 10^{-28} m^2$。计算球体平均自由程和临界质量。

求解

你很容易计算单位体积原子数量，铀或其他任何元素每立方米原子核数量可以密度ρ，原子量A，和阿伏伽德罗常数N_A表达：

$$n = \frac{\rho N_A}{A} \tag{4.6}$$

这里铀原子核$n = 4.9 \times 10^{28}$。使用公式（4.5），计算出平均自由程约$0.1 m = 10 cm$。如果在半径10cm可裂变球体中心释放两个中子，被吸收零个、一个、两个的几率分别为0.25 0.5 和0.25。因此，这种情况下中子吸收的平均数量为一个。这意味着10cm为临界质量球体半径——这里大约为80kg。与此相反，在公开文献中认为铀临界质量为52kg，远小于这个估算，因为在该例子中做了一些简化处理。

如前所述，临界质量很大程度受元素富集程度影响，如果^{235}U浓度仅为20%（核武器所需最小浓度），那么所需临界质量超过400kg。当然之前我们提到影响临界质量的因素，如质量、形状、密度和富集程度并不详尽。还有其他两个仅应用于核反应堆方法（不能用于原子弹）：（1）引入慢化剂降低中子发射速度；（2）增减能够吸收中子物质制成的控制棒。

> **知识盒 原子弹和核反应堆的本质区别**
>
> 原子弹和核反应堆的本质区别就在于临界质量。对于原子弹，你希望能够尽快达到临界质量，以便有一个快速指数级增长的能量释放。如果不能快速达到临界质量，原子弹将提前引爆，造成"无用的"结果，也就是在大量原子核裂变之前炸毁，不会释放大量热量。而对于核反应堆，目标是不能超过临界质量。但是为了得到最大发电，核反应堆尽可能接近临界质量。

4.4 核武器和核扩散

从第二次世界大战至今，核能与核武器之间存在着不可分割的联系，究其原因为两种情况提取浓缩铀技术完全一致，尽管核反应堆燃料浓度约4%（自然界中^{235}U浓度为0.7%），远低于军事武器级别（90%）。^{239}Pu同位素也可以应用于核反应堆和原子弹，但是与^{235}U不一样，在自然界尚未发现^{239}Pu。

因为燃料反应堆和炸弹浓缩技术相同，8个"宣布"有核武器国家在发展核电、核研究项目借口下发展核武器也就不足为奇了❶。以色列（不在这8个国家之内）不承认拥有核武器，但是国际社会对此心照不宣。8个有核武器的国家只有两个在20世纪70年代中期开始研制：巴基斯坦（1998年）和朝鲜（2006年），这多少给人一些希望，核扩散的速度能降低甚至停止。然而，这相对缓慢的核扩散速度可能突然改变，如果（更确切地说是与此同时）伊朗在动荡的中东地区发展核武器，至少这个地区其他四个国家肯定开始制造核武器。一般认为任何有理工科学院的国家都能制造出原子弹。

> **知识盒　如何保障核武器材料安全？**
>
> 很多猜测担心某些国家高纯度的核材料被转移、盗窃或恶意买卖。一个非营利组织（核威胁倡议）在2012年的一份报告中根据核安全水平将32个国家排队（NTI，2012）。这份名单上仅包括拥有高浓缩铀或钚1kg以上的国家。核安全评估是基于已有的防盗程序和政策，以及各种影响政府腐败和稳定程度的社会因素，这都可能会破坏核材料安全性。毫无疑问，最后一个因素使朝鲜、巴基斯坦和伊朗位于这份32个国家名单的最后。NTI报告显示，澳大利亚、匈牙利、捷克、瑞士和奥地利等几个国家在核安全名单前面，美国排名13。美国核安全排在第二梯队是因为其拥有大量的高纯度核材料以及大量的存储地点——这两个因素都可能导致核材料被盗。

第二次世界大战后，为威慑苏联以阻止在欧洲可能发生的冲突，美国开始积累大量核武器。20世纪60年代中期达到顶峰，美国拥有超过30000件核武器。后来苏联也开始他们的核武器研究（在美国和英国间谍帮助下）制造了更多核武器。尽管后来美国及现在的俄罗斯已经大幅缩减核武器数量，但仍然多于其他任何国家。引起很多专家意见分歧的一个问题是国家保护自己不受其威胁最优（最低）的核武器数量到底多少合适。

> **知识盒　最坏的事情将会怎样？**
>
> "最坏的事情"通常指美国和对手苏联之间爆发一场全面核战争。现在，还得考虑流氓政府或恐怖组织使用核武器，有必要考虑这种情况下会发生什么。2004年，美国的兰德公司为国土安全部做了一项调查，关于如果引爆用集装箱运至加利福尼亚长滩港的10000t炸弹。这个炸弹为日本广岛投放核弹的2/3大，并且流氓政府完全有能力制造出这么大规模炸弹。根据这项研究，爆炸将导致大约60000人当场死亡——这是一个可怕的数字。并且，还有150000人将面临由风带来原子尘危害。这项研究的"好消息"（如果有人非要这么说的话）是受原子尘影响的人们可以通过一些简单的预防措施而避免死亡，比如有地下室，可以在地下室躲几天。

---

❶ 这八个国家为：美国、俄罗斯、英国、法国、中国、印度、巴基斯坦和朝鲜。

有很多国家如果想的话，完全有能力制造核武器，但是他们认为最优（最低）保有核武器数量应该为0。这样选择能否在全世界范围内实现取决于各国政府对这些争论的态度和（或）阻止战争的国家政策等。显然，当今世界，国家之间的战争已经不多，更多是恐怖组织袭击，不再需要核武器，并且可以阻止流氓政府和恐怖分子之间的协作。

> **知识盒　国际核协议**
>
> 　　最重要的控制核武器扩散国际协议是《防止核扩散条约》（NPT）。189个国家参加《防止核扩散条约》，其本质上是拥有核武器与没有核武器国家之间的交易。按照《防止核扩散条约》，在核武器的国家帮助没有核武器的国家进行核能技术的和平应用，没有核武器国家承诺不制造核武器。此外，有核武器国家承诺减少核武器数量。然而，不幸的是，三个拥有核武器国家（巴基斯坦、印度和以色列）从未签署该条约，一个国家（朝鲜）虽然签署了条约，最后又撕毁条约进行核武器研制，还有其他少数几个国家（伊朗和利比亚）虽然签署了条约，但根本不遵守。很明显，各国追求他们认为的国家利益，根本不管控制核武器扩散条约。只有一个国家（南非）曾经自己研发核武器，后来停止了研制。然而，南非如果有一天有必要重建核武器，并且退出《防止核扩散条约》，这个结果不是不可能发生。另一个重要的国际协议，自1963年生效的《禁止大气核试验条约》，禁止地上进行核武器测试，因为在地上测试释放到大气中的放射性物质显著大于在地下测试。

有很多种铀浓缩技术，但因为它们都依赖于非常小的同位素质量差异，往往不但昂贵而且费时。最常用的方法将六氟化铀（铀气态化合物 UF^6）充满超高速离心机。当离心机高速旋转，略轻同位素 ^{235}U 比较重的 ^{238}U 更接近旋转轴附近。离心机操作见图4.5a。UF^6 从左边进入，随着离心机高速旋转，提纯后的气体和废弃气体从不同管道被分离出来。离心机转速几乎接近音速，这要求转子表面由超强的材料制成，并且要求内部真空以免摩擦带来的损耗。因为一次离心过程中提纯程度极为有限，气体必须经过多次提纯，或者经历一系列提纯

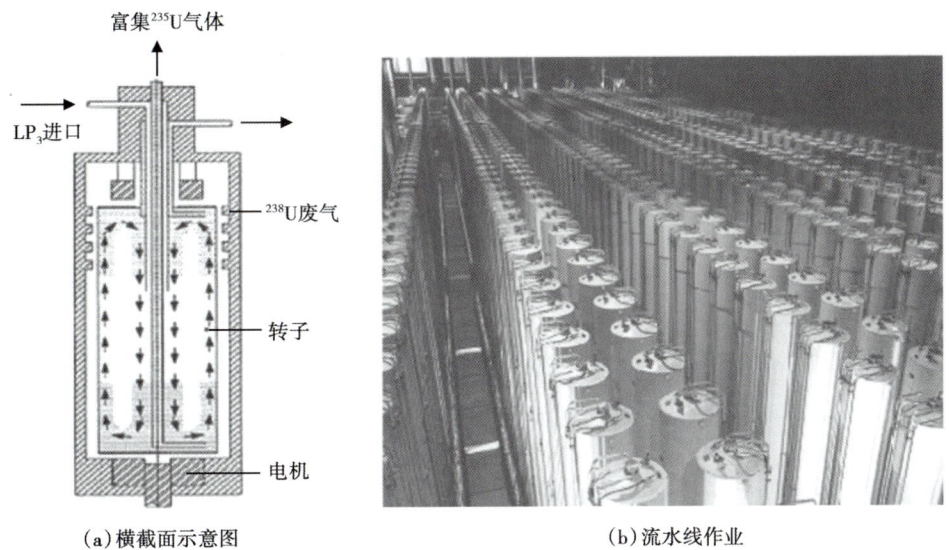

(a) 横截面示意图　　　　(b) 流水线作业

图4.5　铀浓缩气体离心机

程序才能使气体逐步富集。一台离心机每年只能提纯30g的高浓缩铀，所以通常使用系列提纯流程。1000台离心机流水作业每年可生产30kg浓缩铀，这样足以制造一个核武器。第二次世界大战曼哈顿计划中，为了积累足够多可裂变物质来制造核弹，使用了包括气体离心机提纯在内的一切可用手段，但在后来研究中不再使用这种方法，而是利用反应堆（世界上首次）从铀中"生产"钚。

4.5 世界首个核反应堆

1938年，恩里科·费米因为发现"93号元素"获得诺贝尔奖，领奖后他逃离法西斯独裁统治的意大利，来到芝加哥大学工作，在那里他设计并建造了"核反应堆"。这是世界上第一个核反应堆（图4.6）。最初核反应堆就是为了生产钚（^{239}Pu）。

图4.6 在芝加哥大学运动场西看台建造的第一个核反应堆
1942年12月2日，科学家完成了第一个可以自我维持的连锁反应，从而可以控制核能释放

可裂变^{239}Pu同位素比^{235}U临界质量要小得多，这个比较容易达到，有利于制造原子弹。费米核反应堆秘密建在芝加哥大学运动场看台下面。然而，与后来的反应堆不一样，费米设计的反应堆既没有辐射屏蔽保护研究人员，也没有冷却系统以防止失控的连锁反应。当撤离中子吸收控制棒，能量随之增加，反应堆接近临界值。费米对他的计算结果充满信心，他在美国最大城市之一的市中心继续做极其危险的实验。经过成功的喜悦后，他用代码"意大利航海家登陆新世界"发表了他的成果。费米的反应堆第一次仅仅产生50W电量，当然发电不是反应堆的最终目的。

除了发电及制造原子弹原材料，建核反应堆还有其他几个原因。这包括进行核研究，制造推进系统（图 4.7）。例如，建于 1954 年的鹦鹉螺号军舰就是第一个核动力潜艇。核能推进系统具有双重优势：一，补充一次燃料可以在水下停留更长时间；二，比柴油燃料潜艇安静。美国甚至一度考虑建立一个核动力飞机，最奇特的想法要算福特汽车公司提出制造一个核能汽车。因为福特汽车公司没有授权在本书中使用这辆车的照片，读者可以在网上找到该车辆的照片。

图 4.7　美国海军在航母飞行甲板上拼出"$E=mc^2\times 40$"字样以纪念海军使用核能 40 周年（图片由美国海军提供）

4.6　第 I 代和第 II 代核反应堆

直到 1951 年，第二次世界大战结束 6 年后，才建立第一个发电目的核反应堆（仅生产 100kW）。接下来的 20 年内所建核反应堆是第一代原型。第二代反应堆目前在美国和许多其他国家仍在使用。尽管目前第二代反应堆比早期的原型更复杂和更安全，但这些年来还是存在很多问题，一些问题甚至非常严峻。

用于发电的核反应堆最初是发热——在裂变过程中释放大量能量的结果。一旦生成热量，其余的过程与许多化石燃料发电厂相似：沸腾的水产生蒸汽，蒸汽驱动汽轮机，从而产生电力。因此，现在最常见类型反应堆的组件在反应堆容器之中，通常放置在一个厚混凝土墙的密封装置之内，作为防止严重的反应堆事故的最后一道防线。

在反应堆容器内部为反应堆核心，主要由燃料（通常为充满颗粒棒状形态，图 4.8）和吸收中子控制棒组成。这些控制棒可部分撤回，使反应堆接近临界值，增加能量。流过反应堆核心的水有三个作用：（1）防止反应堆过热；（2）吸收热量产生蒸汽，用于启动涡轮机；（3）作为一种"慢化剂"，裂变时减缓发射中子，从而增加中子被吸收几率。注意，流过反应堆容器的水（具有放射性）从未接触蒸汽涡轮机，这里有两个独立的封闭的水循环系统，它们之间通过热交换器连接（图 4.9）。

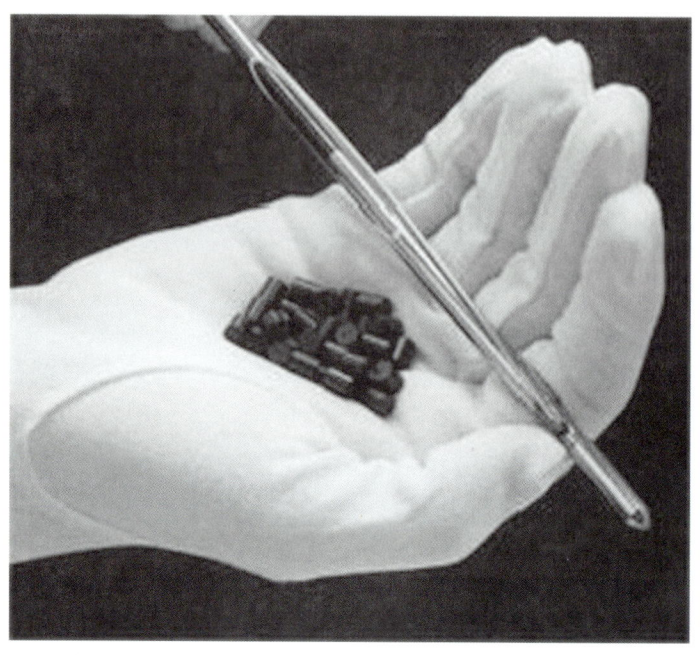

图 4.8　约 20 个核燃料球及放置燃料球燃料棒截面（图片由美国能源部提供，公开图片）
每一个燃料球小颗粒相当于 1t 煤的能量

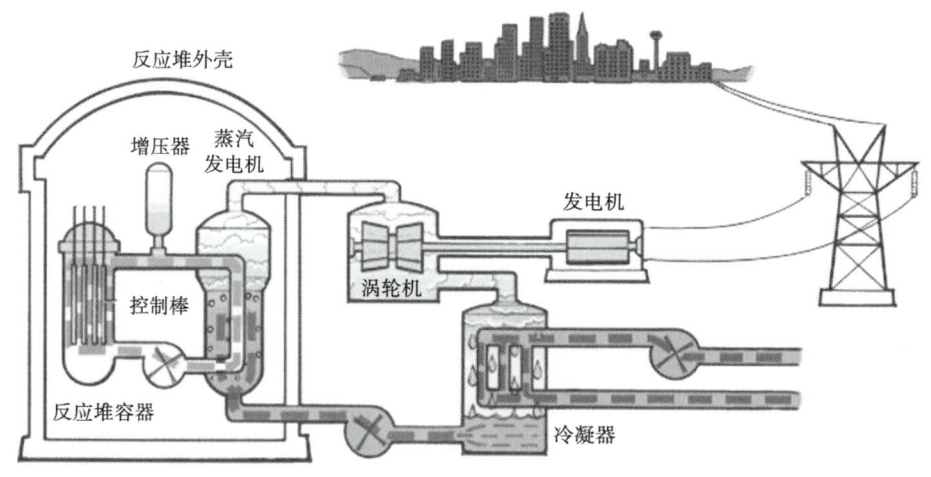

图 4.9　高压水冷反应堆主要组件（图片由美国核管理委员会提供，公开图片）

4.7　已有反应堆类型

虽然当今 85% 以上的反应堆为水冷堆（其中 5% 使用石墨作为减速剂），还有许多其他类型，包括 9% 重水堆。当然，轻水不是我们理解可以喝的水。轻水和重水区别在于水分子中的氢核是 $A=1$ 质子（轻）或 $A=2$ 氘核（重）。自然界水由 99.97% 的轻水和 0.03% 的重水组成。除了用轻水和重水反应堆冷却，还有 5% 用气体冷却，甚至还有 1% 称为"快中子增殖反应堆"。这些不同的反应堆类型在下面根据选择不同的减速剂、燃料、冷却剂进行讨论。

4.7.1 减速剂

大多数反应堆都使用减速剂（如水），这是因为不得不处理中子被吸收产生巨大的能量变化（图 4.10）。中子裂变时能量达到兆伏级别，而通过横截面约 1 靶。当中子与减速剂中原子核发生弹性碰撞时，一部分能量转移到减速剂原子核上，最终速度逐渐慢下来。这增加了中子通过截面与可裂变 ^{235}U 原子核相遇时被吸收的可能性。图 4.10 中看出在 1eV 到 1keV 之间，横截面波动幅度巨大，这是因为该区为共振区域。在这个区域，吸收横截面变化主要取决于中子能量是否与原子核能量相匹配。能量低于 1eV，横截面稳定上升，在 0.025eV 附近，横截面达到 1000 靶，与周围环境保持热均衡。因此称具有 0.025eV 能量中子为热中子，使中子具有这种能量减速剂的反应堆称为热反应堆。大横截面的重要性不可忽视，因为这意味着吸收中子激发裂变平均自由程相应减小，达到临界质量所需燃料数量也相应减少。

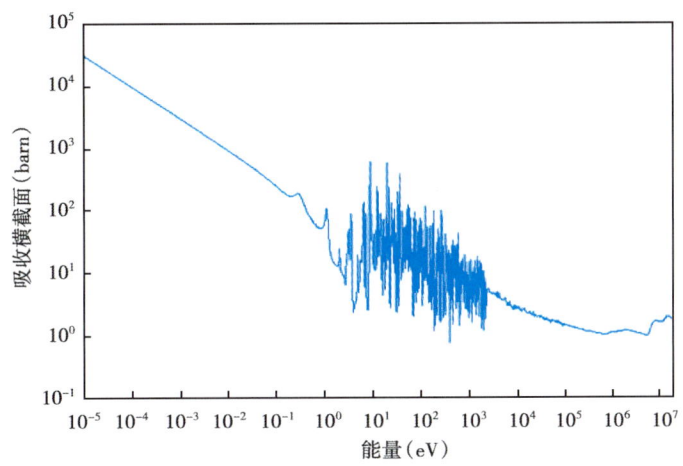

图 4.10 ^{235}U 中子吸收横截面与能量交会图（图片由美国能源部提供，公开资料）
barn 是面积单位，等于 $10^{-28}\mathrm{m}^2$

水经常被选为减速剂的一个重要原因是因为它有氢原子，因此质子核与中子具有几乎相同的质量，这使得在弹性碰撞中，让中子减速尤为有效。相反，如果一个中子与重原子核进行弹性碰撞，原子核只能吸收一小部分中子能量。水还有其他优势，它是一种有效的冷却剂，并且不易燃烧——与石墨不同，这曾大大增加切尔诺贝利灾难中环境影响。

例 2 弹性碰撞中中子平均失去多少能量？

假设能量为 E 的中子和质量为 A 的静止减速剂原子核之间发生弹性碰撞。考虑碰撞的两种极端类型（1）中子散射角几乎为零；（2）中子散射角为 180°。在第一种情况下，中子损失能量几乎为零。第二种情况下，如果 $A>1$，中子向后弹回。假设中子的原始动量为 p，和原子核最初处于静止状态。碰撞后，设 p' 为中子弹回动量，因此 $q=p+p'$ 是反冲核动量。利用动量和能量守恒方程可以很容易计算出，反冲核动能与中子的初始动能比值 R：

$$R = \frac{4A}{(A+1)^2} \tag{4.7}$$

这个结果适用于180°散射的情况，中子失去最大的能量。因此，既然所有的散射角度是可能的，为了获得近似估计，应当计算所有可能的角度，综合评价平均散射角情况下，一个中子将失去一半能量。很明显，原子核A值越小，R将越大，意味着中子碰撞失去更多的能量。注意，当$A=1$，R还是1，这是为什么？

> **知识盒　中子同其他物质的四种相互作用**
>
> 迄今为止，我们已经知道三种中子与其他物质之间相互作用：（1）中子被如^{235}U这样可裂变原子核吸收，并且引起裂变；（2）中子与减速剂原子核弹性碰撞，中子速度降低，因为能量变化，横截面增加更有利于发生裂变；（3）中子被特殊物质吸收，阻止链式反应持续发展。第四种中子反应发生在"增殖"反应堆中，中子被"能生育的"原子核吸收，转化成可裂变的原子核。下面是中子分三步被吸收和两次β衰变例子：$n+^{238}U_{92}\rightarrow^{239}U_{92}\rightarrow\beta^-+\bar{v}+^{239}Np_{93}\rightarrow\beta^-+\bar{v}+^{239}Pu_{94}$。中子究竟会发生何种作用主要取决于反应过程中原子能横截面，也就是说主要取决于中子能量，尤其是相撞时核同位素种类。

4.7.2　燃料

核反应堆设计者同样需要考虑选取什么燃料。最常用的为铀，裂变同位素^{235}U富集程度约为3%~5%。加拿大CANDU反应堆是一个例外，因为当时加拿大没有提纯设备，反应堆最初为自然（非提纯）铀而设计。CANDU是"加拿大氘铀"的商标缩写，与大多数反应堆不同的是，CANDU采用重水作为减速剂和制冷剂。用重水的原因是，在正常轻水反应堆中，水作为减速剂在降低中子速度以产生裂解反应方面非常有效，但它同时也可能吸收中子，降低中子到达^{235}U原子核并发生裂变的可能性。重水（吸收中子能力较差，但依然是一种很好的减速剂）避免了上述问题，并且在0.7%自然界浓度下使反应堆正常运行。CANDU反应堆现在用浓度较高的铀，使得工作效率更高。

另外还有一些反应堆尤其是在增殖反应堆选用钚作为燃料。但是与铀不同，在自然界没有发现钚元素。钚需要在核反应中生产出来，反应堆核部被一层称为"能生育"的同位素如^{238}U或者^{232}Th所包围。当然，"能生育"同位素指吸收中子后转变成可裂变同位素。在增殖反应过程中，将会产生更多的可裂变物质。另外，产生的可裂变同位素（^{239}Pu）继续裂变并产生能量。而且，没有消耗的^{239}Pu后期可重新处理（从核废料中提取出来），可与自然铀混合，再次作为核反应堆燃料。

增殖反应最大的好处是通过产生新燃料，反应堆能更充分利用原始铀，而其他类型反应堆仅使用了0.7%原始铀（也就是^{235}U）。几十年前，美国和其他几个国家建过大量增殖反应堆，但是后来就消失了。一个重要的原因是，增殖反应意味着要进行核废料的再加工，这就增加了钚被别有用心的国家盗取而制造原子弹的风险。而且，那时铀也很便宜，并且也很多，没有必要进行增殖反应。然而，目前增殖反应研究再次复苏，许多国家（包括印度、日本、中国、韩国、俄罗斯）都在进行大量更深入彻底的快速增殖反应研究。快速增殖反应不是用热中子，而用具有兆电子伏能量的中子引起裂变，因此不需要减速剂。

这里讨论的最后一个燃料是钍。跟铀相同，钍在自然界中存在（与钚不同）。钍作为反应堆燃料有两个优点。首先，钍元素只有一种同位素并且都可裂变，不像铀，只有0.7%

的 ^{235}U 可裂变。其次，钍在自然界存量是铀的三倍。根据这两个优点，1t 钍所产生的能量与 200t 铀相当。钍的优点还不仅仅是这些，当作核反应堆燃料时，钍具有稳定的物理及核属性，更有利于抵制核扩散（作为原子弹材料核废料被"破坏"），同时核废料体积也减少了很多。现在，许多国家（包括美国）开始研究钍反应堆，一位时事评论者曾经说到，"钍反应堆将改变现在全球能源格局……并且3~5年内结束我们对化石能源的依赖性"。他甚至倡议要像曼哈顿计划那样研究该计划（Evans-Pritchard，2010）。

4.7.3 冷却剂

因为重水和轻水比热相同，所以不管选哪种作为冷却剂没有区别。但不同的压力，效果却截然不同。两种常用的轻水反应堆是沸水堆（BWR）和压水堆（PWR）。在沸水堆中，冷却水压力大约75atm，沸点约285℃，水沸腾后产生水蒸气，从而驱动电机。相反，在压水堆中，压力高达158atm，在初始水循环中水温没有超过沸点。

在一些先进的反应堆中，另一种冷却剂是液态金属，优点在于具有高能量密度，不需要在高压下操作，具有较高安全性。但也有一些不利因素，包括对金属的腐蚀性——取决于选取的金属类型。因为液态金属冷却堆具有高能量密度，美国和苏联早期在潜水艇推进系统中使用。液态金属冷却堆是快中子类型，因为高能量密度，需要中子吸收横截面较低。换句话说，如果使用热中子，其能量迅速上升，反应堆将极为危险。最早在反应堆中使用的液态金属是水银。然而，水银也有不利因素，水银有毒，在高温甚至室温下会释放有毒气体。还有两种具有低熔点和高沸点适合做液态金属冷却剂，分别为铅（327℃，1749℃）和钠（98℃，883℃）。然而这两种还是有问题。例如，钠与水和空气都会发生剧烈的反应，释放出大量易爆气体氢气。虽然还存在很多问题，液态金属冷却剂反应堆众多优点足以作为先进的第四代反应堆设计的一部分。

1983年，英国设计了先进的气冷堆（AGR），用高压 CO_2（40atm）作为冷却剂。气体冷却产生高温，因此有较高热效率。另外，相比水冷反应堆大部分花费用在冷却系统，气冷堆将会经济得多。使用石墨减速剂气冷堆，虽然没有使用水作为冷却剂，但是却还是需要靠水产生水蒸气以驱动涡轮机发电。遗憾的是，英国气冷堆设计太复杂，建设时间比预期长，并且费用也超出限度，这使气冷堆看上去不是很经济，目前只有7个在继续使用。这同样也是第四代反应堆设计的候选之一。

> **知识盒　什么是熔毁**
>
> 英语中熔毁有很多意思，但是在反应堆中它专指反应堆核部由于超高温而部分熔化（尤其是指因为失去冷却剂而引发），或者是反应堆瞬间变为极为危险。即使在极端情况下，即能量迅速增加而可能引起爆炸时，在大部分反应堆核部进行核反应之前，反应堆核部将会自爆，因此爆炸没有核物质。在切诺尔贝利灾难中，估计反应堆熔毁释放的放射性物质比日本广岛原子弹还要多。

很明显，如果反应堆失去冷却剂将会发生"非常糟糕的事情"。我们的汽车，如果失去冷却剂最坏的情况就是发动机彻底损坏，而反应堆如果发生失去冷却剂事故（LOCA）可能毁灭整个环境。反应堆不会像原子弹那样爆炸，而是熔毁后释放出大量的放射性物质到周围环境中。

4.8 反应堆事故

国际原子能机构（IAEA）基于核事故对人民和环境造成的影响将核事故划分了 1—7 级，其中 6 为重大事故，7 为特大事故。至今为止已经发生了两次特大事故（分别为 2011 年日本福岛事故及 1986 年切尔诺贝利事故），以及一次重大事故，即 1957 年苏联克什特姆核事故，这次事故西方人可能很多人没有听说过。1979 年美国三哩岛（TMI）核电站事故被定义为 5 级具有厂外风险的事故。下面我们介绍这三次核事故：三哩岛事故、切尔诺贝利事故和福岛事故。

4.8.1 福岛核事故

2011 年 3 月 11 日的地震和海啸是引起日本福岛核事故的直接原因。这导致了六个反应机组中一系列反应堆熔毁。当地震发生时，虽然机组立刻自动停机，但是常规电网及紧急发电室（因为洪水）均已断电。断电引起冷却系统停止运作，反应堆持续发热，使三个反应堆熔毁。在这之后氢气着火爆炸，并释放出大量放射性物质，最后扩散到更大的区域。由于这次放射性物质泄漏，核电厂方圆 20km 日本民众撤离。福岛核泄漏问题给日本带来长期健康、环境以及经济方面问题，这使得他们决定逐步停止对核能发电的依赖。虽然如此，在福岛事故之后，必须考虑以下几个事实：

（1）即使 300 多名工人经历了大量的射线，但是没有因为直接辐射引起死亡或者重伤。有一些工厂工人是死于地震，而非核辐射。

（2）强制撤离区的大部分居民如果不撤离，估计受到约 20mSv/a 剂量的辐射。然而，大部分居民不超过 2~3 天已经撤离了这个区域，实际上他们也就接受了 0.2mSv 剂量的辐射，相当于每年正常辐射背景值的 6%。

（3）有一些居民直到一个月后开始撤离，并且也没有撤离到很远的地方，因此，计算不出他们最终受到辐射的剂量。对于在福岛附近的大多数人来说，他们所受到的辐射相对较小，并且不太可能引起癌症死亡率的显著上升。

（4）估计福岛事故中释放的放射性物质总量约为切诺尔贝利事故 1/10。

（5）一共 28000 名日本民众在海啸和地震中丧生。

4.8.2 切尔诺贝利核事故

瑞典被认为是非常安全的社会，然而他们 45% 的电力来源于核能。你可以说如果严格控制核能，它是安全的；你也可以说瑞典人自信到狂妄的程度。1986 年 4 月 27 日，由于 Swedish Forsmark 核电厂释放高浓度放射性物质，拉响核泄漏警报。后来发现放射源并不在 Swedish Forsmark 核电厂，风将东南 1100km 之外乌克兰普里皮亚特小镇上一个切尔诺贝利反应堆原子尘吹至此处。

苏联（当时包括乌克兰）起初想隐瞒这件事，但是瑞典报道了他们的调查报告，苏联不得不向全世界承认这次核事故，直到这时苏联才让普里皮亚特人民开始疏散，此时已经距 26 号核事故之后整整 36 小时，居民已经受到了早期（最强）的核辐射。瑞典放射性探测器一天后触发是因为放射性灰尘刚刚到达此地。

切尔诺贝利释放到大气中的放射性物质估计在 $(50\sim250)\times10^6$ Ci，相当于 100~400 颗广岛原子弹的威力。显然，70% 的放射性物质沉积在距切尔诺贝利仅 7km 白俄罗斯共和国境内。直接影响范围内的居民在疏散前已经受到了超高剂量的核辐射；而距离相对远一点的居民所受的影响与距核辐射中心的距离有关，尤其是是否处在原子尘扩散路径之上，以及是否在该处沉积。截至 2000 年 12 月，超过 35 万人从重污染区域疏散。

受切尔诺贝利影响直接死亡人数包括 57 名工人。他们经历放射原因引起长期的痛苦难忍（通常很慢）的死亡过程，包括 9 名死于甲状腺癌的儿童。甲状腺癌上升是暴露于放射性环境最有力的证据（图 4.11）。然而甲状腺癌很少致命，5 年存活率达到 96%。再加上其他癌症，最终 60 万受到辐射影响的人中，死亡人数可能达到 4000 人。其他受到较少辐射影响地区的 500 万人中可能有 4000 人死亡（UNSCEAR，2010）。这两种估算都是基于线性无门槛模型。然而，因为癌症有很长的潜伏期，并且自发癌症发病率数以万计，那么实际癌症死亡上升率极度保守，几乎无法最终估算，也无法检测模型的准确性。

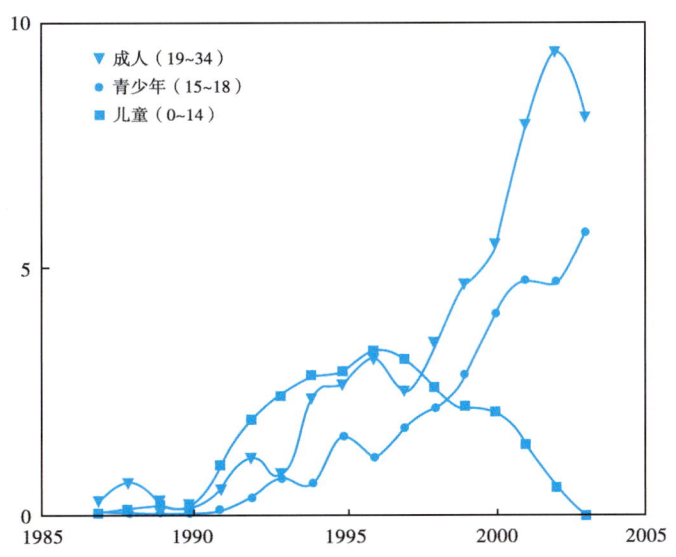

图 4.11 切尔诺贝利核事故后每 100000 人中儿童和青少年喉癌发病率
（据 Demidchik 等，2007；Cardis 等，2006）

可能说切尔诺贝利核事故为"意外"并不准确，因为这种核反应堆从设计上早晚会出事，所以与其说是意外事故还不如说"等待发生意外事故"。灾难发生在系统测试过程中，反应堆的总工程师 Anatoly Diatlov 正在家里睡觉。测试目的是观测如果给反应堆提供冷却水电泵突然断电，反应堆是否能安全关闭。原则上，在这种情况下紧急备用柴油发电机将会自动启动，提供 5.5MV 电力供给电泵。但是，在电网断电与紧急发电机启动并满负荷工作之间会有 60s 空白时间。技术人员认为巨大的电机惯性旋转运动可以弥补这 60s 间断，这个测试就是为了证实这个想法是否可行——虽然已经有三次实验已经失败。

测试刚开始，由于一个错误（插入反应堆猝熄控制棒）电力急速降至 30MV，几乎断电，仅仅只有维持实验最小安全电力的 5%。在 700MV 电力之下，由于反应堆设计缺陷，切尔诺贝利反应堆将会不稳定，链式反应极容易失控，只要电力上升一点，链式反应将会急剧上升。Anatoly Diatlov 没有意识到这个致命的设计缺陷，并且不听控制室里其他人的劝告，命令继续进行试验。当尝试将电力上升至正常700MV时,几乎所有的中子吸收控制棒都离开了反应堆,也违反了标准操作程序。这个行为实际上相当于拆掉了反应堆的"闸门"。

几分钟后,反应堆电力稳定上升,冷却水开始不断沸腾,导致低水位警报开启。这居然没有引起一群愚蠢的工作人员所重视,都认为又是一个错误的警报。电力越来越高,而冷却反应堆核部的水却越来越少。当工作人员最终意识到问题时,企图强制关上闸门,但是控制棒下落太慢,启动后花了20s才到达反应堆核部——这又是一个设计缺陷。另外,这些起初绝不该全部移出的控制棒也有缺陷。控制棒的石墨顶端(最先进入反应堆核部的部分)实际上不是降低反应速率,而是增加了速率。随着插入控制棒,反应堆内电力一度上升到正常水平的100倍,随后产生巨大的压力,紧跟着一系列巨大的爆炸,反应堆被摧毁。

引起这次灾难还有很多其他深层次原因,如使用石墨芯,用易燃物质做反应堆的顶,缺乏密闭圆顶状建筑(美国所有反应堆标准建筑)导致大火持续燃烧了好几天,并且释放大量放射性物质到空气中。到达现场的消防员和紧急事件工作者都不知如何处理,他们中很多人后来都死于放射性引发的疾病。一个法国观察员用"一辆在下山的路上全速前进的公共汽车"比喻这个事故:

"总的来说,我们有一辆没有身体的公共汽车在下山的路上全速前进,有一个没有用的方向盘,还有一个制动系统可以加速汽车几秒钟,但要花20s才能刹车,也就是等汽车撞墙后或者是滚落到悬崖下才能起作用(Frot, 2001)。

值得注意的是,切尔诺贝利事故之后,乌克兰仍然继续使用其他核反应堆很多年,直到2000年才停止最后一个核反应堆。

> **知识盒　切尔诺贝利核事故究竟释放了多少放射性物质?**
>
> 对切尔诺贝利核事故到底释放多少放射性物质有很多种观点。有人估计有$30×10^8Ci$,大约等于核反应堆总放射物质的1/3。尽管释放出如此巨大的核物质,但值得注意的是,在20世纪五六十年代在大气进行核试验释放的放射性物质实际上是切尔诺贝利所释放的1000倍。然而,就算是在空气中进行核试验最密集的1963年,世界范围内辐射背景值也仅仅增加了5%而已(Thorne, 2003)。

4.8.3　三哩岛事故

尽管三哩岛事故与切尔诺贝利事故严重性(表4.1)及其影响比起来不算什么(图4.12),但这是美国本土最严重的一次事故。在很多美国人看来,它给宾夕法尼亚州哈里斯堡附近所带来的毁坏与切尔诺贝利灾难不相上下。事情发生在1979年3月28日,由导阀操作阀常开故障引起。工作人员没有发现空阀门漏失了大量冷却剂。反应堆虽然最终得到了有效控制,但是没有在很小(无核反应)爆炸之前得到有效控制,大约$13×10^6Ci$放射性气体释放到空气中。TMI原子堆释放的物质是气体,在全世界范围内没有引起原子尘降落到地面。

表 4.1 切尔诺贝利与三哩岛事故对比表

结果	切尔诺贝利	三哩岛
释放核物质	高达 $30×10^8$ Ci	$13×10^6$ Ci
临近区域影响	不适宜居住	比背景值高 0.3%
原子尘影响区域	欧洲和亚洲很多区域	0
健康影响（短期）	56 人死亡	心理问题
健康影响（长期）	预计超过 4000 人死于癌症	小于 1 例癌症死亡率

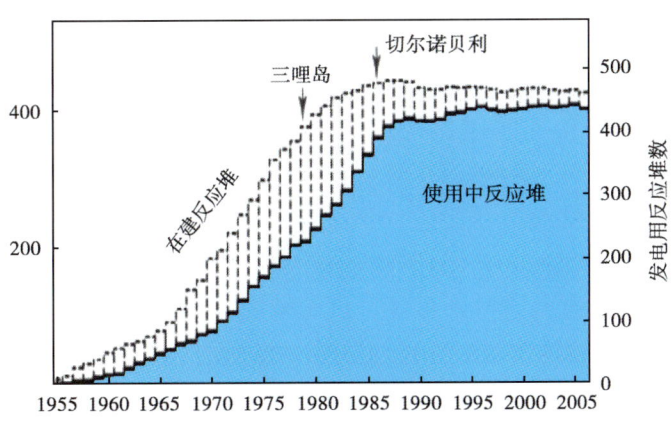

图 4.12 世界范围内反应堆数量与时间关系
可以看出三哩岛事故和切尔贝利核事故对核能的影响

4.9 燃料循环前端：获得原矿石

很多国家都有铀矿石，并且估计全世界铀矿石资源非常丰富。在现在的开采费用及矿石等级情况下，大概还能开采 100 年。这个估值有一定的误导，如果开采经济效益等级较低的矿石，将会有更多的铀矿可供开采。即使这样可能会比较贵（单位能量），但开采低等级矿石几乎对核能总费用没有什么影响，因为那些费用在总费用（主要人工费、建设费、维护费）中几乎微不足道。目前，三个最大生产铀矿的国家是澳大利亚、加拿大和哈萨克斯坦，生产的铀矿石占 2010 年全世界产量的 63%。20 世纪美国是世界铀矿生产大国，但是因为优质铀矿开采殆尽，从其他国家进口铀矿更加经济实惠。然而，必须强调的是，进口铀矿与进口石油有很大的不同，如果需求上升，美国可以开采本国矿产以满足需要，而不需考虑费用问题，因此澳大利亚和加拿大作为美国铀矿主要供应国不像中东作为美国的石油供应国那样令人不安。

开采铀矿与其他固体矿相似，分为露天开采和地下开采，后者因为充满大量的氡气和放射性灰尘，对矿工的健康有极大的危害。过去，尤其是 20 世纪 50 年代早期，铀矿采矿工因为长期在氡气之中工作，癌症死亡率上升。当然，任何矿石地下开采工作都是危险职业，只到近年才逐渐安全。例如，在 1907 年，900 名煤矿工人因为煤矿事故丧生，还有很多因为长期接触而带来的死亡——与近年来数据相差较大，即使煤矿事故还是时有发生。不同类型为提供能源而进行的采矿和钻井（化石能源和核能），因为铀矿的超高能量密度，核能绝对是每生产/kW·h能量最安全的能源。产生相同的能量所需的铀矿比任何化石燃料都要少——前面已经说过一块铀矿小球等于1t煤。

还可以在海洋中开采铀矿。全世界海洋有巨大的铀矿资源——大约为陆地已经发现铀矿的1000倍，但是浓度很低，大约只有十亿分之三。自从20世纪90年代中期开始，很多科学家，尤其日本和美国科学家就这种提纯技术可行性做了大量的工作。这种方法比在陆地开采要贵5~10倍，因为海洋中铀矿浓度极低。如此高昂的费用使得不可能用这种方式提纯铀矿，实际上不是铀矿燃料的费用问题，生产铀矿的费用只占总费用的很少一部分。因此，即使目前从海洋中提取还比较贵，但是海洋中的铀矿资源比陆地资源持续时间长1000倍。有趣的是，即使说1000倍都可能低估了海洋铀矿丰度。有人认为，地表和海洋将保持化学平衡，当海洋中铀矿被提取出来，将会被地壳中铀矿（难以开采）补充以保持平衡——约40×10^{12}t。因为这种持续不断的补充供给，估计铀矿可供使用几十亿年。

4.10　燃料循环后端：核废料处理

很多人关心的主要问题是核反应堆产生的核废料问题。这种"高放射性"（强烈的放射性）核废料由多种不同的放射同位素组成，具有不同半衰期，因此，不会遵循简单的放射性衰减规律。很多核废料根据其放射性被划分为"低放射性"，但是核反应堆产生的核废料放射性较高，被认为"高放射性"。虽然一些裂变产物半衰期长，"高放射性"废料将会长期具有危害。但是这忽略了一个事实，大量的危险在这么长的时间跨度范围内，几乎可以忽略不计，核废料所释放的放射性远低于铀矿石，也就比放射背景值略高而已。原矿石中高放射性核废料衰减需要7000年，但是超铀元素（$A>92$）首先被提取出来，剩下核废料衰减周期与原矿石相似，约500年。因此，前期为增殖核反应堆提供燃料提取出超铀元素简化了核废料处理问题，剩下的核废料半衰期很短。

根据从反应堆中取出时间的长短，有三种主要处理高放射性核废料方法：（1）最初放射性较高时，通常在装满水的水池中隔离多年；（2）后来就地存放于电厂木桶之中（通常是开放环境）；（3）最后埋在地质上适合埋存核废料的地下。第三点还是存在很多不确定性（至少在美国是这样），就像已经建成并且在2002年国会上已经获得批准的尤卡山核废料埋存点，就被多种原因停止了很长时间，其中包括这个地点的地质稳定性问题，以及用卡车或者火车运输高放射性核废料穿过很多地方的危害性问题。而且，自2009年后，即使在基础建设上已经花了150亿美元，尤卡山所有工作已经停止。同时，2012年总统委员会已经认识到必须要想办法处理在核反应堆就地越积越多的高放射性核废料（每年2000t）问题，但是选择另外一个合适的埋存地点很难达成一致。当然，尤卡山（官方设计的埋存点）也有可能在共和党参议员和总统的命令下开始继续建设。

一般将核废料玻璃化再储存，也就是使核废料结合在一起形成高防水玻璃质物质，以免核废料进入到地下水中污染水源——很多国家正在使用的方法。因为这个原因，很多人认为处理核废料问题实际上是一个政治方面问题，而不是技术方面问题。无论核废料处理本质上是不是政治问题，美国政府在处理尤卡山核废料埋存点问题上的失败，引起公众和将要进行核能投资的投资者思考是否有能力解决这样的问题。

既然一直会有避邻主义者，一些市民反对在其周围任何地方建立长期核废料埋存点，这种想法比在其周围建造一座新的核电站反对声音更强烈。究其原因是可以理解的，因为核电厂可以比核废料埋存点带来更多工作机会，如果只有一个埋存点，为什么要放在"我"的后院里。鉴于这个现实，瑞典的经验就值得学习（比美国依赖核电力程度更高的国家）。过去，瑞典人也反对核电力。2009年政府在一些人的反对下，提出30年禁止发展新的核电厂禁令。另外，一些小镇被说服，那些设施对他们健康无害，或者至少政府提供的财政刺激值得冒险一试，这些小镇改变了他们的态度，对核废料埋存点态度从"避邻主义"变成"欢迎到我这里来"。

除了在一个永久地点埋存核废料的问题之外，很多人更关心如何运送核废料到埋存点的问题，因为运输必须穿过很多地方，说不定就正好要通过他们所居住的城镇。或者说当美国的核废料埋存点开始启用后，每年将会有600辆火车或者3000辆卡车目前仅仅只有100穿城而过。另一方面，全世界每年将会有超过20000辆这样装满高放射性核废料车（超过80000t），通过铁路、公路或者轮船运输超过百万千米以上。这些集装箱（通常坚固、防火）从未发生过事故，从未被打破或者泄露过。

集装箱由钢铁和铅制成，能经得起严重的撞击和大火，装满高放射性核废料在全副武装的守卫保护下运送至目的地，但是不能完全排除意外。根据美国能源局研究表明，如果"最坏的事情"发生在一个大城市的话，每年将会有80人死于长期暴露于高放射性之中——当然前提是有人会继续留在高放射性地区整整一年。了解一下其他危险货物的运输情况会对认识核运输很有利，——如运输氯气，这是一种剧毒气体（曾在第一次世界大战战场上使用），每年有100000辆运输装置运输氯气。海军研究实验室（Naval Research Lab）的研究得到如下结论：

假设恐怖分子袭击一辆经过华盛顿的火车引起氯气泄漏，产生氯气云层覆盖半径14mile（23km），包括白宫、美国国会大厦、最高法院等，近250万人生命受到威胁，每秒钟将有100人死于氯气中毒（NRL，2004）。

在这个速度下，来不及进行任何撤离的最初半个小时之内，将有5万人死亡。而且，不像核废料运输仅仅有预测模型，已经发生了包括氯气运输事故在内的一些严重的事故。我们注意到，氯气比空气重，因此如果发生泄漏将会接近人们生活的地表，而不是立刻飘走。所以不会有哪个城市，尤其是华盛顿这样的城市会犯错让这样的货物通过城市。

Dougherty先生拍到图4.13中的照片后，作为一名律师，开始游说应该通过法律限制运输高危险货物通过华盛顿中心地带，华盛顿委员会最终接受了这个建议。这个法律后来由于州和聚居地不能干涉州与州之间的贸易受到了联邦政府质疑。Dougherty先生在法庭上为华盛顿法律辩护，最终华盛顿法律得到了支持。然而，因为没有联邦法律（直到2007年）明文规定，最终这些极度危险货物没有被禁止穿城而过。

将这些风马牛不相及的事情（核废料与氯气运输）对比的主要观点是说，作为一个社会，我们总是认为比较安全的事情比实际上会产生的风险和后果更严重。

图 4.13 装载 90t 高压氯气铁罐车（图片由 Jim Dougherty 提供，塞拉俱乐部，2004）
行驶在离华盛顿国会大厦仅四个街区，恐怖分子很容易就能从侧面标签上
看到所运货物的特性，并且罐车上没有武装护卫

4.11 大规模核电力的经济效益

很多核能反对者认为除了环境方面或者安全方面的问题，再就是经济方面毫无意义。反对者们也许是对的，目前核能发电比用煤或者气发电要贵。然而，也有很多相反的研究结论，这主要取决于已经存在的核反应堆还是新的反应堆。一个明显的问题是，为什么对比核能发电与其他方式发电的经济效益时存在如此多的不确定性。

核反应堆发电费用主要包括四个部分：（1）建设费用；（2）运行和维护费用（包括燃料费用）；（3）停运费用；（4）废料处理费用。在美国，最后的核废料处理费用约 0.1 美分/（kW·h）。燃料费用占总费用很少一部分，大约 0.5 美分/（kW·h），反应堆停运费用约为总建设费用的 15%——仍然只占总费用很小一部分。主要的费用在于建设核电厂，大概占总费用的 70%~80%。某种程度上，低廉的燃料费用不仅因为高的能量密度，而高昂的建设核电厂的费用也起了很大的反衬作用。核能建设费用比建设其他能源一般要贵，其中有很多方面原因，包括：需要技能较高的建筑工人，需要更加严厉的安全预防措施等，还有两个重要的原因是核能建设周期很长，需要投入大量资金用于建设工厂贷款利息。

尤其在美国，还有很多预想不到的变数，比如许可证、检查、鉴定证书（延长建筑工期，有时需要很多年）以及因为贷款利息增加的费用。另外，因为已经认识到的巨大风险和不确定性（这其中很多风险和不确定性是由不明智的政治因素造成），用于核电厂建设的贷款利率要比其他项目高。例如，美国核管理委员会（NRC）以前分两步批准新建核电厂：首先批准开始建设，只有等到完成后，才批准运营。投资者贷款投资建设阶段还不能保证建完的核电厂肯定能投入运行使用。所以可以理解，这种不确定性导致投资者需要较高贷款利率，尤其是 Shoreham 反应堆确实发生了这样的事件之后。美国为了刺激核能发展，2005 年国会通过了一个为新清洁能源工程贷款提供担保的计划，使核电厂贷款存在潜在吸引力。遗憾的是，这些贷款计划的资金因为金融危机而停止了，这次金融危机不光影响了核能企业，各种可再生能源技术（如太阳能工厂）初始投资均受到大范围影响。

> **知识盒　Shoreham 反应堆命运**
>
> Shoreham 建在人口相对较多的纽约长岛，于 1973—1984 年间建造，共耗时 11 年。如此长建造周期显然导致费用飞速上升。1979 年宾夕法尼亚州三哩岛核事故之后，民众强烈反对建立核反应堆很大程度导致了工程延期（离曼哈顿只有 60mile）。民众的反对最终导致州政府拒绝在周围区域疏散计划上签字。由于州政府的这个行为，NRC 拒绝签署运行反应堆的许可，很快反应堆被州政府接管，后来于 1994 年停运。

由于 Shorehams 事件，NRC 明智地改变了他的政策，现在批准建设和运营反应堆仅需一步。同时还落实其他政策，在安全方面绝不妥协的情况下，形成合理的批准过程。最重要的是，在美国已经建成的反应堆只要是独一无二的设计，就得单独获得批准。根据法国的长期实践经验，自 1997—2010 年，四种不同设计标准已经获得 NRC 批准（由两个公司设计）。

不管国家政策问题，建设一个核电厂（假设由私人而不是政府投资）通常比非核电厂投入要大，因为设计复杂、建造时间长、贷款利息高等原因。另外，因为没有近年来已经获批标准化设计经验，以及没有建造核电厂的资源和制造业的全球竞争力，核电厂建设费用近年来飞速增长。因此，核电厂是否经济合算完全取决于以下几个方面：（1）建造成本；（2）贷款利率；（3）建设时间。

基于表 4.2，新电厂电费范围变化非常大，以致乐观主义者认为与其他选择相比具有绝对优势，而悲观主义者观点却正好相反。

表 4.2　电费　　　　　　　　　　　　　　　　　单位：美分/（kW·h）

建筑费用	50 亿美元				25 亿美元			
利率（%）	3 年	4 年	5 年	7 年	3 年	4 年	5 年	7 年
5	5.8	6.1	6.5	7.6	3.7	3.9	4.2	4.9
6	6.6	7.1	7.6	9.2	4.1	4.4	4.8	5.9
7	7.5	8.1	8.9	11.3	4.6	4.9	5.5	7.2
8	8.5	9.4	10.5	14.2	5.0	5.5	6.3	9.0
9	9.5	10.7	12.4	18.2	5.6	6.3	7.4	11.7
10	10.7	12.3	14.7	24.1	6.2	7.1	8.6	16.1

注：建筑费用分别为 50 亿美元、2.5 亿美元；贷款利率 5%~10%；建筑时间 3~7 年。

没有人能预测未来，但是除非福岛记忆已经完全被忘记，否则悲观主义者的观点似乎是正确的。

事实上，新反应堆实际费用比"狂热者"的预测要高得多（图 4.14）。还要注意的是，因为天然气费用低、核能费用高以及对新电能的需求微弱等综合因素影响，自 2009 年后新提议的 31 个核电厂已经全部搁浅。33 年的沉寂将被乔治亚州新计划的两个核反应堆所打破，毫无疑问，全国公共事业部门都会紧盯着这个项目。然而，如果你是核能支持者，也有乐观的理由。根据美国核能研究所的统计，自 2012 年以来，世界范围内有 150 个核能计划已经获得批准或者正在计划阶段，63 个反应堆正在建设之中（NEI，2012）。

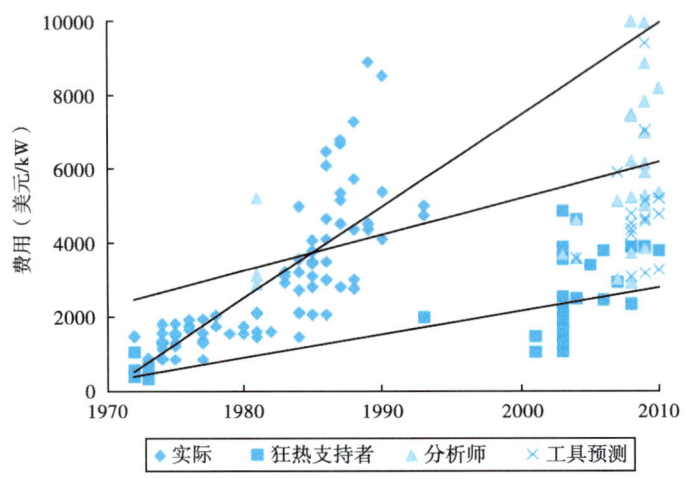

图 4.14　美国核反应堆运行实际费用与预测费用对比（据 Cooper，2009）
预测费用取决于资源量，注意其他国家尤其中国和法国预测费用都比美国低

4.12　小型模块化核反应堆

传统核电厂的经济效益还存在不确定性，并且受限于某些假设性选择，因此一种新型的反应堆——小型模块化反应堆——看似更加适合，因为它不受逐渐上升的建设费用限制。尽管核能是一个政治方面存在争议的问题，但是有趣的是核问题分化不是因为政治问题，而更多的是观点分化问题（Bisconti，2010）。事实上，奥巴马在 2011 年有一个关于核能的建议，这个建议在国会上的遭遇与他之前所有的无论与能源相不相关的建议截然不同。总统呼吁建立"新一代"核能电厂，建议用一部分钱作为研究和建设小型模块化反应堆贷款基金。这个建立基金的建议在参议院以 99:1 的比例通过，没有一个民主党议员和共和党议员反对。

自 2010 年，至少 8 个国家根据 16 个不同的设计发展小型模块化反应堆。一个例子是美国海波龙电力公司建立 25MW 反应堆，这个是由洛杉矶阿拉莫斯国家实验室设计（图 4.15）。这个小型液态金属冷却反应堆生产的电力足够 20000 个家庭使用。这个反应堆没有可移动的部分，有少量燃料，因此不可能发生熔毁事故。事实上，海波龙公司刚开始设想在工厂中制造好反应堆，然后将其运送到需要使用反应堆的地方，埋于地下，反应堆将会不受人为影响持续发电 10 年，直到燃料用尽。

之后，反应堆将会用卡车运回工厂替换燃料部分。这个公司的目标是每千瓦时成本在 15 美分以下，这在美国大多数地区根本没有竞争力，但是在遥远的没有电网或者政府装置的社区就很有竞争力。

另外还有一种新奇的设计，发电能力相对高一点的反应堆（165MW）——球形燃料反应堆（PBMR），最先在德国使用，现在主要在美国和中国使用（图 4.16）。PBMR 是由氢

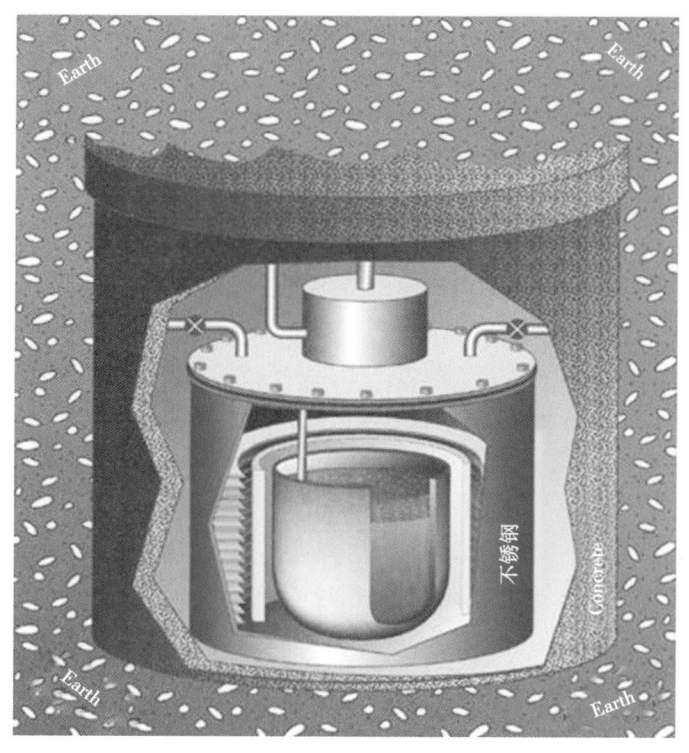

图 4.15 海波龙 "核能电池" 示意图
大约一个成年男子高，中间部分为核能发电元件

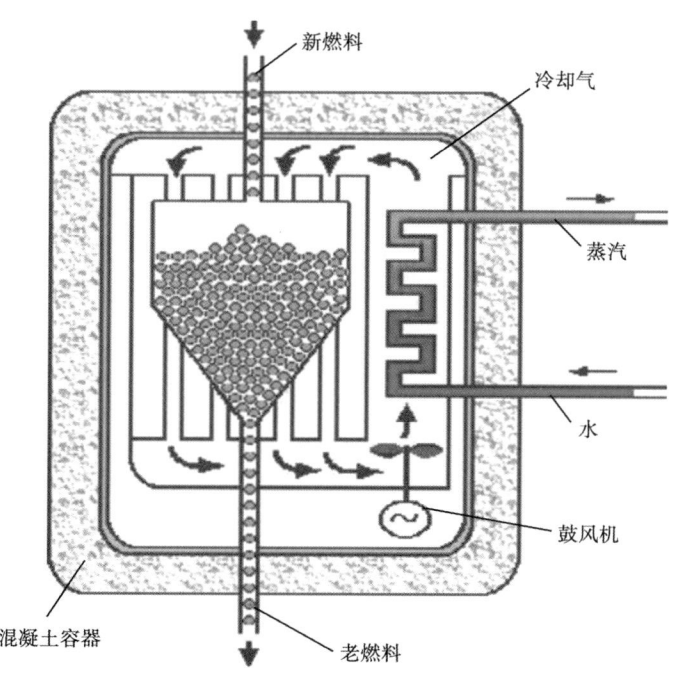

图 4.16 球形燃料反应堆（据 Picoterwatt，公开资料）

气冷却，燃料为网球大小的球体。每个球体由核燃料组成，周围被裂变产物及石墨减速剂包围。足够的球体简单的积累将会使反应堆达到临界点。小球因为体积和成分不可能热到熔化的程度，因此不可能会熔毁。事实上，如果冷却剂失效，会使反应速率降低，最终反应堆停止。这种被动的安全特征与切尔诺贝利类型的核反应堆设计完全相反，切尔诺贝利是越热反应越活跃。在 PBMR，任何时间反应堆容器内有大约 450000 个小球体，新的球体不断从顶部进入容器，用完的球体从底部出来。因此，反应堆持续不断更新燃料，不需要因更换燃料而额外花钱。燃料球产品也有一些问题，1986 年德国 PBMR 就曾经因为燃料球堵塞发生一次事故，并且引起少量的放射性物质泄漏。

其他类型的小型模块化核反应堆是一些更加便捷的轻水反应堆（如 NuScale Power、Babcoke 及 Wilcox 设计的反应堆），当需求上升时，这些反应堆都能扩展以提供更多的电力。实际上，所有的 SMR 都是基于被动安全特征（无需介入任何操作）设计，以保证安全运行以免发生灾难性熔毁事件。总体上，被动安全特征主要依赖物理定律、物质属性，防止发生事故。除了被动安全系统、操作简单、费用较低，标准核反应堆还有许多其他的优点，如可以将反应堆安装在需要使用的地点附近，这样输电费用大大减少，并且需要新电线数量也大大减少。实际上，标准化反应堆可以看成是"核电池"，只不过比普通电池能量高百万倍。

小型模块化核反应堆前景一片光明，但是可能在接下来十年中（2020 年）不会投入运行，因为 NRC 批准程序时间较长。为了遵守 IAEA 的安全措施，这个批准程序无论在美国还是在其他国家都是必要的。虽然美国海军为了推进小型模块化核反应堆实施已经进行了很长时间实验，但是商业用途燃料配置与富集程度与军方存在很大的区别，这也是评估这个新设计需要较长时间的原因。而且，当我们想到小型模块化核反应堆的经济效益时，应该记得有很多新技术往往在最初较高的预期下，不能健康发展。还记得大型核电站，最初预算认为非常便宜，结果极其昂贵甚至不能完工，因此，我们不能断定小型模块化核反应堆会有经济效益，或者民众能接受它，只有等他们遇到市场的实际检验才知道结果。

4.13　核聚变反应

如果在技术上和经济上证实可行，核聚变反应可作为理想能源。这包括很多原因，首先海洋中有取之不尽的氢作为能量供应，其次不会产生长衰变周期的废料。主要的技术难题在于（1）控制聚变反应的高温；（2）控制燃料能够长期稳定运行。在太阳核部，重力可以提供这种约束，但是在地球上，目前所知只有两种方法，一是磁场，另一种是惯性约束。在后一种情况，燃料小球被从各个方向来的强激光轰击，小球迅速升温，小球的惯性阻止温度上升到燃点之前爆炸。在俄罗斯托卡马克（Tokamak）装置中使用更先进的技术，用环形磁场控制分散的离子，使这些离子加热后不会撞击到容器壁。尽管第一个 Tokamak 装置之后已经取得了很大的进展，但是要达到商业可行的核聚变反应还有很多年的路要走。通常衡量这个领域的进展基于下面的比率：

$$Q = \frac{输出能量}{输入能量}$$

如果 $Q=1$ 代表收支平衡；$Q=5$ 是自我维持反应点，也就是输入能量等于输出能量加上失去的能量；$Q=22$ 认为是反应必要条件。

基于 Lawson 定律简单计算设计的 Q 值，也就是聚变三乘积（密度、温度和约束时间）。即 $Q=1$ 时，dt（氘—氚）聚变反应，Lawson 定律如下：

$$nT\tau > 10^{21} \text{ keV} \cdot \text{s/m}^3 \tag{4.8}$$

这里温度 T 选择最适宜的值。目前 7 个国家联合出资 150 亿美元在法国建立了"国际热核实验反应堆"（ITER）。"国际热核实验反应堆"有望在 2018 年实现自我维持点达到 10s。还有一个很有竞争力（或者说是补充）的设计是 Ignitor，源于麻省理工学院的一个冒险设计，这个设计成本仅为 ITER 的 2%。尽管也有惯性约束方面研究，但是惯性方法目前离达到商业化反应堆的目标还很远。

从图 4.17 中可以看出，Lawson 定律[方程（4.8）]不是决定点火全部因素，如果这样的话，Q 就不是我们看到的抛物线形态，而是水平直线形状。换言之，温度变量 T 不像方程（4.8）中其他两个变量，不能说越大越好，因为在最优值之上，点火机会将会下降——你能想到这个奇怪事实的原因吗？

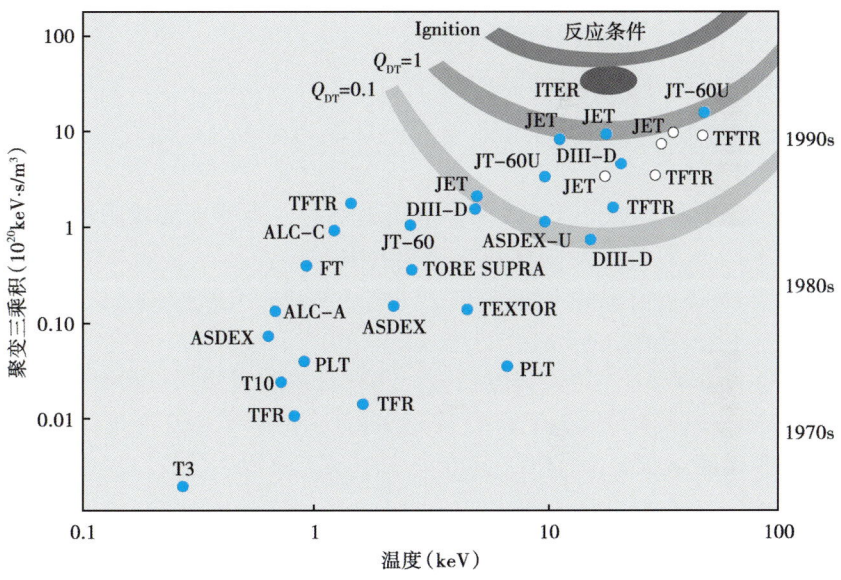

图 4.17 聚变反应过程（据《物理世界》，2006）
表示核聚变与温度关系，粗线表示 Q 值，点表示不同设计反应堆性能

> **知识盒 Lawson 定律：点燃一堆篝火**
>
> 想象你在一个寒冷的夜晚在户外野营。如果你想点燃一堆篝火，必须至少具备四个条件：(1) 适合点火的材料（较低的点火温度）；(2) 收集足够多的燃料；(3) 初始火花或者原料使燃料达到着火温度；(4) 足够长一段时间没有强风吹灭火堆。这四个条件与自我维持的核聚变反应堆相对应，换句话说选择原子核光束就好比没有太高点火温度的聚变材料；足够多燃料，n；足够高的温度使燃料点燃，T；足够长的时间，t，燃料在点火之前一直受控制。事实上，基于 Lawson 定律，为了达到自我维持反应，这三个变量需要超过临界值。

4.14 小结

本章开头追述了第二次世界大战期间核技术的发展历史，当时发展核技术主要是为了制造核武器。只有在战争结束后，核技术应用范围才拓宽，包括核能，这在很多国家电力发展中起到了重要作用——大约占20%的发电量。

在几次重大的核事故之后，包括三哩岛事故和特别严重的切尔诺贝利及福岛事故，民众对新反应堆持极其反对态度。很多民众认为核电厂危害要比燃煤发电厂危害大很多，但实际情况却完全相反。迄今为止，只有德国和日本打算逐步淘汰核电厂，因为这些国家的核电厂费用极其昂贵。虽然建立新的大型核电厂经济可行性还有很多不确定性，但是终止正在运行的核反应堆也很不合理。小型模块化反应堆经济可行性比100MW以上反应堆更有希望。另外，还有核聚变方面研究，尽管其何时能投入运用及经济可行性还不确定。

问 题

（1）用公式（4.4）说明 d 代表中子被吸收前平均自由程。

（2）用动量和能量的守恒原理推导公式（4.7）。

（3）讨论在例1中何种简化处理导致临界质量偏高，并且指出是否每种简化处理都会导致临界值偏大或者偏小。

（4）假设 ^{235}U 临界质量为52kg，如果含量为20%时，为什么临界质量上升至200kg。

（5）用方程（4.7）计算氢对碳作为减速剂效率。

（6）计算一个1MeV中子需要同减速剂原子核大概进行几次碰撞才能成为热中子。减速剂分别为轻水（$A=1$），重水（$A=2$），石墨（$A=12$）。

（7）铀最常见同位素 ^{238}U，可以自发裂变，为什么不适合作为反应堆燃料？

（8）常压下 CO_2 比热容大约为1200J/（kg·K）。先进气冷反应堆用40atm CO_2 作为冷却剂。如果反应堆释放2000MW，CO_2 温度会上升多少？CO_2 经过反应堆流速为1000kg/min。

（9）假设一束含有每秒 10^{15} 粒子的光束打在金箔上面，光束横截面为 $1cm^2$。假设中子吸收横截面为 $10^{-24}m^2$，金箔厚度为0.2mm。计算光束中中子将会有多少停留在金箔中。

（10）气体离心机转子外壁几乎是声速旋转，如果转子直径为0.5m，计算其转速。

（11）解释为什么可以靠经验确定某些过程截面。

（12）作者将切尔诺贝利事故起因与在山路上全速下冲的公共汽车做比较。请说明类比的特征。

（13）估计切尔诺贝利事故引发癌症死亡4000例，三哩岛事故释放放射性物质少250倍，有人也许估计三哩岛事故引起癌症死亡人数应该为4000/250，也就是16例，但表4.1中小于1例。解释原因。

（14）假设中子光束通过10cm厚铅板时密度减少10%，①计算铅原子核平均自由程；②如果有500个铅原子粒，计算铅原子总吸收横截面。

（15）假设核电厂电费成本为7美分/（kW·h），核燃料费用为0.7美分/（kW·h），其中采矿费用占据35%。现在假设从海洋中提取矿物费用为陆地上10倍，计算这样电费成本将会上升多少？

（16）假设混凝土中子吸收平均自由程为 0.5m。混凝土墙需要多厚才能使反应堆不超过百分之一的中子逃逸出来？

（17）在网上搜索确定以下几个数据：德国目前核电厂数量，平均额定功率及使用寿命。假设核电厂平均使用年龄 30 年，建立模型计算德国如果用太阳能或者风能等可再生能源取代这些核电厂，在①立即停止；②现有核电厂 30 年使用周期后停止，这两种情况下分别所需费用。

（18）如果一个 1000MW 的核电厂效率为 35%，水温上升 10 ℉则要求每分钟多少升水流过核反应堆？

（19）解释为什么获得核聚变需要"最佳"温度（图 4.17），也就是无论高于还是低于"最佳"温度，会产生一个更大的三乘积（公式（4.8））。图 4.17 中 dt 反应最佳温度为多少？

（20）计算效率为 35% 的 1000MW 核反应堆运行一年后损失质量。

（21）效率为 35% 的 1000MW 核反应堆运行 12 年后更换燃料。^{235}U 能量密度为 80×10^{12} J/kg，该同位素富集度为 4%。假设该期间停工期仅为 10%，计算共释放多少原始能量。

（22）从每个数的单位上证明公式（4.6）的正确性。

（23）如果你认为核能风险太大，查阅一些支持这个观点的材料；如果你支持核能，也试着做做同意的事情。

参 考 文 献

Cardis, E. et al. (2006) Cancer consequences of the Chernobyl accident: 20 years on. *J. Radiol. Prot.*, 26, 127-140.

Clark, A. M. (1953) Quoted in R. Clark (Ed.), *Einstein: The Life and Times*, HarperCollins, New York, p. 752.

Cooper, M. (2009) The economics of nuclear reactors: Renaissance or relapse? *Nucl. Monitor*, August 28, 2009, 692-693.

Demidchik, Y. E. et al. (2007) Childhood thyroid cancer in Belarus, *Int. Congr. Ser.*, 1299, 32-38.

Evans-Pritchard, A. (2010) Columnist writing about thorium reactors in the December 21, 2011 issue of the Telegraph, a U.K. paper about Nobel Laureate, Carlo Rubbia's work on thorium reactors.

Frot, J. (2001) The causes of the Chernobyl event, Report by Jacques Frot.

Hahn, O. and F. Strassmann (1939) Uber den Nachweis und das Verhalten der bei der Bestrahlung des Urans mittels Neutronen entstehenden, Erdalkalimetalle (On the detection and haracteristics of the alkaline earth metals formed by irradiation of uranium with neutrons), *Naturwissenschaften*, 27 (1), 11-15.

Lenard, P. http://www.ecolo.org/documents/listdoc-en.htm.

Lenard (1930) The term "Jewish Physics" was coined by physics Nobel Laureate who was also a dedicated Nazi in the 1930s, when he derided Einstein's theories.

Meitner, L. and O. R. Frisch (1939) Disintegration of uranium by neutrons: A new type of nuclear reaction, *Nature*, 143 (3615), 239.

NEI (2012) Nuclear Energy Institute advertisement, *Newsweek Mag.*, May 21, 2012.

NRL (2004) Scenario drawn from a Naval Research Laboratory study, cited by "Hazardous Proposals," *Traffic World Mag.*, February 23, 2004.

NTI Nuclear Materials Security Index (2012) http: //www. nti. org/about/projects/nti-index/

Pfau, R. (1984) Quoted in R. Pfau (Ed.), *No Sacrifice Too Great: The Life of Lewis L. Strauss*, University Press of Virginia, Charlottesville, VA, p. 187.

Thorne, M. C. (2003) Thorne, Background radiation: Natural and man-made, *J. Radiol. Prot.* 23, 29-42.

UNSCEAR (2010) Chernobyl's Legacy: Health, Environmental and Socio-Economic Impacts and Recommendations to the Governments of Belarus, Russian Federation and Ukraine. International Atomic Energy Agency—The Chernobyl Forum, 2003-2005.

第 5 章　生 物 燃 料

5.1　概述

地球表面每年接收 3.8×10^{24} J 太阳能，相当于 120000TW 能量。其中仅有不到 0.1% 通过光合作用被植物转化利用，而这很少的一部分就是人类一年中使用的所有能量的六倍还要多。"生物质"用来描述不管是死的还是活的植物和动物。这些有机物的排泄物，以及由这些有机物所产生的废弃物。生物质所储存的化学能量称为生物能。化石燃料可以认为从古植物中获得生物能，但是与现今生物质能源不同，化石燃料显然是不可再生的。因此，三个术语生物能、生物质和生物燃料（由生物质制造的燃料）通常不包括化石燃料。生物燃料包括液态燃料，（如乙醇、生物柴油、各种植物油）；气体燃料，如甲烷气；固体燃料，如木柴和木炭。

除了可再生性之外，生物燃料比化石燃料重要的好处在于不会向空气中产生额外的 CO_2，因为在生物燃料燃烧时释放到空气中的 CO_2 不超过生物质生长过程中吸收大气中的 CO_2。这种情况，称为生物燃料循环，是碳平衡（甚至碳减少）过程。当然，这是假设在种植、耕种及收获生物质的过程中，以及转化成生物燃料，运输直至最后被使用过程中放出的 CO_2 不至于大到能破坏这个平衡。因此，生物燃料当属于可再生能源，事实上现在 63% 的可再生能源为生物燃料。

这其中主要包括传统燃料，如全世界约一半人用来取暖和做饭的木柴及粪便。事实上，在一些发展中国家，木柴占总能量消耗的 96%。当生物燃料以这种形式消耗将很难再生，并且会毁坏环境，因为树木经常被砍伐作为柴火，却又不再重新种植。遗憾的是，在发展中国家做饭木柴代替物几乎没有任何技术含量，详情见第 10 章太阳能炊具。

除了取暖的木柴和粪便，如今世界上使用的大部分生物燃料还是"第一代"类型，也就是说用食物中的糖、淀粉、植物油制成，用已有的技术很容易就提取出来。目前世界上使用最多的两种生物燃料是生物乙醇和生物柴油，几乎都是用食物，如玉米、甘蔗或者甜菜制成。1975 年，还几乎没有生物乙醇，近年来生物乙醇产量急剧上升，达到每年 300×10^8 gal。这些生物燃料主要集中于几个国家或者地区，如 90% 乙醇主要产自巴西和美国两个国家，而生物柴油主要产自欧盟（EU）。当然，大部分生物燃料应用于运输行业，这能部分降低石油消耗，它们可以作为汽油或者柴油添加剂，甚至在有些改造过的机器中可以全部使用生物燃料。尽管国际能源署预测到 2050 年，生物燃料将占世界所需能源 25% 以上，但是目前世界范围内生物柴油和生物乙醇占公路运输所用燃料的 3% 以下（EIA，2011）。因此，使用生物燃料，尤其是生物柴油和生物乙醇将会大幅上升，并且将来有望持续上升（图 5.1）。

一般来说，生物燃料有液态、气态和固态三种。由于大部分生物燃料主要用于运输行业，因此液态或者气态比固态更适合，而固态生物燃料主要用于加热或者发电。因为液态燃料具有更高能量密度，并且高压下储存气体非常困难，所以当生产气态生物燃料时，如果能很容易在室温状态下液化将会非常有利。液态生物燃料作为运输燃料还有很多其他的好处，比如燃烧彻底，便于运输和储存（可以通过管道运输），当然也可在内燃机中使用。

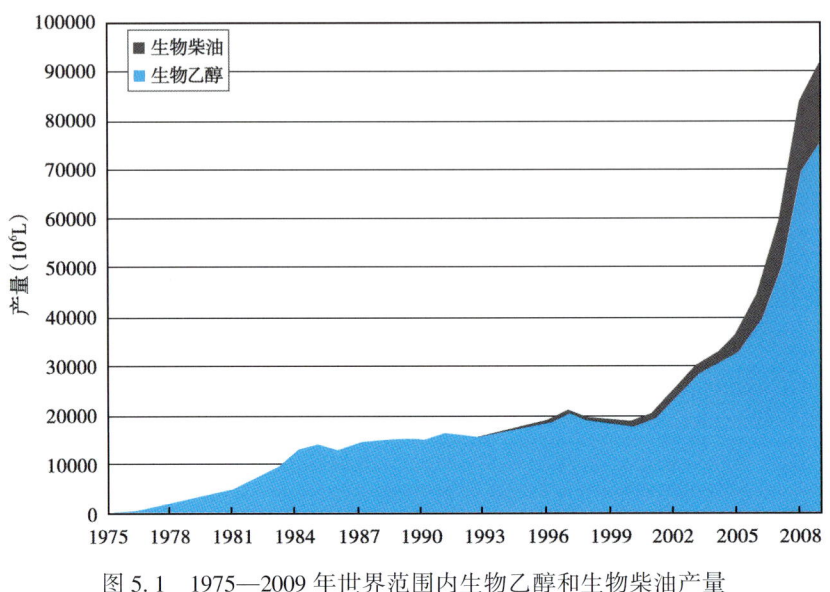

图 5.1　1975—2009 年世界范围内生物乙醇和生物柴油产量

5.2　光合作用

光合作用是有机物靠阳光将二氧化碳和水合成糖和淀粉的过程。糖和氧气为反应最终产物，全部化学反应方程式可以用下面公式表示：

$$6CO_2 + 6H_2O \rightarrow C_6H_{12}O_6 + 6O_2 \tag{5.1}$$

因此，光合作用在"碳循环"过程中起重要作用，通过光合作用碳元素在生物圈、大气圈、海洋和陆地上循环变化。光合作用在植物、藻类和某些种类的细菌，如蓝藻细菌（也叫蓝绿藻）中进行，这是地球上大多数生命（当然也包括我们人类）最根本的能量来源。

> **知识盒　蓝藻细菌**
>
> 　　由于排放污水或者富含养分的水产生的蓝藻细菌有时会引起湖泊或者河流藻类"爆发"。事实上，根据美国农业部研究，这些如污水和富养分的水的非点源污染源组成了国家主要的污染危害。引起这些"藻潮"的细菌对人类和其他生物危害很大，能破坏环境，并带来严重经济损失，如影响海产品收成。研究表明，这些细菌对人的肝脏和神经有害，可能引起一些严重的疾病。

不依靠光合作用的生物是一些细菌和单细胞生物，如生活在地表深处或者海底的古生菌类。很多深海有机物生活在热井（thermal vent）附近，使用热量作为其能量来源。目前已有研究者发现该类有机物事实上有部分也是靠热井昏暗的光线而生存（Blankenship，2005）。当然，大部分光合作用发生在海洋表面或者中等深度（透光层），根据海水的黑暗程度不同大约在 10~200m 之间。光合作用范围同样也取决于到达海洋表面入射的太阳光总量，换句话说就是取决于纬度和季节。陆地上，光合作用还取决于土壤的肥沃程度，不同地理特征如森林、沙漠和山区肥沃程度不一。图 5.2 展示了海洋和陆地的光合作用数量。海洋光合作用主要靠单细胞海洋浮游生物进行。据估计，这些海洋浮游生物产生了地球上一半的氧气，尽管它们总的生物质数量级远在陆生植物之下。

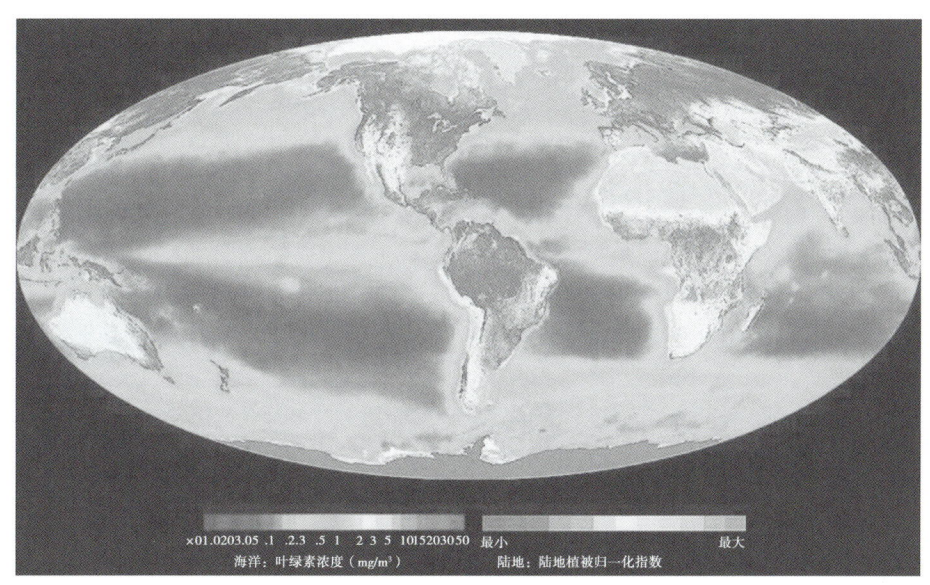

图 5.2　全球光合作用分布图（海洋浮游生物和陆地植被）
复合颜色色标指示全球叶绿素产量，根据 1997 年 9 月到 1998 年 8 月间卫星图像编制（图片据 NASA，http：//en. wikipedia. org/wiki/Photosynthesis）

光合作用每年从大气中吸收约 10^{14} kg-CO_2 转化成生物质，如果生物质腐烂，这些 CO_2 将再次进入到大气中。因此，这个过程不会减少或者增加大气中 CO_2 总量，除非总生物质减少或者增加，如砍伐森林或者重新种植树木。

光合作用分两步进行，第一步，光被叶绿素吸收，能量储存在富能量的分子中，如三磷酸腺苷（ATP）分子，磷酸酯（NADPH）分子（图 5.3）。第二步，发生不依靠光的反应，从空气中吸收 CO_2。正是在这一步中，碳通过一系列卡尔文（Calvin）循环反应被混合或者转化为植物物质，如糖或者淀粉。某些波长的光在光合作用第一步中非常重要，大部分有机物光合作用都依靠可见光，极少数用红外光或者热辐射进行光合作用——因此在地表深处或

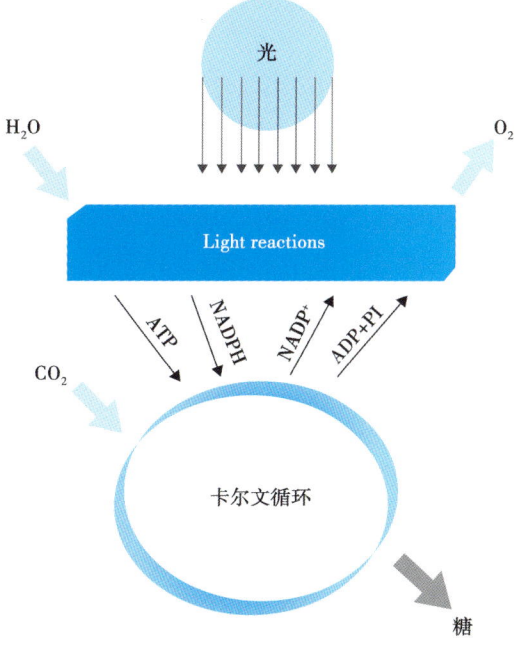

图 5.3　光合作用两个阶段示意图

者海底热井附近仍有有机物存在。我们这里不具体介绍光合作用细节，其包含了非常复杂的生物化学过程。

例1 光合作用效率

每年地球上光合作用储存在糖中的总能量约 $8.4×10^{21}$ J。假设太阳光利用率约为 3%~6%，计算多少太阳光被储存在糖中以及地球表面多少地方被光合作用生物所覆盖。

求解

前面已经提到了，太阳年照射量为 $3.8×10^{24}$ J，因此糖分中储存的太阳光能量与光合作用比为：$8.4×10^{21}/(3.8×10^{24})=0.002$（0.2%）。如果化学反应实际效率为 3%~6%，这就表示地表被光合作用生物覆盖部分介于 $1/3×(0.2)=0.067$ 与 $1/6×(0.2)=0.033$ 之间，也就是在 3.3%~6.7% 之间。

在一个特定区域，什么决定光合作用的实际效率？最重要的变量如下：

（1）光强度；

（2）光频谱，也就是光的波长；

（3）大气中二氧化碳浓度；

（4）周围温度。

这些变量有的只影响光合作用过程中一部分，如温度不影响光化学作用第一步，但影响第二步中碳元素固定速率。同样也有限制植物生长的因素，如湿度或者光线强度在某个临界值之下时就非常重要。

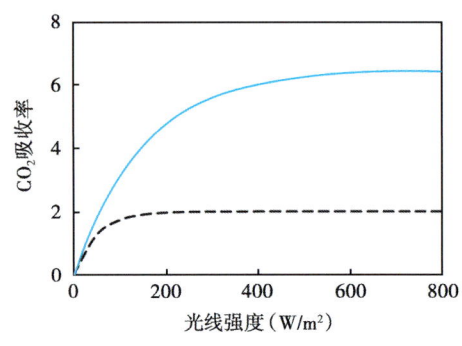

图 5.4 CO_2 吸收率与光线强度关系图

喜阳性植物（实线）以及喜阴性植物（虚线），全日照强度约为 750W/m²，喜阴性植物饱和光合作用所需光线强度水平比全日照要低很多

与人类比，自然界在吸收太阳能方面究竟好在什么地方？尽管光合作用效率在 3%~6% 之间，商业太阳能板将阳光转化为电能转化率在 6%~20% 之间，在实验室中甚至能达到 40%。当然，尽管在能量转化方面效率较低，植物能通过吸收太阳能量和土地营养养活自己——这些人类设计的太阳能板可做不到！自然界光合作用效率较低的另一个原因是，光合作用是在较低的阳光密度下进行的——比充满阳光要少很多（图5.4）。不知道为什么进化更偏向于这种模式，当然进化总是优选易于繁殖的物种，这个不需要同植物的能量转换效率一样高。

例2 最适合光合作用的波长

你认为可见光频谱中哪个部分最适合绿色植物进行光合作用？

求解

白光下任何不透明物体颜色就是其反射光颜色。因此，绿色也就是所有叶子的颜色，反射绿色波长的光比其他波长较长和较短的光都要多，也就是红色和蓝色光（图5.5）。如果植物已经进化成在白光照明下达到光合作用的最大效率，这就意味着频谱中离绿色较远部分的波长是最适合促进光合作用的。事实上，研究表明叶绿素 A 和 B（两种光合作用的最基本组成元素）吸收效率最高的波长是 $\lambda_1=439~469$ nm（蓝色），以及 $\lambda_2=642~667$ nm（红色）。因为这个原因，如果选用合适波长的 LED 灯照射，植物生长效率要比在自然灯光的情况下生长的要快。我们注意到自然光下生长的植物，他们利用太阳能比例就是图 5.5 中黑色吸收曲线所围面积与整个频谱面积的比例。

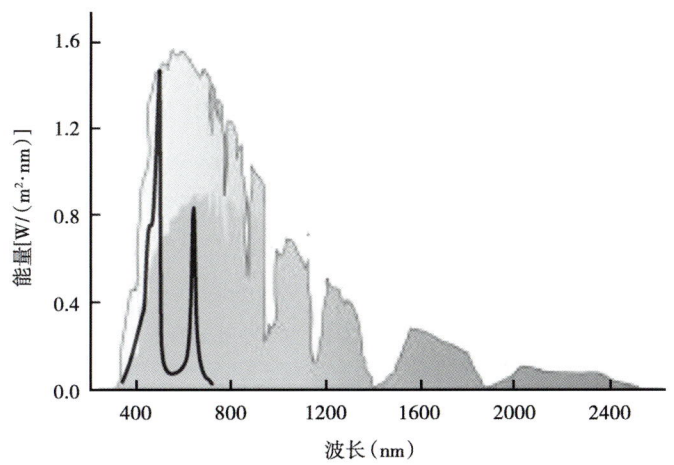

图 5.5　海平面太阳光谱及叶绿素 b 吸收曲线

叶绿素 b 是几乎在所有植物、藻类及蓝藻细菌中都有发现的两种重要色素之一

> **知识盒　CO_2 是"绿色"的吗？**
>
> 　　正如我们所知的，大气中 CO_2 含量是影响光合作用效率的一个重要因素，CO_2 含量越高光合作用效率就越高，对某些特殊种类植物更是如此。气候变化怀疑论者认为 CO_2 在促进植物生长方面是"绿色的"，因此大气中 CO_2 含量越高越好。实际上，一个依赖于油气行业名叫"CO_2 是绿色"（CO_2 is green）非营利组织根据这个观点反对限制 CO_2 排放。CO_2 是绿色的言论就像其他宣传一样，确实有一些道理。在小块土地上，在正常浓度 CO_2 及较高浓度 CO_2 情况下，进行农作物生长实验表明，至少对某些类型农作物，当 CO_2 浓度升高时，其生长提高了约 13%（Chandler，2007）。然而，这种影响几年后逐渐呈平稳状态，对于大多数植物来说，其他变量——尤其是湿度和温度作用更加重要。例如，在热带雨林地区 20 年研究表明，当温度升高 1℃，树木生长速率减少一半（Fox，2007）。因此，具有较高 CO_2 浓度产生温室气体效应，高温抑制植物生长作用影响远比高浓度 CO_2 带来的好处要大得多。这种副作用与内陆干旱气候相结合，这将对 95% 通过 C3 代谢途径固定碳的植物产生影响，包括水稻、大麦，这些植物在干旱炎热的气候下产量极低。

5.3　生物燃料分类

可以根据三种方式定义生物燃料特征：（1）输入原料；（2）生产过程；（3）输出产物。对比生产相同产品（生物乙醇）的两个国家可以很好地说明考虑输入原料、生产过程及其最终产物的重要性。

5.3.1 选择生物燃料原材料

世界上88%生物乙醇由美国和巴西两个国家生产制造,但这两个国家生产情况却截然不同。巴西生产乙醇比美国要早很多——早在1973年阿拉伯石油禁运时期就已经开始。考虑到两国的相对大小,巴西生产乙醇规模远比美国大。因此,即使美国比巴西多生产1/3乙醇,也仅仅能补充国内4%能源消耗,而在巴西几乎占总需求量一半。在美国,乙醇基本是作为汽油添加剂——含量最多到15%;然而在巴西,很多车都能直接使用乙醇(E100)。事实上,现在这样的车占有巴西轿车和轻型卡车90%以上新车市场。

很多农作物都能生产乙醇,包括甘蔗、木薯、高粱、甘薯、玉米和木材。美国和巴西生产乙醇最根本的区别在于选取的原料不同——美国用玉米,巴西用甘蔗(表5.1)。

表 5.1 巴西和美国乙醇产品对比

原料	巴西甘蔗	美国玉米
燃料产量($k$gal)	6472	9000
占据市场份额(%)	50	4
使用耕地(%)	1.5	3.7
每公顷产量(gal)	1798	900
净能量比(NER)	8.3~10.2	1.3
减少温室气体排放量(%)	61	19
已有汽车可使用含量	E25	E10
新汽车可使用含量	E25—E100	E10
补贴	无	大量
废物利用	发电	牲畜饲料

注:减少温室气体排放包括改变土地用途。

巴西和美国生产乙醇经验很多方面不同,巴西乙醇亩产量几乎是美国两倍,部分原因为两种农作物含糖量不一样,但更大程度是因为巴西40年来的农业研发计划。巴西现在有世界上最先进的甘蔗种植技术,最近30年亩产提升了两倍。这种原料高产效率直接转化成能量效率,也就是定义的"净能量效率"(NER),也就是生物燃料提供的能量与生产这些能量所需能量比例。巴西乙醇NER高达10,而美国仅为1.3。这意味着美国用玉米生产乙醇比生产玉米提升了30%能量,而巴西则多了900%。巴西高效能源效率还有部分原因是收集残渣(甘蔗渣)经验,可以燃烧甘蔗渣发电。

巴西和美国乙醇生产对比另一个令人印象深刻的是(支持巴西模式)减少温室气体排放,即使亚马孙雨林全部为耕地,巴西的减少量比美国要大得多。研究表明,如果雨林用于耕种生产乙醇的甘蔗而产生多余的温室气体大约四年就可以消除,而美国如果将森林用于种植制造乙醇的玉米,167年才可以消除多余的温室气体(Searchinger 等,2008)。

最后,巴西生产乙醇完全没有政府补贴,而美国恰恰相反,这很大部分是政治因素(不是经济或者环境因素)。有趣的是,每年大约有50亿美元补贴不是给农民(种植玉米),而是给了石油工业,让他们将乙醇加入到产品中。截至2011年,这些已经存在30年的联邦补贴没有产生预算缩减效果,完全低估了石油工业对公众的政治影响力。

除了玉米和甘蔗,还有四种原材料(表5.2)可作为生物燃料的原料,其中三种可以生产乙醇，三种可以生产生物柴油。根据三条重要标准将这些原料划分"绿色等级"：（1）燃料包含每单位能量释放 CO_2 量；（2）使用各种资源总量（水、肥料、农药和能量）；（3）实用性。实用性可以这样表示，美国现有农田多少用于种植生产燃料的作物，才够生产足以替代公路交通所需要的一半汽油。表5.2中温室气体排放一栏是指整个周期中所排放量，汽油排放温室气体为 $94 kgCO_2/MJ$，在表5.2中这一列甚至有些是负数，这表示在植物生长过程中从大气吸收的碳元素比后来释放到大气中的碳元素要多。研究发现碳元素减少的原因是有些草在生长的过程中会通过根将碳元素储存在泥土中。

表 5.2 六种用来制造乙醇和生物柴油原料对比

原料	净能比	减少 CO_2 (kg/MJ)	水、肥料、杀虫剂、能量	产量 (L/ha)	占美国耕地面积 (%)
生产乙醇					
玉米	1.1~1.25	81~85	高、高、高、高	1135~1900	157~262
甘蔗	8~10.2	4~12	高、高、中、中	5300~6500	46~57
柳枝	1.8~4.4	~24	低、低、低、低	2750~5000	60~108
生产生物柴油					
大豆	1.9~6	49	高、低、中、中	225~350	180~240
菜籽	1.8~4.4	37	高、中、中、中	2700	30
藻类	—	-183	中、低、低、高	49700~109000	1.1~1.7

表5.2中不同原料之间差别巨大，尤其在满足美国一半交通运输需要种植原料农田百分数。从1%~2%生产生物柴油海藻，到不可能实现262%用于种植玉米。很显然，如果有人想选择最不适合生产生物燃料的农作物，玉米当之无愧。目前生产生物燃料最好的原料（芒草）在表5.2中没有列出来（图5.6）。像表中所列的最好的植物（柳枝和海藻）一样，芒草无糖部分（纤维素和木质素）被转化成生物燃料，目前这个技术还不成熟。

> **知识盒　芒草**
> 　　芒草一个生长季能长到3.5m。因为生长速度快、亩产高（大约亩产25t）及矿物含量低，芒草作为优质生物燃料原料已经很长时间。更重要的是，芒草不是作为食物，能在不适合生产粮食的土地上生长。芒草对营养要求很低，能在贫瘠的土地上不需要施肥就能长得很好。

5.3.2　生物燃料生产过程

上面介绍不同原料对生产生物燃料的重要性，下面介绍各种生物燃料不同生产过程的影响。这些过程可以分为三大类：热化学、生物化学及农用化学，每一大类又可以划分若干亚类（图5.7）。

热化学顾名思义是指由热引起的化学反应过程。其中最出名的当属直接燃烧生物质——加热、做饭、发电或者提供能量。最简单的直接燃烧形式算不上生产生物燃料过程，而是用

图 5.6　芒草地（图片由 Pat Schmitz 拍摄，http：//en. wikipedia. org/wiki/Miscanthus_giganteus#cite_note-5）

原始生物质作为燃料生产能量。这里要强调的是生物质是完全干燥的，并且成分均一。热解（pyrolysis，pyr 为火，lysis 为分开）是利用热量对有机物进行厌氧分解过程。热解与直接燃烧存在三个差别：

（1）厌氧，整个过程在无氧或者几乎没有氧气的情况下发生。

（2）水分，甚至有时必须要水分。

（3）分解的物质保持储存的能量。

热解最终产物可能为可燃固态、液态或者气态，气态情况称为"气化"。除了包含复杂的化学过程燃烧和热解，还有很多种热化学过程。

生物化学过程显然是利用细菌、酵母或者其他微生物等诱发原始生物质产生化学反应。生物化学过程的一个亚类包括消化过程。我们的身体利用这个过程将食物转化成能被身体吸收的物质。广义的消化过程是指利用细菌在有氧或者无氧（厌氧）情况下分解有机物。厌氧消化在牛或者其他反刍类动物胃里经常发生，最终产物为生物气（甲烷和 CO_2 混合气体），也就是我们说的污水或者填埋废物气。另外一个生物化学过程是发酵，就是通常所说

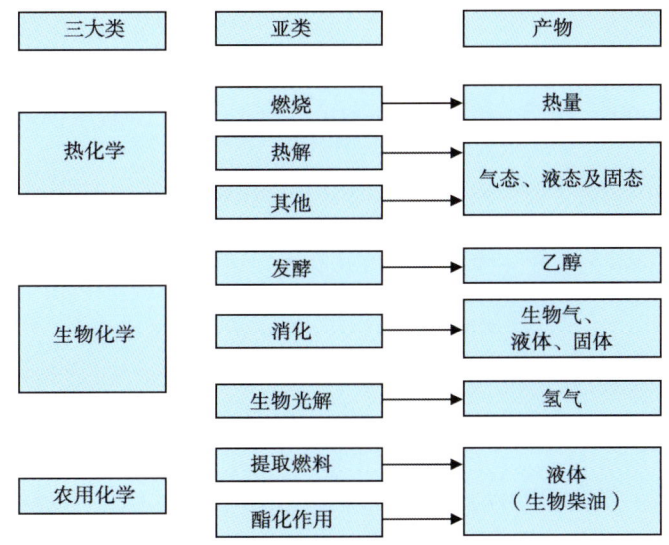

图 5.7　生物燃料生产过程分类概要图

的将如糖等碳水化合物转化成乙醇。第三种生物化学过程亚类为生物光解。生物光解作用是指利用光的能量引起化学裂解。因此，生物光解作用利用微生物帮助完成反应过程。目前，这包括将水分子分解成氢气和氧气——氢气含有高能量。

农用化学是生产生物燃料的第三种方法。其中一个亚类通过轻拍或者压碎植物杆、茎、叶直接从植物中提取有用的产品，典型例子如糖浆、橡胶乳，就是通过这种方式所提取或者分泌液体。很多情况下植物的分泌液是燃料，可以当石油替代品。如直接从植物或者动物中提取的油可以用来运行柴油机。事实上，很多柴油车经常可以免费使用餐馆中用过且过滤后的蔬菜油。另一方面，这些油的高黏性会引起发动机问题，尤其温度较低时，因此发动机经常需要改装来预热油。

较好的办法是将这些油转化成一种叫"酯"的化学成分，这样可以生产生物柴油。在这种酯化作用中，植物油或者动物脂肪同一种酒精产生化学反应生成酯。除了比油有较低的黏度，通过这种方式制造出来的生物柴油有很多和柴油一样的属性，包括：

（1）能溶解发动机中的沉淀物；
（2）比矿物柴油更安全；
（3）柴油最清洁的燃烧形式。

美国环境保护署研究认为，尽管正常（矿物）柴油排放量高，但是如果根据原料来算，生物柴油比正常柴油温室气体排放量要少 57%~86%（EPA，2010）。对健康威胁最大的微粒排放量也只有正常柴油的一半。尽管美国目前用于交通主要的生物燃料为乙醇，但是生物柴油的使用量也在迅速上升，并且美国有 80% 的卡车和公共汽车使用柴油，因此还有很可观的上升空间。

例 3　如果木柴是湿的将会损失多少能量

干木柴的能量密度是 15MJ/kg，而湿的"绿色"木柴能量密度为 8MJ/kg——区别在于湿木柴含有水分，并且一部分能量用于燃烧过程中蒸干水分。假设已知两种能量密度，湿木柴中水分含量为 f（假设为全部为水）。

求解

一块质量为 m(kg) 湿木柴,含有 fm(kg) 需要蒸发掉的水汽。假设木柴初始温度为 $T=20℃$,达到沸点 $100℃$ 被蒸发还需要加热 $80℃$。那么每克水需要 $80+539=619$ cal 能量,也就是一共需要 $619000fm$ cal 的能量(共 $2.60fm$ MJ)。因此,质量为 m 的绿色木柴内能为 $8m$,用下面公式表示:

$$8m = E_{dry} - 2.60fm = 15m_{dry} - 2.60fm \tag{5.2}$$

干木柴质量为 $(1-f)m$,因此公式 5.2 可以转化为:

$$8m = 15(1-f)m - 2.60fm \tag{5.3}$$

可以得到:$f=0.4$(40%)

5.3.3 生物燃料分代

生物燃料属于哪一代产品跟所选择原料紧密相关(表 5.3)。尽管根据原料划分有很大的分歧,但是目前至少有四代生物燃料。例如,第二代生物燃料定义为来自可持续的原料,这是更广泛的定义,不仅仅是一个非食物作物。定义混乱一个重要原因是目前正在使用的大部分生物燃料属于第一代燃料,所以第二代、第三代以及第四代(经常所说高级生物燃料)仅仅只有理论意义。第二代及更高的生物燃料还没广泛使用是因为纤维素和木质素比起糖来,转化成燃料难度要大得多,首先要将这些物质转化成糖。尽管正在进行很多这方面研究,但是这个过程还存在很大难题并有待进一步完善。科学家要想模仿自然界,像牛这样的动物一样,通过缓慢的消化过程将草转化成糖,还有很长的路要走。

表 5.3 四代生物燃料定义

分代	特征
一代	可食用植物(糖、淀粉以及蔬菜油);净能比和 CO_2 平衡不理想
二代	使用不可食用生物质,如树、草
三代	专门研制基因"能量植物",如海藻
四代	高效捕捉 CO_2 植物——"负碳"模式

> **知识盒　如今纤维充足吗?**
>
> 木质素和纤维素,人所共知最难以分解的物质,具有复杂的化学成分,组成植物和很多藻类的细胞壁部分。它们组成植物和树木的结构部分,通常源于木头部分。纤维素是地球上最普遍的有机化合物,木质素和纤维素组成所有植物的主要重量部分,因此将其所包含的能量转化成生物燃料技术成为未来生产二代,甚至更高级生物燃料的核心问题。尽管一些动物的消化系统在某些有用菌的帮助下可以分解木质素和纤维素,人类能做到这点的能力还是极为有限。不过这些化合物在人类消化过程中起到了极为重要的作用,因为它们在我们的饮食中是非常重要的"纤维"——尤其是当我们变老的时候。

随着基因工程发展,正在进行第三甚至第四代生物燃料研究,未来可能还有更高级别的生物燃料。藻类为第三代生物燃料最有潜力的原料,很多研究认为其单位面积生产能量为二代植物 100 倍(Greenwell 等,2010)。事实上,美国能源部预测,如果用藻类生物燃料代替所有石油燃料，所需面积约为 39000km², 为玉米生物燃料所需总面积 0.42%（Hartman，2008）。并不奇怪，这项技术还没有成熟到可以用以规模生产藻类燃料程度，还需要更先进基因遗传学来生产合成微生物。然而，乐观主义者预计，十年内藻类燃料费用将与传统燃料相等。另一方面，即使乐观主义者在经济方面预测是对的，还有很多环境因素需要考虑，因为生产藻类燃料需要大量水，并且藻类燃料释放温室气体比很多二代原料多。这些负面影响主要因为使用大量化肥来提高藻类产量，而生产这些化肥需要消耗大量化石燃料（Clarens 和 Colosi，2011）。

第四代生物燃料将是"负碳"，表示它们在生长过程中从大气中所吸收的碳比后期燃烧时返回到大气中要多。事实上，可能需要某种方法隔绝所俘获的碳，并且在燃料燃烧时不释放到空气中。为了达到这样目的，已经提出了很多种方案。其中一种方法是把小片木块热解生产木炭和气体，气体被压缩成油，通过处理后混合成生物柴油。木炭残渣作为肥料，这样可以继续留在地面。科学家已经通过牧草实验证实了该理论，碳隔离技术在不适合农业种植或者缺少氮的砂地中也适用（Tilman 等，2006）。

5.4 生物燃料其他用途及社会环境影响

尽管生物燃料主要用于交通，但其在发电方面也发挥着重要作用。例如，在欧洲，生物燃料最好的原料芒草现在与煤一半一半混合用于发电。预计至 2050 年将会提供欧洲所需电力 12%（Dondini 等，2009）。直接燃烧固态生物燃料当然会导致空气污染，但影响肯定比化石燃料小。除了直接燃烧生物燃料，还有很多其他方面研究，如利用植物及其他生物质原料制作通常只能由石油制成的塑料及其他产品。

生物燃料还有其他诸如社会、经济和环境因素等多方面影响，包括油价、食物实用性（和价格）、CO_2 排放、采伐森林和生物多样性、水资源和能量利用等。正如我们所见，生物燃料比其他燃料对环境负面影响都要小。

5.4.1 从垃圾及残余物中提取生物燃料

这里需要进一步讨论一种生物燃料亚类，就是从农业的、民用的及工业废弃物中提取生物燃料。不同原料类型需要不同的处理方式，消化类（生产沼气或者垃圾填埋气）产物用来直接燃烧发电比较常见。为了使这种方式经济可行，收集广泛分布的废弃物需要作为其他目的项目一部分，比如垃圾填埋项目。例如在美国，有成百上千个垃圾池，在那里从分解的垃圾中收集沼气用于发电，每年发出 $120 \times 10^8 kW \cdot h$ 电量。燃烧垃圾气确实会产生空气污染，并且污染程度根据垃圾属性及技术特征变化非常大。然而，燃烧垃圾气释放 CO_2 为自然碳循环中一部分，并且作为温室气体比甲烷直接排放到空气中危害较小。

利用生活垃圾发电在发展中国家乡村地区，甚至在生活垃圾仅为 50kg 的社区（相当于六头猪或者三头牛产生的垃圾）尤为适用。这种情况下，建立一座生产做饭用气体的典型的生物气工厂，仅需要投资 300 美元，当然不同区域略有差别。一些国家，尤其是中国、印度在乡村地区已经广泛开始建立生产家用生物气项目（图 5.8）。

5.4.2 农用垃圾

与上述垃圾消化处理程序相同，燃烧产生甲烷来发电，在农业环境中同样可以实现。巴

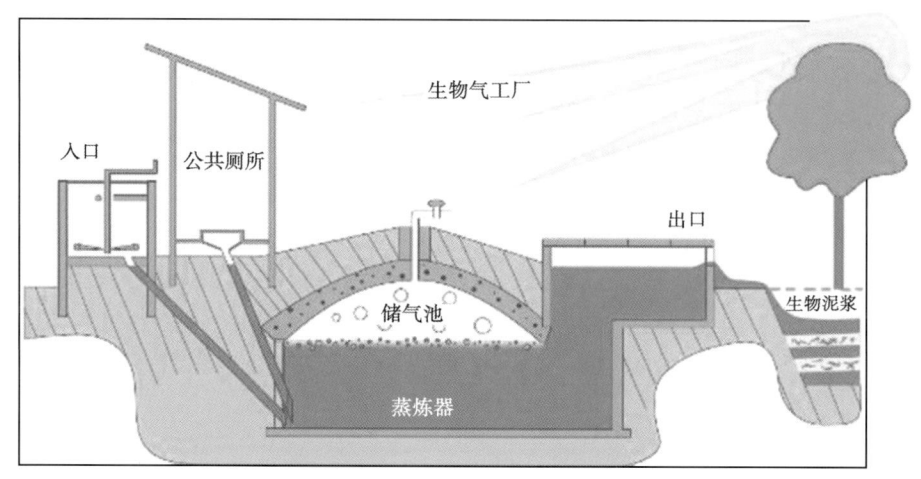

图 5.8 简单小型生物气工厂示意图（图片由 SNV 制作）

西利用从甘蔗中生产乙醇副产品发电就是这个过程。然而，这种利用农业垃圾方式在美国不常见。一个特例是宾夕法尼亚州 Gettysburg 的 Mason-Dixon 农场，其格言为"改变是必然的，成功是可选择的"。代表世界农业效率创新典型。他们将 2000 头奶牛群置于一个很大的畜棚中，在这里当奶牛乳房中胀满奶后机器给奶牛挤奶。牛粪被输送到蒸炼设备中，生产甲烷用于发电，足以维持整个农场用电，还有部分销售给电力公司。牛粪残渣可以当作肥料出售，还有部分用于制作雕塑卖给来自世界各地到此参观学习经验的旅游者。雕塑看上去很像现任民主党总统，到农场参观者可能会认为农场主为共和党人，尤其是当他们看到雕像底部题词（图 5.9）。然而，如果他们知道也有相同数量共和党现任总统雕塑时，只是很快被抢购一空，就不会有这种想法了。

图 5.9 Mason-Dixon 农场用牛粪残余物制作雕像

5.4.3 在未来可持续发展中农业中心角色

农业领域对人类未来可持续发展起着至关重要的作用。事实上，农业在人类面临很多问题以及将要面临的问题上都起着重要的作用（图5.10）。农业进步使得20世纪人口飞速增长成为可能。例如，1950—1984年称之为"绿色革命"，农业改革使世界粮食产量上升250%。人口学家预测到2050年，世界人口将会从现在70亿增长到100亿。这些人口增长（或者减少大量饥饿问题）能否实现很大程度依靠农业能否取得更大进步。

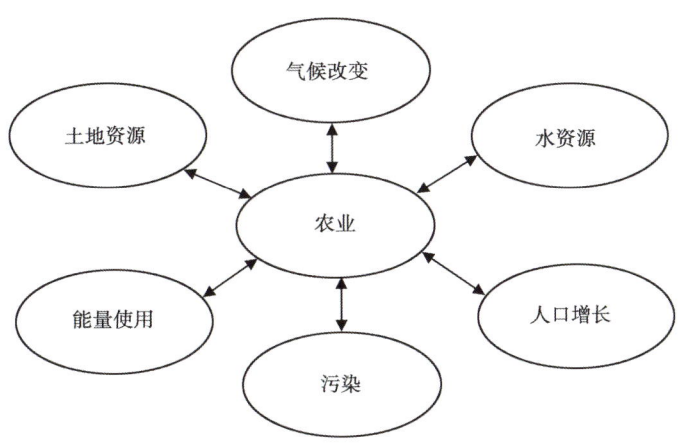

图5.10 农业在六种全球主要问题中的中心作用

事实上，全世界70%陆地面积为已经用于农业种植或者不适合种植地区，因此仅仅在未使用土地上种植庄稼不能很好解决人口膨胀问题。除了土地资源稀缺，在很多受干旱困扰的人口密集的地区淡水问题越来越突出。这些问题可能会因为气候变化而更加恶化——可能会使淡水资源和可耕种土地更少。而且，农业是我们使用能源的主要因素，也是气候改变的重要因素。绿色革命只有通过使用大量能量才能得以实现，为传统农业的50倍。这些能量（大约占美国17%化石燃料）主要用于制造化肥和操作农场机器。最终，使用大量化肥产生世界第六大问题——污染，主要由农业排放所引起。在所有这些全球问题中，农业都起到了至关重要的作用，如果人类未来想生存下来，就必须对农业提出新的要求。

5.4.4 垂直种植

"垂直种植"的想法最早由哥伦比亚大学 Dickson Despommier 教授提出来，这个想法可能带来农业革命，并且帮助解决图5.10中相关的六个问题（Despommier，2010）。这个想法将农业带到城市中，将其种在为此建成的特殊多层建筑内，利用自然光和人造光相结合照耀。正如 Despommier 所解释那样，在整个过程中没有浪费一滴水，一束阳光，或者一焦耳能量，任何东西都是持续不断循环利用。垂直种植实际上是将农场变成杂货铺式耕种，这样不但避免了运输费用（能量耗费），同时也大大减少了化肥和杀虫剂使用，因为害虫已经被阻挡在外面，也就不再需要杀虫剂了。在这种使用水栽培和空气种植方案中，庄稼生长不需要土壤，比传统农业用水量少70%~95%——这是世界上最主要淡水资源消耗之一。这种独立的温度控制系统可使农作物全年生长，并且避免了因为天气原因造成庄稼歉收。天气及疾病（同样也可以避免）造成全世界约70%粮食歉收。Despommier 的方法目前还没有大规模使用，但是在日本、荷兰以及美国已经有大量相关项目（图 5.11）。

图 5.11　Chris Jacobs，Gordon Graff，SOA ARCHITECTES 所建议的三种大型垂直种植设计

5.5　人造光合作用

人造光合作用的想法可以追溯到 1912 年，Giacomo Ciamician 以及其他一些科学家探索模仿植物用于储存能量的光合作应过程。近年来，Daniel Nocerahe，一位麻省理工学院化学家完成了这个挑战，他通过人造叶片，利用太阳光光合作用开始制造氢气——一种重要富能量燃料（Nocera 等，2011）。实际上，这个过程是水分离过程，也就是说，利用太阳光和促进反应的催化剂将水分解成氢气和氧气。当然，真正的叶子不会产生氢气，而是将能量储存在化学物中，比如碳水化合物，但是人工叶片遵循发生在自然界中基本功能，它依赖地球上丰富矿物资源，并且不需要任何电线。引用一段麻省理工学院新闻发布会内容：

仅仅将叶片置于装满水的容器中，然后暴露在太阳光之下，它就开始迅速产生很多水泡：一侧为氧气，另一侧为氢气。如果置于分隔开的容器中，可以分别收集两种气体，作为能源使用。例如，将其置于燃料电池中，它们再次结合成水并释放电流（MIT，2011）。

5.6　总结

介绍完生物燃料，以及几乎所有生物都依赖光合作用之后，本章介绍了生物燃料的不同分类，包括原料、生产过程、最终产物及用途。可以看出生物燃料之间无论是能量供给、温室气体排放还是社会及环境影响方面差别很大。尽管很多有关生物燃料方面的研究正在进行，并且有一些潜力很大（尤其基于蓝藻类生物燃料），但是目前世界上正在使用大部分生物燃料还是第一代原料生产的生物乙醇和生物柴油。

问　　题

（1）假设用玉米生产乙醇代替美国所需一半汽油。本章已经报道认为需要美国农田 262% 全部种植玉米才可以满足。利用网上可以查到玉米亩产、能量含量以及满足美国公路运输所需能量总数等数据来验证这个估算是否正确。

（2）海洋藻类怎样通过光合作用生产地球一半氧气，但其总生物质数量级在陆生植物之下？

（3）考虑本章陈述"光合作用所捕获总能量大约为100TW，大约比人类所消耗能量的6倍还多。"假设光合作用反应基本公式如下：CO_2+H_2O+能量$\rightarrow CH_2O+O_2$。①初始状态下，光合作用每秒从大气中消除多少吨CO_2？假设吸收能量由每个能量约为2eV的可见光子组成，吸收一个光子足以引起上述反应。②一年中光合作用从大气中吸收CO_2有效效应为多少……

（4）一个有100头猪的小型农场，想通过猪粪生产甲烷来发电供给农场部分电力。假设每头猪每天生产1kg固态废物，在STP中能产生0.8m^3甲烷。甲烷能量约38MJ/m^3。假设25%的能量转化成电能，算算这个农场这种状态下发电能达多少（kW）？

（5）在厌氧消化过程中，根据公式$(CH_2O)_6 \rightarrow 3CH_4+3CO_2$葡萄糖被转化成甲烷，计算产生甲烷体积及质量百分数。

（6）假设太阳能量密度和大气CO_2浓度在一定范围内，植物叶片吸收CO_2与这两个变量呈线性关系。假设太阳能密度50W/m^2，大气CO_2浓度330mL/m^3时，叶片CO_2吸收率为0.05μmol/（min·cm^2）；太阳能密度100W/m^2，大气CO_2浓度400mL/m^3时，叶片CO_2吸收率为0.15μmol/（min·cm^2）；求太阳能密度200W/m^2，大气CO_2浓度450mL/m^3时，叶片CO_2吸收率为多少？

（7）利用先进发酵技术将纤维素转化成乙醇效率为900L/acre，假设每升汽油汽车可以行使20mile。计算如果用这种方法取代美国10%汽油用量，将需要多少英亩土地？美国汽车保有量为2.5×10^8辆，每辆车行使1.2×10^4mile。另外要注意每升乙醇要比汽油少行使1/3路程。

（8）计算如果砍伐1km^2亚马孙雨林用于农业种植，将会排放多少吨CO_2到大气中。

（9）正常情况下，生物燃料能含量比制造所花能量还低说不通，是否有什么例外？

（10）曾经有段时间通过收获芒草并燃烧来发电。假设某地需要4000MW电力，每年每英亩地可以生产10000~20000lb干生物质，发电效率为35%。如果全部用芒草发电需要种植多少英亩芒草？

（11）网上搜索大约每英亩亚马孙雨林所隔绝碳总量，如果在这些地区种上甘蔗，并用来生产乙醇来代替汽油可以减少多少CO_2排放？根据上面两个数据，计算因为减少雨林而增加温室气体，如果用甘蔗生产乙醇代替汽油，需要用几年时间可以弥补，本章中曾经说过释放的4年时间是否合理？

（12）乙醇每体积能量密度比汽油低38%。这是因为含有较高比例辛烷，可以在发动机中有更高压缩系数。实际上，标准汽油发动机典型压缩系数为$r=10$，然而乙醇发动机压缩系数可以达到$r=16$。内燃机可以接近于理想奥托循环，效率为$e_0=1-r^{-0.4}$。假设实际发动机为理想奥托循环1/3效率，计算乙醇发动机比传统汽油发动机效率提高了多少。是否可以弥补乙醇能量密度低的缺憾。

（13）假设某些植物光合作用效率根据CO_2浓度C（mL/m^3）而变化，公式为$R=50(1-e^{-C/200})$。当$C \ll 200$mL/m^3以及$C \gg 200$mL/m^3时，R如何变化。R单位为$mgCO_2$/（$m^2 \cdot h$）。

（14）计算植物中叶绿素b所吸收全部太阳能量百分数。

（15）找到描述图5.4中两条曲线公式。如果"饱和度"定义为每条曲线渐近值80%，根据这幅图计算喜光和喜阴植物光强度饱和度比。

参 考 文 献

Blankenship, R. (2005) http://www.asu.edu/feature/includes/summer05/readmore/photo-syn.html Chandler, D. (2007) http://www.newscientist.com/article/dn11655-climate-myths-higher-co2-levels-will-boost-plant-growth-and-food-production.html.

Clarens, A. F. and L. M. Colosi (2011) Environmental impacts of algae-derived biodiesel and bio-electricity for transportation, *Environ. Sci. Technol.*, 45 (17), 7554-7560, 2011.

Despommier, D. (2010) *The Vertical Farm: Feeding the World in the 21st Century*, St. Martin's Press, New York.

Dondini, M., A. Hastings, G. Saiz, M. B. Jones, and P. Smith (2009) The potential of *Miscanthus* to sequester carbon in soils: Comparing field measurements in Carlow, Ireland to model predictions, *Glob. Change Biol. Bioenergy*, 1-6, 413-425.

Energy Information Agency, Annual Energy Outlook 2011.

EPA (2010) U. S. Environmental Protection Agency, Renewable Fuel Standards Program Regulatory Impact Analysis, EPA-420-R-10-006.

Fox, D. (2007) http://www.newscientist.com/article/mg19626271.900-co2-dont-count-onthe-trees.html

Greenwell, H. C. et al. (2010) Placing microalgae on the biofuels priority list: Are view of the technological challenges, *J. R. Soc. Interface*, May 6, 2010, 7 (46), 703-726.

Groom, M., E. Gray, and P. Townsend (2007) Biofuels and biodiversity: Principles for creating better policies for biofuels production, *Conserv. Biol.*, 22 (3), 602-609.

Hartman, E. (2008) A promising oil alternative: Algae energy, *The Washington Post*, http://www.washingtonpost.com/wp-dyn/content/article/2008/01/03/AR2008010303907.html, accessed June 10, 2008.

MIT (2011) http://web.mit.edu/newsoffice/2011/artificial-leaf-0930.html, accessed Fall, 2011.

Nocera, D. et al. (2011) Wireless solar water splitting using silicon-based semiconductors and earth-abundant catalysts, *Science*, 334, 645.

Searchinger, T. et al. (2008) Use of U. S. Croplands for biofuels increases greenhouse gases through emissions from land use change, *Science*, 319, 1238-1240, Doi: 0.1126/science.ll51861.

Tilman, D., J. Hill, and C. Lehman (2006) Carbon-negative biofuels from low-input highdiversity grassland biomass, *Science*, December 8, 2006, 314 (5805), 1598-1600.

第6章 地 热 能

6.1 概述

6.1.1 地热能使用历史及发展

早在古代就已经开始使用地热资源,例如在有喷泉和温泉喷出地面的地方。事实上,英国 Bath 镇就是得名于古罗马在那发现的温泉。然而,直到 20 世纪,地球内部巨大的地热能量才得到重视,1904 年第一次证明了可以利用地热发电并开始投入使用,1911 年意大利 Larderello 地区建立电厂大规模发电,后来地热发电量呈指数持续增长。事实上,在 2000 年之前的 80 年里,发电能力每年呈约 8.5% 指数增长。2000 年后,全球使用地热能源加速发展,不仅因为寻求可替代能源的迫切愿望,也源于目前技术飞速发展。

6.1.2 地理分布

2010 年,就直接使用地热能而言,中国排名第一,美国排名第二。有意思的是,中国并不在地热发电国家前 15 名之内,2010 年全世界地热发电约为 10.7GW,过去 5 年中大约增长了 20%。尽管这几年迅速发展,但是地热发电仅仅占了世界电量约 0.5%,同太阳能发电量大致相当。美国地热发电世界第一(3.1GW),菲律宾世界第二,约 1.9GW。如果按百分比算,冰岛为世界第一,国家大约 53.4% 电量来源于地热(图 6.1)。

全球地热资源分布受地理位置限制,主要分布在板块构造边缘和火山带附近。在其他很多地方,地热资源没有勘探经济效益,至少达不到发电经济效益。可以用于地热发电的地方大都已经开发,因此地热发电进一步发展需要依靠技术进步,使得可以用较低成本勘探低等级地热资源用于发电。

图 6.1 雷克雅未克发电站外部地热井(照片据 Yomangani, http://en.wikipedia.org/wiki/Geothermal_power_in_Iceland)

6.1.3 地球地热来源

地球储存的热量很少能自发地传输到地表。事实上平均只有大约（0.06±0.02）W/m² 地热能自发到达地表，是到达地表太阳能的很小一部分。然而地球内部地热资源极其丰富。根据 MIT 研究结果，利用改进技术在美国 10km 地壳层中可提取地热能源达到 2000ZJ 或者 2×10^{24}J，为人类每年使用能量的 4000 倍。

至少有六种产生地热机理，但是大约 80% 由长半衰期铀、钍等放射性同位素衰变所产生——也可能低至 45% 或者高至 90%。这些数十亿年的半衰期放射性同位素衰变是地热的主要来源，即使这些放射性物质被大量开采，也不用担心能量会衰竭，因为还会源源不断地被补充。

6.1.4 同其他能源对比

同其他大多数可再生能源相比（如风能、太阳能），地热发电最大好处是不会间断，其实际"利用率"为 73%。也就是说一个电厂 73% 的时间是满负荷发电，比风能发电厂要高出很多。因此，地热电厂可以提供基础电力，同风能这样间歇性可再生能源不同。而且，在某些条件允许的地方，地热发电厂可以比其他任何方式发电（包括可再生能源和非可再生能源）都要便宜很多。因为燃料免费，所以已经建成的电厂电费不会像油或者气那样波动。但是，新地热电厂还是受油、气价格影响较大，因为这些价格影响钻采设备费用，这些是地热电厂最大成本（图 6.2）。

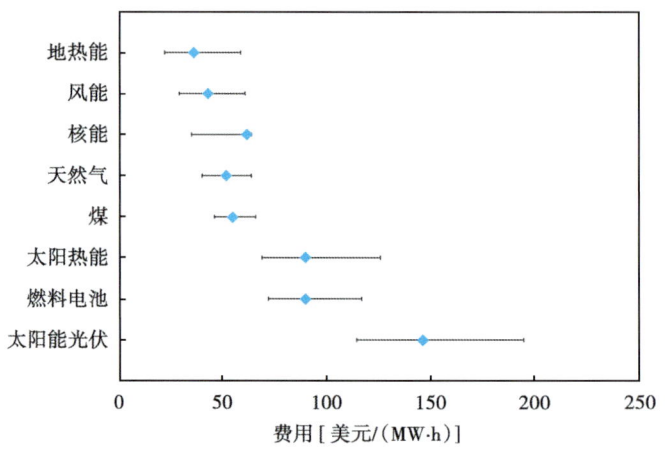

图 6.2 八种原料发电费用对比图（据 Mims，2009）

棒状图表示最小和最大费用范围：这些费用是美国费用，并且包含 19 美元/（MW·h）可再生能源税收激励。并且，这些是"平准化"成本，也就是假设资本密集型与其他资源具有相同利率。这些数据源于 2009 年公共资料，不同原料电力成本会随时间明显改变

国际热能协会预计在未来的 5 年期间，地热发电将会提升 80%，主要在一些以前认为条件并不合适的地区——由于技术提升使其发电得以实现。同时，在很多地区因为钻探到能够达到发电温度的深度费用太高。但是地热经常可以作为家用加热，这不需要很高温度。地热还有广泛用途，包括区域加热、水加热、园艺、工业过程，甚至旅游业（也就是温泉）。

6.2 地球内部的地球物理特征

研究地球内部的地下组成、温度、压力存在很大难度,因为受钻井钻探深度所限,地球物理学家只有通过间接方式解决。虽然目前最深的井(俄罗斯 Kola 井)钻至地下 12.262km,但是一般油气井很少超过 6km。尽管钻探只直接钻遇了部分地壳,地球物理学家基于地震科学自信地认为他们知道整个地球内部情况,主要方法是在地球某点通过引爆炸药制造地震波,然后在周围多个地点记录到达时间。这些波在内部不连续界面反射,属性持续变化的媒介中折射。而且,两种类型的地震波,也就是 S 波和 P 波属性不同,前者是纵波,后者是横波。这个区别很重要,因为 S 波和 P 波都可以通过固体,只有 S 波能穿过液体,这使得地震学家能推断出地球内部哪一层是液体,哪一层是固体。根据地震学研究结果,地球物理学家认识到地球内部主要由下面三层组成:

地核,占地球半径(6400km)一半,主要由铁(80%)和镍(20%)组成,内部一半为固态,外面一半为液态。地核中铁镍物质为地磁场的来源,由于地核中电流而产生磁场。

地幔,组成地球剩余大部分体积(83%),主要由岩石物质组成,内部为半刚性物质,外部较冷的部分为塑性物质,因此可以流动(就像熔岩)。

地壳,最外部的薄层(占地球体积1%),平均厚度约15km。地壳厚度从大陆山脉之下最厚90km到海洋某些地方最薄5km。假设地球是个足球大小的球体,地壳仅仅只有0.25mm厚。

6.3 地温梯度

地温梯度是指温度随着深度变化的速率。地球半径为6400km,假设平均地温梯度为便于计算的1K/km 或者1℃/km,那么地心温度约为7000K。然而,地温梯度随着深度及地区变化较大。图6.3说明地温梯度随深度变化特征,受内部物质组成影响较大。最大地温梯度(图形最上部)在地壳部分,达25~30K/km。因为地壳是固体物质,热量不能通过对流而转移,我们可以用热流经过厚度为 Δz 地层(薄层)热导方程计算地温梯度。单位面积经过薄层的热流假设为 $q=k\Delta T/\Delta z$,这里 k 表示热导率,ΔT 经过薄层后温度变化。因此

$$\frac{\Delta T}{\Delta z} = \frac{q}{k} \qquad (6.1)$$

在图6.3中可以看到,对于地球内核部分,从地心开始1000km之内温度上升了1200K,地温梯度为1.2K/km,与地壳相差20~25倍。这个可以用方程(6.1)来解释,因为铁和岩石热导率分别为55W/(m·K)和4W/(m·K),使得岩石热导率与铁相差13倍。假设通过地核和地壳热流相同,基于之前热导率值,可以预测地壳地温梯度约比内核高13倍,也就是约15K/km,为实际值一半。要得到更吻

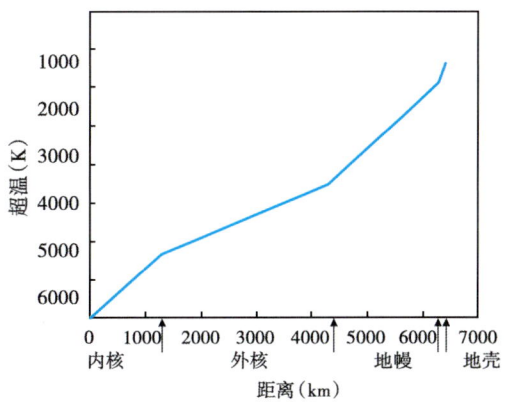

图 6.3 超温与从地心到地表距离关系图

合的结果需要考虑各种岩石不同热导率。

如何解释外核边界地温梯度（斜率）剧变？前面已经提到外核是液态而不是固态物质，热对流和热传导同时存在。因此，外核地温梯度要比内核地温梯度小。我们能理解为什么地温梯度受深度影响，但是这些热量大部分是无法提取使用的。至于可获得的地热能量，主要还是关注地壳部分。地壳地温梯度各地之间也存在很大差异。从图6.4中可以看出，地温梯度变化非常大，不光各地之间差别较大，受深度影响也很大。毫无疑问，很多地区，像意大利Lardorello地区，具有最高地温梯度的地区为利用地热发电最佳选地，因为高地温梯度意味着仅仅0.25km就能达到很高的温度（约200℃）。

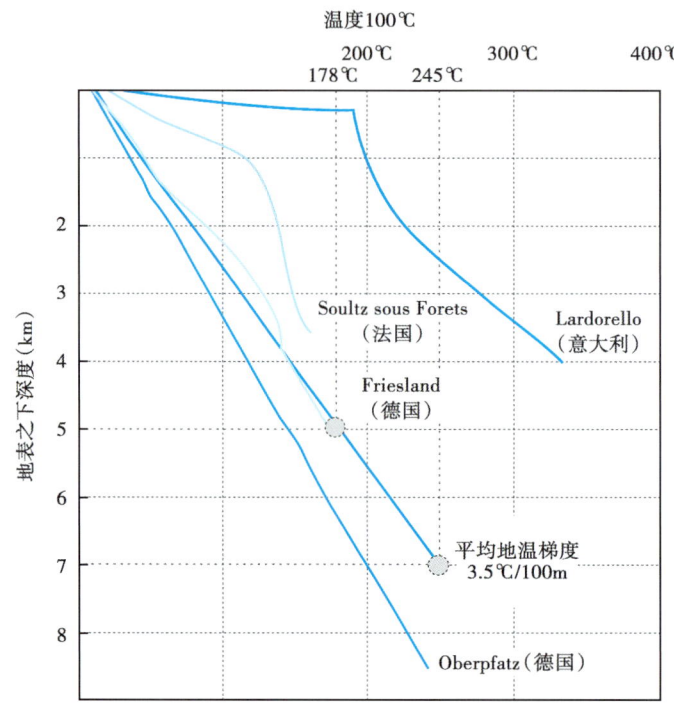

图6.4 某些区域地表温度与深度关系图（据Geohil AG，Elecctopaedia修改）

图6.4中Lardorello和Oberpfalz地区地温梯度突然变化是由于某个深度岩石组成突然变化而形成。例如，在Lardorello地区曲线突变是由于岩浆侵入到某个地区，这个地区岩石（如花岗岩）具有很高的比热和密度（因此单位体积内可以保存大量热量）。另外，在花岗岩地层之上还有一层低热导的沉积层岩石，这样可以保护下部储存热量不至于流失。自然有人会问，像在Lardorello地区（初始梯度为680℃/km）和Soultz-sous地区这样的梯度突然改变（斜度不连续）的情况是不是很常见。在地球上一些初始地温梯度非常高的地方，在较深处地温梯度突然改变是必然现象。如果不这样的话，想象一下像Lardorello地区680℃/km初始地温梯度，仅仅在地下10km处，温度就几乎达到地心温度，很明显这是不可能的。

显然，最有希望建成地热发电厂的地方位于地温梯度最高的地方，这样达到发电所需高温钻井深度最少。图6.5基于大量钻井资料（包括油气勘探井），展示了美国各地地温梯度变化。

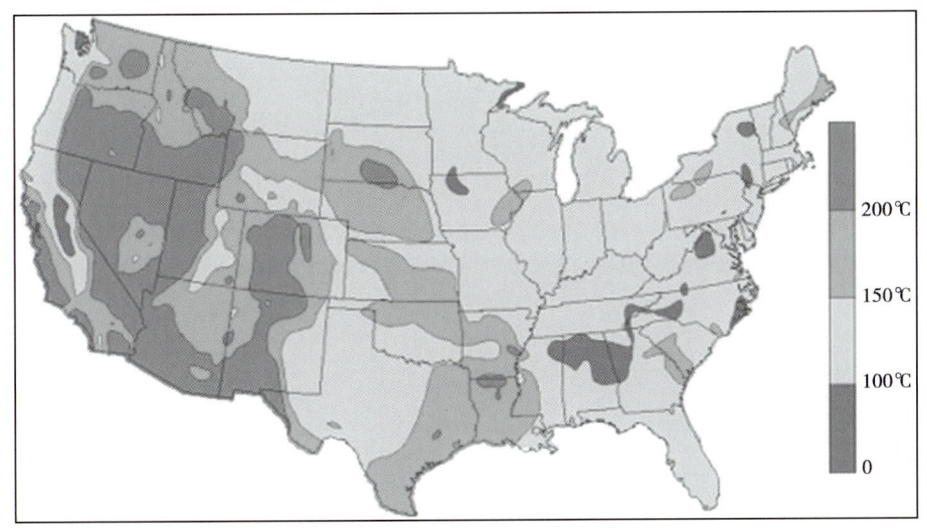

图 6.5 美国地表 6km 以下温度分布图 [地温梯度（℃/km）等于灰度数值除以 6]

6.4 资源特征和相对富集程度

6.4.1 地温梯度影响

我们已经注意到，发电最重要影响因素是地温梯度，因为这决定了达到发电厂最小温度（150℃）所需钻探井深，即使某些类型发电厂能在较低的温度下运行。因为这个原因，根据地温梯度地热资源经常被划分为高中低三个等级：高等级地热资源地温梯度高于 250℃/km；中级为 150~250℃/km 之间；低级地温梯度低于 150℃/km（译者注：该数据有疑问，但原文数据如此）。这个分类是比较随意的，跟计划使用的资源有关，这里主要是用于发电。因此，有其他的分类方案也不奇怪，比如"过热"（80℃/km 以上）、"半热"（40~80℃/km 之间）以及"正常"（40℃/km 以下）。从图 6.5 看出，美国主要在西部一些州，地热资源比较容易用于发电。

让我们评价一下某地地温梯度为 G 深度为 z 处可获得的地热资源（这个假设存在一个问题，尤其是具有较高初始地温梯度的地方）。假设 z_1 是达到最小温度 $T_1=150$℃ 所需要钻探的最小深度，z_2 是目前技术水平情况下所能钻遇的最大深度。定义某物质比热为 c，质量为 m，超过参考温度之上 ΔT 所储存热量可以用 $E=mc\Delta T=mc(T-T_1)$ 这个方程来表示。因此，在面积为 A 的地下，深度 z 和 $z+dz$ 之间所储存的热量可以这样表示，$dE=\rho Ac\Delta Tdz=\rho Ac(T-T_1)dz$，这里 ρ 表示岩石密度。最后定义地温梯度为 $G=dT/dz=(T-T_1)/(z-z_1)$，对 dE 求积分发现在深度 z_1 和 z_2 之间的总存储能量为：

$$E=\int_{z_1}^{z_2}\rho Ac(T-T_1)dz=\int_{z_1}^{z_2}\rho AcG(z-z_1)dz=\frac{1}{2}\rho AcG(z_2-z_1)^2=\frac{1}{2}\rho AcG\left(z_2-\frac{T_1}{G}\right)^2$$

(6.2)

例 1 两种地温梯度相对能量含量

假设两个地方 A 和 B，地温梯度分别为 $G_A=100$℃/km 和 $G_B=50$℃/km。假设发电厂所需最小温度为150℃，那么两地地下6km处，单位面积能量比是多少？如何表示？

求解

$$E_A = \frac{1}{2}\rho AcG\left(Z_2 - \frac{T_{\min}}{G_A}\right)^2 = \frac{1}{2}\rho Ac(100)\left(6 - \frac{150}{100}\right)^2 = 703\rho Ac$$

$$E_B = \frac{1}{2}\rho AcG\left(Z_2 - \frac{T_{\min}}{G_B}\right)^2 = \frac{1}{2}\rho Ac(50)\left(6 - \frac{150}{50}\right)^2 = 225\rho Ac$$

因此，A地单位面积的能量是B处3.12倍。A、B两地各自能量对应于白色和灰色三角形（图6.6）。

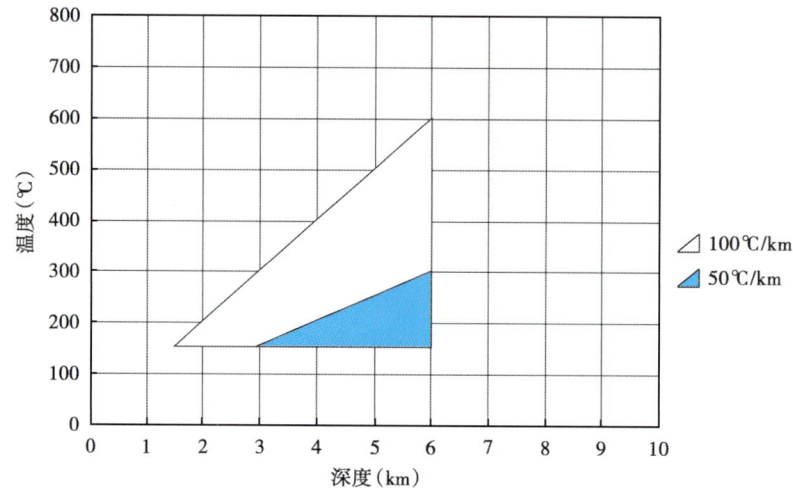

图6.6 两种地温梯度温度和深度关系图

假设两种情况最大井深相同（6km），但是最小深度 $z_1 = 150℃/G$ 不同，同时假设地表温度简化为0℃

6.4.2 假设问题

前面分析基于一个假设，即可钻探最大深度，这也是地热资源勘探最主要的限制。这个假设也许是不对的。例如Kola井（世界上最深的井，12.3km）比地球上很多钻井深很多。这主要是因为Kola井具有异常低地温梯度（13℃/km），使得即使在12.3km深度温度也不超过200℃。因此看来钻探最大深度实际不是受技术限制，而是受最高温度限制，目前看到大约在300℃左右。这将对我们先前的基于地温梯度可获得的能量评估产生巨大的影响。

当 T 为限制因素时，方程（6.2）变为

$$E = \frac{1}{2G}\rho Ac(T_2 - T_1)^2 \tag{6.3}$$

我们还是用图来说明这个结果。如图6.7所示，面积分别代表高、低地温梯度，结果显示低地温梯度面积比高地温梯度面积更大，甚至达到了2倍之多。而且，这个令人吃惊的结果不受最高温度限制（图中600℃不现实）。当然，因为需要加深钻井深度，所以在低地温梯度区勘探经济方面不可行。总结上面讨论的主要观点是：传统观念认为高地温梯度地区更值得勘探，主要是根据合理费用问题，而费用主要依赖于钻探技术极限是最大深度还是最高

温度，而习惯认为费用都是由深度所决定。

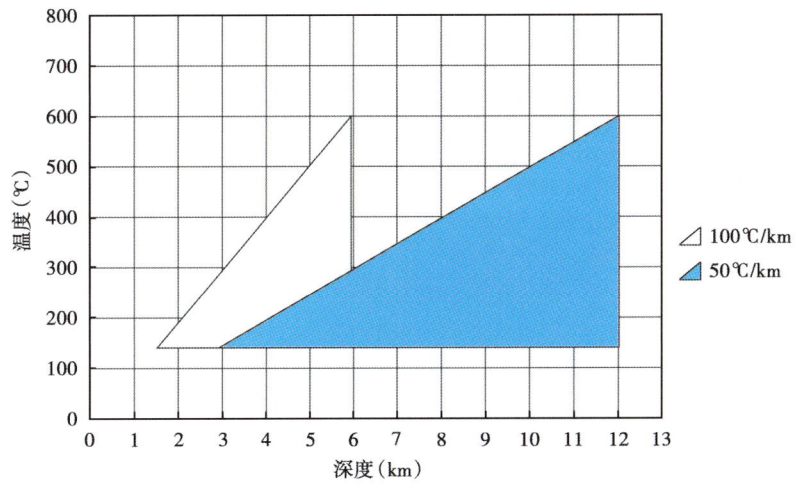

图 6.7　两种地温梯度温度和深度关系图

假设两种情况最大温度相同（600℃），地表温度简化为0℃

6.4.3　影响资源量其他地质因素

除了区域地温梯度之外，地热开采者还需要知道其他很多的地质特征，包括下伏地层五种属性：硬度、热导率、比热容、密度和孔隙度，其中孔隙度是指岩石中空的部分，经常被盐水等流体所充填。有利的岩石类型是高密度、高比热容和高热导率的岩石（如花岗岩）。有利位置同样也很重要，岩石上覆地层具有低热导率沉积岩地层，这样可以更好地保存热量。具有渗透性岩石也是有利因素之一，这样流体可以流过其中。如果岩石中存在流体我们将其定义为蓄水层或者热液系统。一个独立蓄水层被无孔隙度岩层所覆盖。

用方程（6.2）同样可以评价一个蓄水层所含热能量，方程中 $c\rho$ 只需要使用岩石和流体平均值，也就是用下面公式代替：

$$c\rho = \phi\rho_w c_w + (1-\phi)\rho_r c_r \tag{6.4}$$

式中，下标分 w 和 r 别代表水和岩石；ϕ 代表岩石孔隙度，也就是蓄水系统中被流体（水）所充填的部分。

6.4.4　干热岩

因为蓄水层本身含有流体，是最容易开采利用的地热资源。但是地壳中很多存储热能的岩石是干岩石层，也就是没有孔隙的岩层。岩石孔隙可以通过两种方式形成，一种是岩石颗粒之间的空隙，另一种是大尺度的裂缝，后一种更有利于产生高渗透性，当流体通过时不容易堵塞。20 世纪 70 年代开始提倡岩石流体压裂（水压裂），也就是用高压注水产生岩石裂缝。这种技术可以从干热岩（HDR）中提取热量，这种技术目前称为增强型地热系统（EGS）。尽管这种水力压裂技术在油气勘探中存在争议，但是在地热勘探中是没有问题的，因为不需要使用化学添加物以释放岩石孔隙中的束缚油气。

前面已经解释，在 EGS 系统中，水需要在压力下注入井中引起 HDR 中热压力，从而产生裂缝形成孔隙。除了这种"注水井",在一定距离之外还要"生产井",但也不能太远,使得注水井中注入水通过岩石裂缝能到达那里(图6.8)。

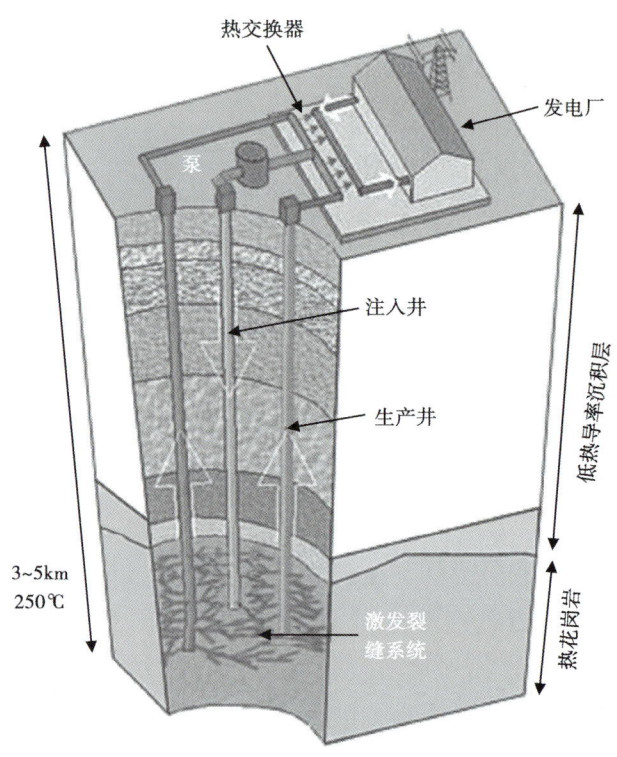

图6.8 一个具有一口注入井两口生产井的EGS系统
图片由澳大利亚国立大学提供,地热资源有限公司修改

EGS地热初始投资非常贵(大约为热液系统5倍),因为钻井需要钻探较深以获得更高温度。如果岩石中压裂孔隙堵塞的话,还需要再打注水井和生产井。这些井提高抽取能量方面也有作用。在多口注水井及生产井情况下,井之间的空间分布极为重要:如果太近,将会抽取同一处地热能量,如果太远,就不能充分抽取它们之间存储地热能量。

当然,地热投资者还有很多需要注意的非地质因素,这些将决定投资勘探地热资源是否明智。包括目前钻探技术、经济性(是否可以获得巨额初始投资基金)、天然气价格(影响钻井设备费用和实用性)、大量已有的输送线、土地或者钻井许可的价格、离人口集中地的距离等因素。

6.5 地热发电厂

有三种主要类型地热发电厂:干蒸汽系统、闪蒸系统以及二元循环系统,其中闪蒸系统最为常见。后两种发电厂基本原理见图6.9a和b。在闪蒸电厂中,高压水从生产井中出来,随着压力降低并汽化,形成蒸汽流时驱动涡轮,这样就开始发电。干蒸汽发电厂同闪蒸类型相似,只是没有第一步,干蒸汽从生产井中出来后直接驱动涡轮发电。这种类型电厂很少,这需要在地温梯度很高地区,蒸汽能直接从生产井中自发喷出。二元循环系统发电厂比闪蒸发电厂多一步。在这些发电厂，从生产井中出来的高温流体流过一个热交换器，在第二个循环系统中含有沸点较低的液体，比如丁烷或者戊烷，这些比水汽化温度要低。加这一步后，使得电厂能在比其他类型发电厂温度低的情况下就可以发电。目前二元循环系统发电厂最低温度记录是57℃。当然，根据Carnot定理，这种发电厂热力学效率非常低。例如，利用郎肯循环系统的阿拉斯加电厂，使用75℃热泉水喷射到3℃河水中，效率仅为8%。一些二元循环系统电厂有多个闪蒸循环系统，每个都利用较低沸点液体，可以多次提取热量以提高效率。低效是地热发电最大的缺陷，即使燃料免费，这也会增加电力费用，以至于没有经济效益。二元循环系统电厂电力费用比其他类型电厂更高，即使很多地区可以推广建设这样的发电厂。

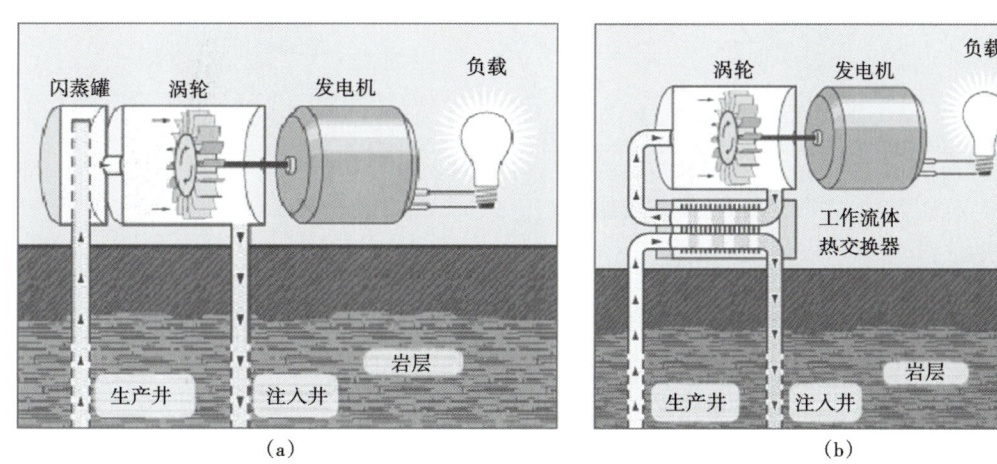

图6.9 （a）闪蒸发电厂；（b）二元循环发电厂（据美国能源部）

例2 地热发电厂的效率

上面提到阿拉斯加电厂实际效率比理论最大值一半还低，并且解释为什么如果热泉温度稍稍低一点或者与河水温度接近，实际情况可能还要更差。

求解

卡诺效率定理如下：

$$e_c = 1 - \frac{T_L}{T_H} = 1 - \frac{3+273}{75+273} = 0.207(20.7\%) \tag{6.5}$$

这比实际效率高两倍多一点。我们要注意，如果T_H低一点，或者说T_L高一点，那么效率将会降低。

6.6 地热民用和商业用途

直接使用地热能量，尤其是家庭加热方面可能是发展最快的方向，主要是因为在很多地方都可以实施，并且不用考虑高地温梯度和钻井深度。事实上，都不用钻遇温度能达到室温的深度，只要跟年平均温度相似就可以了。考虑到地表普遍情况，这要求深度大约为3m，夏天到冬天平均变化大约±3℃。

传统的加热泵是从外面空气中（冬天可能比室内温度要低）吸取热量，并将热量输送到家中。为了使热量"倒流"也就是从冷到热,当然需要通过电力驱动压缩机来输入能量。这到底如何实现呢?在传统的加热泵中,挥发物流体(主要制冷剂)在蒸汽形态被压缩机压缩(图 6.10 中 4 的位置),因此在液化过程中向周围环境释放热量(图中左边部分)。高压流体通过阀门,压力下降使得汽化,并且温度下降至地表温度之下,这样地面可以给气体加热(图中右边部分)。只要压缩机一直通电,这个循环就将持续不断地进行。

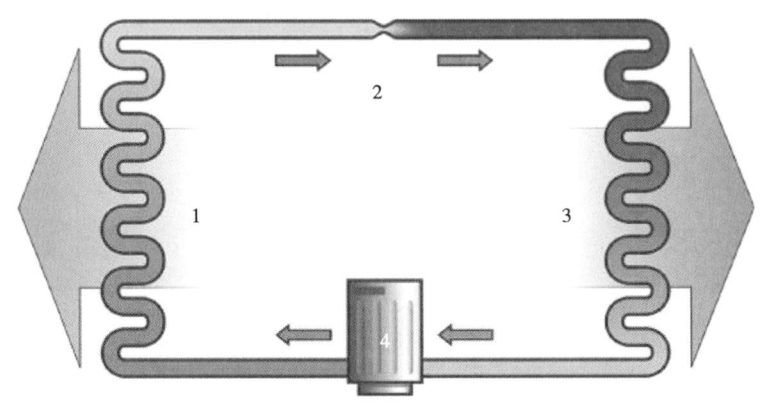

图 6.10 简化加热泵汽化—压缩制冷循环图解
1—冷凝器;2—膨胀阀;3—蒸发器;4—压缩机。左边(热)排出热量,右边(冷)吸收热量

加热泵性能通常用"性能系数"来衡量,也就是释放到家里的热量除以输入电量,这虽然很大程度上依赖于你想让家里有多温暖,但通常大于 4。通常地面和家里温度相差越小,性能系数越大,最大值(不可能达到)如下:

$$\text{COP}_{max} = \frac{T_H}{T_H - T_G} \tag{6.6}$$

在方程(6.6)中,高温(T_H)以及地面温度(T_G)必须是开尔文温度。加热泵不是专门针对地热能,事实上很多家庭用电加热,从冷空气中提取热量给室内取暖。

地热加热泵比传统加热泵更高效,因为地热加热泵是从地下提取热量而不是外面空气中,地下几米深处冬天要比外面空气温暖,同时循环流体是具有更高的热容的液体而不是空气。另外,与传统加热泵不同,循环液体可以是水,也可以是水加上防冻剂,而不是制冷剂。标准加热泵最大缺陷是外面越冷,也就是说你越需要加热的时候,根据方程(6.6)所示,其实际性能系数越低。但是这个缺陷在地热加热泵中就不存在(知道为什么吗?)。加热泵同样可以作为空调降低温度。事实上,同一张图就能说明其中原理。区别就是热的部分(左边)在屋子里面,冷的部分(右边)在地下。也就是图 6.10 中挥发物朝相反的方向流动。

有几种方式定义地热加热泵特征,一种是管道的排列方式——水平或者垂直。水平系统总体费用比垂直系统费用低一半甚至更低,因为垂直系统需要较深的深度。然而,水平系统管道在埋之前就如图 6.11 中所示,因为占地面积大,在很多地方不适用。这里有在 2010 年建这两种系统大概所需费用。

水平系统:家用系统前期费用大约每吨 2500 美元(1T=3.517kW),或者说平均家用系统约 3t 规模,大概花费 7500 美元。这大概是燃气炉的双倍费用,但是因为燃料免费,每年

图 6.11　由一系列管道组成水平闭合系统
这些管道在冻结线之下，埋之前水平排列非常紧密（一个个圈相互叠置），
这种排列方式可比垂直管道更加高效地利用空间

大约省燃料费用 450 美元。当然，这受多种因素影响：天然气的价格、房子大小以及你想要保持的室内温度。假设用之前的数据，那么 7 年时间两者之间费用相当，当然如果天然气价格便宜时间就会长一点，如果有相当大税收抵免就会短一点。

垂直系统：这种方式可以在任何地方钻井，费用从 10000~30000 美元不等，就算可能要花费 25000 美元，垂直系统初始费用与燃气炉之间差额将要用 20000/450（约 45 年）才可以节省出来。

还有用开放还是闭合系统来定义地热加热泵，前者只用于垂直系统中。这种情况下，水注入垂直注水井中，经过 HDR 到达生产井，很大程度上同 EGS 系统发电方式相似。

6.7　地热可持续性

因为加热泵工作方式，从地下抽取很少的热量，家用系统可以无限期使用地热资源而不会枯竭。那么从地下抽取大量的地热发电又会怎么样呢？这种情况地球会不会变冷。目前全世界地热发电量仅约为 10GW，放射性同位素衰变持续不断地补充地球热量大约 30TW（发电量 3000 倍），因此不需要担心地热资源会用完，即使比现在使用更多地热资源也得使用几亿年时间。

当然，个别地热区消耗又是另外一说，这里我们借用一个简单化的模型来说明这个问题。

6.7.1　地热消耗

假设在面积为 A 的地区，有 N 口生产井，钻遇地下 z 处抽取地热资源。假设井之间间隔使得某区域内地热资源正好由 1 口井抽取，进一步假设，全部资源都来源于温度为（T）的地热能量，在 $t=0$ 时初始温度为 T_0。当水注入时，地热区域被激发，热能从密度为 ρ_r，比热容为 C_r 的 HDR 中抽取出来，可以用下面方程式表示：

$$\dot{q} = \frac{\mathrm{d}q}{\mathrm{d}t} = -m_r c_r \frac{\mathrm{d}T}{\mathrm{d}t} = -Az\rho_r c_r \frac{\mathrm{d}T}{\mathrm{d}t} \tag{6.7}$$

这些热量等于从生产井中抽取的水的热量，这里忽略任何热量损失及从周围岩石中补充热量。因此，

$$\dot{q} = \dot{m}c_w(T - T_s) = N\rho_w a v c_w(T - T_s) \tag{6.8}$$

式中，v 表示从 N 个管道中出来水的流速，每个截面面积为 a，T_s 表示表面温度。

综合方程（6.7）和（6.8），重新整理后得到如下公式：

$$\frac{\mathrm{d}(T - T_s)}{(T - T_s)} = -\frac{\mathrm{d}t}{\tau} \tag{6.9}$$

这里地热区使用期 τ 如下：

$$\tau = \frac{\rho_r A Z c_r}{N\rho_w a v c_w} \tag{6.10}$$

对方程（6.9）两边积分后得到：

$$T - T_s = (T_0 - T_s)\mathrm{e}^{-t/\tau} \tag{6.11}$$

可以发现，资源使用期可以用半衰期 $T_{1/2} = \tau\ln 2$ 方式表示。假设 v 为常量，发现提取热能衰减与指数时间相关。因此，如果 $t=0$ 时初始能量为 E_0，可以得到任意时间 t 时抽取能量：

$$\frac{\mathrm{d}E}{\mathrm{d}t} = \frac{E_0 \mathrm{e}^{-t/\tau}}{\tau} \tag{6.12}$$

实际上，当抽取能量时，忽略了周围区域能量补充，真正生命周期要比 τ 长很多，典型补充时间值（停止抽取能量）为生命周期的 1~10 倍不等。当然，也可用较低速率抽取能量以延长使用时间，这样输出能量也成比例减少。地热发电厂比化石燃料或者核燃料电厂输出能量都要小，典型为 50~100MW。另外一个延长生命周期的方法是加大抽取区域，但这意味着要钻更多抽取井，这就要加大投资。

6.7.2 延长生命周期

假设某地地热资源生命周期为 20 年，补充时间为 60 年。哪两种方法可以使资源生命周期延长至 1000 年。

因为补充时间是生命周期的三倍，地热补充速率为抽取速率的 1/3，因此，如果抽取地热量减少 2/3，则两者将达到平衡，这个地区补充能量几百万年也用不完。还有一个更好的选择是仅在每天用电高峰期供电，当用电需求最高和供电短缺的时候开始供电。还有选择就是钻更多的井，让水流过地层时速度减慢，因此同一个地区抽取相同能量花三倍时间，导致减少热量为原来速率 1/3，这样生命周期几乎也是无限制。

例3 100MW发电厂

（1）找到在地下7km处每平方千米有用的热含量。假设地温梯度为40℃/km，最小有用温度为$T=140℃$，岩石密度为$2700kg/m^3$，岩石比热容为$820J/(kg·K)$。（2）在面积$0.5km^2$地方建立100MW功率发电厂需要注入水速率？（3）假设水流速度不变，多少年后发电量为初始发电量一半。

求解

（1）用方程（6.2）算出$5.4×10^{17}J/km^2$。（2）用方程（6.12），首先发现使用生命周期同初始抽取能量（$dE/dt=100MW$）以及初始总存储能量有关，其中$E=0.5km^2×5.4×10^{17}J/km^2$，$\tau=5.4×10^9 s$。最后，用方程（6.10），可以计算出水流速率为3500kg/s。（3）用$T_{1/2}=\tau\ln2$，计算半衰期为118年。

6.8 环境影响

6.8.1 排放气体

地热发电厂工作时会排放多种有害气体，但是相对浓度较低。发电厂可能要求安装释放气体控制器。释放的气体中可能含有少量的氡，这是铀（引起地热的主要同位素）衰变副产物。氡（引起肺癌第二大因素）是公认问题，能通过裂缝渗入家中并聚集，尤其是在地下室里，即使在"致密"的、隔离很好的家中都能聚集。当然，氡离开地表或者释放到户外几乎是没有危害。具有很好地热资源潜力的区域同高平均铀浓度不相关。氡气能溶解在地热钻井液之中，在EGS系统中，这些流体持续不断地循环注入地下，因此并没有释放到空气中。温室气体（尤其CO_2）同样也是一个关注问题。然而，地热电厂产生的CO_2比化石燃料发电厂要少得多，当然这也根据电厂类型和地热资源区域特征有所变化。地热发电厂CO_2排放量比燃煤电厂1/10还要少（Bloomfield，2003）。家用地热加热系统CO_2排放比较复杂。

6.8.2 占地面积和淡水

在流体压裂过程中，经过注入井后的水中发现少量有害物质。然而，这些水再次注入井中循环使用，因此降低了风险。不像用压裂技术开采天然气，正常通过HDR，这些井都非常深影响不到地表水。跟别的能源发电厂相比，地热电厂使用土地面积相对较少。对比每1GW电量所需要的地表面积如下：地热$3.5km^2$，风力发电$12km^2$，煤炭$32km^2$，核能$20km^2$，太阳能$20\sim50km^2$。

地热发电厂确实需要淡水资源，但是与核能、煤炭和天然气发电不同，地热发电厂所需淡水循环利用，因此每$MW·h$所需水可以忽略不计。新西兰和德国一些生活用地里也建起了地热发电厂。糟糕的是，瑞士巴塞尔地热发电厂建成后，观测到大量小地震后被迫关闭——在电厂投入生产的第一周内，检测到10000次3.4级地震。另一方面，地震学家自从20世纪60年代就可以诱发人造地震，最大达到4.5级，但没有发生过更高级地震。在流体压裂过程中，当裂缝尺度较大时会产生地震，但是在压裂岩石时可以通过调节水流速度和压力来控制。更重要的是，必须避开钻遇可能引发大地震的大规模自然断层。

> **知识盒　巴塞尔经验**
>
> 一系列小地震发生后，瑞士政府研究认为，如果这个项目继续下去，将会有15%机会引发强地震，造成5亿美元的经济损失。结果政府对Geopower钻探公司进行了犯罪控告。虽然审讯后认为公司没有故意损坏财产也没有操作失误，但是，瑞士政府担心也不是没有根据的，因为在巴塞尔有一个地震带，在1356年时曾发生中欧历史上有记录的最大的一次地震。那次地震摧毁了整个小镇，半径30km之内所有的大教堂和城堡全部被毁坏。

6.8.3　加热泵真的减少 CO_2 排放吗？

我们发现地热发电厂 CO_2 排放量几乎可以忽略不计，但是家用地热加热系统排放量还不明确。地热加热系统主要依赖加热泵，从地下抽取热量并传输到一个较高温度的环境中，也就是你的家里。地热资源加热泵 COP 通常在 4 以上。当算上启动水泵所需的能量时，实际平均 COP 要比 4 要低。假设 COP 为 3，也就是说供应热量是用于启动压缩机电量的三倍。

进一步假设电是由气燃料发电厂发出的，电厂发电并传输到家中为燃烧天然气热量31%或者说 $0.31Q$，之前已经假设加热泵 COP 为 3，传输到家中的电量通过加热泵可以产生 $0.93Q$ 的热量。但是，现在假设你没有安装地热加热系统，而是用效率 95% 高效燃气加热炉。等量 Q 气体燃烧，燃气加热炉产生更多的热量 $0.95Q$，因此产生相同的热量，燃气加热炉需要更少的气体，也就释放较少的 CO_2。当然，当电厂用煤发电（在释放 CO_2 方面会比较糟糕）或者用核能或者其他新能源发电（释放 CO_2 方面会较好），这个对比不成立。如果选用不是高效燃气炉，而是电加热器或者燃油设备，这个对比同样不成立。

6.9　地热发电经济效益

决定地热资源发电费用主要在于同钻井相关的高额初始费用，这个费用非常巨大，尤其是深井，可能占据初始投资的 60%，剩余投资主要用于电厂建设方面。

6.9.1　钻井费用

钻探地热井费用和技术同油气井有很多相似点，尽管油气井要更深一点。目前还没有足够多地热井（尤其深井）能研究得到费用随深度变化可靠的结论。因此通常可以借助油气井情况，并且考虑地热井不同情况建立模型。不同地区相同深度钻井费用变化很大，这跟很多因素有关。例如，超过 6km 深度的井，最便宜的和最贵的井费用差距达到十倍。另外一个估算钻井费用的复杂情况在于如何选取各个油气井钻探费用适当信息。幸运的是，工业协会（JAS）提供了某些年份某一深度范围内钻井平均费用数据。在图 6.12 中可以看出，2004 年

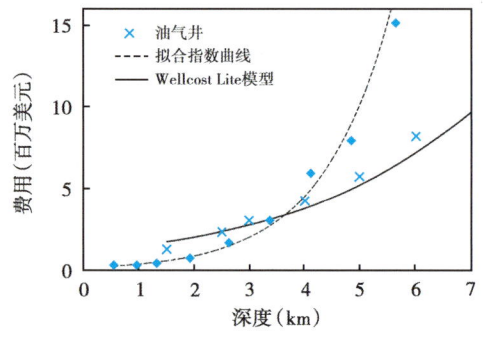

图 6.12　2004 年不同深度油气井钻井费用

平均钻井费用 C（美元）与深度 z 呈一个完美的指数形态分布（Augustine，2009）

$$C = Ae^{Bz} \qquad (6.13)$$

式中，$A=200000$ 美元，$B=75$ 万/km。与钻井设备和劳动力变化相关的常量 A 和 B 每年会有一定变化，钻井设备和劳动力受油气价格变化影响。虽然指数相关性可能会随着时间变化，油气井曲线形态还是呈指数形态。

6.9.2 打破指数规律

打破钻井费用随着深度增加呈指数增长的规律，对于在地温梯度较低地区提取地热资源至关重要，因为这需要钻遇较深地层。如钻 5~6km 深井，可能为初始投资费用的一半（另一半用于电厂其他投资），可能节省钻探资金将会原封不动，因此作用有限。然而，如果钻探费用随着深度指数增加的规律可以避免的话（线性规律），只需增加一点投资就可以开发地表至 10km 以内大量资源，并且地热资源不仅仅局限于高地温梯度地区。而且，如果钻井技术提高可以使成本随深度呈线性增加，那么地温梯度对每 MW·h 钻井费用没有影响。这个结论是基于图 6.7 相关讨论，即钻探深度由最大温度（不是最大深度）所决定，地热资源与深度呈正比，而不是地温梯度。在这个假设下，陆地上所有地区都可以利用地热资源发电。

但不幸的是，还没有足够直接证据证明地热井（尤其深井）钻探费用是否随着深度呈指数增加。不过可以基于详细分析钻探过程中不同时间和每一步费用，建立了一个模型（称为"WellCost Lite"），最后根据不同年份矫正费用差异。发现浅层地热井钻探费用比油气井要贵，随着深度增加至 4km 处，费用比油气井要便宜。WellCost Lite 模型预测（实际只有一口 5km 井可以检测）是否也是指数增长？图 6.12 乍看并不符合这个规律。另一方面，模型结果是指数规律，也就是意味着地热钻井费用可以用下面方程式表示：

$$C = D + Ae^{Bz} \qquad (6.14)$$

6.9.3 为什么钻井费用与钻井深度呈指数增长

油气井钻井费用随深度呈指数增长（图 6.12 虚线）。是什么原因产生这种现象？只要深度增加 dz 增量，费用就比前一个增量增加 p 个百分点，很容易就发现全部钻井费用随深度增加为指数规律。这看上去也很正常，因为任何因素随着深度增加都花费更多时间。比如：

（1）钻到较深处温度升高，钻探更加困难，钻头更容易磨损或者被卡住。
（2）水冲出碎屑，到地表距离增加，所用时间增加；
（3）地表深处更容易漏失循环使用的钻井液；
（4）拉出需要替换磨损的钻头时间增加。

因为这些原因，钻探一个增量深度花费时间（费用）同深度呈比例增加，因此就如同复利效果，费用将会随着深度呈指数增加。

6.9.4 碎裂钻井方式会是答案吗？

碎裂是一种通过相互作用或者压力使物质碎片喷射的过程。碎裂钻井过程没有钻头，因为钻头在与岩石接触过程中会发生磨损。火焰喷射与井底一小面积岩石接触，在岩石中产生热压引起小碎片（spalls）喷射。小碎片非常小，以至于喷射高压水很容易就把它们从水管中带出地面。氧气必须充分供应，以使在水下能正常燃烧，这类似在水下焊接工作。不管在速度还是费用上，碎裂技术已经得到很好应用，尤其是钻探费用与深度呈线性增长而不是指数增长，都是对传统钻探方式的很大程度改进提高（图6.13）。

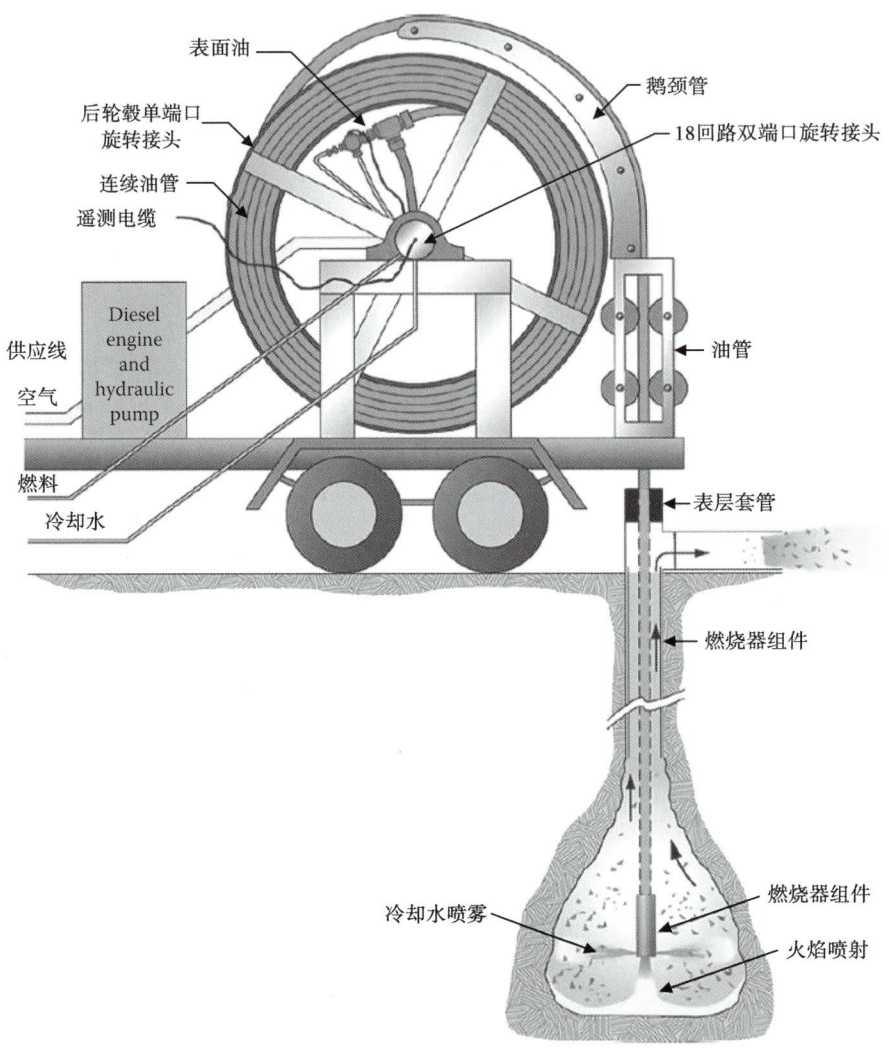

图6.13　碎裂钻井方式示意图（图片来自阿拉莫斯国家实验室）

6.9.5　为什么碎裂钻井费用可以随深度呈线性增长

因为多种原因碎裂钻井方式钻探费用有望随深度增加呈线性增加而不是呈指数增加。线性增加意味着钻探相同长度 dz 钻井费用不再根据在什么深度而不同了。不同于传统钻探方式，需要钻头不停旋转，碎裂方式可以持续不停地工作，不需要停下来拉出磨损的钻头。岩石中很小颗粒随着水流冲洗可以持续不断地从井底移除出去。同样在较深处也只需要一个井口就可以完成这些工作。这些因素给人希望，在较深层段钻探相同长度也不比浅层花费更多时间。

Chad Augustine 和 MIT 化学工程教授 Jefferson Tester（享有碎裂钻井专利）建立了一个线性模型，用了同图 6.12 中虚线表示 WellCost Lite 模型相似方法，与实际钻井费用吻合非常好，至少 5km 深度以内的井吻合很好。与早期模型不同，该模型没有实际钻井数据来检测模型是否与实际规律一致。因此，碎裂钻井过程还处于模型阶段，有待实践进一步检验。当然，如果钻井费用与深度呈线性关系得到证实的话，对未来地热资源影响非常巨大，因为这意味着在低地温梯度和高地温梯度地区地热发电每 MW·h 钻井费用相同，那么过去因为钻井费用过高而不能利用的地热资源现在可以得到大规模使用。

地热发电就不再是高地温梯度区域专利，任何地区都可以进行地热资源开发。甚至更有争议的是，在这个假设之下，能量费用在低地温梯度地区比高地温梯度地区还要低。

> **知识盒　只要井眼已经在哪里……？**
>
> 据估计美国有 2500000 口废弃油气井，有些井深达数英里。因为钻井费用在总成本中占据不可忽视很大部分，中国科学家已经发明利用管道里面套有管道的方法改进这些废弃井，这样就像地热井一样（Xianbiao 等，2011）。他们估算废弃井平均能发电 5.4kW，虽然不能同任何一个核心发电站相比，但是这足够使其得到可观的洁净能源。他们还估算地温梯度达到 45℃/km 井改进后，每口井可以获得 40000 美元经济回报。

6.10　小结

地热能作为新能源有很多优点：经济性、环保性、可持续性。几乎任何地方地热可以用于家用或者商业加热用途，在一些条件适宜的地方，建立发电厂发电比其他资源要经济。20 世纪地热发电已经呈指数增长，但总发电量占份额很少，同太阳能发电大致相当。地热发电在低地温梯度地区有很好的应用潜力，但是这个发展要依靠利用先进钻井技术（如碎裂钻井）使钻井费用与深度呈线性增长。

问　题

（1）假设某地地温梯度不是常数，而是与深度呈线性关系，$G = G_0(1+\alpha z)$：①通过积分算出单位面积内 z_1 和 z_2 之间地热能量；②通过积分算出单位面积内两个温度 T_1 和 T_2 之间的地热能量。

（2）根据麻省理工学院研究，在美国地壳上部 10km 范围内，通过提高技术可以开采总地热能量为 20000ZJ，或者说 $2×10^{24}$ J。假设地温梯度为 300K/km，在网上查找岩石平均比热容和密度以及美国国土面积，通过计算存储在地壳 10km 之内、150℃之上单位面积内能量，再大概估算这个结果是否正确。

（3）根据方程（6.1），解释为什么地球内核和地壳之间平均热导率存在差别。然而这是在假设 q 都相同的情况下进行对比，如果考虑大约 80%热量由地核和地幔中放射性物质衰变而产生，那么这个对比结果会发生什么样变化？

（4）用铁的热导率、地球内核半径以及地温梯度（图 6.3），计算地核总热流乘以地核面积。该结果与到达地表总热流（大约 0.06W/m²）乘以地球表面积。解释这两者之间矛盾。提示：见上题问题。

（5）假设地热资源为6.1小节中麻省理工学院研究成果，那么根据目前每年平均使用量，并且考虑80%能量由地下数十亿年半衰期同位素衰变持续不断补充，那么这些资源够维持多长时间。

（6）①通过积分验算方程（6.3）。②计算岩石孔隙度为0.2，密度3000kg/m³，比热容为1000J/（kg·K），其中流体为水的蓄水层热能。计算该蓄水层$c\rho$平均值，以及地下150℃之下6km之上总热量（假设地温梯度为75℃/km）。

（7）一个地热发电厂第一年初始发电量为100MW。第二年，因为地热资源减少发电量缩减2%。为了延长电厂使用周期，电厂停用了2年后，循环水流流速降到电厂仅能产生50MW电量，第三年发电量仅降了0.7%。①计算电厂发电量降到25MW时所经历时间；②如果这个地热区域停止使用计算补充时间。

（8）利用网上有关数据，计算三种家用加热系统：电加热炉、地热加热炉以及高效燃气加热炉。假设家中电由三种方式产生：天然气发电、燃煤发电以及核能发电，一共3×3=9种方式分别排放CO_2量。

（9）证明只要钻穿非常薄地层dz所需费用dC与dz以及该深度d成比例，那么总费用将会与深度呈指数关系，$C=Ae^{Pz}$。如果钻5km井需要花费1000万美元，钻10km井需要1亿美元，求P值。为什么钻遇某深度实际钻井费用要在方程（6.14）中加一个常数D，这样才比纯指数方程更加合理？

（10）证明如果技术进步使得钻井费用与深度呈线性关系增加，地温梯度将不会影响每MW·h钻井费用。

（11）考虑地热电厂初始费用组成：假设钻井费用可以随深度呈线性增长，斜井费用每千米0.433百万美元，直井每千米0.789百万美元；假设由于规模经济因素，建设地热发电厂费用根据规模（以MW为单位）增加而减少。因此，假设费用为P的线性方程，表示为$A+BP$，其中A=1500万美元/MW，B=200万美元/MW；进一步假设电厂使用25年（已经被开采一半能量），每年操作及维护费用（O&M）为10万美元/MW。在两个地区建设这样的地热发电厂，一个地温梯度为50℃/km，另一个为100℃/km。最小井深和最大井深均介于150~300℃之间。计算两个地区可获得总能量，以及每MW总费用（钻井、工厂建设以及操作维护费用）。哪个区域是更好的选择，高地温梯度还是低地温梯度？这个说明是假定两个地区地温梯度为常量，实际不太可能有哪个地区有如此高地温梯度。

（12）比较6.8.3小节中地热加热炉和高效燃气炉。计算地热加热炉COP值，这里燃气发电厂产生用于地热加热炉使用电量所燃烧天然气量正好等于高效燃气炉所消耗天然气量。

（13）公式（6.10）右边以秒为单位，解释为什么每项都没有这个单位，既不在分子中也不在分母中。

参 考 文 献

Augustine, C. R. (2009) Augustine PhD thesis: Hydrothermal Spallation Drilling and Advanced Energy Conversion.

Bloomfield, K. K. (2003) Geothermal Energy Reduces Greenhouse Gases, K. K. Bloomfield (IN-EEL), J. N. Moore, and R. M. Neilson, Jr., Climate Change Research, March/April 2003.

Mims, C. (2009) Can geothermal power compete with coal on price? *Scientific American*, March 2, 2009. http://www.scientificamerican.com/article.cfm?id=can-geothermal-power-competewith-coal-on-price Tester, J. (2006) The future of geothermal energy—Impact of enhanced geothermal systems (EGS) on the United States in the 21st Century. An Interdisciplinary MIT study chaired by J. W. Tester, http://mitei.mit.edu/publications/reports-studies/future-geothermal-energy

Xianbiao, B., M. Weibin, and L. Huashan (2011) Geothermal energy production utilizing abandoned oil and g as wells, *Renewable Energy*, May 2012, 41, 80-85.

第7章 风 能

7.1 概述

全球风能资源巨大,但很多是不可获得的,比如在远洋上以及很高的空中,尽管那些地方大风持续不断。然而,每年技术可获得的量约 $300 \times 10^6 \mathrm{GW \cdot h}$——大约为目前电量需求 20 倍。风能是人类所使用的最古老的能源之一,使用方式包括行船、碾磨谷物、灌溉农田或者防止洪水等。使用风作为推进力至少可以追溯到 5500 年前,中东和亚洲地区风能用于农业方面可以追溯到 7 世纪。

风能发电出现比较晚,可以追溯到 19 世纪晚期。从 1887 开始,苏格兰人 James Blyth 和美国人 Charles Brush 研究使用风能发电。Brush 的风力涡轮机同现在三叶片形状完全不同,也许 20 世纪初旅行者被其绊倒都不知道这是什么。图 7.1 中看到 40t 重,直径 17m 涡轮,站在右边人显得如此微小。在 Brush 后院中的这个装置可以提供 12kW 电力,用来给电池充电以提供家里和实验室用电。然而,为电网供电却相当晚(1931 年,苏联),是在最初风能发电 40 多年后。要想将 Blyth 和 Brush 早期发电系统用于其他用途之前,必须解决几个重大问题。

图 7.1　美国克利夫兰 Charles F. Brush 设计的第一台自动风力涡轮机(据 Robert,1966)
转子左边矩形为叶片,通常随风转动

作为技术提高的参照，现代类似 Brush 的装置，具有相同直径大小，发电量为原来的 100 多倍，这表明技术的巨大进步。

随着技术提高，以及经济效益的原因，近几十年内风力发电得到广泛应用。在 2010 年，风力发电达到 174GW，风力发电现在约占到世界电量 2%，在丹麦甚至达到 20%，为世界最高。丹麦国家不大，风力装置数量很少。五个风力装置最多的国家分别为中国、美国、德国、西班牙和印度，总共占全世界 82%。事实上，中国电力装置增长速度最为显著，从 2005 年开始，每年都成倍增长，超过其他有竞争力能源（图 7.2）。

图 7.2　英国 Royd Moor 风力发电站（据 Charles Cook）

尽管风力一直用于抽水等方面农业用途，但用于发电是迄今为止最占优势的一个方面。在美国和其他工业国家，风能是近年来新增发电量中最大的部分，部分归因于费用和环境方面综合考虑。事实上，美国能源局已经评估了统一标准下风力电量费用与煤或者天然气发电费用（图 6.2）。2011 年 Bloomberg New Energy Finance 评价报告中说，至少对美国和某些国家来说，风能发电相当有利（Bloomberg，2011）。相比而言，太阳能发电每千瓦时费用大约是风能发电的 3.5 倍。过去 30 年风力发电装置呈指数增长，平均每 2.86 年增长一倍（图 7.3）。风能

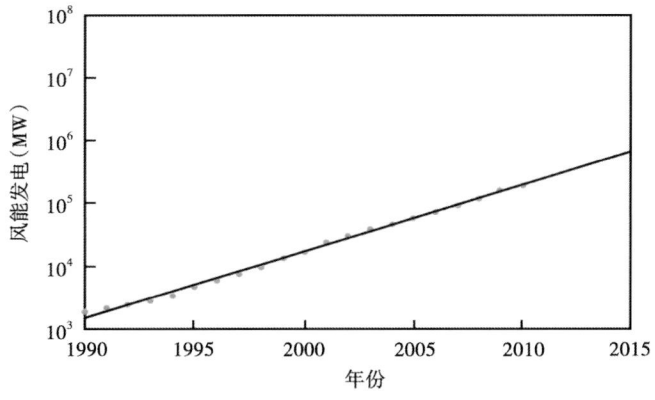

图 7.3　累计风能发电量与年份关系图

基于 1990—2010 年世界总发电量指数增长规律

发电未来能持续保持指数增长是不现实的，现在风能发电已经占据了世界发电量的很大一部分。然而，如果仅仅再翻 5 翻，我们发现到 2024 年，风能发电将会达到目前世界总电量。

7.2 风能特征和资源

风能是太阳能的一种非直接表现形式，随着地球自转，不同区域的热差异形成了风。各地区之间平均风速差异很大，风能量随着空间和时间变化。在图 7.4 中可以看到，世界风资源最大在海洋上，因为海洋表面黏性阻力比在陆地上要小。因为没有陆地阻挡，在南纬 40℃以南地区狂风特别多。尽管在海洋中心安装风力发电装置不现实，但是在平均风速较高的沿海区域以及近海区域安装风力发电装置还是可以实现的。

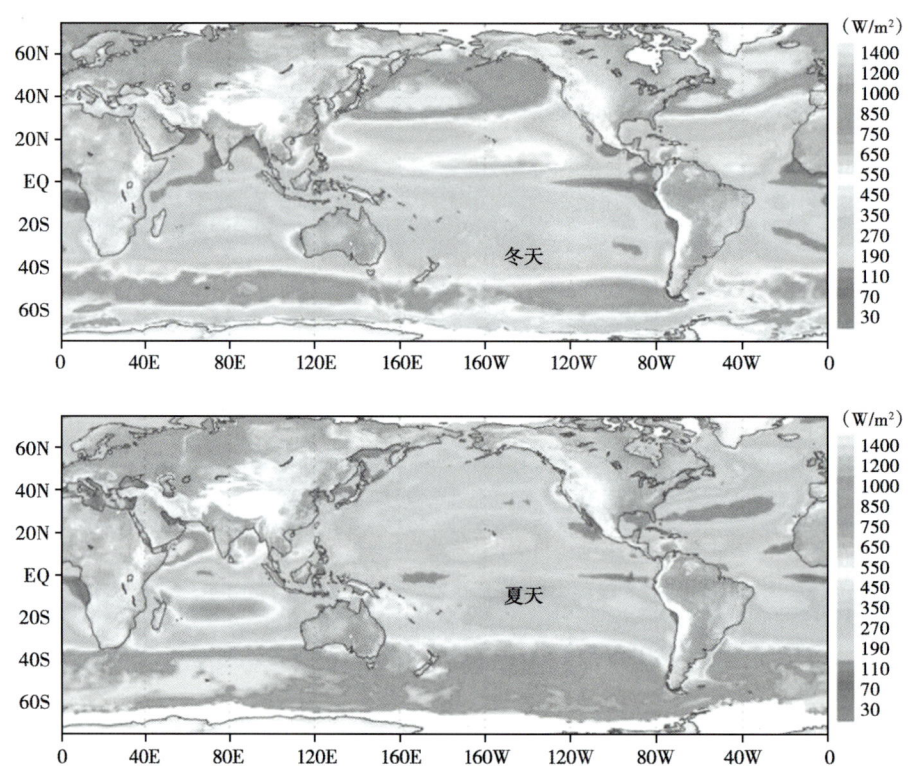

图 7.4　卫星数据显示北半球冬天和夏天风能密度（据 NASA/JPL，Pasadena，CA）

图 7.5 为美国一个类似风力资源分布图，这里颜色代码代表风资源潜能，定义为垂直于风速每单位面积内风能值。颜色代码用于所有 50m 高度风速超过 6.4m/s 的地区，也就是风速超过 3 级甚至更高的地区。总体上，如果风速小于 3 级（中等），对应平均能量密度为 300~400W/m²，安装风力装置几乎没有经济价值。7 级风（高风速），对应能量密度为 800~1600W/m² 被认为"壮观的"。在世界风力地图中，最好风能潜力区在沿海区域和近海地区，但是在达科他州到得克萨斯州之间一个细长条带区域也是风能良好潜力区。

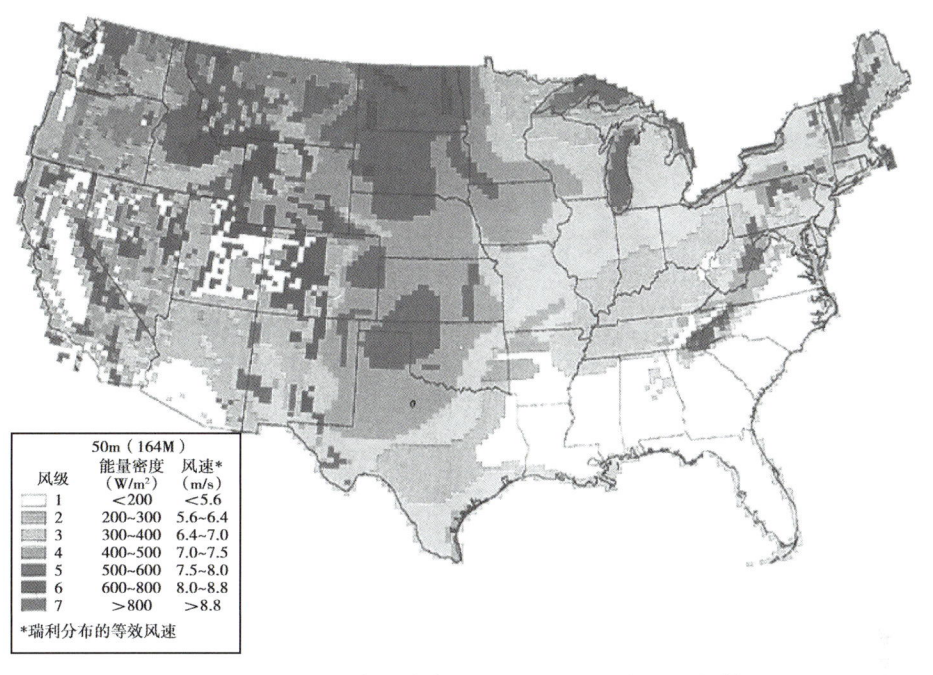

图 7.5 美国风力资源分布图（图片由美国能源局提供）

知识盒　风能潜力与太阳能潜力对比

其他可再生能源比如太阳能根据其潜力情况，也有明显区域差异，但是风力潜力分布区域差异更加明显。因此，即使像德国这样没有充足阳光照耀的国家利用太阳能资源仍然有经济效益，当然政治保证以及财政补贴也很重要。无论如何，即使在太阳能资源不是特别理想的地方，也不会差到哪里去，但是如果风力资源潜力不是很好的地方，那么将会极其糟糕。因此，在风力资源潜力较差的区域，即使有大量的补贴给个人或者公共设施公司去建立风力发电厂极其愚蠢和浪费。另外风能和太阳能一个重要的不同点在于，当我们表达相同单位面积内潜力资源时（W/m^2），必须记住太阳能的面积是指地球表面水平面积，而风能是指（垂直）面积，垂直于风向的面积。

7.2.1　风能速度体

风能的潜力各地区之间存在巨大的差异，可以通过风能速度体来理解。比如，在 A 地，风速为风力资源较好的 B 处 80%，风能为 0.8^3，或者说大约只有 B 处一半，属于较差一档。这种基于速度体结论很容易理解。假设一个圆柱形空气柱，长度为 Δx，横截面为 A，移动速度为 v（风速）。在图 7.6 中，一团空气碰巧进入一个圆形区域 A，代表风力装置涡轮圆盘。"风车"这个词现在很少用了，因为风车

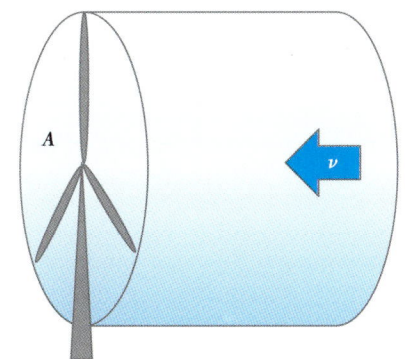

图 7.6　移动圆柱形空气通过面积 A 圆形区域

实际是指用来碾磨谷物的一种设备。

移动空气的动能为：

$$\Delta E = \frac{1}{2}mv^2 = \frac{1}{2}\rho A \Delta x v^2 \tag{7.1}$$

因为 $\Delta x = v\Delta t$，能量可以写成 $p = \Delta E/\Delta t$，则 A 面积能量为：

$$p_{\text{wind}} = \frac{1}{2}\rho A v^3 \tag{7.2}$$

当风恰好通过涡轮，只有一部分能量 C_p（能量系数）被涡轮使用。因此，使用的能量完整的公式如下：

$$p = C_p p_{\text{wind}} = \frac{1}{2}C_p \rho A v^3 \tag{7.3}$$

除了各地区之间风能变化巨大，就算是在同一地区，不同时间风能变化也很大，这种变化也有不同的时间跨度，从非常短（瞬间一阵狂风）到非常长（季节性变化）。了解这些变化非常重要，因为风能不仅依靠平均风速，也要依靠随时间变化的自然属性。幸运的是，虽然风速可能时时变化不可预测，但是风速的长期分布还是有规律可循的。

7.2.2 风速分布特征

威布尔（Weibul）分布是速度变量的一种持续可能分布，可以用下式来表示：

$$W(s, v_0, v) = \frac{s}{v_0}\left(\frac{v}{v_0}\right)^{s-1} e^{-(v/v_0)s} \tag{7.4}$$

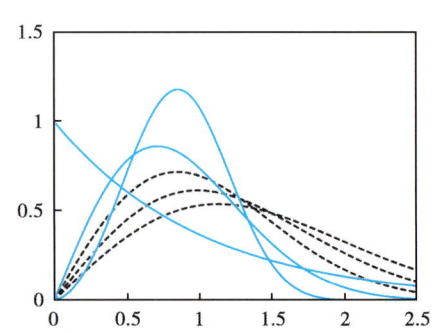

图 7.7 三种形状参数（$s=1$，2，3 实线）
和三种标准化参数（$v_0=1.2$，1.4，1.6 虚线）
威布尔分布实例
前三种情况标准化参数 $v_0=1$，
后三种情况形状参数 $s=2$

方程（7.4）代表了概率密度分布函数，规模参数 s 和速度参数 v 经过速度参数 v_0 进行标准化处理。这个分布特征被称为威布尔分布，因为他研究了该分布图具体细节。当形状和规模参数变化时，在图 7.7 中可以很容易看到其对分布形状的影响。

实际应用中很多情况都符合威布尔分布规律，包括制造业"失效时间"。不用奇怪风速和很多其他现象能由威布尔分布规律表示，因为选择恰当的形状和规模参数，风速有一个最大值，同时在速度为 0 和最大值时都为 0。

正如所预期的一样，参数 s 和 v_0 各地之间确实存在差异。例如，据报道的德国 10 个地区无量纲形状参数从 1.32~2.13 之间不等，而标准参数在 2.6~8.0m/s 之间变化。对比图 7.7 和图 7.8，你能猜想到 Lee Ranch 形状参数是多少？因为很多地方形状参数接近 2.0，有时为了方便设 $s=2$，这样方程（7.4）简化成 Rayleigh 分布。利用 Rayleigh 分布好处就是规模参数和平均风速满足简单关系：

$$\bar{v}_0 = \frac{2\bar{v}}{\sqrt{\pi}} \tag{7.5}$$

对于其他 s 值，有近似关系为：

$$v \approx v_0 \left(0.568 + \frac{0.434}{s}\right)^{1/s} \tag{7.6}$$

认识到能量分布与 $v^3 W(v)$ 成比例，与风速本身分布完全不同是非常重要的。事实上，风能速度体很大程度上依赖于发生在非常短的突发高风速能量，这不能准确代表平均时速，但用 $v^3 W(s, v_0, v)$ 可以准确表示。有趣的是，在图 7.8 中风速能量比大多数可能的风速都要大（威布尔分布最大部分），大约 95% 风能量在这个区域内。

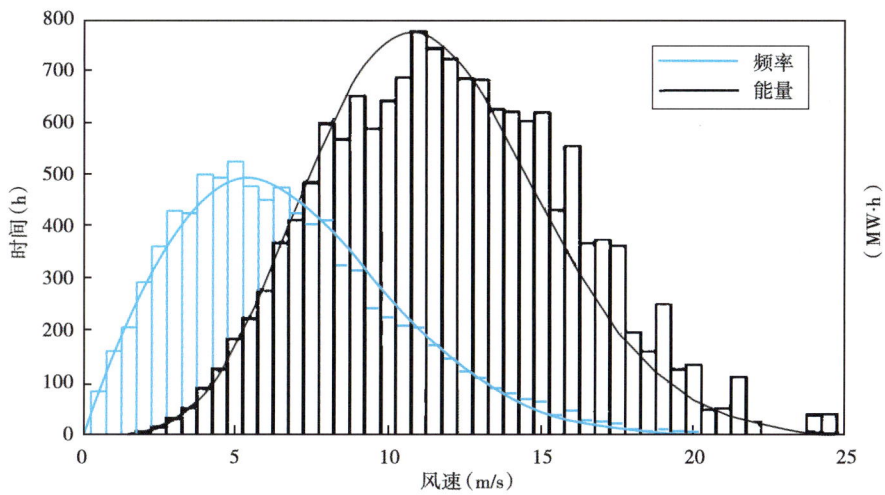

图 7.8 科罗拉多州 Lee Ranch 地区风速直方图

符合威布尔分布规律（左边曲线），右边直方图以及相关曲线表明每个风速段内风所含能量

既然平均风速要比平均风速体更常用，下面近似值很有用：

$$\bar{p} = \frac{1}{2}\rho A (v^3)_{\text{avg}} \approx \frac{1}{2}\rho A v_{\text{avg}}^3 \tag{7.7}$$

然而近似值有效到什么程度完全靠形态参数与风速分布吻合度。当比较具有相同形态参数的风速分布两地之间平均风力势用方程（7.7）中近似值比较合理，这样才可以真正发现两地之间相对平均风力势。

风力涡轮机只有当风速在额定风速（11~14m/s）之上时才能产生满负荷（额定）电力。这发生在什么时候？假设风速分布遵循 Rayleigh 分布规律（就是 $s=2$ 时威布尔分布），发现当平均风速为 $\bar{v}$ 时，风速大于 v，累计概率如下：

$$\dot{P}(\geq v) = \int_v^\infty W(2, v_0, v)\,\mathrm{d}v = \exp\left[-\frac{\pi}{4}\left(\frac{v}{\bar{v}}\right)^2\right] \tag{7.8}$$

图 7.9 对应这个函数中两个不同额定速度 v（11m/s 和 14m/s）。从这幅图可以发现，在平均风速为 5m/s 地方，风速达到额定速度之上的概率几乎可以忽略，风速为 10m/s，达到

额定速度之上时间的概率约 0.2~0.35，也就是 20%~35% 之间。

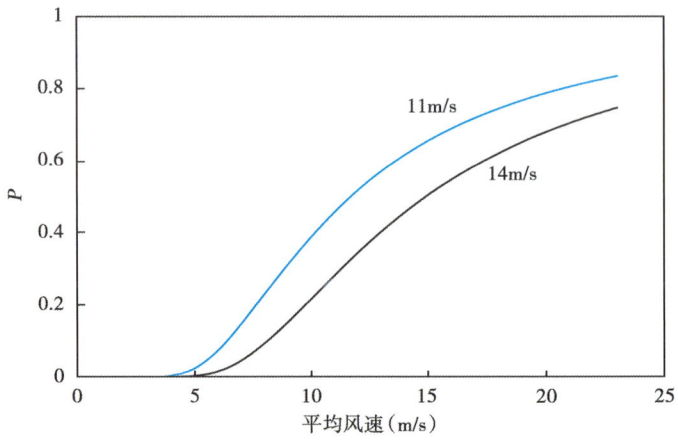

图 7.9　不同平均风速累计概率曲线

7.2.3　风速与高度函数关系

通常平均风速随着离地面高度增加而增加，但是实际变化跟很多因素有关，包括地形粗糙程度、人造建筑，或者像树木之类的自然物。如果存在这样的障碍物，建议风力涡轮机叶片底部要比任何障碍物至少高三倍。这样也可避免万一高速风吹到涡轮叶片上引起动荡。沿着山脊走的风平均风速最好，在顺风面，风速能达到平均风速两倍。

通常在地面之上 10m 高度测量风速。因为很多大风力涡轮机竖立在相当高的高空，因此如果知道 10m 高度的风速，有一种很有用的方法估算高度 h 大概风速。有一个根据 Hellman 经验幂次法则关系式，100m 高度之内风速符合该规律，在这之上直至 1km 处，平均风速大致为一个常数：

$$v_h = v_{10}\left(\frac{h}{10}\right)^\alpha \tag{7.9}$$

方程（7.9）中 Hellmann 指数 α 值，是地表粗糙程度和出现障碍物的函数。大风力涡轮机竖立在开阔平坦地区，$\alpha = 0.14$，在人口密集区域，α 一般为较大值，在 0.3~0.6 之间。图 7.10 中展示涡轮机功率随着中心高度增加可能产生的巨大变化。

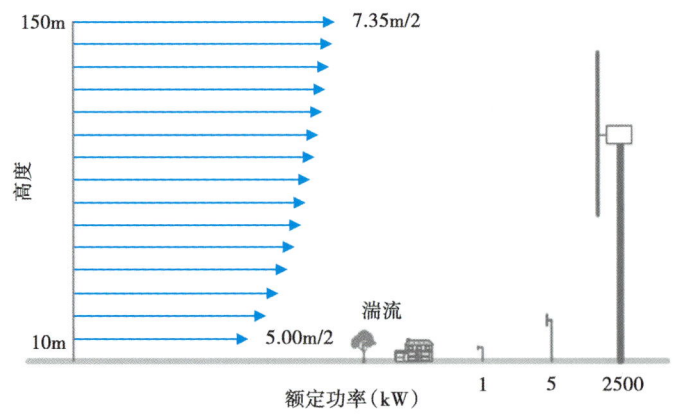

图 7.10　随高度变化风速及涡轮能量变化实例（据 David Mortimer）

例 1　涡轮功率随高度变化

假设在某处开阔平坦没有任何树木之类障碍物的地区，竖立了两个风力涡轮机：A 中心高度 10m，B 中心高度为 100m。假设都有相同能量系数 C_p，涡轮机 A 和 B 之间功率比率为多少？

求解

有两种原因认为涡轮机 B 会比 A 产生更多的电量：叶片直径更大，另外高处平均风速要高。根据方程（7.9）可以知道，在 100m 高度风速将会是 10m 高处的 $10^{0.14}=1.38$ 倍。然而风能与速度体相关，100m 处能量提高因子为 $1.38^3=2.63$。因为增大叶轮，涡轮扫掠面积增大，增加的能量更为显著。正常情况下，涡轮叶片直径约等于涡轮中心高度，因此这意味着两个涡轮叶片比例为 10，相对扫掠面积比为 100。结合之前风速因子 2.63，发现中心竖立在 100m 处的涡轮机发电量为 10m 高处的 263 倍之多。

如果 Helmann 指数大于 0.14，或者如果低处风速处于临界值，因为最小风速对于启动涡轮很必要，实际能量可能比 263 倍还要多。由于这个原因，风速涡轮机最近几十年内无论是尺寸还是发电量得到了快速增长。当前纪录保持者，挪威发电量为 10MW 的"巨兽"，很大程度是因为增加涡轮尺寸，2011 年卖出的新型涡轮机比 15 年前卖出的发电量 300 倍甚至还多（Shahan，2011）。

> **知识盒　超级风力涡轮机**
>
> 传统风力涡轮机发电上限约为 5~6MW。这些有 8~10MW 电力的涡轮机通常使用超导电线的超高效发电机。这极大减小了涡轮机大小和重量，这是一个很大的优势，尤其在近海地区（图 7.11）。

图 7.11　很多公司研制额定功率 10MW 的风力涡轮机还不成熟，目前德国 Enercon 公司建造最大涡轮机直径 126m（423ft），额定功率为 7.58WM

7.3 传给涡轮机的能量

直到现在，一直假设功率系数 $C_p=1$，但是理论最大值，也就是 Betz 极值，仅仅只有 0.593（59.3%）。

> **知识盒　谁发现了 Betz 极值**
>
> Betz 极值在 1915—1920 年间被三个不同国家科学家先后发现：Frederick Landchester（英国），NikolayZhukowsky（俄罗斯）和 Albert Betz。尽管实际上 Landchester 最先发表了他的发现，但是极值最后被称为 Betz 极值，有些人（没有俄罗斯）建议称为 Landchester-Betz 极值。

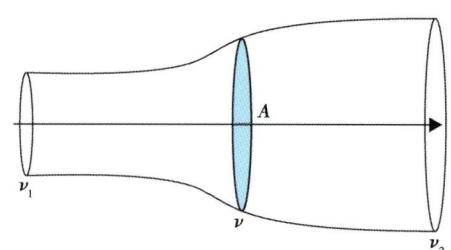

图 7.12　通过涡轮机转子平面气流

为了推导出极值，认为气流经过风力涡轮机转子平面，用控制体积法推导，也就是说所有气流从一端进去，另一端出来，没有任何从边部出来，并且气流沿轴向或者沿涡轮机轴向方向。如图 7.12 所示，当气流到达并最终通过转子平面时，控制体积横截面持续变化。

从图 7.12 可以看出，稳定状态下传输给涡轮机能量肯定小于 100%，因为不可能使 $v_2=0$，否则空气将会堆积在那里。极值推导首先证实涡轮机面板上速度 v 为速度 v_1 和 v_2 平均值。假设空气是不可压缩的，也就是说，密度为常量，满足连续性方程，没有空气离开控制体积，可以得到通过涡轮空气质量流速：

$$\dot{m}=\rho A_1 v_1=\rho A_2 v_2=\rho A v \tag{7.10}$$

根据牛顿第二定律，得到下面方程：

$$F=\dot{m}(v_1-v_2)=\rho A v(v_1-v_2) \tag{7.11}$$

因此传输到涡轮机的能量为：

$$p=Fv=\rho A v^2(v_1-v_2) \tag{7.12}$$

理想状态下，没有黏性和涡轮摩擦力，机械能全部被保存下来，那么传输到涡轮机的能量还可以用两点之间的能量差来表示：

$$p=\frac{1}{2}\rho(A_1 v_1^3-A_2 v_2^3)=\rho A v(v_1^2-v_2^2) \tag{7.13}$$

方程（7.12）和（7.13）右边相等，最后得到下面式子：

$$v=\frac{(v_1+v_2)}{2} \tag{7.14}$$

如果定义 $x\equiv v_2/v_1$，将（7.14）代入到（7.12）中得到：

$$p = \frac{1}{4}\rho A v_1^3 (1 - x^2 + x - x^3) \tag{7.15}$$

因为传输到涡轮机的能量同样也可以用功率系数 $p = \frac{1}{2} C_p \rho A v_1^3$ 来表示，发现用方程（7.15），C_p 用 x 的函数为：

$$C_p(x) = \frac{1}{2}(1 - x^2 + x - x^3) \tag{7.16}$$

最后发现，当设定 $d/dx C_p(x) = 0$ 时 $C_p(x)$ 为最大值。当 $x = 1/3$ 时，$C_{p\_max} = 16/27 = 0.593$。记住这个理论最大值有助于理解现代先进风力涡轮机能量利用水平，通常 C_p 值在 0.4~0.5 之间，最高为最大值 86%。需要强调的是，某个特定风力涡轮机 C_p 值也不是一成不变的，这跟风速以及下面将要讨论的其他变量有关。尽管推导最大可能 C_p 时，在图 7.12 中默认为一个水平旋转轴涡轮机（最普通类型），但这结果适用于任何类型涡轮机。值得注意的 A 区域实际是指气流到达转子通道。对于涡轮机，就像有通风帽，气流必须通过这个区域而不是直接进入转子，否则将会明显违反 Betz 极值规律。

7.4 涡轮类型和相关术语

有很多种方式描述风速涡轮机，包括以下方面：
（1）旋转轴（水平或者垂直）；
（2）旋转速度（常量或者变量）；
（3）叶片数目；
（4）固体性（叶片之间缺乏足够空间）；
（5）额定功率；
（6）转子托架特征（逆风或者顺风支架）；
（7）最大存在的风速；
（8）涡轮开始转动要求的最小风速；
（9）目的（比如发电、抽水还是测风速）；
（10）主要驱动力（举还是拖）。
有些特征下面将详细讨论。

7.4.1 举力、拖力和叶片端速率

风力涡轮机空气动力学与飞机机翼有很多相似之处，都与举力和拖力相关，图 7.13 为风力涡轮机叶片相关术语。

空气到达叶片时速度为 v（参考坐标系，叶片是静止的），可分解成叶片顶端切速度为 v_{tip} 以及垂直于 v_{tip} 的风速 v_{wind} 组成。这两个数之间的比为叶片端速率（无量纲）：

$$\lambda = \frac{v_{min}}{v_{wind}} = \frac{\omega R}{v_{mind}} \tag{7.17}$$

式中，R 指叶片半径，ω 是角速率，rad/s。

如果在叶片横截面上画一条线，这条线和空气速度合力之间的角度定义为 α。图 7.13

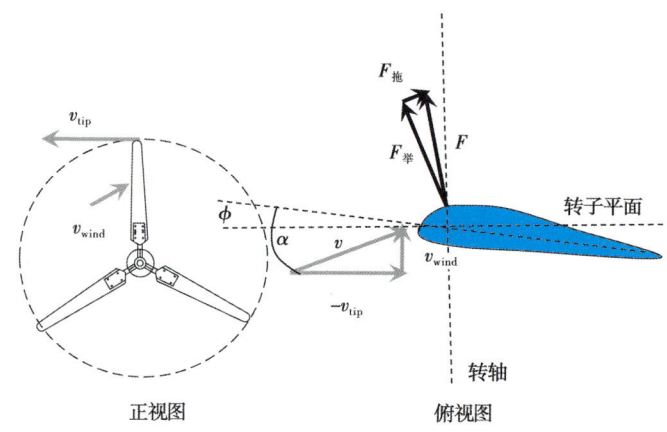

图 7.13 风力涡轮机相关速度及空气动力学
一般假设风都是沿着旋转轴，垂直作用在叶片旋转面之上

中同样也定义了第二个角——叶片倾角 φ，也就是通过叶片线与转子平面之间的角度。这里要注意了，φ 仅仅是涡轮叶片结构的特征，而 α 还与风速有关。

设想空气动力作用在叶片之上。作用在叶片上的力可以划分成两部分，一个拖力，与空气速度矢量 v 方向相同，另外一个是与其垂直的举力。这里举力不是说非得要向上。F_{lift} 和 F_{drag} 垂直于转轴的方向组成产生驱动涡轮的扭矩。涡轮可以分为以举力为主或者拖力为主驱动，前一种比较常见。例如在图 7.13 中可以看到，基于矢量的长度，F_{lift} 垂直于转轴方向的力要比 F_{drag} 部分大得多。根据旋转速率测定风速的转杯风速表就是一种举力驱动涡轮机（图 7.14）。

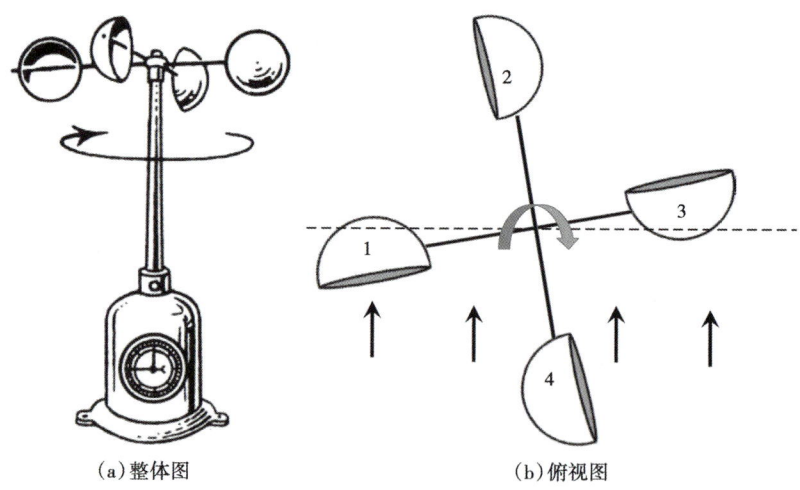

(a) 整体图　　　　　　　(b) 俯视图

图 7.14　转杯风速表（由 Pearson Scott Foresman 提供）

例 2　转杯风速表

转杯风速表旋转速率跟风速有何关系？

求解

很明显，图 7.14 中两个杯子与虚线之间不超过 45°。那么简化模型假设杯子 1 和 3 角度

为零。这个简化意味着计算都是近似值。拖力可以用下式表示：

$$F = \frac{1}{2}C_d \rho A v^2 \tag{7.18}$$

拖力系数 C_d 与物体的流线型相关。半球形杯子，开口部分面对风向，比侧面面对风向空气阻力要大得多。根据测量所得，杯子 1 和 3 相对拖力系数分别为 1.3 和 0.34。方程（7.18）中每个杯子速度需要考虑切速度或者端速度 $v_{tip} = \omega r$，以及风速 v，发现作用在这两个杯子上的力可以表示为 $F_1 = 1/2$（1.3）$\rho A (v_{tip} - \omega r)^2$ 以及 $F_3 = 1/2$（0.34）$\rho A (v_{tip} + \omega r)^2$。尽管这两个力是同一个方向，产生的力矩（顺时针或者逆时针）却是相反方向。因此，当这些力量与其他相等时开始平衡旋转。发现风速 v 和转速（rad/s）之间成一定比例，也就是 $\omega = 0.586 v/r$，这就是风速表可以测量风速的基本原理。当设备实际用于这个目的时，需要校正转速 ω 和风速 v 之间更精确的关系。为了使涡轮由拖力启动而不是举力，转杯风速表是一个垂直轴而不是水平轴设备。

7.4.2 水平轴和垂直轴涡轮机

大部分商用风力涡轮机转子都是水平轴，但是垂直轴风力涡轮机（VAWTs）确实也有很多方面优点；最主要是不需要调节转子平面使其正对风向。

当然这个优点看上去并不怎么样，因为水平轴风力涡轮机（HAWTs）可以通过随风转向的叶片或者传感器、控制系统来完成调节。转动涡轮机面使正对风向称为"偏航"（yawing），正常转子平面与风向之间偏差称为转角 ϑ。因为风能量依赖于风速体，因此校准很重要，如果风速到达涡轮机时速度为 $v\cos\vartheta$ 而不是 v，那么能量将会减至 $\cos^3\vartheta$。因此，30°偏差会带来35%能量损失。

垂直轴涡轮机不需要迎风校准，还可以消除重力影响引起旋转压力。对于水平轴涡轮机由于叶片旋转，久而久之就会损坏。除了转杯风速表之外还有很多类型垂直轴涡轮机，图 7.15 中 Darrieus 垂直轴涡轮机就是其中一种。仔细观察图 7.15 可以发现，垂直轴涡轮机最大的缺点在于需要非常复杂的长绳固定系统来固定涡轮塔。如果没有这些长绳，叶片转动引起的长期共振将会使涡轮塔很容易在大风中倒塌。很难想象在农业地区大量安装需要长绳的垂直轴涡轮机将会是什么样情景，这些地方大部分土地用于种植庄稼，而很多风力发电厂位于这些地方。通常，这样的情况都是安装水平轴涡轮机。垂直轴涡轮机另外一个缺点是转子扭矩每转都在变化，这样不利于发电。最后垂直轴涡轮机发电效率也不如水平轴涡轮机，看一下像转杯风速

图 7.15 Darrieus 设计的垂直轴涡轮机

表这样的拖力设备就很容易理解了，当风作用在一个杯子上使其转动时，另外一个却在阻止转动。

> **知识盒　垂直轴涡轮机新生**
>
> 　　水平轴涡轮机占据了涡轮机市场95%以上。由于垂直轴涡轮机低效，发展得比较晚，再加上投入研究较少。有限的研究得到错误的结论，垂直轴涡轮机最大输出系数C_p在任何环境下都比水平轴涡轮机低。然而，一些新设计的垂直轴涡轮机的C_p最高达到了0.38，与水平轴涡轮机最高值0.4几乎相等。而且，垂直轴涡轮机有很多适合在近海地区使用特性，那里短时的高速大风经常使水平轴涡轮机产生故障，但是巨大的垂直轴涡轮机能较好处理短时间内改变方向的大风。最后，垂直轴涡轮机很少需要维护，如果垂直轴涡轮机是流动的，就不需要长绳来固定，这是在陆地上使用最大的问题。（图7.16）

图7.16　打算用于近海X风力发电机（高274m，发电量10MW）

7.4.3　涡轮叶片数量

涡轮机通常有1片、2片或者3片叶片，其中3片叶片比较常见，因为这种效率比较高，震动较少，甚至看上去比较酷。我们想当然认为叶片越多效率越高，风通过叶片上产生力矩，但是事实并不是如此。叶片影响通过转子的全部气流，而全部气流又反过来影响叶片，从而使其转动。多叶片涡轮机当然更坚固，但是通常用于抽水。图7.17中可以看到风车和水塔结构，在美国西南部很多农场和牧场中很常见，在澳大利亚、南非一些缺水的国家很常见。1930年是风车发展顶峰年代，美国就有600000风车。这种多叶片涡轮机转速慢，但是力矩大，启动风速要求低，使其适合抽水。

图 7.17　用于抽水的多叶片涡轮机

> **知识盒　通过可再生能源从贫穷中成长**
>
> William Kamkwamba 得到国际关注。小时候，在马拉维，William Kamkwamba 家里交不起学费，他不得不辍学。但他坚持自学，认真学习能得到的每一本书。通过学习一本关于能源的书，Kamkwamba 建起了一座风力涡轮机。从那以后，他建了一座太阳能水泵，第一次让他的村子喝上了便捷的水，他家也可以通过给手机充电挣钱。年轻人在真实鼓舞人心的"TED 对话"中告诉人们他的成功来源于使自己和家庭免于贫困的决心。这是一个可再生能源改变发展中国家人们的命运的事例（图 7.18）。

涡轮机很少有偶数叶片，因为这将会产生更多的振动问题。问题的本质是，当顶部叶片正好在顶部时，底部叶片同塔身在一条线上，此时底部叶片几乎不受力，而同时顶部叶片受风反推力，结果产生巨大力矩，这个周期等同于由叶片数目分割的旋转周期。奇数叶片的涡轮机没有这个问题。

7.4.4　变化和固定旋转率涡轮

尽管一些涡轮旋转速率是固定的，但是新发明的涡轮机根据风速变化旋转速率也随之变化。固定旋转速率相对简单——至少对于交流电，启动发电机的涡轮机，需要有与交流电网匹配的旋转速率——大概每秒 50 转或者 60 转（3000 或者 3600r/min），不同国家有一定差异。实际风速涡轮机转速要低很多，但是如果转速固定，齿轮传动装置和复杂电机在损失部分能量情况下能完成这一转化。不过，大多数涡轮机是变速旋转，因为已经解决接口问题，

图 7.18 马拉维地区一个男孩利用自行车零件及当地废料厂中收集的材料制成的临时风力涡轮机（据 Erik（HASH）Hersman）

使用感应马达电机，这使得变化转速产生固定频率电压。这是使涡轮机发电不再仅仅用于给电池充电的一个关键技术。变速涡轮机还有一个好处是更高效，因为任何风速都有适宜的旋转速率或者适宜的顶端速率。

7.5 可控的和最优的风速涡轮机性能

图 7.19 中展示了典型水平轴涡轮机基本组成零件，但不是所有的涡轮机都有这些。如前所述，转杯风速表涡轮机能感应风速，叶片能指示风的方向。这些数据被控制系统用来调节涡轮，利用转向马达和转向驱动使涡轮面向风——都在"引擎机舱"内，也就是塔顶端旋转流线型外壳内。引擎机舱内还有一个由涡轮转子驱动的低速轴，通过传动装置盒与发电机的高速轴相连，高速率旋转启动发电机。最后，两个其他非常重要的装置是刹车闸，能停止叶片旋转，还有倾斜控制，能改变倾斜角度。

为了控制和优化涡轮性能，实际上有三种特殊风速需要考虑：切入速度，在这个速度涡轮机开始启动，大约 3m/s；额定风速，大约为 11~14m/s，该速率涡轮满负荷发电；切断速度，约为 25m/s，在这个速度涡轮机需要停止以防毁坏。假设定义额定风速和涡轮机额定功率，公式如下

$$P_{\text{rated}} = \frac{1}{2} C_p \rho A v_{\text{rated}}^3 \qquad (7.19)$$

在额定速度和切断速度之间，能量通常限制在常量水平。考虑到速度体能量，这要求 C_p（或者涡轮机效率）需要随着风速增加而减小。当 C_p 减小时，将会有能量损失，但是如果不加限制的话，涡轮机将会过热而损坏。

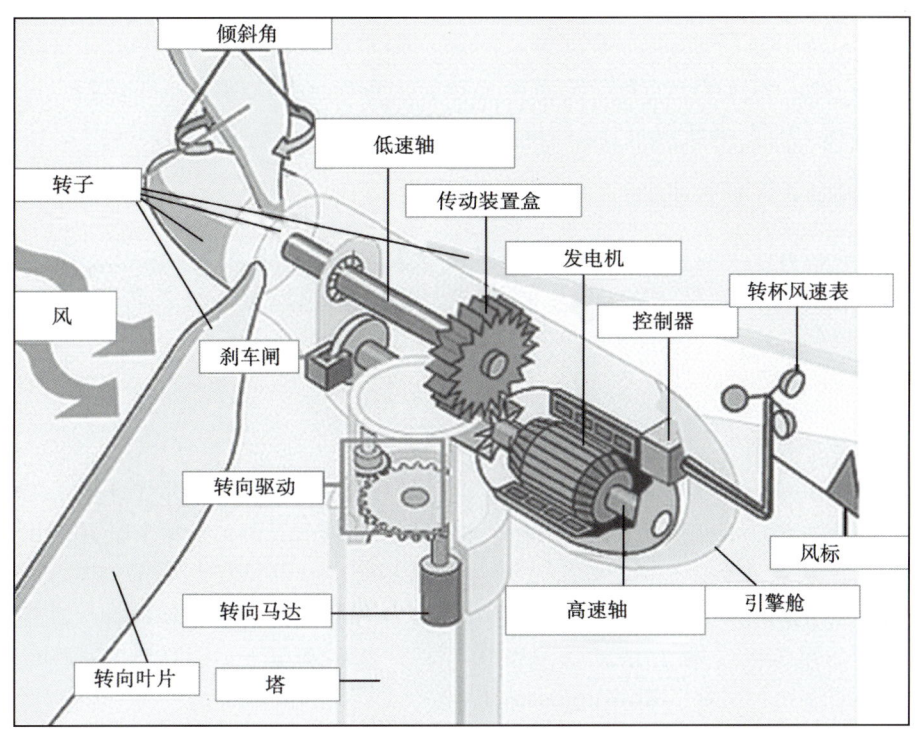

图 7.19 典型风力涡轮机基本组成部件（据美国能源局）

C_p 依赖于给定风速下涡轮机空气动力特征。很多商业风速涡轮机通过控制一个或者更多的参数来调节 C_p，如叶片倾斜角度 φ，转子转速 ω，端速率 λ，还有一个不常用参数，叶片长度。端速率定义为叶片顶端切速度与风速 v 比率：

$$\omega = \frac{v_{\text{tip}}}{R} = \frac{\lambda v}{R} \tag{7.20}$$

因为决定 C_p 两个主要变量为 φ 和 λ，可以用这个函数表示能量系数 $C_p = C_p(\lambda, \varphi)$。涡轮固定和变化旋转速度控制特征不同，这应该要分开讨论。表 7.1 总结了不同风速下所需要进行的调节工作。

表 7.1 四种重要风速下控制涡轮机需采取的行动

速度	典型值（m/s）	需采取行动
切入（启动）	4	取能量最大值
额定（满负荷）	14	限制能量
切断（停止）	25	使用刹车闸
幸存	50~65	听天由命

例 3 涡轮能量和叶片直径

涡轮机产生额定功率 P 一般需要多大直径？

求解

对一个商用风力涡轮机，一般功率系数和额定风速分别为 $C_p = 0.4$ 和 $V_{\text{rated}} = 13\text{m/s}$。将这些值，以及空气密度 $\rho=1.25\text{kg/m}^3$ 代入到方程（7.19）之中，发现 $P_\text{rated}=1/2C_\text{p}\rho Av_\text{rated}^3=1/2\times0.4\times1.23\times(\pi d^2/4)\times14^3=431d^2\text{W}$。因此，如果 P 单位用 kW 而不是 W 表示的话，发现直径为 $d=\sqrt{P/0.431}=1.52\sqrt{P}$。根据该式计算 10MW（10000kW）涡轮机，叶片直径为 152m，这与挪威 10MW 涡轮机直径 144m 非常接近。

7.5.1 额定风速下最大能量

用特殊方式控制涡轮机，使（1）额定风速下最大能量和（2）额定风速之上限制能量，涡轮机以固定旋转速度旋转，端速率为 λ。主要方法包括选择最有利 λ 和叶片斜率 φ，根据经验，精心设计的 n 个叶片的水平轴涡轮有利端速率为：

$$\lambda_\text{opt}\approx\frac{18}{n} \tag{7.21}$$

最优 λ 如果太小的话，叶片转动太慢，通过其中的大部分空气都受影响，而如果太大的话，快速旋转引起动荡，浪费能量。最优选择是叶片转过 $2\pi/n$（两个叶片之间角度）所花时间与气流通过受涡轮机强烈影响距离所花时间相等。这种情况反过来解释了叶片数量影响最优 λ。这仅仅是一个大约条件，仅仅适用于举力为主的涡轮机。像转杯风速表或者 Darrieus 拖力驱动的涡轮机（图 7.15）情况就不一样。这种情况下，最优 λ 必须小于 1.0，因为叶片端速度不能超过风速。你知道为什么吗？

为了更好地控制涡轮机，不能依赖方程（7.21）那样的近似关系，从风洞测试到实际的涡轮机设计中，需要知道 C_p 如何随着 λ 变化。图 7.20 展示了三叶片水平轴涡轮机典型结果。这种情况下，为了在额定风速下最大化能量，应该选择 $\lambda=8$，$\varphi=0$，最终得到相当高值 $C_\text{p}=0.45$。这种情况 $\lambda=8$ 意味着需要什么样旋转速度？从方程（7.20）中可以看到叶片半径为 R 的涡轮机，旋转速度与当前风速 v 相关。然而，ω 是固定的，但是 v 是变化的，C_p 只能在一种风速下最优。你可能会选择切入风速和额定风速的平均值，但是这没有考虑风速能量随风速体变化。因此，最好的选择是接近额定风速。

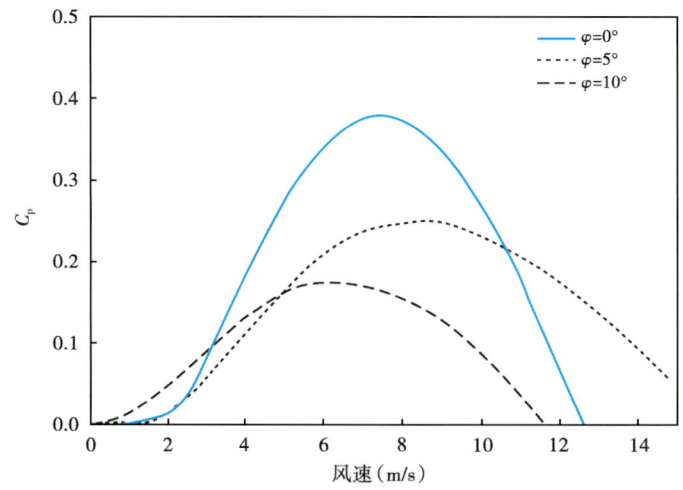

图 7.20 能量系数与风速关系图

对于一个旋转速率可变的涡轮机，另外一个可变参数为旋转速率，因此在额定风速之下也能获得更高效率。然而，这个没有能量损失的旋转速度变化范围相对有限，大约10%。

7.5.2 额定风速之上控制能量

在额定风速之上，有两种基本方法控制能量防止过热：一种消极被动型，一种积极主动。消极控制（称为"拖延控制"）适用于叶片固定在某个位置，不能靠调节倾斜角度控制涡轮。如果风速上升到额定风速之上的话，这些涡轮机接触角度上升，达到某一极限角度，叶片停止转动，所有举力消失同时能量下降。这种情况与飞机翼部十分相似，只不过对于飞机这是灾难性的，而不是像这种情况对涡轮机有利！

在额定风速之上，限制涡轮机功率的积极方法（倾斜控制）适用于叶片倾角可以调节的涡轮机，适用于所有新式标准模式涡轮机。对于大规模商业级别涡轮机，计算机控制界面感应风速在额定功率之上时，立刻改变倾斜角度 φ 来降低 C_p（以及产生的能量），使能量保持在额定值。对于较小涡轮机，有时主动调节倾斜角度是靠作用在弹簧承载的叶片之上的离心力来完成的。主动控制的优势在于自动发生。这种方式费用不高，并且机械简单，但是会导致低效，产生能量较少。

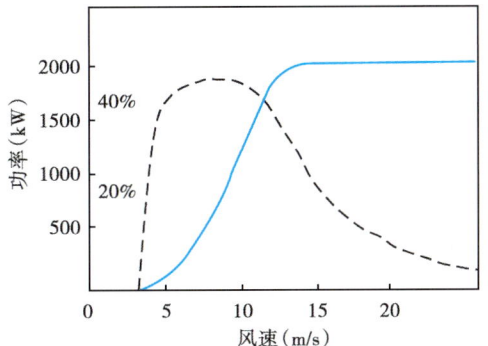

图7.21 说明了一个涡轮机的典型情况。看能量如何在额定速度之下保持最大，并且在额定速度之上还保持常量。设切入速度3m/s，额定速度14m/s，图7.21中可以看出，C_p 最大值（图7.21中虚线）风速略低于额定风速，大约为9m/s，在额定风速之上，需要降低 C_p 以免能量超载或者过热。在额定风速之上，能量常量越高（图中实线），表明这种情况角度控制越有效。

图7.21　2000kW 功率 Vestas 风力涡轮机功率及效率与风速关系

代表功率实线在12m/s额定风速之上为常数，但是代表 C_p 虚线急剧下降

7.6 供电及输电网集成

跟输电网相关的风能和太阳能发电的主要问题在于发电量随时间变化。随着供给和需求变化，输电网可以在不同区域之间共享电能，但是必须总体供—需平衡，这对于高度间歇性的可再生能源来说是一个很大问题。只要风能和太阳能发电所占比例不大，这种间歇性供电不会有什么问题，但是如果比例达到一定范围，不但要求升级电网，还要大量的能量储备。很多人认为如果没有这些改变，电网相关的太阳能和风能发电在很多国家将会限定在20～30%之间。在20%的水平时，改变电网所需费用各个国家之间变化较大，挪威（有大量的水力发电，能很容易弥补风力发电变化）估计仅需要0.3欧分，而德国将会是挪威的10倍，这是因为德国人口稠密，缺乏足够的水力发电，并且已经有大量的太阳能发电。

跟电网不相关的涡轮机对设备没有如此严格的要求，甚至产生"狂野"的交流电电流——根据风速变化频率急剧变化。这种急剧变化的交流电通过整流器后产生直流电适合给电池充电。如果还需要将涡轮机接入到电网中，有两种方法可以实现。一种是通过换流器将

直流电变成电网可以兼容的交流电。第二种方法是更加高效，第一时间避免交流电急剧变化，产生稳定频率电流，同时需要满足同电网相关的其他要求，包括万一发电失败自动切断同电网连接（避免电路工人触电），发电的稳定性，也就是对电压和频率变化的严格控制，各个国家之间具体要求也不尽相同。

产生固定频率交流电可以通过两种方法实现。一种是不管风速如何变化，使用转速固定的涡轮机；另一种更方便，即使转速改变也能产出固定频率电流。由特斯拉发明的异步发电机（也称为感应发电机），可以完成这个转变。这个设备发明最初是作为一种马达，但是同发电机一样工作。因为没有连接旋转线圈与设备的固定元件之间的滑环，感应马达和发电机价格便宜、可靠、高效。感应马达消耗了全世界1/3的电量，用于各个领域，包括泵、扇、压缩机以及电梯。感应马达发电机最常见为图7.22a所示"鼠笼式"。鼠笼式用铜条或者铝条制成转子部分——图中有12条——连接转子前后环。该装置不是啮齿类原地跑动驱动，当电流输送到右图中围绕在鼠笼周围的四个电磁体线圈中产生旋转磁场，鼠笼装置对旋转磁场做出反应。下文中，我们称设备旋转部分为"转子"，周围固定部分为"定子"。

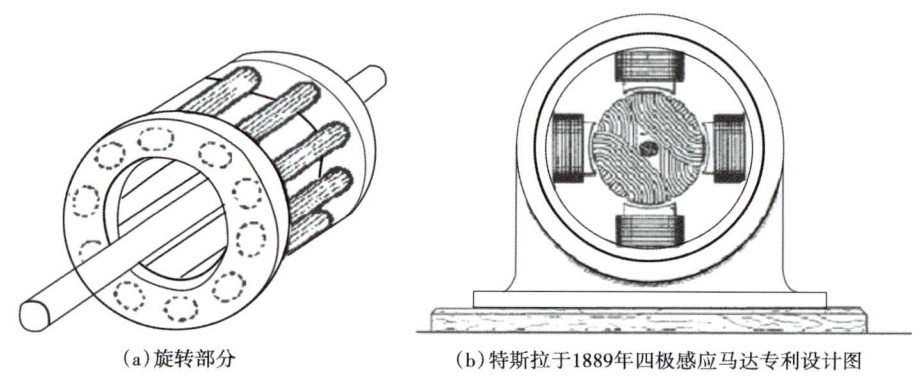

(a) 旋转部分　　　　　　　(b) 特斯拉于1889年四极感应马达专利设计图

图7.22　鼠笼式感应马达发电机

为了更好地理解旋转磁场概念，用特斯拉四极感应马达来说明比较简单（图7.22b）。假设垂直方向的两个极电流与两个水平极呈90°（1/4圆）。换言之，两对极产生的磁场可以用下式表示：

$$B_x = B_0\cos\omega_s t \text{ 和 } B_y = B_0\sin\omega_s t \tag{7.22}$$

这些表示旋转角速度为 ω_s 的 x 和 y 组件磁场矢量。角标用 s 的原因是旋转场是由定子（stator）中电流所产生的，定子本身并不旋转。实际上，三极感应设计情况也一样（旋转磁场），唯一不同的是三极线圈必须由1/3圈异相位交流电供给，而不是1/4位。因此，这种经常被称为三相感应发电机（图7.23）

你可能想问，这个设备怎样才能知道什么时候成为马达，什么时候是发电机。这全部取决于两个转速之间相对大小：定子磁场转速 ω_s，以及转子的物理旋转 ω_r。定子磁场旋转速率超过转子物理旋转速率的比例称为"转差率"，定义为：

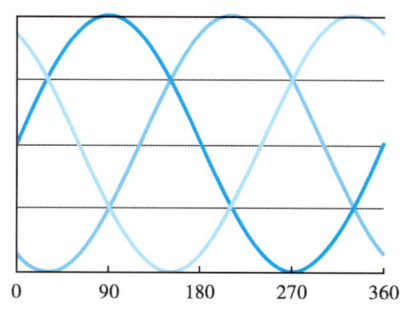

图7.23　三相交流电形成电压波形图

$$s = \frac{\omega_s - \omega_r}{\omega_s} \tag{7.23}$$

正转差对应于定子磁场旋转速率比转子旋转速率快,负转差则相反。如果转差为正(ω_r 比 ω_s 慢),就是马达;如果转差为负,它是发电机。当这个值为零时,则什么也不是,定子需要被电网中电流磁化。不需要简单地死记硬背这个规则,可以通过简单的物理知识理解。当转差为正时(ω_r 比 ω_s 慢),较快的旋转磁场驱动转子(给其机械能量),设备为马达。当转差为负时,较慢的旋转磁场向后拖转子(花费机械能量),但是当机械能消失时产生正电能使能量得以保存。

> **知识盒　尼古拉·特斯拉——被忽视的天才**
>
> 尼古拉·特斯拉是旋转磁场感应马达发电机的发明者。在电气工程师团体中,特斯拉是被历史低估的电气先锋之一。特斯拉最初是著名发明家爱迪生的低级助理,但是他没有得到爱迪生的欣赏而有所提升,或者说爱迪生的自负使得他不能发现其他人的优点。特斯拉在爱迪生多次拒绝提升后离开了公司,他没兴趣听取特斯拉交流电(交流电/直流电"电流之战")的理论。尽管特斯拉就发明绝对数量而言没有爱迪生那么多,但理想主义的特斯拉对能使人类过上更好生活的发明更感兴趣,而不仅仅追求经济利益。特斯拉的利他主义精神使他自愿放弃价值近 200 亿美元版税(注意是 19 世纪!),救助了面临破产危机的刚起步的乔治·威斯汀豪斯公司。特斯拉的发明包括日光灯、火花塞、无线遥控、雷达原理,还与海洋热能转换相关。可能他最伟大的发明为无线电——最初在 1897 年获得专利,比古列尔莫·马可尼早 3 年。或许是迫于政治压力,可耻的是,美国专利局推翻了特斯拉的专利,并在 1904 年将该专利授予了马可尼。1911 年,马可尼获得了诺贝尔奖。最终特斯拉在有生之年得到了承认,美国最高法院宣布特斯拉是无线电真正发明者。

图 7.24 说明异步发电机作为与电网相连的风力涡轮机一部分工作方式:

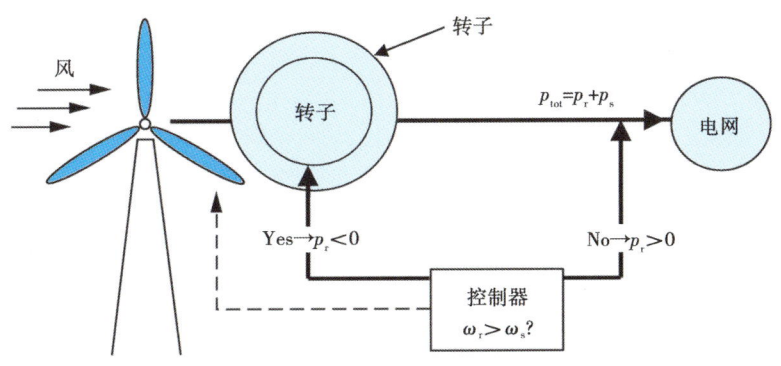

图 7.24　双供给异步发电机

该系统被称为"双供给",因为转子和定子都可以传送电力到电网中,尽管转子传送的电有时为正有时为负,完全取决于作为发电机还是马达。当风速变化并且影响转子速度,使其在发电机和马达之间功能转换。除了较高的效率,处理转子变化速率(达到约 10%)之外,异步发电机非常善于捕捉短暂阵风的能量,通过转子速度改变缓冲力,不然可能会损坏发电机和变速箱。缓冲力是因为突然而至的狂风试图加速转子速度(负转差),此时设备变为发电机,结果因为转矩拖拽而减慢转子速度。10%的限制与该范围内的剩余恢复力矩相关。

7.7 微风

微风适用于家用、农场、小型商用风力涡轮机,最低发电量约50W,最高50kW。20世纪早期,美国农村地区由小型风力涡轮机发电。现在使用小型风力涡轮机有很多方面原因,包括给电池充电,减少对电网的依赖或者减少碳排放。从经济可行性上安装小型风力涡轮机比安装太阳能电池板问题要多得多,甚至要注意很多特殊属性,包括区域性、植被、高度和障碍物位置等(图7.25)。尤其是人口稠密地区,是最不适合的区域。很多地方大部分时间平均风速远低于额定功率所需风速。对于一个购买者来说,没有什么事比买个3kW额定功率涡轮机结果只有1%的时间能满额发电还让人烦恼。最近生产商开始按照不同风速条件给产品定价,这使得直接比较非常困难。

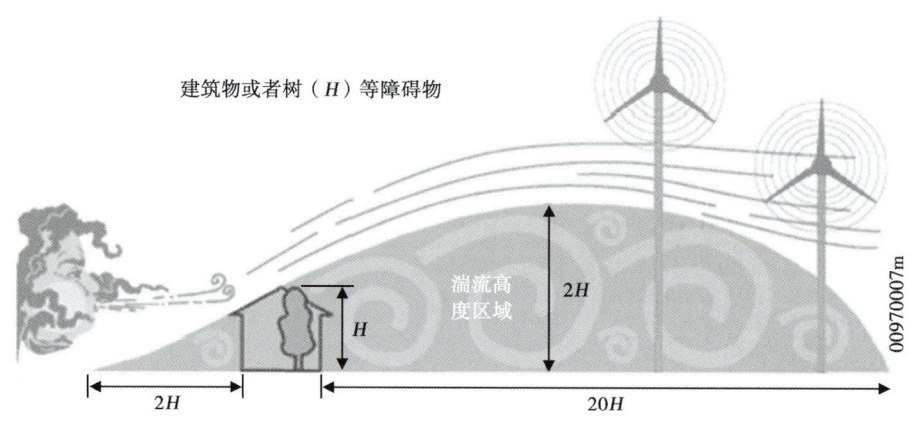

图7.25 为避免湍流影响微风涡轮机离障碍物最小距离

例4 两种涡轮机对比

涡轮机制造商A,在大约12m/s的风速发电2kW定价为\$5000。制造商B,大约15m/s风速发电2.5kW定价\$4000。那么风速10m/s时,哪个涡轮机每美元发电更多?

求解

对于涡轮机A,可以得到:电量/费用 = (2000/5000) × (10/12)^3 = 0.289W/\$。对于涡轮机B,电量/费用 = (2500/5000) × (10/15)^3 = 0.185W/\$。然而,尽管B更加便宜并且有较高额定功率,但A是比较好的选择。

还有一个复杂的问题是区域限制,这使得风力涡轮机不切实际——因为最大高度限制使得涡轮机不能有效避免地面湍流影响。最近,不同生产商生产的涡轮机价格、质量以及可靠性有了很大变化。幸运的是,有很多公正的组织可以为打算购买小型风力涡轮机顾客提供咨询。在美国,能源部"风力美国"项目可以帮助顾客评价风能是否适合他们,哪种涡轮机最适合,是否经济(无论在不在电网中),以及如果安装涡轮机系统。比如说,支好塔架后如何将小型涡轮机安装到塔架顶端。部分原因是塔架及涡轮太重，因为塔架需要足够结实以抵制顶端在强风中的振动，所有塔架本身非常重。安装顶端带有涡轮机的高塔架不是一个"自己动手做"的项目，实际上非常危险。有个朋友四次尝试将风力涡轮机安装到30ft高的支架上，结果在一次尝试中倒塌了，幸好没有伤到人。

7.8 近岸风力

近岸海风被认为是大型商业风力发电最好的选择，因为那里风速更高更稳定，还能避免土地许可或者租赁问题，也没有人们对风力农场因噪声或者美观等原因的反对声音（图7.26）。当然，近岸风也有一些问题，竖立及维护晃动的塔身更加困难，以及如何将电力返回到岸上。1991年，Denmark第一次在近岸处安装了一个风力发电场，从此陆续有人这样做，其中包括北欧、日本及中国等8个国家。目前近岸海风发电技术还不太成熟，并且比岸上风力发电更贵，几乎是岸上发电费用的两倍——分别为90美元/（MW·h）与50美元/（MW·h）。直到2010年，全世界近岸风力发电为只有3.16GW（约为岸上风力发电3%），但是这个数字到2020年计划将会上升25倍，主要来源于美国和中国。

图7.26 诺福克近岸风力涡轮机

然而，美国发展巨大近岸风能潜力的节奏已经放慢了。自从开发者开始在新英格兰沿海地区安装风力发电厂后，由于管理的困惑、政治斗争、邻避主义者多种因素影响使这个项目暂停。无论如何，因为巨大的潜在资源，近岸风力发电厂远景具有很大的政治吸引力。

7.9 环境影响

风能没有CO_2或者其他任何放射物质的排放，是一种相对良性技术，尽管也有一些环境问题，主要是影响鸟和蝙蝠，以及很多人很觉得很烦人的噪声。

一些鸟类意外死亡的研究谴责风力涡轮机每年导致约10000~40000只鸟类死亡。但是，如果考虑所有人类相关的鸟类死亡原因，最主要的还是建筑物，猫是第二个原因，风力涡轮机仅占不足0.01%的因素。另外，必须注意的是化石燃料发电每千瓦·时引起的污染导致鸟类死亡为风力发电约20倍。涡轮机引起蝙蝠死亡比鸟类死亡要严重，尤其是在蝙蝠迁徙期间。但是，因为这些迁徙通常是在低风速期间发生的，这时发电较少，涡轮机叶片转动非常慢，并且平均能量输出也较低。蝙蝠死亡不是因为与涡轮机撞击的原因，而是因为旋转叶片附近压力突然下降伤害到蝙蝠敏感的肺部。

最严重影响是住在涡轮发电机附近居民受到的噪声影响。当然，对噪声敏感性因人而异，不可能保证没人受到大型涡轮机声音的影响。噪声通过分贝（dB）来衡量，根据声音密度I（W/m²）来定义。

$$dB = 10\lg\left(\frac{I}{I_0}\right) \tag{7.24}$$

参考值 $I_0 = 10^{-12} \mathrm{W/m^2}$，是一般人能听到的声音的门槛值。

将噪声问题同下列问题做对比：

根据表7.2，0.5mile之外，涡轮机噪声就跟安静的卧室一样。但是还有距商业涡轮机0.5mile人受到噪声侵扰的人（尤其对于习惯于安静的农村人），但是1mile之外抱怨噪声问题很少。关于涡轮机噪声问题令人惊讶的是，当移动叶片顶端风速为五级时，所有噪声等级都发生变化。因此，减少环境中噪声很好的方法是叶片端速度限制在60m/s以内——尽管这导致平均发电量有所减少。优化涡轮机设计，提高发电效率，减少噪声，但是没有办法完全解决噪声问题，使得最敏感的人都满意。

表7.2 不同来源噪声等级

环境	等级（dB）
农村夜间背景	30
安静房间	35
350m外风力发电厂	40
100m外40mile/h汽车	55
繁忙的办公室	60

知识盒　风力涡轮机综合症

对声音敏感实际上是多种原因综合产生的。例如，声音在45dB之下的飞机场、公路交通或者火车，没有被噪声打扰的大量报道，但是在几乎相同声音等级下，社区内每个人被风力涡轮机声音所打扰。部分原因可能同次声波（$f<20\mathrm{Hz}$）相关，已经检测到来源于风力涡轮机次声波。次声波听不到，但是能影响前庭器官——同平衡系统、运动系统以及位置感应系统相关的一个器官。已有研究表明，这些信号能使一些人失眠、眩晕以及恶心。另一方面，还有一些值得怀疑的原因。在调查居住在风力发电厂附近的居民时，发现当噪声骚扰程度明显上升时，两个因素反复出现。第一是看到涡轮机；第二是人们能否从安装涡轮机中得到收入，不可思议的是，这个因素对于治愈综合症更有效（Chapman，2011）。

风力涡轮机最后的环境影响因素是相对大的"脚印",也就是说每千瓦时电所需面积。其实就像噪声对于近岸风一样不成问题。即使非常大的涡轮机比小涡轮机产生更多能量,但他们需要置于较远的地方,因此测量效率是单位面积产生多少能量。尽管目前研究建议最优的、更经济的空间为 15 倍直径,目前风力发电厂平均涡轮空间是七倍叶轮直径(Meyer,2011)。其他情况,因为每个涡轮机发电量与页轮直径的平方(d^2)相关,给定面积内涡轮机最佳数量与 $1/d^2$ 相关,单位面积内总能量(不管随着高度上升风速提高的因素)与 d 没有关系。

美国能源部研究了已有的风力发电厂数据发现平均每兆瓦电量需要 34ha,但是变化范围非常大[(34±22)ha/MW]。这个单位面积内发电量比太阳能发电或者光伏发电要差得多,太阳能在(2~6)ha/MW,地热能在 0.4~3ha/MW。然而,风能发电不像太阳能或者地热能发电,风力发电的土地可以用于其他目的——经常用于农业。根据能源部研究,直接用于风力发电,不能用于其他使用的土地大概为(1±0.7)ha/MW,这使得风力发电土地使用效率优于太阳能,约等于地热能发电,当然要比化石能源发电要好出很多。

当然,土地使用率不能衡量各可供选择的能源之间的优劣,每兆瓦费用(土地费用也计算在内)可能为更好选择。在美国风能既然是发展最快的能源之一,显然市场已经认可了风能的优点。

7.10 不同寻常的设计和应用

7.10.1 空气涡轮机

将涡轮机放在空中并且拴在地面上而不是安装在塔架之上,称为空气风能(AWE),这实际上是一个"飞翔风力发电厂"。AWE 有很多好处,尤其是高处可以得到稳定的高速风,避免建立塔身所需的高额费用,对于大型涡轮机这是一笔非常大的费用。当然 AWE 也有很多问题,最主要的需要非常长的缆绳,糟糕天气以及可能位于飞机禁区。直至 2010 年,还没有空气涡轮机用于商业用途,尽管该技术支持者表明,每兆瓦时费用仅仅为 10~20 美元(图7.27)。

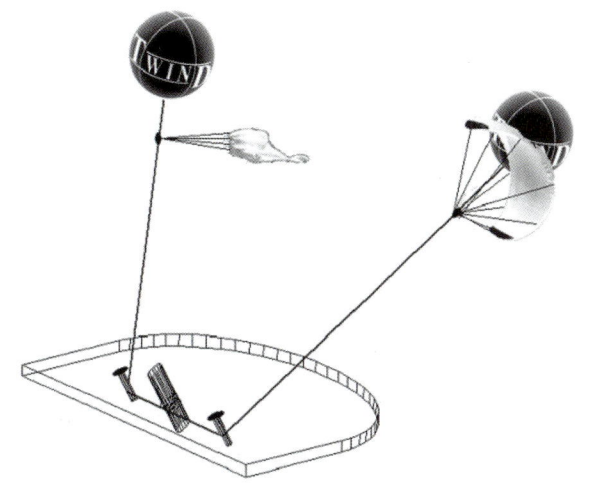

图 7.27 用缆绳拴住漂浮的空气涡轮机(据 Evavitali)

7.10.2 风能交通工具

尽管风能早就作为航行船只的推动力,但是用于陆上交通工具还是很少的。当然,不要指望这可以作为每天便捷的交通方式,因为需要特殊条件,比如较好的风力条件、非常平滑的路面还有单个乘客。这甚至还打破陆上交通工具的速度记录。Greenbird 是目前陆地速度的保持者(直至 2009 年),达到 126.2mile/h。值得注意的是,这个记录是当时风速的 3~5 倍(图 7.28)。

图 7.28 风能驱动 Greenbird 交通工具
美国伊凡帕湖,垂直木质结构是一种帆

7.10.3 比风速更快的逆风而行

风能交通工具能比风速本身还要快,大家对此一点不吃惊。然而,令人吃惊的是交通工具逆风而行却能超过风速。尽管很多科学家和工程师充满疑惑,这样一个违反直觉的设计还是被展示了出来。如图 7.29 所示,车辆从安装在上面的巨大螺旋桨获得推进力。设想这种以风速前行,如何才能使其更快。答案在于传动装置将高速旋转的车轮与涡轮机相连接。即使这些设备停止运行(以风速行使),地面作用在快速转动车轮上的力也使螺旋桨运行。由

图 7.29 逆风而行却比风速还快的交通工具(据 Steve Morris,RickCavallaro)

Rick Cavallaro 和 John Borton 设计的车辆一次运行中（发布在网上）据说速度达到风速的三倍。这次活动由北部陆地航行协会官方见证，并获得 2.8 倍风速官方纪录。

问　题

（1）调研在方程（7.7）中使用威布尔分布近似值代替一系列形状参数值，将会产生多大误差。在 Excel 表格中计算 $v^3W(v)$，绘制方程两边误差百分数与形状参数图。

（2）风速分布规律遵循 Rayleigh 规律，说明风速为什么最可能达到平均风速 80%。

（3）利用近似方程（7.7），计算图 7.5 中各风速范围内能量值对于不同等级风是否正确。

（4）根据图 7.5 中 3~7 级风定义。设额定风速为 14m/s，并且风速遵循 Rayleigh 分布规律，计算每个等级风在额定风速之上的时间。

（5）如果对涡轮机进行偏航操作，一半时间内会产生 20° 偏差，计算将会损失多少能量。

（6）正常情况下，100kW 功率涡轮机直径是多少？

（7）计算经典 1MW 三叶涡轮机转一圈所花时间。假设涡轮机在额定风速，最优端速率下运行，叶片端速度为多少（m/s）？

（8）确定转杯风速表最优端速率（得到最大 C_p）。提示：使用每个转杯拖力表达产生能量公式，也就是端速率方程。注意符号。

（9）为了降低风力涡轮机噪声影响，叶片端速度限制在 60m/s 以下。计算额定功率下水平轴涡轮机端速度，并计算将速度限制在 60m/s 以下噪声降低多少。

（10）风力发电站通常在农村地区。利用表 7.2 计算如果噪声为乡村夜晚背景水平，需要涡轮在多少距离之外。假设风力发电站近似于点噪声源，噪声传播每个方向都相等，能量强度下降与距离平方成反比。

（11）计算 1km² 面积内可以放置多少台典型 500kW 涡轮机（7 倍叶片直径空间）。

（12）风能"利用率"为某段时间内发电总量除以最大理论值。风力发电站利用率 20%~40%，后者是在极其有利的位置。拥有 100 台额定功率为 500kW 涡轮机风力发电站，所有涡轮机都在有利位置，计算一年可以发多少电。

（13）直径 16ft 风车在 18mile/h 风速下可以将 1600gal 水提高 100ft。如果风车效率为 7%，提起这么多水需要多长时间？

（14）在例 4 中风速 10m/s 情况下，更适合买涡轮机 A。根据每美元发电量计算，在什么风速情况下适合买涡轮机 B？

（15）根据表 7.2，在安静乡村，如果房子在风力发电站 0.7km 之外，计算可能听到的声音等级。假设风力发电站为一个点声音源，包括背景声音和风力发电站造成的声音。

（16）在某地 10m 高处一年内风速遵循威布尔分布 $\varphi_u = Cu^k e^{-(0.1u)^k}$，这里 u 为风速（m/s），形状参数 $k=2.5$。进一步设想涡轮机在额定风速 12m/s 情况下，额定功率 150kW，在额定风速之上输出功率为常量。切入速度和切出速度分别为 5m/s 和 40m/s。制作电子表格，计算①常量 C，使速度分布在 $0<u<50$m/s 段内呈正态分布；②在这个范围内平均风速；③该区风速在 1~2m/s，2~3m/s……49~50m/s 涡轮机功率；④用图表示风速 φ_u 正态分布及每个风速间隔内产生功率。

参 考 文 献

Bloomberg, M. (2011) *Global Renewable Energy Market Outlook*, Bloomberg New Energy Finance, New York, November 16, 2011.

Chapman, S. (December 21, 2011) Much agnst over wind turbines is just hot air, *Syd. Mor. Her.*

Liu, W. T., W. Tang, and X. Xie. (July 8, 2008) Wind power distribution over the ocean, *Geophys. Res. Lett.*, 35, L13808, http://dsc.discovery.com/news/2008/07/14/ocean-wind-map.html

Meyers, J. and C. Meneveau (2011) Optimal turbine spacing in fully developed wind farm boundary layers, *Wind Energy*, Doi: 10.1002/we.46.

Robert W. R. (1996) *Wind Energy in America: A History*, University of Oklahoma Press, Oklahoma, OK, p. 44.

Shahan, Z. (2011) http://cleantechnica.com/2011/08/09/new-wind-turbines-300x-more-powerfulthan-in-1996-top-wind-power-stories/?utm_source=feedburner&utm_mediumfeed&utm_campaign=Feed%3A+IM-cleantechnica+%28CleanTechnica%29

The Sydney Morning Herald. http://www.smh.com.au/opinion/politics/much-angst-overwind-turbines-is-just-hot-air-20111220-1p3sb.html

第 8 章 水 动 力 能

8.1 概述

水动力是利用水的运动来做工，本质是太阳能驱动水循环，形成河水流动以及海洋波涛。当然水动力是人类最早使用的新能源之一，可以追溯到公元前 6000 年的美索不达米亚地区（现在伊拉克地区），随着农业发展而利用水动力灌溉农田。几个世纪以来，在世界文明发展中水动力继续扮演着重要的角色，直到工业革命取得另一个重要的进步。蒸汽机发明并大量投入使用之前，一直都是水动力驱动工业革命背后的机械设备和机器。第三个技术进步是 20 世纪初大范围使用电力，水力发电起了重要的作用。如 1920 年，水力发电占美国 40%的电力，由于大量使用其他方式发电，目前这个数据下降到了 10%。然而，水力发电现在占世界所有新能源发电量 88%，在一些国家（挪威和巴拉圭）几乎全部为水力发电。

水力发电范围非常广泛，从世界上最大的发电厂——中国三峡大坝，发电量 22500MW（图 8.1），到微型发电厂仅仅 100W。水多种形态使其能量也同样多变。水能最重要用途是"传统用法"或者说是蓄水发电厂，筑大坝建水库。当可以控制水库内水流动，就可以用来发电。图 8.2 展示了传统水力发电的基本元素。只要水渠前面门打开，倾斜水道使水直接流到涡轮机，驱动涡轮机，发电机就会发电。

图 8.1 三峡大坝
世界上装机容量最大的水电站，达 22500MW

并不是所有类型的水力发电站都需要大型水坝，在"径流式"发电设备中直接利用水流的能量。水力发电厂有时用作储存能量，称为泵式存储，可以同传统发电厂并存。还有一

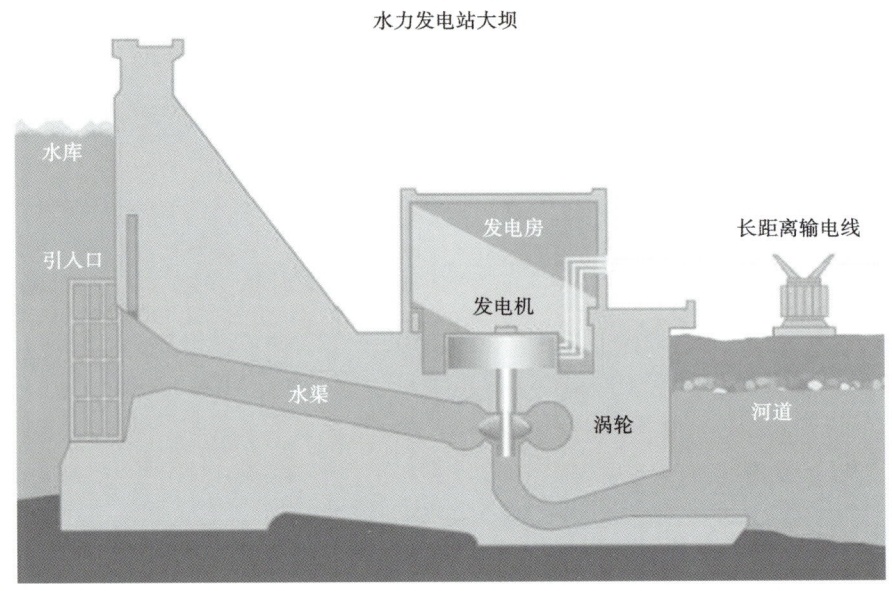

图 8.2 水力发电站基本组成

些其他水力发电厂靠海洋能量发电，而不是河流发电。本章将会详细介绍三种利用海洋能量发电类型，即波浪能、潮汐能和海洋热能（依靠水体表面和水体深部的温度差）。

8.1.1 水力发电优点

就像其他所有类型可再生能源一样，水力发电可以提供永不枯竭免费燃料并且比化石燃料环境影响小。正如我们早先注意到的一样，水力发电有世界上最大规模的发电厂，也是世界上发电量最大的可再生能源，但仍然存在很多未开发的潜力。即使在美国这样的国家，最好的地方已经被开发，潜力依然巨大。然而，现在最好的机会可能是在发展中国家，尤其是在非洲，技术上可开发的能量为目前已经存在的约 20 倍。而且，出现大量水力发电厂的是中国，可以被经济开发的数量为目前已经存在的 7 倍。因此，毫不奇怪中国正在建设大量的大规模水力发电项目。事实上，2017 年之前将会建成的 12 个大型水力发电厂中，10 个在中国，将会提供额外 75000MW 电量——大致等于美国目前的水力发电量。因为中国大量的能量需求，对于环境来说这是一个好消息，因为这比其他任何能源释放的 CO_2 都要少。小型水力发电也有很大潜力，尤其是在发展中国家乡村地区，这些地区缺少安装大型设备的环境条件。

水力发电已是成熟技术，发电厂也持续了很长时间——有些已经存在 50~100 年。因为主要费用为初期建设费，在生命周期中平摊，因此发电费用极低。而且，水力发电所产生的电能有一个非常有用的特征，就是"可分派性"，也就是说可以随时开关，这在紧急需要电时给予补充或者是弥补其他可再生能源能量变化非常重要。水力发电也非常有效，相比其他可再生能源或者化石燃料发电厂，需要将热能转化成机械功。而且，传统水力发电大坝还可以解决其他很多问题，比如防洪及灌溉。当然，这些大坝也带来了很多问题，下面将会详细讨论。

8.1.2 基本能量转换及保存原则

在特定位置所能产生能量的总量非常易于量化,其主要基于两个量——水流速率及落差(即水垂直落下的高度)。大量水从落差 h 的高度落下,失去势能 mgh,因此流水中能量 p 可以用下面公式表示:

$$p = \frac{mgh}{t} = \dot{m}gh = \rho \dot{V}gh \tag{8.1}$$

式中,$\dot{m}$ 和 $\dot{V}$ 分别用重量(kg/s)和体积(m^3/s)表示水流速度;ρ 表示密度,1000kg/m^3。

因此,如果有一条小溪或者河流从高度为 h 的瀑布流下,可以通过直接测量或者一些估算方法确定体积流速,用公式(8.1)很容易就可以计算出建在这里的水力发电站最大能量。然而,也会存在一些问题。首先,如果水流顺着斜坡流下,并且通常都是这种情况,将会失去部分机械能,这就需要利用近似落差 h,而不是实际垂直落差——减少因子依赖于下降坡度和河流底部的光滑度。另一方面,建一座大坝后将水聚在水库中,当水通过光滑底部的水渠时,落差为 h,消除了河流坡降影响,最大限度减少能量损失。

利用公式(8.1)计算特定地区的可获得能量最主要的困难在于计算体积速率精确值。在小溪流的情况下,可以临时建一个坝拦住水流,然后实际测量固定时间内有多少水流过大坝上小孔(到一个大水箱中)。当然,这在大型河流中不可能实现。在这种情况下,一种方法为测量河道内等间距范围内高度,利用这些数据来计算经过 A 段的面积。因此可以通过观察漂浮物体在经过不同点速度计算出流水速度 v,基于公式(8.2)利用平均速度计算流水体速度

$$\dot{V} = vA \tag{8.2}$$

通常不考虑水的黏度,这种情况下可获得保存在流体中的机械能同两点之间压力、速度及垂直高度有关(Bernouilli 方程):

$$P_1 + \frac{1}{2}\rho v_1^2 + \rho gh_1 = P_2 + \frac{1}{2}\rho v_2^2 + \rho gh_2 \tag{8.3}$$

方程(8.3)的一个应用是,假设水库表面在排水管之上 h,水在常压下通过这个水管流出。为了得到水流出水管时速度,假设 $P_1=P_2$,$h_1=0$,$h_2=-h$,$v_1=0$,因此可以得到

$$v = \sqrt{2gh} \tag{8.4}$$

有趣的是,这实际上同静止物体从高度为 h 的地方落下时速度相等。

8.1.3 冲击式涡轮机

涡轮机将流水动能转化成有用的功。最早的涡轮机是冲击式的,这种涡轮机靠水流作用来驱动。冲击式涡轮机为水车的改良产品,古时候用于碾谷物,为不同农业和工业目的提供能量。自从发明了水力发电,更加有效的冲击式涡轮机层出不穷。Pelton 涡轮机就是其中一种,从喷嘴中出来的水头压力产生高速水流驱动准涡轮或者转子("runner")。

Pelton 涡轮机尤其适合垂直高度较大的地区(超过 10m),但是要想获得最优效果,必须认真选择涡轮机转子直径和角速度。为了获得更高的效率,将水流能量尽可能转化为涡轮

旋转能量极为重要。理想状况下，水流冲击涡轮后静止，那样几乎所有能量转化到旋转的涡轮中，尽可能减少因水流飞溅造成的能量损失。以 Pelton 涡轮机为例，双桶形状恰巧使喷射过来的水流驱动涡轮，并且几乎全部顺着来时方向返回（图 8.3）。如果没有双桶设计，对着桶中心的水流将会有明显飞溅。

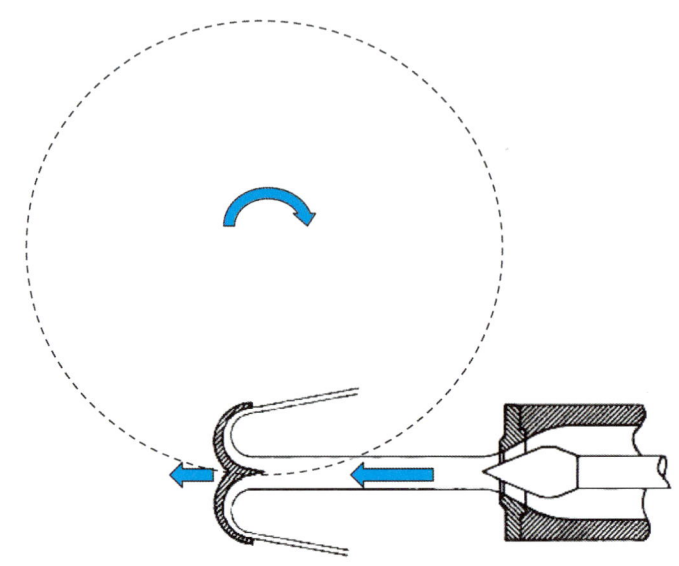

图 8.3 水流从喷嘴喷出冲击 Pelton 涡轮双桶中心并反射回来（两股分散水流）

很容易看出，水流能量最大程度转化到涡轮上时，旋转涡轮切线速度等于冲击到上面的水流速度一半。为了证明这一点，首先注意到，理想状态下，最大能量转化为速度为 v 水流冲击涡轮后静止，这要求水流冲击后能量为 0，因此水转化到涡轮上的力为 $F = \mathrm{d}/\mathrm{d}t\,(mv) = \dot{m}v$。与涡轮作用相等的反方向力于水流上，并且将其全部动能转化为 $\Delta K = F\Delta x = \dot{m}v\Delta x = 1/2mv^2$，这里 Δx 表示当质量为 m 的水流作用在涡轮上时的移动距离。两边同时除以涡轮移动 Δx 花时间 Δt，得到公式 $\dot{m}v\Delta x/\Delta t = 1/2mv^2/\Delta t$。在最大能量转化情况下，涡轮切线速度 $\Delta x/\Delta t = 1/2v$。注意水流最终速度为 0 意味着将全部能量转移到涡轮之上，水流垂直掉落。最大能量转换标准要求可以用于确定 Pelton 涡轮机最优设计。

8.1.4 最优性能设计标准

在图 8.4b 中，Pelton 涡轮机涡轮直径大约为 15 个桶的 8 倍。如果喷射接触的桶半径超过涡轮的 8%～10% 是不合适的，因为杯桶径很大将会与其他桶水流相互影响，因此涡轮与喷口半径比例合理合理的下限为 $R/r \approx 12$。这里 R/r 没有上限，但是这个比例尽可能小，否则我们会发现 Pelton 涡轮机轮尺寸太大，这样是不明智的，安装费用也会上升。不同于图 8.3，只有一个喷头瞄准转轮，经典的为 $n = 6$，但是如果在转轮四周安装超过 6 个喷嘴很困难。而且，在费用和效率方面，较多喷嘴比只有一个更有利，因此假设 $n = 6$ 为最优选择。最终先前讨论的设计要求为，在最优转换效率下转轮上某点切速度为撞击其上的水流速度的一半，也就是：

$$v_\mathrm{t} = 0.5v = \omega R \tag{8.5}$$

也就是

$$\omega = \frac{v}{2R} \tag{8.6}$$

三个设计约束条件即（1）$R/r \approx 12$，（2）$n=6$，以及（3）$\omega = \frac{v}{2R}$，足以影响在特定地点 Pelton 涡轮机的一些关键因素——事实上不是 Pelton 涡轮机是否在最优地点。

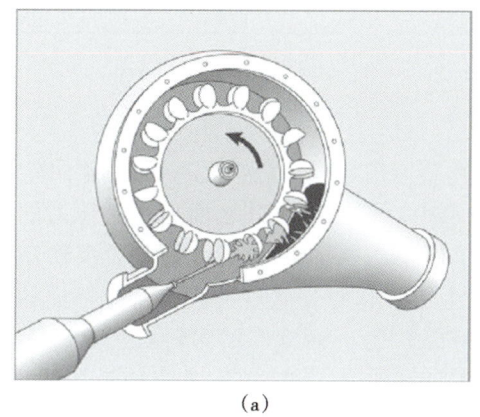

图 8.4 （a）由一束水流驱动 Pelton 涡轮四周 15 个小桶（图片由美国能源局提供，公共图片）
（b）德国 Walchensee 发电厂组装的 Pelton 涡轮机

例 1 设计 Pelton 涡轮机

设想有一片水域，垂直高度及流水都足以建设一个能量为 P 的电站。用 e 表示效率，也就是产生的电能与水的机械能之比。假设 $e=0.9$，针对两种垂直高度（10m 及 100m），能量为 P（1MW 及 0.1MW），计算最优喷嘴半径、转轮半径以及转轮旋转速度。

求解

为了产生电量 P，水渠水面下 h 处水流机械能为 P/e。流速为 v，喷嘴横截面为 a，n 个喷嘴流体速度为 anv；因此，可以得到：

$$\frac{P}{e} = \dot{V}\rho gh = anv\rho gh = \pi r^2 nv\rho gh \tag{8.7}$$

通过这个公式可以得到喷嘴半径为：

$$r = \sqrt{\frac{P}{\pi env\rho gh}} \tag{8.8}$$

另外，根据 Bernouilli 公式（8.3），从垂直高度为 h 地方落下水流从喷嘴流出速度 v 可以用下式表示：

$$v = \sqrt{2gh} \tag{8.9}$$

最后，按照设计要求，根据喷嘴半径利用 $R=12r$ 公式计算转轮半径。角速度为 $\omega = v/2R$，当 $e=0.9$，$n=6$，$\rho=1000 \text{kg/m}^3$ 以及 $g=9.8 \text{m/s}^2$ 时，两种情况结果见表 8.1。

表 8.1　6 个喷嘴 Pelton 涡轮机在功率分别为 1MW 和 0.1MW，
落差分别为 10m 和 100m 情况下优化设计参数

能量（MW）	1.0	0.1	1.0	0.1
落差（m）	10	10	100	100
喷速（m/s）	14	14	44.3	44.3
喷嘴半径（m）	0.207	0.066	0.037	0.012
涡轮半径（m）	2.49	0.79	0.44	0.14
旋转速度（r/min）	27	85	478	1512

8.1.5　反作用涡轮机

Pelton 涡轮机及更原始的涡轮机都有两种类型冲击涡轮。还有另一种类型涡轮机为反作用涡轮机。这种涡轮机典型特征为完全浸没在水中，根据流过其表面的水的压力的变化而旋转。另外一个特征，与冲击式涡轮机水平轴不同，反作用涡轮机为垂直轴。反作用涡轮机比冲击式涡轮机更难用数学方法分析，其最优化主要依靠研究流过其表面流体特征的复杂流体动力学性质。目前常见的 Francis 涡轮机（图 8.5a）为一种反作用涡轮机，这种涡轮机非常有效。在 Francis 涡轮机中，静态叶片置于转子四周与水流流向及涡轮转轮切线方向相同，因此当水流流过叶片时，引起涡轮旋转。静态叶片还有小门，可以调节角度和空间，以改变进入其中流体的流量。Francis 涡轮机为一个内部流体涡轮机，水流通过其中时失去能量，在底部以较低速度和压力流出。

图 8.5　美国 Grand Coulee 水坝内额定功率约 1000000hp（约 750MW）混流式水轮机转轮

另一种反作用类型涡轮机实际上是一种"向后"推进器。机械能供给推进器，使其向后驱动水，然后推动船向前。这里情况相反，通过水流动使推进器获得旋转机械能，并利用来发电。尽管很多推进器涡轮机没有调节叶片，但是 Kaplan 涡轮机叶片有一个可调节倾斜角，使其可以处理流速变化。除了效果更高之外，Kaplan 涡轮机通过降低叶片角度，可以处理超级低垂直高度——那怕只有 1m 高都能有很大的 ω 值（图 8.6）。

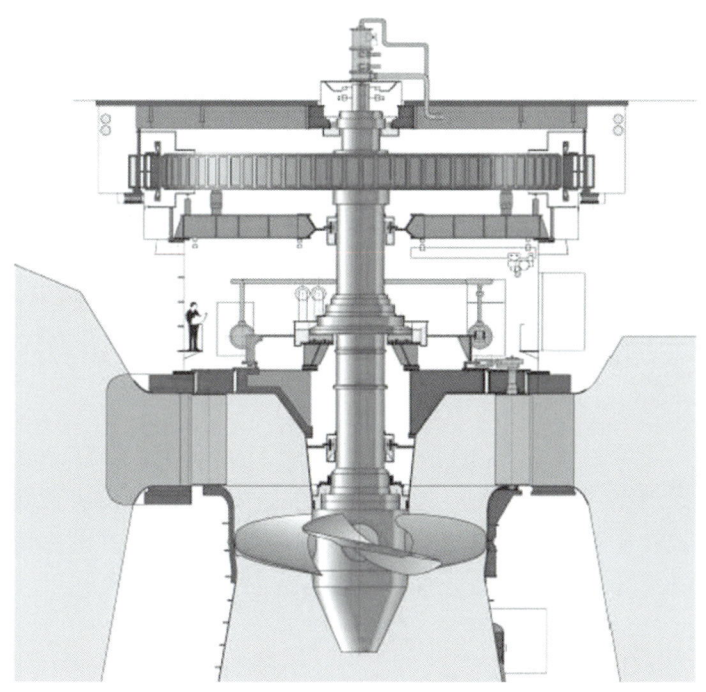

图 8.6　Kaplan 反动式涡轮机剖面图
图中左边一个男人作为比例尺，暗色部分是静态的，黑色表示旋转，
浅色代表水，呈放射状进入涡轮，通过推进器最终停在底部

反作用涡轮机最大缺点为制造和维护成本高。高费用主要因为需要将转子和轴全部置于充满高压流体密闭空间内，这也解释了为什么这些主要用于大型水力发电设置中。

8.1.6　涡轮速度和型号选择

水力涡轮机转速通常比燃气或者水蒸气涡轮机速度低，一般 60~720r/min，偶尔也能达到 1500r/min。交流电频率为 60Hz（美国）或者 50Hz（欧洲）。因此，如果水力涡轮机用来给电网供电，转速太低是最大的问题。你可以想象，交流电频率为 60Hz 就需要转速 60rev/s =3600r/min，这是假设发电机线圈只有两个磁极的情况下。如果有很多磁极（一共有 p 个极），线圈可以较低的 $7200/p$ r/min 速度旋转。然而，发电机由转速只有 60r/min 涡轮供给动力，这就需要巨大的磁极（120）才能产生 60Hz 交流电。

另外一个处理涡轮转速太低的办法是通过一个变速箱连接涡轮和发电。也可以用综合办法处理。也就是用 12 个磁极以及 10 倍变速箱给同步发电机供能产生 60Hz 电流。但是，高倍率变速箱以及多磁极发电机增加了设备复杂性和费用，并且效率还低下，这也是为什么如果用来发交流电，涡轮机转速很少在 60r/min 之下。

表 8.1 为早先 Pelton 水轮机设计例子中两种落差和所要求能量情况。如表中第一列所示，27r/min 的低速表明落差只有 10m，发电量 1MW 的地方实在不适合 Pelton 涡轮机。实际上，通常认为 10m 为使用 Pelton 水轮机最小落差。然而，第二列中 85r/min 速度表明当所

要求能量很低时 Pelton 涡轮机在这样的落差情况下（甚至更低）是可行的。

上面所讨论涡轮机要尽量避免低速运转主要是针对水力发电方面，如果涡轮用于其他用途又另当别论，比如抽水或者直流电发电。对于交流电发电机，即使异步发电机可以接受速度小范围变化，但是这必须保持在一定范围之内，否则发电机输出将会发生巨大变化。因此，很多水力发电装置都有某种调节器，这样即使水流速度急剧变化，涡轮转速都保持一个稳定速度。很多方式可以做到这点，但所有方式都是依赖于某种设备检测水流速度降低，然后采取相当于反向作用方式以提高水流速度，比如改变小门的角度，打开水渠进口宽度，或者增加水嘴宽度（Pelton 涡轮机）。不管调节器采取何种方式，必须尽快解决，不然势必会引起速度震荡。速度震荡危害极大，因为产生的扭矩使得涡轮极为脆弱。同时避免"失控速度"同样重要，也就是发电机突然与电网切断时涡轮最大转速。这就好似你的汽车发动机在极限赛程中突然停止并进入了空档运行。涡轮机可以允许短时间失控速度运行，但是持续长时间危害也很大。

8.1.7 比转速

工程师们很喜欢用无量纲参数，因为这在很多没有相近简单解决方案情况下非常有用。其中一个无量纲参数就是涡轮"比转速"ω_s，这是形状功能，有时也称为"形状参数"。ω_s 根据涡轮功率 P，可获得落差 h 以及实际旋转速度 ω 获得，公式如下：

英制：
$$\omega_s = \omega P^{1/2} h^{-5/4} \tag{8.10}$$

式中，ω 单位为 r/min；P 单位为 hp；h 单位为 ft。

米制
$$\omega_s = 0.2626 \omega P^{1/2} h^{-5/4} \tag{8.11}$$

式中，ω 单位为 r/min；P 单位为 kW；h 单位为 m。

当然方程（8.11）与（8.10）其实是相同的，只是多了一个单位转换。因此根据方程（8.10），落差为 1ft 的 1hp 涡轮机，比转速与实际转速 ω（r/min）相等，而落差 1m 1kW 涡轮机比转速为实际转速 26.26%。对于某种型号涡轮机，ω_s 指的是涡轮机最大效率，这个数据可以从涡轮机制造商那里得到。比速率可以在选择不同型号涡轮机时作比较，也可以作为选择特殊设备参考。最后，比转速可以用已有设计的已知性能与新型号相比较，并且预测其性能。这里有一些不同类型涡轮机的比转速的典型范围，其中有些为冲击式（I），有些为反作用式（R）：Pelton（I）10~30，Turgo（I）20~70，Crossflow（I）20~200，Francis（R）30~400，Propeller（R）200~1000，Kaplan（R）200~1000。

既然 Pelton 涡轮机在所有型号涡轮机中比转速最低，因此对于给定落差和功率，其实际速度应该最低（最大效率）。因此这不适用落差小的地方（除非要求输出电量很小），否则转速太低。正好相反，这个当中具有最高比转速的 Kaplan 涡轮机和螺旋桨式（Propeller）涡轮机最适合在落差较小的地方使用。不同类型涡轮机最适合落差及水流速度范围见图 8.7"涡轮应用图"。这是一个重对数图，因此作为落差和水流速度产物的涡轮功率沿-1.0 斜率线为一常量。

一些细心的读者可能已经发现，比转速定义并不是之前说的那样的无量纲数。然而，如果在表达式中增加两个常数 g 和 ρ，将 h 替换成 gh，P 替换成 P/ρ，那么比转速方程就是真正无量纲数了，方程（8.12）结果与方程（8.10）和（8.11）相符，这里 C 是一个适当选择的无量纲常数：

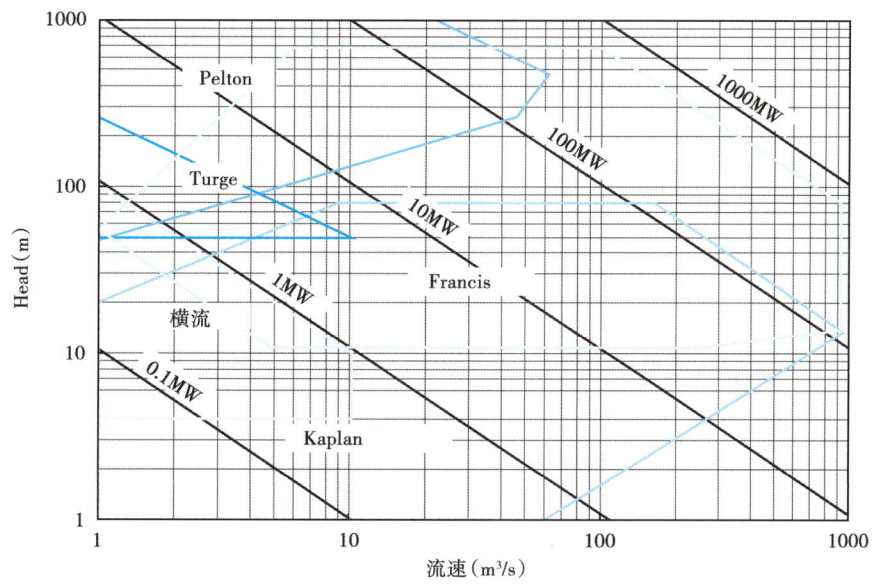

图 8.7 水力涡轮机应用图

$$\omega_s = C\omega\left(\frac{P}{\rho}\right)^{1/2}(gh)^{-5/4} \tag{8.12}$$

实际上如果将比转速写成

$$\omega_s = C\omega\left(\frac{P}{\rho}\right)^{a}(gh)^{b} \tag{8.13}$$

很简单就可以看出 ω_s 为无量纲数，$a=1/2$，$b=-5/4$。

8.1.8 抽水蓄能电站

水力一个好处是可以抽水蓄能，在电量需求较低时发电机将水抽到较高位置（存储势能），当用电量需求上升时可以释放势能发电。抽水蓄能可以作为独立操作，也可以作为河道供给水力发电站的一部分。适用于抽水蓄能水力电站，得益于反作用涡轮机的反转作用，当高压水力经过时失去重力势能发电，反之反转抽水到较高位置存储能量。尽管水力发电效率高，但是在过程中还是有能量损失，因此抽水蓄能是净消耗电量过程。但是，高峰及非高峰电费差使得这还是有利可图。

在很多地方，对于消费者来说电力在一天中什么时候发出费用上并没有差异，但是对于发电设备来说，在高峰期确实要花费更多钱，因为很多所依赖的补充资源费用增加了。在用电超级高峰时，费用可能会疯狂增加。例如，在 2000—2001 年加利福尼亚用电危机期间，据估计如果存储电量可以供给用电高峰 5%，全部电费将会降低 50%，或者说需求量降低 5%。也就是说用电危机时 5% 的电量等于其他时候 95% 电量费用。一般一天中费用变化没有那么大，但是一天中价格变化 2~5 倍也不奇怪。抽水蓄能是目前最广泛使用的成本—效益方式存储大量电能。2009 年在美国抽水蓄能发电为 21.5GW，为总发电量 2.5%，而在欧盟达到 5%。然而这两个数字占每天需求变化中很小部分，一般最高需求为最小需求大概 2 倍。

这么小比例很大程度是因为水力发电处理每天电量需求波动能力有限。即使没有抽水蓄能发电站，一些消除电能产量以满足需求能在没有抽水蓄水能力的普通水力发电站中实现。这种情况下所需要做的事情是发电站在需求量高的时候运行，仅仅打开或者关闭水渠门即可。这种可以迅速开关控制发电量的能力，核能或者燃煤发电厂很难做到。抽水蓄能发电站最后一个用途同高间歇性可再生能源（风能、太阳能）紧密相关。因此，风力发电不需要输入到电网中，这只会加剧需求变化的问题，取而代之是将其用于启动抽水泵来储存能量，用于电量需求高峰。

8.1.9　小型水电

尽管本节主要集中于大型水电，但是正如我们所见，水电的尺度变化非常大，小型水电对于某些用途也许很有用——比如在发展中国家遥远的乡村或者个人使用。实际上，全世界范围内小型水电发电量相当巨大（85GW），其中超过70%在中国。"小型水电"定义为$P<10\sim50MW$，有时进一步划分为迷你水电（$P<1MW$），小型水电（$P<100kW$），微型水电（$P<5kW$），甚至纳微型水电（$P<200W$）。微型水电适用于美国一家人使用，或者发展中国家遥远的乡村地区50户人家使用，这里每家一两个荧光灯，可能收音机都用不上。用Pelton水轮机产生纳微级电量。这看起来很奇怪，因为先前已经说过Pelton水轮机不适合安装在落差较低的地区。但是，低电量需求是一个特例。例如，利用相同设计限制产生表8.1中结果，很容易看出对于纳微级水电希望产生100W电量，在落差仅1m的地方，完全可接受涡轮转速（151r/min）和半径（0.14m）值。

小型水电发电方式变化很大。例如，有些公司将涡轮和发电机紧密联合在一起，简单置于高速流动的水下，不需要建一个坝或者安装任何管道。英国制造的一个能发100W电的设备看上去特像半米长潜水艇（图8.8）。尽管这种能放在水下，涡轮和发电机置于一起的方式可以产生少量电，但是仅仅利用了经过涡轮螺旋桨很少一部分水流很少一部分能量。利用水流全部能量或者说利用河川天然水动力的方式，比如靠河流落差来发电更普遍（图8.9）。这种情况最常

图8.8　发电量100W的UW-100照片（照片由南非Ampair制造商Johannesburg提供）

见的方法是通过管道或者隧道转移大量水然后让水经过涡轮机后再流入河中。因为不需要大坝，很多利用河道天然水动力发电机项目对环境影响几乎为零或者说很小。这对大型传统水力发电不适用，但是环境影响暂时不会考虑，直到找到其他方式代替水能所做很多有用工作或者发电。

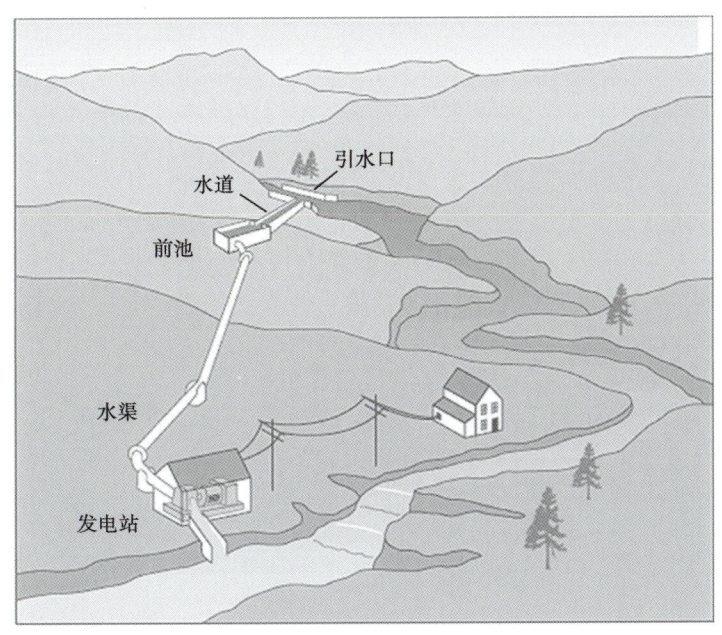

图 8.9　小型径流式水力发电站（图片由美国能源局提供）

8.2　波浪、潮汐和海洋热能资源

除了淡水水动力之外，还有很多利用海洋中能量的方式。这里将会讨论可能最有潜力的三种：波浪能、潮汐能以及海洋热能转换（OTEC）。海洋波浪无处不在，由风和水面相互作用而产生。全球波浪总能量巨大——可能比淡水能量还要大，但是目前因为技术还不如传统利用淡水能那么成熟，几乎没有利用波浪能设备（表 8.2）。OTEC 资源更加丰富，但是到目前因为相同的原因，设备更加稀少。三种资源中唯一一个能代替已经广泛使用淡水能的是潮汐能（仅在法国有一个发电站）。传统观点认为可以利用的潮汐能地点很少，并且实际可以开发利用总能量也很小。但是，随着技术进步，这种传统观点也许并不正确。事实上，可代替淡水能的与海洋相关三种能量中（潮汐、波浪和 OTEC），潮汐或者波浪可能最有希望，尽管任何一种都没有达到目前淡水能所发电量。已有大量关于波浪能和潮汐能的设备，可开发的总能量极为可观——尽管任何一种新技术经济效益方面还不乐观。

表 8.2　不同水资源发电量（据 Tester，2005）

能量来源	潜能（GW）	实际（GW）	至今
淡水资源	4000	1000	654
波浪	1000~10000	500~2000	2.5
潮汐	2500	1000	59
OTEC	200000	10000	0

8.2.1 波浪运动和波浪能

由于风力持续作用并且同水体表面相互作用，产生巨大海洋波浪。波浪高度与风速、持续时间以及其他多种因素相关。在物理学基础课上，水波有时描述为横波，水分子随着波浪前进而简单上下运动。然而实际上，水波既不是纵波也不是横波，而是两种波复合体。当波浪运动时，水分子既有上下运动（横波），也有前后运动（纵波）。这两种运动组合相差90°相位，这使得波浪为圆形或者为椭圆形，由水体深度决定（图8.10）。事实上，真正的水波不是明显正弦形状，不是图8.11中理想对称形态。

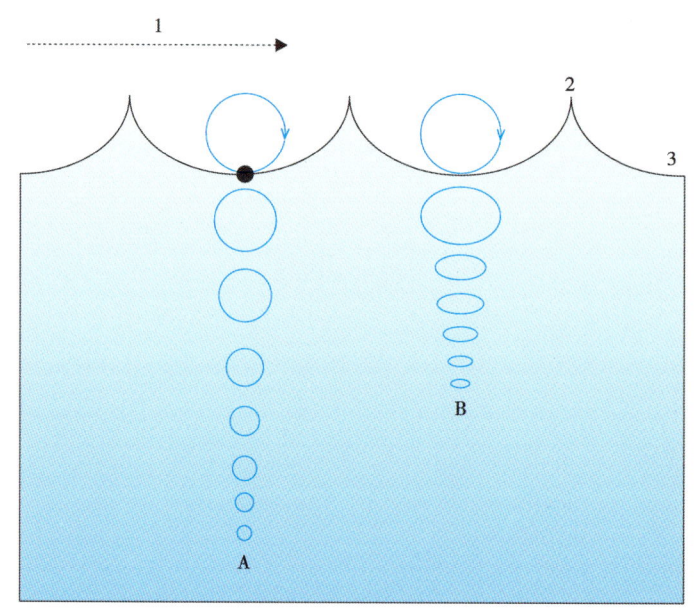

图8.10 波浪前进时不同深度水分子简化运动模式（A为深水，B为浅水）

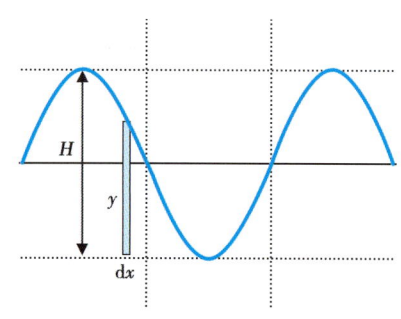

图8.11 波浪高度 H
Y 轴表示水柱高度为 dx

当然，波浪会传播能量，可以得到波浪所传播能量的表达式，同波浪高度和周期面积成一定比例。尽管波浪通常呈非正弦形状，但是可以通过傅里叶转化成一系列正弦函数。计算沿着运行方向通过固定点 x 的能量。实际可以计算出沿垂直显示平面波浪单位宽度能量。重量为 $dm=\rho y dx$，因此重力势能为：

$$\text{PE} = \frac{1}{2}mgy = \frac{1}{2}\rho g y^2 dx \quad (8.14)$$

与经过 x 点相关势能为 $P=\text{PE}/t$。为了得到全程平均能量，用公式：$y_{\text{avg}}^2 = H^2/2$，因此得到公式：

$$P_{\text{avg}} = \frac{1}{4}\rho g v H^2 \quad (8.15)$$

但是要注意，这仅仅是相关势能。对于一个简谐运动中物质动能要增加一个相等数值，因此就是先前结果的两倍。通过波群速度传播能量，对于深水海洋波群速度可以用下面公式表示：

$$v = \frac{gT}{4\pi} \tag{8.16}$$

将方程（8.16）代入方程（8.15）中，可得到平均总能量公式为（动能加势能）：

$$P_{avg} = \frac{\rho g^2 T H^2}{8\pi} \tag{8.17}$$

用波长代替波周期，公式变化如下：

$$P_{avg} = \frac{\rho g^2 H^2}{8\pi}\left(\frac{2\pi\lambda}{9}\right)^{1/2} \tag{8.18}$$

注意，H 是指波谷到波峰总高度，公式（8.17）和（8.18）在非正弦波中也同样适用。

例 2 波浪能量

在大风暴中，波浪可以达到 15m 高，周期可达到 15s，那么垂直波浪运动方向单位长度可以传输多大能量？

求解

利用方程（8.17），海水密度为 $\rho = 1025 \text{kg/m}^3$，得到 $P = 13.2 \text{MW}$。

8.2.2 利用波浪能设备

已经有很多种利用波浪能的设备，最早可以追溯到 1799 年，在英国有超过 300 个相关专利。真正对波浪能产生影响的是 20 世纪 70 年代，那时最有影响的发明为"斯莱特鸭"，由英国史蒂芬·斯莱特发明（图 8.12）

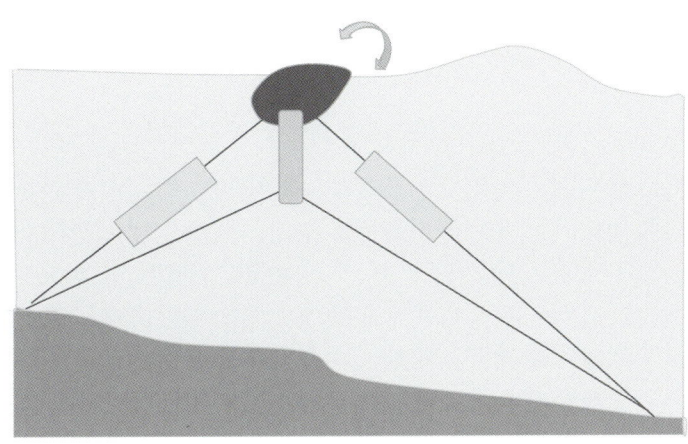

图 8.12 莱斯特鸭

鸭子身体部分（黑色）固定在海底，当有波浪经过时开始震荡，使得两边绳索对上面矩形设备起作用。实验中这种设备可以提取波浪中 90% 能量，但是从没有能利用全部能量的设备

波浪能最大的缺陷是目前已有的设备面对强暴风雨毫无抵抗之力。这方面不像风力涡轮机，风力涡轮机可以在飓风下而不被毁坏。正是因为波浪设备容易损坏，加上昂贵的发电费用，导致目前为止还没有得到广泛使用。一个有趣设备——Anaconda，可能补救这个缺陷（图 8.13）。

图 8.13　Anaconda 设施（据 Francis J. M. Fraley.）
当波浪经过 Anaconda 时形成压力脉冲（见凸起部分）沿长度方向传播

> **知识盒　巨大的橡胶蛇能拯救世界吗？**
>
> 　　由橡胶制成，并且没有可以移动部分，强壮的 Anaconda 波浪发电机能在暴风雨中幸免于难。目前还在发展阶段，在 2014 年之前不会用于商业用途，这个机器据说将会成为下一代波浪发电机。设备对经过的水流产生反作用力，产生膨胀并沿长度方向传播，最终驱动尾部涡轮机。尽管展示的模型只有 9m 长，如果要产生 1MW 电量 Anaconda 原尺寸达到 200m 长，预计将花费 28 亿美元。根据制造 Anaconda 公司介绍，因为维护费用很低，Anaconda 发电费用每千瓦时大概为 9 美分，远比前面所提到的波浪发电费用要低。

8.3　潮汐能及成因

　　在某些地区，可以利用潮汐变化发电及其他一些用途。然而迄今为止，潮汐能还没有广泛使用，已经证实与其他像风之类可再生新能源相比，潮汐能利用费用非常高。事实上，第一个也是迄今为止为数不多的一个潮汐发电厂（240MW）建成于 1966 年法国 La Rance 地区。通常认为潮汐能仅仅适用于某些有非常高潮汐作用的有限区域，因此全球实际可用来开发总潜力很有限。鉴于潮汐作用的可预测性，在开发条件合适的地区，潮汐能比其他一些像风这样高间歇性可再生能源更有利。因此，如果解决了实用性和费用等问题，将证实为非常可行的一种发电方法。

　　很多人知道月球是产生潮汐的主要原因，尽管太阳也有部分作用。基本作用机理很容易理解，最初是伟大的科学家牛顿用数学方式解释，作为万有引力定律的一个实例。尽管牛顿的公式后期考虑了地球旋转及其他一些因素进行了修正，但还是有利于理解基本原理。地球上静重力受月球影响，通常为平方反比形式：

$$F = \frac{GMm}{r^2} \tag{8.19}$$

计算地球上离月球最近和最远部分重力（图8.14中左右两部分），公式分别为：

$$F_R = \frac{GMm}{(r-R)^2} \text{ 和 } F_L = \frac{GMm}{(r+R)^2} \tag{8.20}$$

图8.14 地球离月球最近和最远部分重力
(a) 假设月球向右作用停止，作用在地球上三部分引力，左边比中间大，中间又比右边大；
(b) 将地球作为整体减去外部作用力，地球左右两侧受力情况。剩余部分就是作用在地球表面的"潮汐力"

式中，R为地球半径，月亮在地球右边，并离地球中心距离为r。只要$R \ll r$，用一阶公式近似表示为：$(1 \pm R/r)^2 \approx (1 \pm 2R/r)$，上述公式可以表示为：

$$F_R \approx \frac{GMm}{r^2}\left(1 + \frac{2R}{r}\right) \text{ 和 } F_L \approx \frac{GMm}{r^2}\left(1 - \frac{2R}{r}\right) \tag{8.21}$$

在地球加速参考系中，可以将地球上月亮作用力作为整体减去，实际上就是减去圆括号内1。发现地球左右两边残余潮汐作用力大小一样，只是方向相反，就像是沿朝月球方向拉伸了一样，沿图8.14中x轴：

$$F_x \approx \pm \frac{2GMmR}{r^3} \tag{8.22}$$

注意，这里潮汐作用力变为立方反比，而不是平方反比。可以针对地球顶部和底部进行相似分析，结果显示顶部受向下力，顶部受向上力，大小等于水平方向1/4，也就是：

$$F_y \approx \pm \frac{GMmR}{2r^3} \tag{8.23}$$

因此，这四个方向力作用，两个沿垂直方向挤压，两个沿水平方向拉伸，结果使地球由球体变成了椭球体，水体变形程度大于坚硬固体物质。我们发现在月球引力下，地球上相反方向有两处水体凸出处，地球每天旋转。因为这个原因，地球上大多数地区经历两次高潮两次低潮。

当然，关于这个简化潮汐还有很多地方需要考虑。首先，需要像对待月球一样考虑太阳作用，即使后者作用只有前者46%。太阳和月球是增强还是减弱潮汐作用完全依赖于两个天体在太空中的相对位置。每月太阳和月球处于同一条直线上时（满月或者新月），太阳和月球相互作用增强，形成大潮。图8.15说明了相反的小潮情况，这发生在太阳和月球呈90°时（上弦月和下弦月）。在小潮期间，月球作用沿地球垂直方向伸展，太阳作用沿地球水平方向伸展（相对小），因此净变形比月球单独作用时要小。

目前为止第二个需要考虑的地方为由于太阳和月球作用引起潮汐凸起方向都是假设地球没有旋转的情况下。实际上，地球两侧水体凸起线与地球旋转方向一致，与月球旋转方向相

171

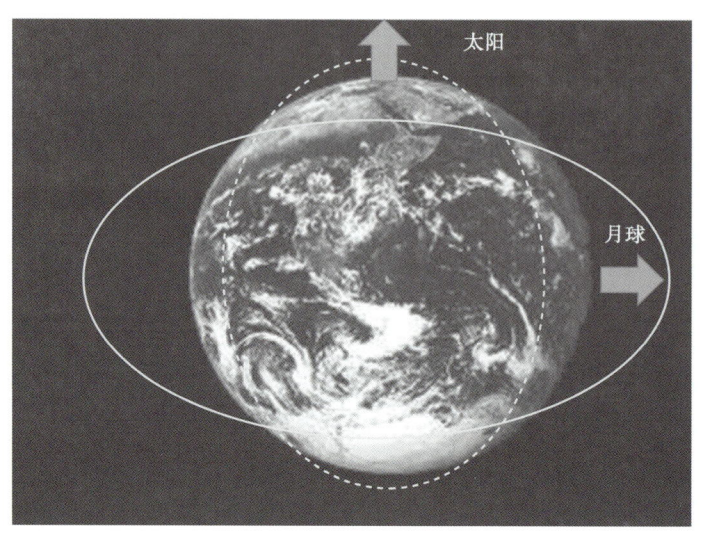

图 8.15 太阳和月球对潮汐作用影响（据 NASA）
当地球和月球方向垂直时形成小潮，地球变形受月球（实线）和太阳（虚线）对潮汐作用影响相抵消，
图中放大了变形影响幅度，但相对方向就是这样

差 10°。结果，凸起水体上重力作用对旋转的地球产生扭矩作用，这使得地球最终在千年期间内转速降低。事实上，4 亿年前，一天时间只有 22 小时。

潮汐作用引起潮汐流，并且因为各地海底地理位置以及附近海岸线不同情况潮汐流变化较大。平均来说，高低潮之间大约相差 1m 左右，但是地球上有一些地方，比如加拿大 Fundy 海湾，相差达到 16m，这也是世界上最高的。事实上，那里有一个小型潮汐发电站（20MW）——目前北美唯一一个。引起 Fundy 潮汐作用原因同此地独特的漏斗形地形以及海湾巨大深度相关，这引起了潮汐流共振，也就是水流流进流出海湾频率正好与 12~13 小时驱动频率相匹配。注意，两次连续高潮之间时间不是 12 小时（半天），因为月亮在天空中位置每天都会变化。

8.3.1 潮汐能发电

随着海平面变化，每天潮汐产生震荡流，也就是潮流。当然潮流不仅仅在水体表面，水下流可以用来启动涡轮机，见图 8.16。与其他两种利用潮汐流方式相比，发电量相对较小，因为螺旋桨叶片只能拦截整个潮汐流中很小一部分。然而，这也有好处，这是一个独立单元，费用低，比其他需要建设大坝的方法对环境影响小。如果将这些单元模块化，新的单元可以很容易增加上去。2012 年 Ocean Renewable Power 公司在 Maine 最早建立了商业潮流涡轮发电机，总发电量不大，仅够 20~25 个家庭使用。

8.3.2 蓄水潮汐能

蓄水潮汐能也称为"潮汐坝"，已经在一些大型已建的或者将建的潮汐发电站中广泛使用。韩国一个 254MW 的电站刚刚完成，还计划再建一个 1300MW 电站。采用这种方法，穿过潮汐河口宽度方向建一座大坝，这样当潮水进出时，在大坝两侧形成落差。由于落差水从大坝内水道流过，这些水流启动涡轮机，以及与之相连的发电机（图 8.17）。

图 8.16　北爱尔兰 Strangford 湾商业潮汐发电机（据 Fundy）
水下潮汐作用启动涡轮机，注意明显的波浪尾迹显示了水流强度

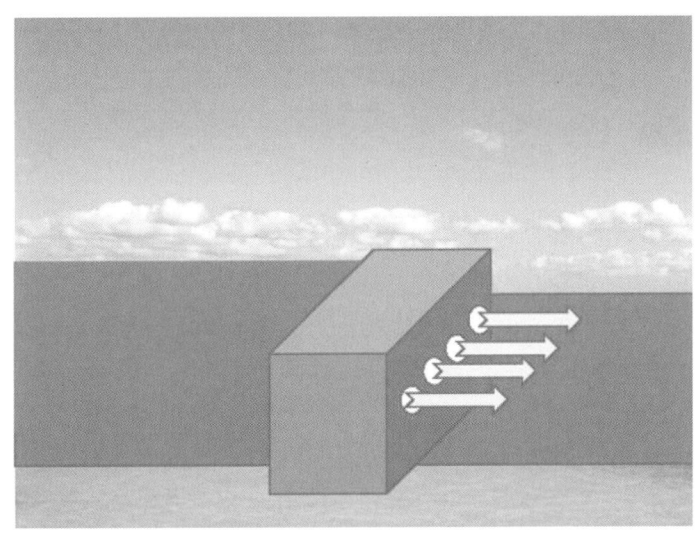

图 8.17　蓄水方法利用潮汐能基本原理
如果高潮在右侧的话，水流与图中流向正好相反，因此将涡轮机置于大坝中两个方向水流都能驱动的位置非常重要

另一个可选择的方法是在潮汐河口处建大坝，这对栖息地有负面影响，也就是潮汐潟湖。当涨潮时，潟湖内充满水，当退潮时，潟湖内水全部流出。两种情况水流都经过置于建

173

筑内洞中涡轮。潮汐潟湖发电更多，其环境影响也更良性。

8.3.3 动力潮汐能

最新利用潮汐能的专利在 1997 年授予了荷兰工程师 KeesHulsbergen 和 Rob Steijn。动力潮汐能（DTP）很大程度上扩大了可以用于潮汐能开发的地区，因此增加了世界范围内潮汐能总量。另外，用这种方式发电比其他效率更高。DTP 基本思想包括从海岸线向海洋方向建一个非常长的大坝。如图 8.18 所示，一般大坝长达 30~60km，并且在尾端呈"T"形。注意没有在大坝装入任何东西，仅仅改变了每天两次潮水波动，使其平行于大陆架方向运动，这些波动产生落差或者大坝两侧水平面差异。最终，可以在通过沿大坝放置的成百上千个小落差涡轮机发电。

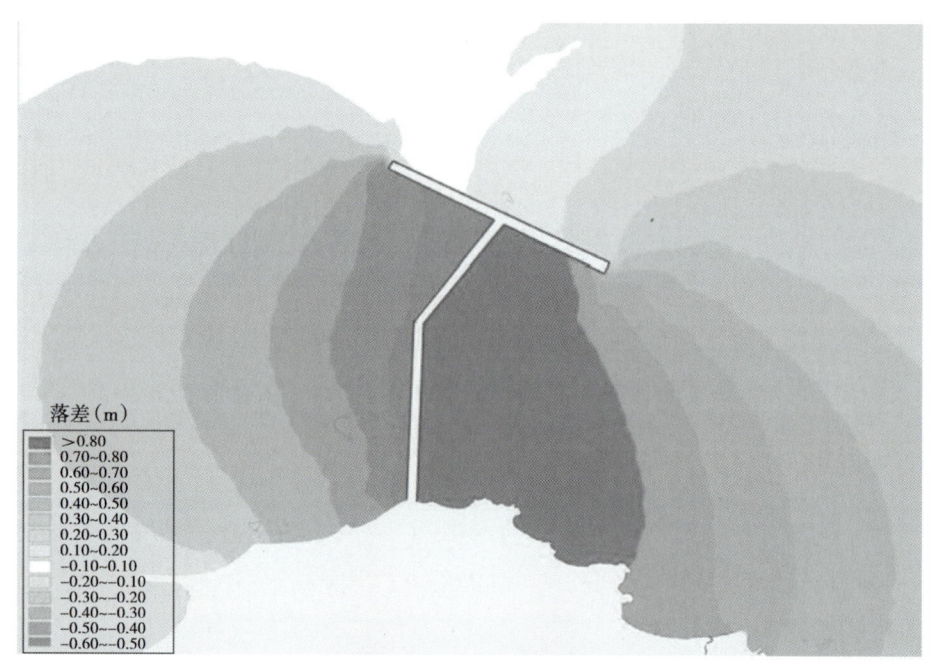

图 8.18 动力潮汐能"T"形大坝俯视图
蓝色和深红色分别代表低和高潮汐能量，注意高和低潮汐同时作用在大坝两侧

流体动力模拟表明，这种大坝落差幅度与大坝长度成正比。模拟形成图 8.18，沿海岸波动潮汐流自东向西，经过大坝最大落差达到 1.3m。

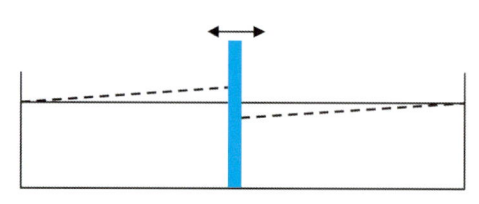

图 8.19 基于水平震动托盘中水模型解释经过大坝的水如何通过潮汐震动形成落差
虚线表示大坝两侧水面可能变形

这是一个简单解释潮汐流经过大坝产生落差方法，可以形象表示海洋中潮汐能，将其模拟成一个具有重力的水平分量，波动为如图 8.19 中所示的水平方向。简单地说，好比将水置于中间分开的托盘中，托盘缓慢地两边晃动。这种振动影响在某段时间内将引起如图 8.19 水体表面变形，而在另半个循环中向另一个方向变形。

注意，使用双向涡轮机，不管大坝哪边水平

面高都可以发电。因此说这样的大坝可以利用的能量非常巨大——大约800MW。更重要的是，动力潮汐能不需要很大的潮汐范围，因此可用于安装的海岸比其他类型潮汐能发电要多得多。单在中国，估计通过DTP方式发电能达到80~150GW。然而到2010年，中国还没有建设DTP电站，认为需要进行试点以检测装置的可行性。在进行DTP试点项目时遇到一个问题，即预测落差与大坝长度成比例，因此发电量同大坝长度相关。

因此，如果有人想建1km长实验大坝（图8.18中1/30规模），预测落差至少应该为1.3m/30，或者说最大幅度仅为4cm（平均2cm）——比任何发电机所需落差都要小，甚至可能都检测不到，就和大海中波浪情况差不多。因此没有在小规模实验中得到证实，很难获得建设原尺寸资金投资。另外，即使图8.18模拟最高落差1.3m，平均落差也只有0.65m。虽然存在落差可以在1m以内的涡轮机，但是在如此小落差下的发电机发电能力也很有限。因此，可能要求大坝长度达到能产生2~3m落差，也就是说大坝长60km。

除了上面所说的难度，还有经济方面的问题，建30km长大坝有很多困难，并且费用很高。关于计划在Ijmuiden Holland地区新建DTP大坝研究估计，建一座30km长大坝需要花费42亿美元，产生1000MW电量。然而42亿美元仅仅是建大坝费用，不包括成百甚至上千个涡轮机和发电机费用、常规维修费用、风暴损毁费用和其他的费用。所有费用相加，甚至包括绿色补贴（如低利率建筑费用），估计项目投资回收期为30年，电费约21美分/（kW·h），这比任何发电方式所发的电都要贵很多。

8.4 海洋热能转化

海洋热能转化（OTEC）系统是利用海水表面和一定深度的水温差来发电或者用作其他用途的装置。这种想法最早于1881年由法国物理学家Jacques Arsene提出，很多年后（1930）他的学生在古巴建成实验发电厂。当然，任何热发电机受卡诺定理限制，也就是温差越小，最大可能效率越低，也就是6%~7%，假设都是正常海洋温度。基于郎肯循环实际效率比最大效率一半还低，大约为1%~3%，不过最近的设计显示已经比较接近于理论极限值。全世界OTEC资源理论发电量比其他任何形式的水力资源都要巨大（表8.1），但目前为止最大发电量为1MW（印度）。OTEC发电厂最根本的问题当然是经济方面问题，有一些电厂建一半就停止了。费用高有两方面原因，一是初始建设投资，二是水系统不停循环需要消耗大量能量。

8.5 水力发电对社会和环境影响

水力发电的环境影响主要在于传统淡水水力发电方面的影响，这是因为传统淡水水力发电几乎占了目前水力发电全部发电量。负面影响主要由于建大坝和水库所造成。这些水库洪水期间重回下游区域，毁坏自然栖息地和大片农田，使很多人流离失所。根据2008年的一个统计，这些年全世界大约有4000万~8000万人因为这个原因而不得不背井离乡。另一个影响是由于建大坝和水库时，上游被淹后植被腐烂而产生温室气体（GHGs）排放。尽管这些临时影响客观存在，但是还必须认识到在利用大坝发电整个期间减少了温室气体排放（用碳最少的发电方式）。最后一个负面影响也许是最重要的，即大坝灾难性倒塌。历史上有很多次这类灾难。据美国大坝安全协会的统计，单在美国就有4000座高危老旧大坝。当然，大坝倒塌不仅仅是因为建筑方法落后或者年代久远，过去有一些是因为战争故意攻击或者破坏的结果。而且，有一段时期内，恐怖主义者精选一些大坝进行攻击，这比对高度关注的目标（如核电站）进行攻击造成伤害还要致命。

小型水利项目尤其是径流式水利不需要大型水坝，因此对环境影响较小。同样，波浪能发电对商业捕鱼和钓鱼会产生一定影响，但与建大坝所形成的负面影响不可相提并论。另一方面，很多模块化技术（如波浪涡轮发电机）比大型水坝环境影响因素小的原因只是发电量少而已。例如，要达到三峡大坝20GW发电量，需要10万个20kW波浪或者潮汐发电站。虽然波浪发电机环境影响较小，但是如果10万个放在一起可就不是那么回事了。

8.6 小结

水力发电有很多种形式，本章介绍其中重要的四种：传统淡水水力发电、波浪发电、潮汐发电和OTEC发电。第一种无论是目前已经勘探开发的还是将来潜力都是最重要的一种，尤其是有些国家还没有大量开发这种资源。与其他可再生资源相比传统水力发电同样有很多优点，其中最主要的是"可分配性"。目前其他三种形式水力资源几乎没有发电，要想进一步发展关键需要技术进步使得经济方面可行。每种形式的水力发电都有环境问题，但是这些问题与其他非可再生能源相同电量相比产生的问题要小得多。

问 题

（1）基于表8.1中Pelton涡轮机四种速度和落差，Pelton涡轮机适用于"涡轮应用表"中哪种落差和功率组合？在Pelton涡轮机不适用的地区适用何种类型？

（2）解释为何图8.7中恒功率为斜率-1的直线？

（3）解释方程（8.12）中常数为0.2626。

（4）解释为何脉冲式涡轮机不适用于蓄水设备？

（5）解释为何作为蓄水设备涡轮机是否保持常速并不重要。

（6）再建一个Excel表格代替表8.1。

（7）Kaplan涡轮机比转速可以高达1000，可以在落差仅为1m地方运行。如果转速在60r/min之上，这种涡轮机功率能达到多少？

（8）方程（8.13）中a和b只能是文中哪些值。

（9）证实在小型水力发电机一节中关于纳微型涡轮机结论是否正确。

（10）虽然风力涡轮机最大理论效率为59%，但是水力涡轮机可以有更高效率。它们都是靠提取流动流体能量，为何会有这么大差距，解释它们之间不同。

（11）如方程（8.23）所示，计算在地球顶部和底部由于月亮而产生潮汐压力为两个方向拉升力1/4，如方程（8.22）所示。

（12）计算为什么春潮比平均潮要高20%，低潮比平均潮低20%。提示：利用方程（8.22）和（8.23），考虑两种情况下太阳—月亮相对位置。

（13）证明太阳对潮汐作用为月亮的46%。计算一年中因为太阳与地球之间距离变化，潮汐幅度产生多大变化。

（14）假设潮汐能开始发1000GW电量。假设地球—月球为一个封闭系统，估计这将减少多少地球旋转动能。在这个速率下，花费多久使一天时间增加两个小时？注意，由于潮汐阻力作用，过去 6.2 亿年以来，一天长度已经增加了两个小时。

（15）有一个深水海洋波浪，波长和波形高度分别为 50m 和 2m。计算波前进方向上 100m 长度波浪能量。

参 考 文 献

Tester, J. W. et al. (2005) *Sustainable Energy: Choosing among Options*, The MIT Press, Cambridge, MA.

第 9 章　太阳辐射与地球气候

9.1　概述

地球上几乎所有生命都沐浴在太阳辐射下。太阳辐射总量巨大，远超其他可再生能源，况且很多可再生能源最终也是由太阳辐射所产生。因此本章内容尤为重要，讲述了在地球上以何种方式获得太阳能，在何时何地怎么样才能最有效地利用太阳能，或者说在某种情况下利用太阳能有何意义。本章另外一个议题是地球能量平衡及地球大气中温室气体（GHGs）破坏这个平衡——这是有关地球是否适合居住的重要问题。太阳在大气层顶部总能量为 $1366W/m^2$，假设没有云层或大气污染物阻挡，地表约为 $1000W/m^2$ 或 $1kW/m^2$，（更精确为 $0.865kW/m^2$）太阳能，其余或者被大气层吸收或者被反射。尽管 $1366W/m^2$ 不是一个真正的常数，但我们将其作为"太阳常数"参考值。下面简略描述太阳常数在三个时间维度上的变化情况。

一年内地球围绕太阳旋转轨迹是椭圆而不是圆，由于地球与太阳之间距离的变化，太阳常数每年约有 ±0.3% 变化。有趣的是地球一月份离太阳最近，而不是夏季的某个月。在更长时间尺度下，由于 11 年的太阳黑子周期的影响，这个常数会有 ±0.04% 的变化。最后，从太阳诞生 45 亿年以来经历了显著进化。在接下来 45 亿年内，太阳仍然会继续演化，最终变为一个巨大的红球。然而，在过去的 2000 年里，太阳输出能量基本是常数，变化量不超过 0.1%~0.2%。

地球表面每单位面积太阳能总量称为太阳辐照度，这随着时间和空间的变化而变化。辐照度取决于入射太阳光与地球表面夹角，同时也与太阳光是散射还是直射有关。一般地，直射和散射会同时产生，因为即使没有云层，也会有其他来源散射到达地面。如果不是这样的话，天空就会是黑色的，就像月球表面一样，因为那里没有光线达到地表。中午到达地面的总光照度（包括直射和散射）变化可达 10 倍以上甚至更大，这取决于天空阴暗程度。辐照直射部分与太阳光和地面垂直线之间夹角有关，可用如下关系式表示

$$G_s = G^* \cos\theta \tag{9.1}$$

式中，G^* 为 $865W/m^2$，或者其他正常情况下直射辐照度。

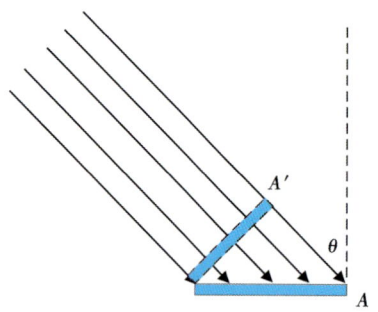

图 9.1　入射至 A 面 $\cos\theta$ 因子基本原理

$\cos\theta$ 表示当太阳光束入射角不为零时的简单投影作用，太阳能作用面积增大。从图 9.1 可以看出，相同光照在 A' 和 A 面之上，由于 A 面积经过 $1/\cos\theta$ 因子增大，因此单位面积能量乘 $\cos\theta$ 因子减小。

9.2 电磁辐射

太阳辐射指的是电磁辐射,它在性质上不同于某些原子核产生的微粒辐射。但是,有一种辐射(如伽马射线)同属于这两种类型。这种由原子核产生的伽马辐射在电磁辐射中频率最高,波长最短,频率和波长满足如下关系式:

$$f\lambda = c \tag{9.2}$$

式中,$c = 3.0 \times 10^8$ m/s 是真空中光的速度,适用于所有类型的电磁波。事实上,很多物理学家都用"光"这个词代表电磁频谱,与可见光不同。

图 9.2 展示了各种类型的电磁波。电磁波谱上与伽马射线相反的一端是无线电波,它波长最长,频率最低,电磁波谱的中间是可见光。图 9.2 用灰色阴影表示了每种波穿透大气层的能力,很明显只有部分波能穿透大气层。图中的水平比例尺很奇特,它既不是线性也不是对数,而是用相同的水平长度来表示每种波。然而图的两端并未结束,表示伽马射线的频率可以无限大,无线电波的波长可以任意长。

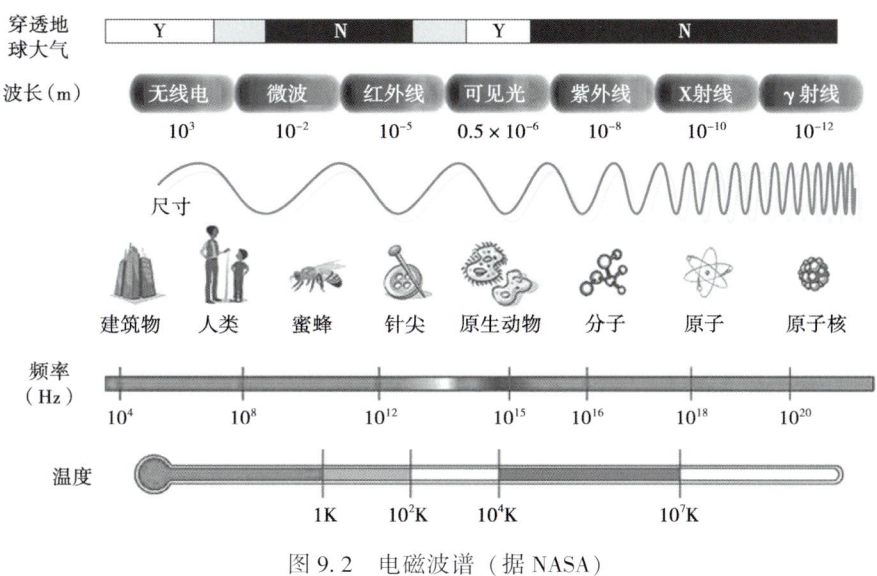

图 9.2 电磁波谱(据 NASA)

9.3 光谱类型

电磁辐射分类方式都是根据波长谱来分的,波长谱从本质上表示每个波长区间 $\Delta\lambda$ 内有多少辐射。光谱可以根据它是连续的还是离散的进行归类,后一种又称为线状光谱。可以根据特定频率的光谱去检测发光源中特定元素或原子。根据这个原理可以知道恒星的组成成分。

9.3.1 黑体光谱

物理学家普朗克首次解释一种非常重要的连续型光谱——黑体光谱。黑体光谱是由一种对所有波长的光都具有"完美"吸收作用物体所发出。因此定义黑体为只能通过热处理发光，不能反射任何光也不能从原子或分子内部转换发光的物体。黑体在现实世界中几乎不存在，但通常是完美的。一个近乎理想例子就是加热炉上的可见孔。很明显如果孔非常小的话，从外界来的几乎所有入射到孔上辐射都会吸收到炉内。一个世纪前，孔外的光谱就已经被仔细地测量过，但在普朗克之前没有物理学家解释过这种现象。普朗克认识到炉内加热墙产生辐射源于原子震动，可以将这些震荡的原子想象成由弹簧相互连接形成的格架。1900年，普朗克在没有根据的情况下大胆假设，提出了一个测量波长谱的完美方法。他假定震动原子发射光后失去部分能量，这部分失去的能量可以量化，即为能量 E，与光的频率成正比，或与波长成反比：

$$E = hf = \frac{hc}{\lambda} \tag{9.3}$$

式（9.3）中，$h = 6.63 \times 10^{-34} \text{J} \cdot \text{s}$ 为通用常数，命名为普朗克常数。基于这种特殊假设，普朗克推导出了光的强度是其波长和温度的函数：

$$I(\lambda, T) = \frac{2hc}{\lambda^3} \frac{1}{\mathrm{e}^{hc/\lambda KT} - 1} \tag{9.4}$$

图9.3 展示了5个温度条件下，普朗克公式与波长的关系。对于量化能量的假设，普朗克除了对数据拟合外并没有进行证实，因此 h 值只是根据拟合结果而简单选取。然而，这与后来爱因斯坦和其他科学家研究成果一致，依据量化能量光子，对黑体辐射的理解现在看来是完全正确的。实际上是普朗克在物理学界开启了量子革命的先河。

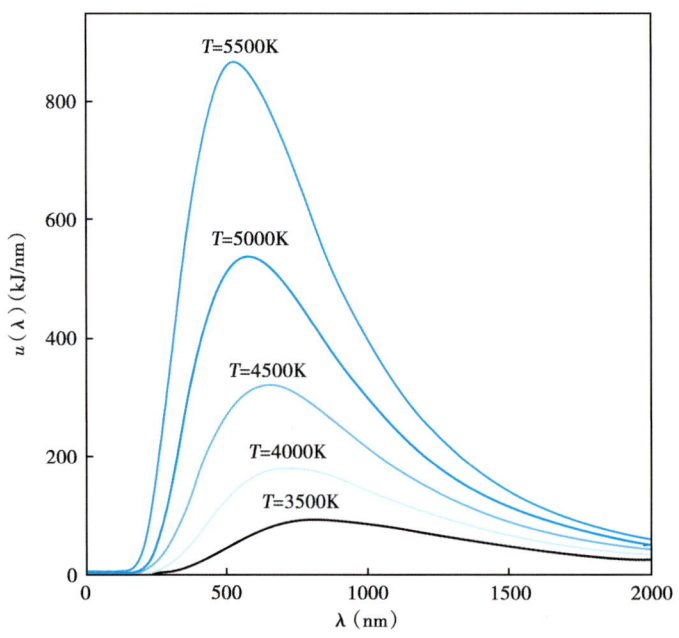

图9.3 5个温度下黑体光谱图（据 GFDL）

> **知识盒　光：是波还是粒子流？**
>
> 迄今为止，我们都认为光是一种波。然而，1905 年爱因斯坦基于普朗克的研究成果揭示光同时也是由被称为光子的粒子流组成。由于这项研究成果（并非相对论）爱因斯坦获得了诺贝尔奖。根据爱因斯坦的观点，单个光子的能量可由式（9.3）（该公式由普朗克在黑体光谱拟合中提出）得出。因此，如果一个放射体的能量强度为 I，可推导出该放射体每秒释放的光子数 N
>
> $$N = \frac{1}{hf} \tag{9.5}$$
>
> 基于这个关系式和 I, h 和 f 的经典值，尽管有非常灵敏的探测仪器，要想观察到光的粒度（检测单个光子）很明显不是一件普通的事。

图 9.3 黑体光谱中有两个重要特征。首先，在某温度下黑体辐射的总量（曲线下部面积）随着绝对温度（开氏温度）增加急剧增大。实际上，如果把式（9.4）对所有波长积分，会发现黑体的单位面积的辐射能量遵循斯特藩—玻尔兹曼定律：

$$q = \frac{P}{A} = \varepsilon \sigma T^4 \tag{9.6}$$

其中，$\sigma = 5.67 \times 10^{-8} \text{W}/(\text{m}^2 \cdot \text{K}^4)$，辐射系数 ε 变化范围为 0~1，表示物体表面接近完全黑体的程度。

其次，如图 9.3 所示，发射黑体越热，波长峰值越向波长变短方向偏移。这个关系被称之为 Wein 定律：

$$\lambda_{\max} = \frac{0.002898}{T} (\text{m} \cdot \text{K}) \tag{9.7}$$

有趣的是大多数恒星包括太阳的光谱都能很好地拟合成黑体，这样我们就能推算出表面的温度。图 9.4 中理想化的黑体曲线和浅阴影实际光谱相一致，实际光谱在地球大气层上方

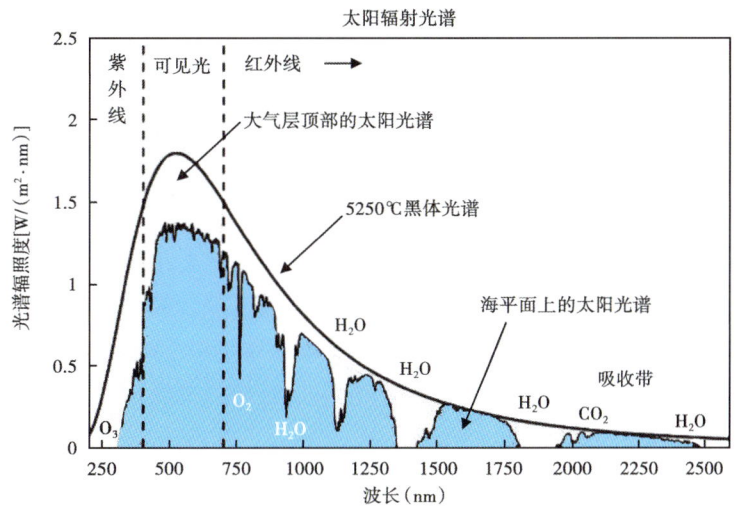

图 9.4　在海平面上的太阳光谱、在大气层顶部的太阳光谱及 5250℃ 下的黑体光谱

向太阳方向观测得到。

光谱的深阴影部分表示太阳光经过地球大气层到达地球表面的部分，及大气层中各成分对光谱的吸收部分。图 9.4 显示光谱由三部分组成（由虚线分开）：红外线（占比 52%）、可见光（占比 43%）及紫外线（占比 5%）。注意伽马线和 X 射线占比远小于 1%。

假定天空万里无云，太阳光垂直入射时，地面的光照度约为 1000W/m²，即图 9.4 中深阴影部分面积总和。而实际上，在一天中太阳光到达地面的光照取决于很多因素，其中最重要的是太阳在天空中位置和一天中太阳的运行轨迹。

9.4　太阳在天空中的视运动

为了理解太阳经过天空的视运动（这取决于一年中的时间及所处的纬度），首先要了解一些地球环绕太阳运行的基础知识。地球绕太阳旋转时，地轴与旋转轨道面法线呈 23.45° 夹角，轴向几乎指向北极星。一年中有四个非常特殊的时间点，即春分、秋分及夏至和冬至（图 9.5）。在春分和秋分时，地轴既不指向太阳也不背离太阳，因此一天 24 小时自转周期内白天时间接近 12 小时。在另外两个特殊的时间点夏至和冬至时，地轴向太阳倾斜最大达到 ±23.45°。对夏至来说（至少是北半球的夏至），地轴倾向太阳角度最大，一年中这天白天时间最长。由于一年并不是整数天数，这四个特殊时间点的准确日期也是变化的。

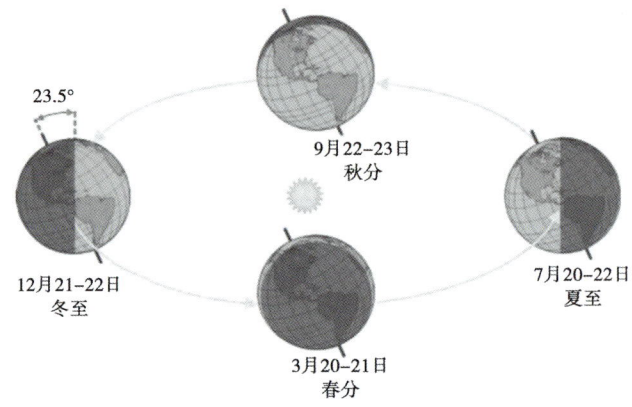

图 9.5　春分、秋分及夏至、冬至地球自转图（据 NOAA）

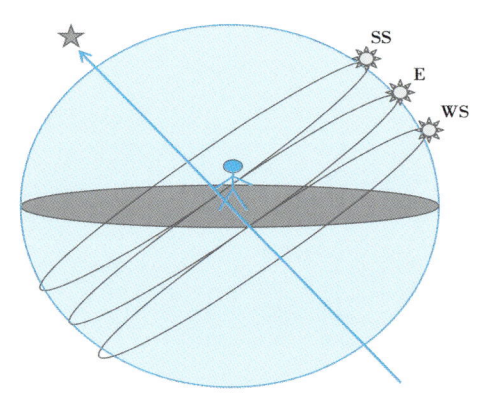

图 9.6　从地球上观察太阳的视运动

现在暂不考虑太阳系外观测地球（图 9.5），而是考虑如果某人某天站在某处观察太阳在天空中视运动（图 9.6）。图 9.6 中的椭圆表示上述四个特殊时间时太阳的轨迹。图 9.6 中只有三个椭圆并不是四个，因为春分和秋分是同一个椭圆（中间的那个）。另外，太阳的实际路径非常接近为圆形，并且该椭圆路径仅仅是透视效果。图 9.6 中每个椭圆地平线以下部分表示夜晚。该图中有很多有趣的地方值得深入研究，包括北极星的位置，它位于北极正上方，与地平线呈一定角度，等于观察者所在的纬度。事实上只有在春分和秋分时,太阳才会正东升起正西落山。太阳夏季时在天空中最高,从东偏北方向升起在西偏北方向落山;冬季时最低,从东偏南方向升起,在西偏南方向落山。图9.6中三个太阳标志表示太阳分别在夏至(SS,这时太阳位置最高)、春分和秋分(E)及冬至(WS,这时太阳位置最低)中午时太阳的位置。

进一步研究图9.6发现,判断任意时间和地点太阳的位置需要知道两个角度,即太阳赤纬角和时角。这两个角度的确切定义如下:

太阳赤纬角(δ)是指同一位置某天正午和春(秋)分正午太阳位置与地心之间的夹角。因此,由图9.6可得出夏至和冬至时的太阳赤纬角$\delta=\delta_0=\pm23.44°$,春分和秋分时的太阳赤纬角$\delta=0°$。而且,还很容易得出任意一天正午北半球太阳仰角为$\varphi+\delta$,其中$\varphi$为纬度。一年中除了四个特殊日期之外任意一天的太阳赤纬角的计算如下。

$$\delta = \delta_0 \sin\left[\frac{360(284+n)}{365}\right] \tag{9.8}$$

式中,$n=1,2,3,\cdots,365$为一年中的某一天。通过式(9.8)可以很容易计算出四个特殊日期的太阳赤纬角。

太阳时角(ω)是指太阳在环形轨道上某个时间与最近一次正午时太阳位置之间的夹角。因此,图9.6中三个太阳标志处的太阳时角为$0°$。由于一天为24小时,所以时角为常数$360/24=15°$,任意太阳时间点t_{solar}的太阳时角可用式(9.9)表示。

$$\omega = 15°(t_{\text{solar}} - 12\text{h}) \tag{9.9}$$

但是,我们观测的本地时间与基于太阳视运动的太阳时间并不完全一致,其原因有二。第一是时区问题,需要将太阳时间根据观测点与所在时区西边界的距离进行校正,即$\psi-\psi_{\text{zone}}$;第二是时差问题(ω_{Eq}),由于地球绕太阳椭圆轨道旋转时的速度变化使得太阳每天升起的时间不一致,从一个正午到下一个正午虽然平均是24小时,但也会有小误差(图9.7)。

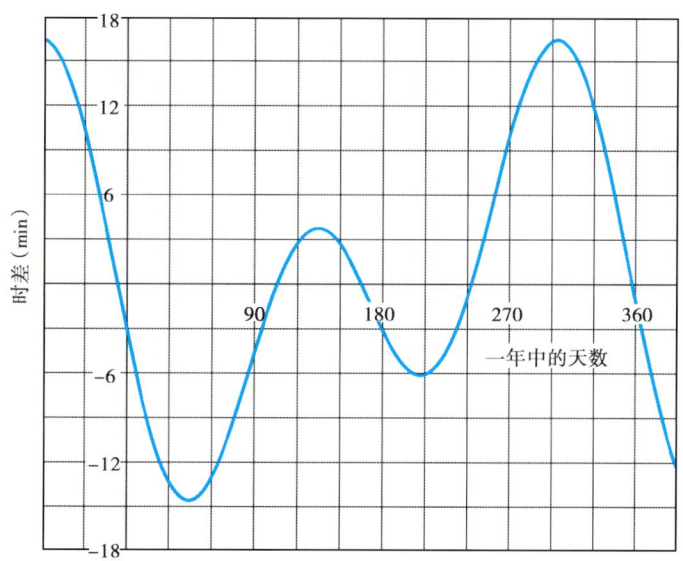

图9.7 时差图

纵坐标为太阳运行相对于一年中标准时间相差分钟数,负值表示太阳运行慢,正值表示太阳运行快

考虑上述两个原因（时区和时差问题）产生的校正量，式（9.9）可改写成。

$$\omega = 15°/h(t_{solar} - 12h + \omega_{Eq}) + (\psi - \psi_{zone}) \quad (9.10)$$

例1 计算太阳赤纬角

计算华盛顿10月4日太阳赤纬角和下午3点太阳时角。

求解

10月4日是一年中第277天，因此式（9.8）中 $n=277$，可算出太阳赤纬角 $\delta=-18°$。因为10月4日在秋分之后，所以赤纬角为负值。由图9.7看出，一年中第277天的时间校正量 $\omega_{Eq}=+12\text{min}$ 或 $+0.2\text{h}$。华盛顿的经度为西经76.0°，位于最近时区的西边界约7°，因此下午3点（$t_{zone}=15\text{h}$）时的太阳时角为：

$$\omega = 15°/h(15h - 12h + 0.2h) + 7° = 55°$$

9.5 太阳辐射的利用

地球上某个位置可利用的太阳能总量取决于很多因素，如云层厚度、大气吸收程度，尤其是某段时间内白天的小时数 N 等。推断最后一个影响因素虽然是个复杂的三维几何模型，但可以用两个变量来表示：纬度 φ 和给定日期的太阳赤纬角 δ

$$N = \frac{2}{15}\cos^{-1}(-\tan\varphi\tan\delta) \quad (9.11)$$

例2 计算白天小时数

计算华盛顿10月4日白天小时数。

求解

我们已经知道10月4日华盛顿的纬度约为39°，太阳赤纬角为-18°，因此据式（9.11）可算出 $N=9.1\text{h}$。由于10月4日在秋分之后，所以白天的小时数小于12。

你也可以亲自计算一下，当 $\varphi=0$ 或 $\delta=0$ 时，式（9.11）的结果是不是12h。图9.8给

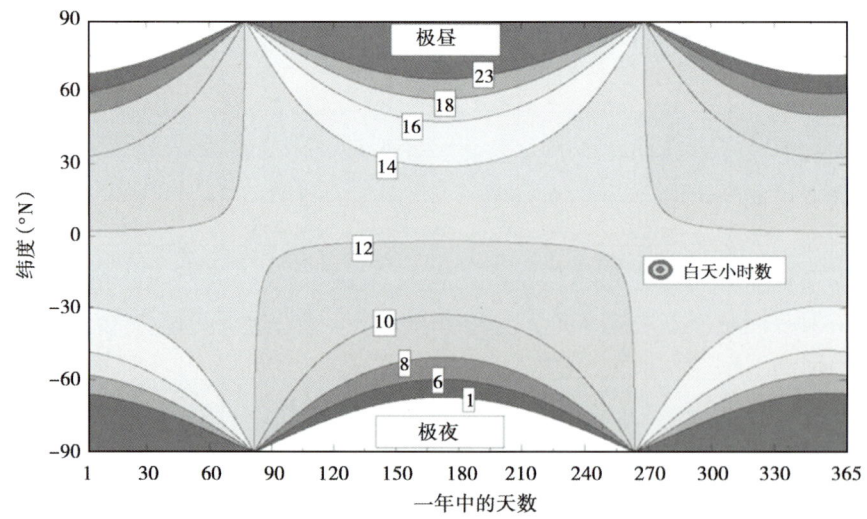

图9.8 不同时间和纬度的白天小时数 N

出了根据式（9.11）计算的不同时间和纬度的白天小时数［这里 δ 由式（9.8）计算］。注意图中特定纬度区域一年有段时间是极昼（太阳永不落）或极夜（太阳不升起）。

如前所述，利用太阳能依赖当地自然条件，包括云层厚度，而云层厚度又与当地的生态系统有关。因此，沙漠地区云层比雨林地区少（图9.9），太阳能能量并不是纬度的一个简单函数。

图9.9　地球表面单位面积年平均太阳辐射量

太阳辐射量是指一定时间给定面积内所接收的太阳辐射的总和或者辐射量相对时间的积分。从图9.9中可以发现，南北两个半球的单位面积年平均太阳辐射量明显不对称，其原因是赤道并非处于地图中间，而是穿过巴西。注意相比同纬度的其他地方，像撒哈拉沙漠和美国西南部沙漠的太阳辐射量要大得多。显然，沙漠地区是收集利用太阳能的好地方，不仅因为日照非常有利，而且其他生产用途的土地（如农业或人类居住）较少。尽管沙漠地区有众多利用太阳能的优点，但也有很多不合适安装太阳能集热器的原因。

9.6　太阳能集热器的最优方位及倾向

在某些情况下，太阳能集热器需要追踪在天空移动的太阳，但这主要针对聚光式集热器，否则会导致太阳能集热器收集太阳能总量急剧下降。一般地，集热器常年都是固定朝着一个方向，或者可能调整一次。一般将集热器放置于斜坡屋顶上，如果在北半球，一般把集热器安装在南面。为了美观，屋主宁愿把集热器放置于斜屋顶上，而不愿意架起一点来获得更高效率。如果想让集热器年平均效率达到最大，角度应与所处的纬度相同，这样能使春分和秋分的正午太阳能够垂直入射于集热器而获取最大的能量。当然，你也许可能还有其他的想法，根据当地的气候条件，你可能想在冬天或者夏天获得最大化的太阳能，而不是全年最优。幸运的是，获得太阳能总量对集热器方位并不敏感，至少正常入射与最优化的入射差别很小。例如，如果太阳光以 30°角入射，根据式（9.1）计算集热器获得太阳能的效率为 86.6%，仅比最优垂直入射时低 13%。

当集热器水平放置，正午太阳最高时，当天获取的太阳能量达到最大值（图9.10），但是这种情况肯定不适合斜屋顶。图9.10中不规则的数据点多半是有效的，是由太阳光穿过

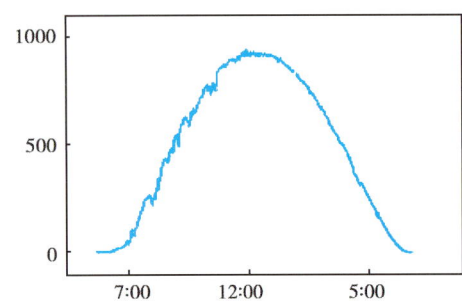

图 9.10 泰国某地方（北纬15°，东经102°）2008年2月21日测量的太阳辐射量与时间的关系（据 Wichit Sirichote）不考虑局部不规则小波动，图中数据点可以用正弦函数来表示，表明当天天空晴朗，当天单位面积最大辐射量是 930W/m²，单位面积总能量为 6192W/m²

云层引起而不是测量仪器问题。

在近似合理的情况下，图 9.10 中显示的曲线形态（不规则数据点除外）表示的是太阳辐射量是时间 t（从太阳升起算）的一个简单正弦函数：

$$G(t) = G_{max}\sin\left(\frac{\pi t}{N}\right) \quad (9.12)$$

式中，N 是一天中白天的小时数，G_{max} 是正午时分的辐射量（水平面）。

在实际生活中，如果计划安装太阳能的话，可以借助很多在线工具绘制安装效果图。这些在线工具：

（1）可以优化不同情况下给定位置集热器的倾向，并且计算每天每平方米可获得多少千瓦太阳辐射量。

（2）可以利用 Google 地图画出屋顶的四个角，并计算放置在屋顶的集热器实际上获得多少千瓦能量。

（3）可以提供屋顶的全景照片以供观察一年中任意时间树木和其他房屋遮挡阳光的情况。这些在线工具还有智能手机应用版本。

9.7 温室效应

大家都知道，太阳连续不断地照射着地球表面，那地球的温度会不会稳定上升呢？当然不会，因为地球会把热量返回到太空中。事实上，可以通过平衡输入和输出能量计算地球的平均温度，根据斯特藩—玻尔兹曼定律［式（9.6）］，地球表面温度取决于有多少能量返回到太空。

9.7.1 预期的地表平均温度

预测地球表面温度的计算非常简单。太阳光只能照射地球表面的一半（图 9.11），为了得到覆盖整个地球表面接收的总辐射量需要对照射半球进行积分，因为 $\cos\vartheta$ 的值是变化的，有一个更简单的方法将太阳光看作垂直入射到一个半径与地球相同的圆盘上。

因此，如果入射到地表的太阳辐射量是 865W/m²，那么乘以地球圆盘的面积就可算出整个地球表面接收的总辐射量，即

$$P_{in} = 865\pi r^2 \quad (9.13)$$

在地球被加热到某个绝对温度 T 过程中被地球球形（非圆盘）表面向外散失的能量为

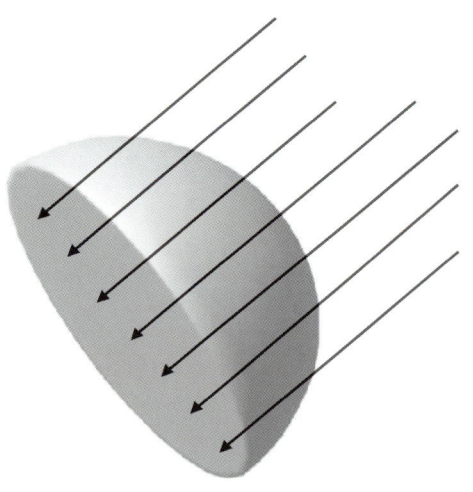

图 9.11 采用照射在地球半径相同的圆盘上的方法计算面向太阳的半球总辐射量

$$P_{out} = \varepsilon\sigma AT^4 = 4\pi r^2 \varepsilon\sigma T^4 \tag{9.14}$$

如果接收和散失的能量相同，且为方便起见取散失系数 $\varepsilon=1$，那么：

$$T = \left(\frac{865}{4\sigma}\right)^{1/4} = 248\text{K} = -25\text{℃} \tag{9.15}$$

这个温度要比地球表面的实际平均温度低得多。很明显，这里有很多因素没有考虑。一是地球真实的散失系数小于1。由于 T 的值取决于式（9.15）中的¼幂次方，所以即使采用正确的地球散失系数计算，结果也不会变化太大。这个结果与地球表面更加舒适的适宜生命生存的+13℃平均温度差异主要在于没有考虑到温室效应。

9.7.2 自然温室效应

大气中一直存在的二氧化碳、水蒸气和甲烷这些气体，有些是微量的，它们对接收和散失太阳辐射起着明显不同的作用。吸收太阳辐射，从被加热的地球散失出去的辐射也有一个近似黑体的光谱，只不过这个黑体的温度约为258K而不是太阳表面的5500K。因此，根据Wein定律，向外或者说向上辐射的波在波长谱上向波长变大的方向移动，进入了红外线区域，图9.12中标着"向上热辐射"曲线表示三种不同温度黑体向上辐射的曲线。图中向外辐射的深阴影表示向外辐射经过大气层吸收后的剩余部分，这部分能量就像一个毯子裹在地球的周围。平衡状态下，入射至地球表面的辐射总量必须与向外辐射的总量相等。从图

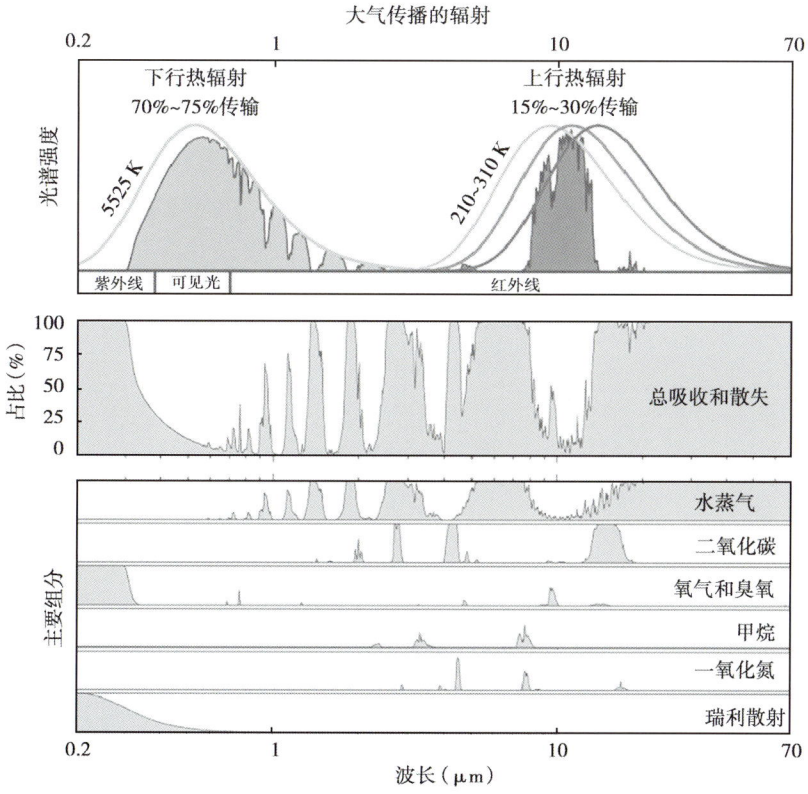

图9.12　上图：通过大气传播的太阳辐射的强度，包括接收的和散失的；
下图：大气的总吸收系数和5个组分（温室气体和瑞利散射）所占比例

9.12可以看出大部分（约70%~75%）入射辐射经过大气层到达地球表面，却只有少部分（约15%~30%）向上辐射穿透大气层向外传播，其余部分就会对地球进行加热。

认识到这些特定温室气体以及吸收不同波长辐射的程度，就可以理解为什么温室气体（GHGs）更能阻挡向外的辐射。特定气体的吸收能力可以用吸收系数 $\alpha(\lambda)$ 来表示。吸收系数是指散失或吸收的辐射与入射总量的比值。它是波长的函数，介于0~1之间，其中1表示没有传播100%被吸收。注意，传播系数一般可简单写成 $\tau(\lambda) = 1-\alpha(\lambda)$。

如何从各个组分的吸收曲线得出总吸收曲线呢？首先，必须基于五种气体中单个气体传播系数的乘积计算出总传播系数：$\tau_{total}(\lambda) = \prod_j \tau_j = \prod_j (1-\alpha_j)$，进而可计算出总吸收系数：

$$\alpha_{total}(\lambda) = 1 - \prod_j [1-\alpha_j(\lambda)] \tag{9.16}$$

据式（9.16），如果某种气体完全阻挡一定波长的光 $[\alpha_j(\lambda)=1]$，那么 $\alpha_{total}(\lambda)=1$。从图9.12中总吸收系数图可清楚地看出，从地球表面向外辐射的能够通过大气层传播的光波长都集中在 $10\mu m$ 附近狭窄的窗口内。其他波长远大于和远小于 $10\mu m$ 的红外线主要被水蒸气和二氧化碳所吸收。注意图9.12中的深阴影部分表示经过大气层向外传播的光，实质上是总吸收曲线上窗口中心位于 $10\mu m$ 曲线倒转。

阻止热量散失的温室气体的贡献大小在一定程度上取决于大气层中各种气体的含量。当大气层中温室气体含量增加时，地球就会变暖，就像地球周围增加了一个额外的毯子。从图9.12中各种温室气体的吸收系数一眼就能看出，最主要的气体是水蒸气。然而，与其他温室气体不同，大气中水蒸气平衡浓度完全取决于地表温度。因而，大气中超过饱和浓度以上的多余水蒸气会凝结出来。

9.7.3 气候变化的反馈

水蒸气与其他温室气体有本质上的区别，因为它的浓度会随着温度的升高而变大，它可作为正影响来源。当其他温室气体含量增加时，地球的温度会升高，这导致海洋中的水分蒸发造成大气中水蒸气的浓度增加，使地球温度进一步升高。大气中水蒸气的影响实际上是二氧化碳和其他温室气体产生影响的两倍。但是水蒸气对气候变化的影响很复杂，因为它会形成低空云层产生负影响。低空云层不透明易于阻挡入射的太阳光，降低地球的温度，从而抵消其他温室气体含量升高所产生的影响。但是大多数大气学家相信水蒸气的正影响比负影响重要，至于水蒸气形成低垂云层具有不确定性，尤其是关于气溶胶对云层形成的影响。建立能够研究温室气体含量增加对气候影响的可靠的模型非常复杂，部分原因是影响因素太多，有些是正面的，有些是负面的，而且每种影响因素又具有很强的不确定性（NAS，2003）。

9.7.3.1 正影响

（1）水蒸气：上述已经讨论过。

（2）高空云层：如果由于高温引起的多余水蒸气产生更多薄高空云层，这些云层阻挡向上的红外辐射比入射可见光更多，最终导致在地球周围形成一个封闭的向外热辐射团，使地球温度进一步升高。

（3）溶解气排放：包括各种温室气体，尤其是大量的甲烷。这些甲烷被封闭在大量水体中，包括海洋、甲烷水合物（也称甲烷化合物）和泥炭沼泽。最大的沼泽是面积达 $100\times 10^4 km^2$ 的西西伯利亚冻土沼泽。全球气候变暖将会加速冻土的融化并释放大量甲烷，进而加速气候变暖的进程。同样，海洋中含有巨量的溶解二氧化碳，其平衡浓度随着温度升高也会下降。因此，当全球温度升高时，将会有更多的二氧化碳释放出来，进一步推高全球温度。

（4）冰反射影响：一个物体表面的反射程度可以用反射率表示，即物体表面反射的能量与入射能量的比值。当然，任何物体表面的反射率都为 0（全部吸收）与 1（全部反射）之间的值。如果把地球作为整体来看的话，其反射的能量与入射太阳光的能量的比值为 0.367。因为白色冰表面比无冰表面的反射系数更大，所以当地球表面温度不断升高时就降低了冰覆盖面积，即地球的反射系数减小，所带来的影响就是增大地球对太阳光的吸收能力，使地球温度进一步升高。

（5）热带雨林干枯、火灾及沙漠化：依据气候模型，温暖环境下内陆地区一般少雨多干旱。热带雨林干枯会导致更多的火灾，最终使热带雨林遭受毁灭并沙漠化。植被破坏后，储存于植被中的巨量二氧化碳被释放到大气中加剧气候变暖。

9.7.3.2 负影响

正如前面提到的，正影响倾向于驱动气候进一步远离平衡，并加速气候变暖的趋势，负影响则有相反的效果。

（1）黑体辐射：黑体辐射作为负反馈前面已经提到，但未明确指出。它指的是从热地球向外更大程度辐射（根据 T^4 法则），其作用是在没有任何向外辐射增加的情况下降低温度上升的幅度。

（2）低空云层：如果温度升高，多余的水蒸气会凝结成低空云层，阻挡入射的可见光——反射一部分并吸收一部分。被反射的部分永远不会到达地球表面，而被吸收的部分使云层温度升高一些。被加热的云层会把过多的热量同时向下和向上辐射，向上到达太空的能量要多于向下到达地球的能量，这样就能降低地球温度上升的幅度。

（3）二氧化碳施肥效应：大气中过多的二氧化碳能够刺激植物的生长，植物生长会吸收二氧化碳限制温度升高。当然，二氧化碳含量过高产生的这种影响需要与温度上升一起考虑来判断对植物生长净影响是正面的还是负面的，很多科学家认为是负面影响。

（4）大气中二氧化碳自然消失：各种各样的自然作用导致二氧化碳被海洋吸收，大气中的二氧化碳含量降低。这样的自然作用有岩石的化学风化，生物过程如海洋中形成更多的贝壳等。然而，像这些负影响的作用需要相当长的时间才能显现，因此这就完全限制了它们在 10 年或 100 年内对温度上升的负面影响。

除上述提到的，还有很多其他正面影响和负面影响因素，这里主要是给你一个概念，建立气候模型为什么复杂。如果没有对正影响和负影响相对量做客观评价的话，过高或过低地预估未来全球温度上升的影响都是有可能的。

> **知识盒　确认偏差**
>
> 　　当判断事项涉及客观性时可能会非常棘手。心理学家已经证实，大多数人（包括科学家）喜欢一些可以确认他们的偏见或假设的信息（不论信息是否属实），并持怀疑态度地关注一些矛盾的信息。因此，当评估影响气候各种因素（包括正面和负面）的相对重要性时，气候变化怀疑论者强调负面因素而最小化正面因素，从而较低的估计未来温度上升。同时，被气候变化怀疑论者嘲笑为杞人忧天的气候科学家可能会做出相反的估计，认为全球正在变暖。

9.7.4 四种温室气体

表 9.1 列出了四种与人为因素相关温室气体含量随时间增长的情况。上述提到水蒸气是所有温室气体中最重要的一种,但是表 9.1 中并未列出,是因为水蒸气浓度由温度决定,并不是人为因素。

表 9.1 大气中四种重要温室气体的浓度及产生的辐射强迫

温室气体	工业革命前	目前	增加量	经历时间(年)	R.F.(W/m^2)
CO_2	280ppm	387ppm	107ppm	100	1.46
CH_4	700ppb	1745ppb	1045ppb	12	0.48
NO_2	270ppb	314ppb	44ppb	114	0.15
CFC-12	0	533ppt	533ppt	10	0.17
总量					2.26

注:ppm 表示 10^{-6};ppb 表示 $\times 10^{-9}$;ppt 表示 $\times 10^{-12}$。

表 9.1 中有很多地方值得注意:首先,除了一种气体外所有的气体都在人类工业革命之前大气中就已存在,只不过工业革命后急剧增多,主要是由于燃烧化石燃料、发展畜牧业和农业及砍伐森林造成的。对气候影响最大的是二氧化碳。大气中二氧化碳含量自从工业革命以来是稳步上升的,尤其最近几十年急剧上升(图 9.13)。每年不同时期的二氧化碳含量是波动的,如由于光合作用二氧化碳含量会降低,当树叶和其他残骸腐烂时又会上升。正如表 9.1 中所列出的,所有温室气体中二氧化碳不仅浓度最高,辐射强迫值(Radiative Forcing,R.F.)也是最大的,这也正是能量失衡程度的体现。大气中二氧化碳产生的 1.46W/m^2 辐射强迫相当于除了 1000W/m^2 的太阳辐射之外,又额外增加了 1.46W/m^2 光照度。从表 9.1 的辐射强迫值来看,所有温室气体中二氧化碳对全球变暖趋势贡献约占 3/4。因此,大气中二氧化碳浓度持续稳步上升令人担忧。

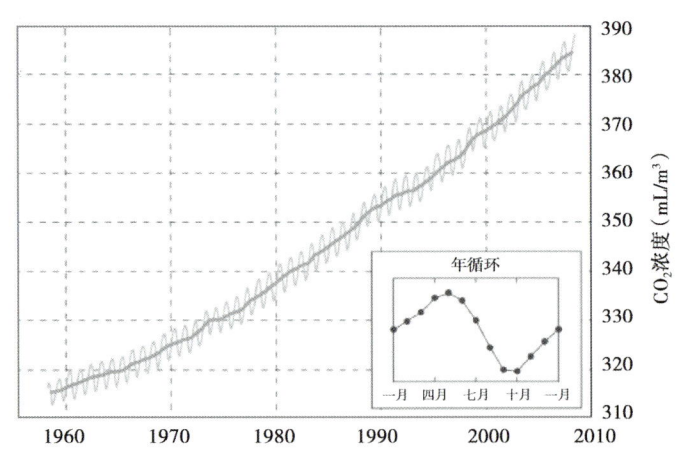

图 9.13 夏威夷 Mauna Loa 大气中二氧化碳浓度曲线(据 Semhur)

该曲线称为 Keeling 曲线,Charles David Keeling 于 1960 年开始测量并首次提出大气中二氧化碳含量正在上升以及对气候影响等问题,这些问题在全球范围内获得了关注

9.7.5 全球温度变化及其产生原因

大部分的气候科学家认为自从 1960 年以来全球平均地表温度呈现上升趋势，尽管过去几十年自然因素起了很重要作用，但主要还是由于大气中温室气体含量增加而引起。可以看出，在随后的 30 年间，地球表面温度平均每 10 年上升 0.6℃或 0.2℃。这个趋势一直持续到了 21 世纪，导致现在全球平均地表温度上升了 2℃或 3.2°F（图 9.14）。

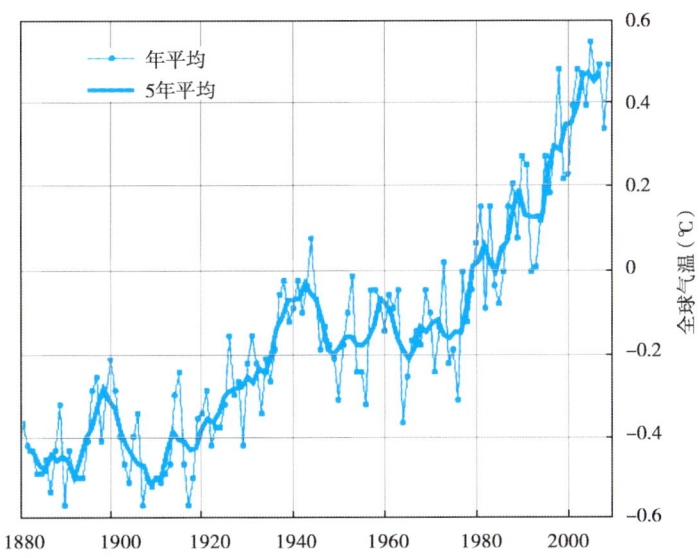

图 9.14 全球平均地表温度变化曲线及其 5 年平均曲线（据 NASA）

说全球温度升高的主要原因是温室气体含量增加而不是自然现象，其证据是什么呢？气候学家综合考虑自然和人为两种因素的气候模型能够拟合温度变化（图 9.15）。模拟结果与观测数据吻合很好，自 1960 以来，温度变化的影响因素主要还是人为因素，即温室气体的含量升高和硫酸盐气溶胶。硫酸盐气溶胶能够影响云的形成和阻挡入射的太阳光，是阻止气候变暖因素。

然而，温室效应是气候变暖原因的证据不仅仅是气候模型与观测数据吻合，还在于明显的变暖模式。很明显，由于温室效应引起的变暖应该是晚上变暖比白天更多，冬天变暖比夏天多，寒冷地区变暖比炎热地区多。实质上，温室效应使温度变化在时间和空间上趋于平衡。它使平流层冷却同时也使低空大气变暖，温室效应的

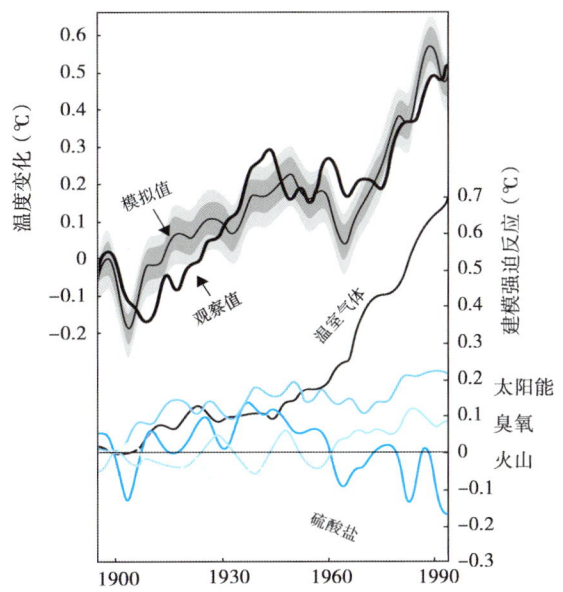

图 9.15 1900 年以来观测的和由不同原因引起的辐射强迫条件下模拟的温度变化对比
模拟温度的灰色范围表示温度变化范围

这种影响模式（实质上是温室效应印记）已经得到证实，但是如果变暖是由于其他原因引起比如太阳辐射增加等，这种模式就不会出现。

> **知识盒　更极端的天气？**
>
> 当奇怪天气出现时，我们往往想到的是气候变化的影响，当然这样认为未置可否。事实上，气候学家认真研究了自 1950 年以来的极端天气的记录，他们发现有些天气变化常见而有些非常少见。例如，根据国际气候变化专业委员会（IPCC）研究结果，较少寒冷天数的概率高（>90%），但是热浪、干旱和洪水等天气的概率适中（50%），强烈风暴天气的概率低（20%）（IPCC，2012）

9.7.6　21 世纪气候预测

21 世纪，地球表面温度会上升到多少呢？做出这个预测是很艰难的，因为我们无法知道在全球温度持续上升的压力下人类怎样取代化石燃料。然而，21 世纪的头 10 年并没有什么实际行动值得骄傲。另外，实际温度上升幅度很可能远高于根据最近 30 年温度简单线性拟合结果。实际上，根据"一切照旧"的原则，对于接下来 100 年温度的预测，不同的气候学家根据各自设计的精细计算模型得出的结果如图 9.16 所示，在预测结果中，最低的是上升 2℃。

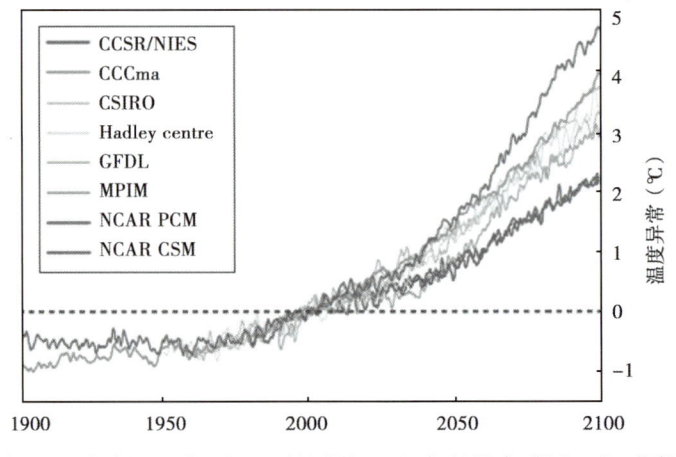

图 9.16　根据"一切照旧"的原则，8 组气候学家采用 8 个不同的计算模型预测的全球平均温度变化情况

国际气候变化专业委员会（IPCC）预测接下来 100 年全球平均温度变化范围最大 1.1~6.4℃（2.0~11.5℉），但是他们认为最合理范围应该是 1.8~4.0℃，并编入了研究报告。温度变化范围大是由于来自不同的计算模型，同时还考虑了二氧化碳排放量的大小。没有人准确知道未来温度实际上升多少。上升值接近于该区间的下限可能不会引起关注，甚至可能是有益的平衡，但接近上限势必会引起严重关注。由于存在很多引起温度上升的因素，并可能在气候系统中存在潜在引爆点，导致突发性和灾难性的气候变化。

9.7.7 气候系统中的"引爆点"

引爆点概念对大多数人来说是直观清楚的,它指的是小的干扰对系统最初只会产生小影响,但最终会导致系统达到一个不同的状态——也许是发生根本变化的状态。举一个非常简单的实例,一个矩形块长边朝上放置于水平面上,让其来回摇晃。矩形块在水平面上摇晃的幅度用虚线表示(图9.17a),在一定摇晃幅度内它不会翻到。如果摇晃幅度进一步加大直到临界点,矩形块的平衡状态被完全打破会翻倒在地。

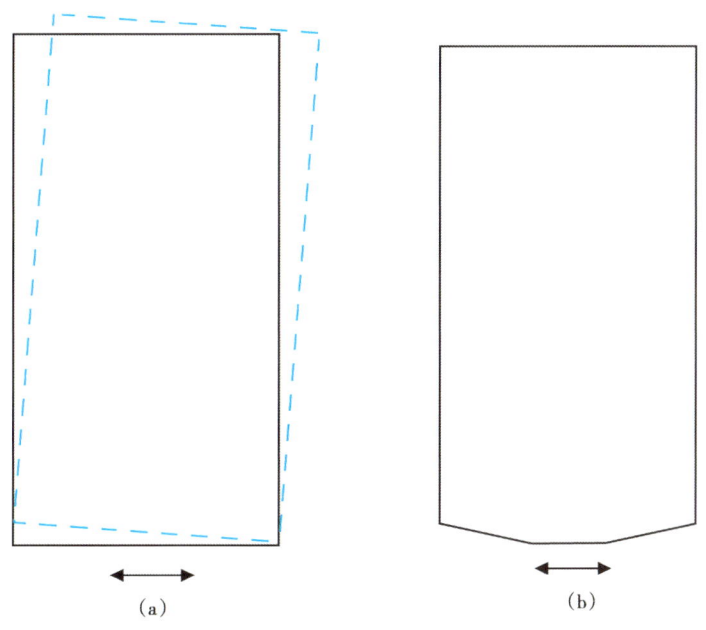

图 9.17 摇晃矩形块

(a)长边朝上的矩形块放置于水平面上,并让其来回摇晃;(b)底面为斜面的长形块放置于震荡面上

引爆点出现的方式之一是初始干扰出现时正面影响促使系统越来越偏离初始平衡状态。一旦矩形块摇晃幅度达到某个临界点,重力就成为破坏初始平衡状态的正影响因素使其翻到(在临界点之前矩形块仅仅来回摇晃,重力是负影响)。然而,一个系统出现爆发点,正影响是必要条件但不是充分条件,因为同时其他(负影响)因素也发生作用,这些因素能够保持能量平衡并阻止系统改变状态。而且,存在爆发点不表示系统经历"失控效应",导致状态产生灾难性变化。在图9.17b中底部有斜面块体,摇晃时可能会倾斜到一个斜面上(几乎保持竖直),而不是翻转。块体例子中,如果知道长宽比及摇动频率,可以精确计算出翻倒时摇动临界幅度。不能精确计算出气候系统临界值也不奇怪,比起块体实验,气候系统影响因素要复杂得多。即使有人根据一些已知正影响估计气候系统可能引爆点,但是要记住,在复杂的气候系统中也许还有一些正起着重要作用但没有被发现的正影响因素。气候系统中一个令人担忧的可能爆发点是格陵兰和南极洲西部冰层融化。如果融化速率再度加快,气候将会"不可挽回"。另一方面,没有计算结果表明这将发生在某个特殊的门槛值。

> **知识盒　失控的温室效应**
>
> 失控的温室效应不仅仅是理论假设。地球的"邻居"金星大气层几乎全部为 CO_2，大约为地球浓度的 92 倍。金星离太阳距离只比地球近 28%，距离原因不足解释其表面温度高到足以熔化铅（457℃）。科学家认为，金星曾经历一场温室气体失控灾难，根本上改变了大气成分，并且汽化原来可能存在的水。有些气候学家认为这种规模的气候变化几乎不可能由人类活动而引发，因为水蒸气可能引发的正影响作用远在可以蒸干海水之下（Houghton，2005）。但也有人不同意，认为灾难将会在遥远的将来（25 亿年后），这其实没有实际意义。

9.7.8　全球气候变暖争论者态度的分类

对人类引起的全球变暖问题只有两种态度可能过于简单，更详细的可分为四类：灾变说、现实主义、怀疑论和否定论，大部分科学家支持前两种观点之一。现实主义与灾变说的不同在于，灾变说认为由人类活动引起的气候变化后果极为严重，但是不确定最糟的情况是否会发生，认为如果大规模削减排放量将会带来很大的改观。怀疑论以及否定论之间的区别在于怀疑论认为夸大了变暖程度和证据，否定论认为这就是某些追求政治利益的科学家的骗局。气候变化方面的专家对美国民众关于全球变暖问题的态度进行了更加细致的分类（Leiserowitz，2011）：12%惊恐；27%关心；27%谨慎；10%不在乎；15%怀疑；10%不屑一顾。

9.7.9　怀疑论和否定论的论据

怀疑论和否定论（怀疑或者不屑一顾）列举了大量支持其观点的论据。这里列举其中 10 个（表 9.2）。

表 9.2　怀疑论和否定论的证据

温度上升是由于城市热岛效应
卫星数据表明地球变冷，与地表测试结果相反
在 20 世纪中叶，CO_2 浓度上升但全球温度下降
1998 年全球停止变暖
在这个问题上没有科学共识
不能相信计算机模型
我们甚至不能预测下周天气
目前全球变暖仅仅是自然循环中的一部分
冰核数据表明 CO_2 含量变化没有导致温度改变
温暖气候和高 CO_2 含量有利

（1）城市热岛效应：是指城市地区（有很多气象站）的气温较高，随着时间推移，这些气象站周围地区更加城市化，气象站所记录温度将继续上升。然而编制全球数据科学家尽管认为其影响很小，但对校正这个效应煞费苦心。例如，根据 Thomas Peter 一篇论文所说："与传统认识相反，在每年温度统计中没有发现城市化对温度产生影响"（Peterson，2003）。

(2) 卫星数据表明地球变冷，与地表测试结果相反：地表测试结果通过取适当平均值作为全球温度。与地表测试方法不同，卫星测试基于黑体频谱峰值位置，因为这是将地球作为一个整体，不受城市热岛效应等因素影响。换句话说，卫星测试也需要进行大量校正，包括利用其他各方面数据，每种数据都可能有自己的标准偏差。曾经卫星数据和地表测试地球温度存在矛盾，卫星数据显示地球正变冷。然而经过误差校正后，卫星和地表测试结果惊人一致。

(3) 在 20 世纪中叶，CO_2 浓度上升但全球温度下降：如图 9.14 所示，在 1940 年后 40 年间全球平均气温确实轻微下降了。而且这段时间 CO_2 浓度确实上升了。如图 9.15 所示，引起全球气候变化与多种因素相关。在图中可以发现，温室气体上升确实引起了温度上升，但是另外一种因素硫酸盐气溶胶（燃烧化石燃料引起）含量上升，因为硫酸盐气溶胶不但增加云层，也引起"全球黯化"现象——减少太阳能到达地球表面幅度。很明显，这个时期，气溶胶作用比温室气体作用幅度更大，使得全球温度直到 1980 年才开始再次升高。

(4) 1998 年全球停止变暖：从图 9.18 中可以看到，1998 年为纪录中温度最高的一年。而且，如果选取 2003—2010 年区间进行温度拟合呈线性负增长，或者说温度逐步降低。然而，选取这样两个数据来说明温度发展趋势，有为支持某种观点而进行"选出最佳项"嫌疑。总的来说，为了去除某些噪声值只需观察足够长时间的长期温度趋势，卫星数据可以观察整个时期温度变化，明显总的趋势还是逐年增加。

(5) 这个问题没有科学共识：科学共识不是指一个观点得到全体一致认可，因为很多观点，包括如一些学者对"冷聚变"理论坚持了很多年，直到主流科学团体认识到这个问题才得以解决。

人类因素引起全球变暖的某些方面得到科学证实，比如 CO_2 含量上升是一重要因素，但是其他方面（比如爆发点）还不能确认。不管如何，调查显示在气候学家中，认同怀疑论和否定论都是少部分人。而且，IPCC 报告中主要结论已经被至少 19 个国家科学院所接受，包括很多有名的科学组织，例如美国物理学会。

(6) 不能相信计算机模型：预测气候变化计算机模型基于物理定律，并且极其复杂。当然，他们需要输入数据进行运算，并且计算结果存在差异，但一般输入数据相同，输出结果变化不大。更重要的是，可以通过预测结果和实际观察结果验证模型准确性。比如，下面预测模型通过直接观测值验证认为是正确的：

①随着地表升温，平流层降温；
②入射太阳辐射与散发红外辐射之间存在微量失衡；
③火山喷发之后短期温度下降；
④北极区域变暖幅度更大，总的来说在这些区域变冷。

如果我们有大量地球复制品可以进行直接实验，分别测试有没有温室气体所造成地球变暖程度将会多好。不幸的是，实验的场所是我们居住的唯一地球。

(7) 我们甚至不能预测下周天气：预测天气与预测未来气候完全不同，气候可以认为是平均天气，影响天气变化随机因素被消除。一个典型例子可以解释这之间的差别：根据人口统计因素，如人口出生率、妇女教育水平、参与工作情况可以很好预测未来人口趋势，但是却不能预测某周内某医院具体出生婴儿数量。不可否认，不管长期的气候变化预测还是长期人口增长预测都受限于相同类型的不确定性，也就是国家和国际经济增长和政府政策。

(8) 目前全球变暖仅仅是自然循环中的一部分：自然因素，包括太阳输出，地球运行轨道参数当然也是气候变化的因素，曾经引起几次冰期。事实上，在建立各种模型时已经考虑了这些影响因素。无论如何，比起人类排放到空气中的温室气体，自然因素已经微不足道了。我们没有理由相信在遥远的过去自然因素引起的气候巨变在今天同样发生。相反地，关于人类因素引起温室气体尤其 CO_2 含量上升，不会带来温度进一步上升，对此怀疑论没有严谨地解释。IPCC 报告中提供了所有预测范围，也许变暖精确范围值得怀疑，但是应该注意到，怀疑论却很少提供不会变暖的任何预测。

（9）冰核数据表明 CO_2 含量变化没有导致温度改变：CO_2 含量不仅是全球温度上升的起因，也是影响结果。在温室效应中，CO_2 是起因；在气球变暖过程中，溶解在海洋中的 CO_2 和冻土中甲烷随着温度上升释放出来，这又是后果。实际上有证据表明古代全球温度自然变化，不受温室气体变化影响，因此大气中 CO_2 含量变化确实是在温度变化之后而不是之前。如今认为 CO_2 含量变化既是起因又是后果，实际表明海洋释放更多 CO_2 是重要正影响，将会导致由温室气体引发的更高的地球升温。

（10）温暖气候和高 CO_2 含量有利：毫无疑问，地球上某些地区的居民希望温暖气候，但仅仅局限于希望温度升高。但是，如果温度升高将会带来海平面上升，海洋酸性增加，极端气候事件频发。很明显如果温度升高，失去的远多于得到的。其次，发展中国家受到危害远大于发达国家，因为发达国家更容易适应气候改变。最后，生态系统和濒危物种适应能力不如人类。当 CO_2 浓度增加时，起到肥料作用，有利于植物生长，而温度上升对植物所带来的抑制作用却更大。总的来说，当自然生态系统进化到可以适应环境变化，这种时间尺度远大于气候变化时间尺度。

9.8 小结

本章主要介绍了太阳辐射及可用性，部分取决于在不同地点和一年中不同时间太阳经过天空时的视运动。还讨论了其他影响太阳辐射总量的因素，比如调整太阳能收集器倾斜角和安装角。最后一节中，讨论了地球能量平衡以及温室效应在能量失衡中所起的作用。

问　题

（1）根据到达地球表面每平方米太阳辐射，地球半径以及到达太阳距离，计算太阳输出能量（W）。

（2）假设人类能量需求逐年上升 2%，计算多少年后所需能量与太阳辐射到地球表面能量相当。

（3）计算 100W 灯泡每秒释放多少光子。假设波长位于可见光频谱中间部分。

（4）猫头鹰夜间视力很强。假设它们眼睛可以捕捉到光密度 $4.5 \times 10^{-13} W/m^2$ 的微光。如果猫头鹰瞳孔半径为 7.5mm，光波长为 503nm，计算每秒最少可以捕捉到多少光子数。

（5）说明 Wein 定律是否符合公式（9.4）。

（6）8 月 15 日在什么纬度处于极昼状态？

（7）假设某地晴天日照在 $1m^2$ 太阳能光板上辐照度遵循公式（9.12），最大值为 $800W/m^2$。如果一天有 10 小时有日照，计算一共可以获得多少太阳能。

（8）公式（9.13）根据半球太阳辐照积分等于正常照射在直径与地球相同的圆盘上太阳辐照而得到。计算半球积分证明这个公式的正确性。

（9）对于某种波长光，四种温室气体吸收率分别为 0.9，0.5，0.1 和 0.3。计算这种波长总吸收系数。

（10）根据表 9.1，工业革命后温室气体辐射强迫增加了 $2.26 W/m^2$，假设地球整体辐射系数为 0.64，计算全球与辐射强迫相关的温度上升值，不考虑反射作用。提示：需要对 $(T+\Delta T)^4$ 进行一级泰勒展开。

（11）温室气体三个特征是什么？

（12）某种温室气体全球升温潜能值定义为单位面积内辐射强迫值与 CO_2 的比值，CO_2 辐射强迫值为 1.0。计算①表 9.1 中列举气体全球升温潜能值。②全球升温潜能值（GWP）与分子对 IR 吸收能力、吸收波长以及温室气体的生命周期相关。解释为什么这三个因素对 GWP 产生影响。

（13）假设长方形块体宽高比为 x，摇晃频率为 ω，计算块体倒塌所需最小摇摆幅度 A。提示：在摇摆块体加速参考系中，当块体在摇摆一侧时，作用在块体中心非惯性水平力可以表示为 $F = m\omega^2 A$。

（14）气候变化怀疑论认为，在人类以前气候变化比现在要大得多，我们怎么知道过去气候变化因素对如今气候不会产生影响呢？讨论这个观点的不合理之处。

（15）科学家可以通过测试冰心中气体包裹体得到几千年前温度和大气中 CO_2 浓度。这两个变量随时间变化趋势相似。解释为什么这不是温度随 CO_2 浓度变化令人信服的证据。

（16）你是否认同全球变化怀疑论论点的正确性，如果有请解释。

（17）如图 9.10 中时间地点，①查证白天时间长度是否准确；②写一个关于辐射度和时间公式；③对太阳能收集器上太阳能公式积分计算总能量。

（18）计算在北半球什么纬度一年中白天最短的一天太阳不会升起。需要使用适当公式或者图表解决，而不是根据图 9.8 得出结果。

（19）你能解释图 9.13 中造成 CO_2 浓度年度循环特征原因吗？提示：北半球陆地面积远大于南半球。

（20）假设你位于某时区边界，如果你家院中有一个日晷，一年中哪一天它的时间是最准确的。

（21）仔细解释卫星是如何用来测量地球平均温度的。

（22）如果地球反射率减少 1%（因为冰体融化），计算这会对地球平均温度造成多大影响。

（23）假定三种理论温室气体 1Gt 吸收系数可以用波长高斯方程表示为：$\alpha_j(\lambda) = A_j e^{-\left(\frac{\lambda - b_j}{q}\right)^2}$，这里 $A_j = 0.1, 0.1, 0.1$；$b_j = 10, 10, 50 \mu m$；$C_j = 2.0, 0.1, 1.0$，$j = 1, 2, 3$。如果增加到现在大气中，这三种哪一种危害最大，哪一种危害最小（图 9.12）。

（24）目前，秋分之后 179 天到春分，春分后再到秋分 186 天，解释其中矛盾。

（25）全球变暖主要问题在于由于海洋热膨胀引起海平面上升。据估计过去 50 年中海平面平均每年上升 1.7mm，这段时间内海水上部 700m（或者说海洋）每 10 年上升 0.1℃。比较测量海平面与海洋热膨胀引起海平面上升之间关系。除了热膨胀还有其他什么原因导致海平面上升，为什么融化的浮冰不是引发原因？

（26）到达地球大气层顶部太阳辐射温度约为 5500K 黑体光谱。根据 Excel 表格对太阳光谱积分，计算可见光区域 450~700nm 部分占太阳频谱比例。

（27）寻找一些表中之外的支持气候改变怀疑论观点的论据，并写一页纸文章解释。

参 考 文 献

Houghton, J. (May 4, 2005) Global warming, *Rep. Prog. Phys.*, 68 (6), 1343-1403, Bibcode 2005RPPh...68.1343H, Doi: 10.1088/0034-4885/68/6/R02, http://www.iop.org/EJ/abstract/0034-4885/68/6/R02/, accessed August 26, 2009.

IPCC (2012) Special Report on managing the risks of extreme events and disasters to advance climate change adaptation, http://www.ipcc-wg2.gov/SREX/, accessed March 2012.

Kasting, J. F., Ackerman, T. P. (1986) Climatic consequences of very high CO_2 levels in earth's early atmosphere, *Science* 234, 1383-1385.

Leiserowitz, A., E. Maibach, C. Roser-Renouf, and N. Smith (May 2011) Global Warming's Six Americas, http://environment.yale.edu/climate/files/SixAmericasMay2011.pdf

NAS (2003) *Understanding Climate Change Feedbacks*, National Academies Press, Washington, DC, http://www.nap.edu/catalog/10850.html

Peterson, T. (2003) Assessment of urban versus rural in situ surface temperatures in the ontiguous United States: No difference found, *J. Clim.*, 16, 2941-2959

第 10 章 太阳辐射热能

10.1 概述

获取太阳能的两种主要方法：利用太阳能集热器将入射太阳辐射转换成热能或者利用光伏电池（PV）将入射太阳辐射转换成电能。本章介绍第一种方法。太阳辐射热能的应用范围很广，从取暖、做饭到发电等。然而仅在大型发电厂采用集中的方式利用太阳辐射热能发电是可行的，而太阳能光伏电池无论是家用还是商用，都能达到发电的目的。实际上利用太阳能热发电在众多可再生能源中是增长最快的。因而，2009 年在全球范围内虽然只有 600MW 发电当量，而正在开发的项目额外增加发电当量 14000 MW。尽管利用太阳能热发电可能不适用于家庭发电，但对于空间加热取暖和热水加热是理想的应用，这总体上占用户在能源平均花费的 60%。图 10.1 是美国家庭的平均能源支出，但也可应用于其他具有相似气候的国家。热水和空间加热取暖需要将水加热至低到中的温度，这对利用简单的太阳能加热系统是相当容易的，因为它不像发电那样需要任何集中的太阳能（图 10.1）。

> **知识盒　热转换理论的一些关键概念**
>
> （1）热量不会自发地从低温物体传到高温物体，这是热力学第二定律的其中一个表述。
>
> （2）卡诺发现热机（热机中热流在冷温与热温蓄水池之间流动）的有用功的最大可能功率为限定值，$e_{卡诺}=1-(T_C/T_H)$，这是热力学第二定律的另一个表述。
>
> （3）热流通过一个物体或从高温物体传到其较冷的周围的相关功率 p 可以用物体的热阻 R 及相关的温度差 ΔT 来描述，根据 $p=\Delta T/R$，对于电力 $i=\Delta T/R$ 这是欧姆定律的热表述。如同电阻一样，热阻 R 通常为温度的函数，但是在许多实际情况中，R 随 T 的变化可能较小。
>
> （4）如果一个物体损失热量是通过并行几种不同的机制，例如传导、对流、辐射等，每种机制都具有特定的热阻（详细说明见章节的附录）。
>
> （5）当涉及多个并行的机制，物体的净热阻 R 是这些单独的热阻的并联：$1/R=1/R_1+1/R_2+1/R_3$
>
> （6）如果一个物体的热量是依次通过几层失去的，那它们的热阻必须串联相加：$R=R_1+R_2+R_3$。
>
> （7）一个与 R 密切相关的量为 $r=RA$，其中，A 是热量流动经过的相关表面积。物理上 r 是单位面积（$A=1$）的热阻，并且被称为特殊材料的 r 值。图层的绝缘性能是基于其 r 值。

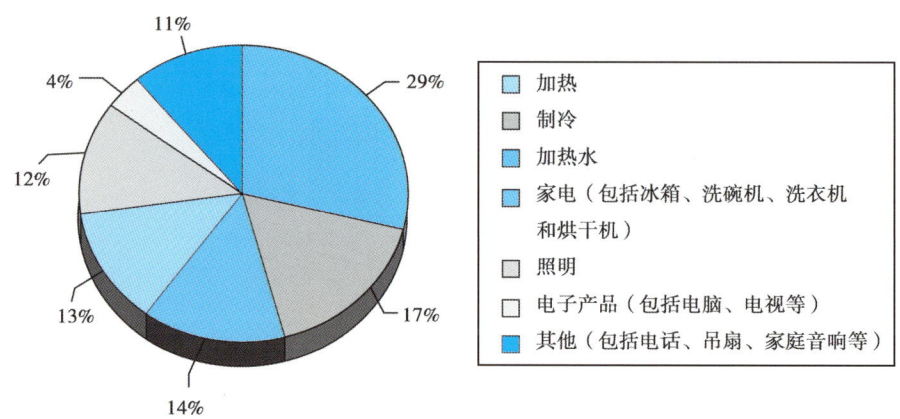

图 10.1 美国家庭的平均能源支出（图片来源于美国能源部）
钱到哪里去了？一个典型的美国家庭每年的能源费用大约是 2200 美元

10.2 太阳能热水系统

太阳能热水器（SHWs）是减少能源成本一个特别经济有效的手段，在一些国家受到很多家庭的欢迎。例如，太阳能热水器被广泛用于希腊、土耳其、以色列、澳大利亚、日本、奥地利和中国，但美国使用较少，而美国也可以极大地从中获益。例如，从节约能源或天然气的成本和国家按税收优惠政策的回收期大约为四年。目前，按人均计算，以色列是世界上利用太阳能热水系统的领先者。事实上，85%的以色列家庭使用太阳能热水系统，占以色列国家能源消耗量的 3%。从绝对数字来看，中国是世界的领导者，该国占据着全球市场新增太阳能热水系统的 80%，该市场在未来有很大发展空间，因为目前只有大约 3000 万中国家庭在使用。在某种程度上，太阳能热水器在中国的普及是因为非常低的补贴成本（大约$200），这或许是美国成本的 1/5，而在美国这样的热水器的使用率非常低（只占全球的 0.5%）。

SWHs 已经存在了一个多世纪，技术非常强大，成熟并且相对简单。太阳能热水器的复杂程度和成本取决于一个国家的气候，因为严寒的气候往往需要更复杂的（昂贵）系统。幸运的是，在美国和其他国家有着独立认证机构评估市场上的许多系统，并允许房主根据自身的需要来评估各系统的优点。决定用太阳能热水器替代现有系统取决于许多因素，特别是经济。用太阳能热水器更换还有很长使用寿命的热水加热器能够节省能源，但会导致额外支出，这既没有经济效益也没有环保意义——只是考虑到现有单位"能耗"。

10.3 平板集热器

典型的商业级平板集热器见图 10.2 中的俯视图。深色太阳能吸收表面或平板被覆盖一层玻璃板，这层玻璃板可以使短波太阳辐射很容易入射。然而，玻璃盖板将阻挡从吸热器发出的长波辐射，其本质上是利用温室效应。图中所显示的管道用来输送流体，需要与吸收太阳辐射的深色金属板有良好的热接触。为减少热损失，实现高效率，平板放置在厚的绝缘层上，进而减少了热量的损失。

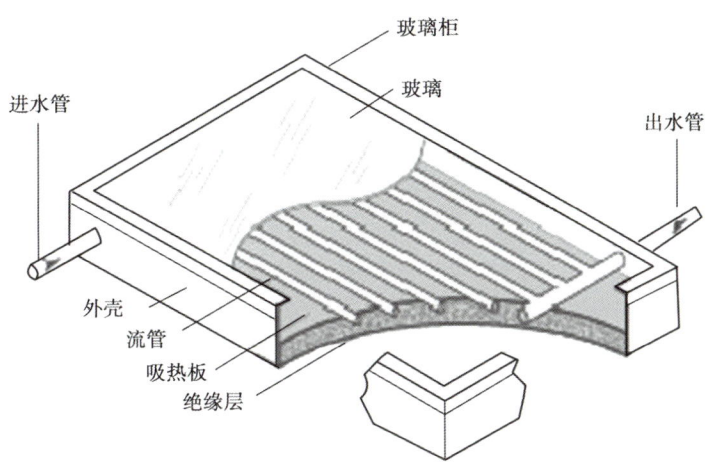

图 10.2 典型的平板太阳能集热器俯视图（图片来源于美国能源部）

太阳能集热器的主要目的是加热水，但在典型的双回路系统中，通过管道输送的流体往往不是水而是防冻液，其中，在没有直接接触次级回路中的纯水的情况下，主回路中的热量被传递到热水箱。防冻液的重要作用是在气温降到冰点以下时，防止损坏集热器。如图10.3所示，在没有足够的太阳辐射时，次级回路输送热水到加热器，作为备用热水源。完整的系统还包括一个能够驱动水流通系统的泵以及一个在没有太阳时切断水流流向集热器的控制器。如果没有控制器，当集热器散发热量到周围环境而不是吸收热量时，该系统在夜间将损失热量。

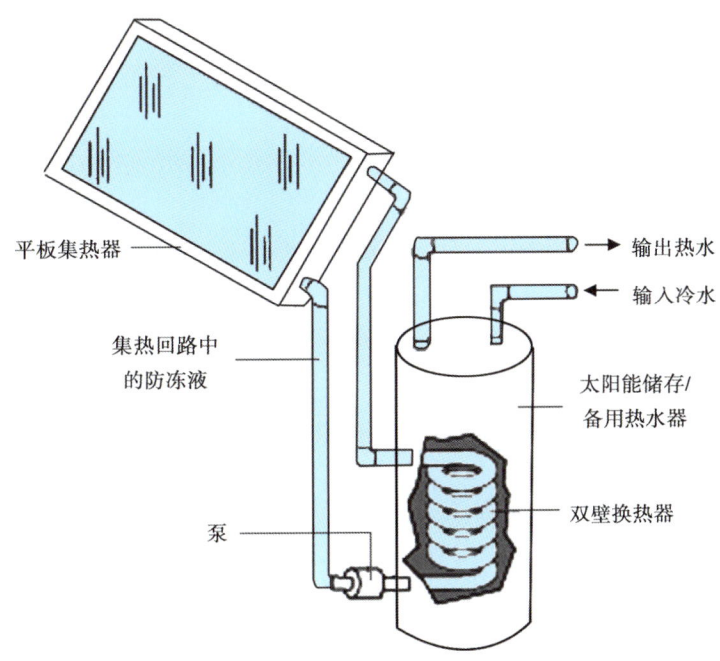

图 10.3 太阳能集热器和一个双循环"活性"水加热系统

与图 10.2 不同，有些集热器缺少玻璃盖板，但因为更大的热损失，它们必定效率较低，不能将水加热至高温。有盖板的简单平板集热器温度可能高达 180℃，比所需要的家用热水的温度更高，但实际温度可以通过控制器调节管道的流速来控制。实际上在这种集热器中，须调整管道中水的流速必来匹配太阳辐射，以避免过热及严重损害集热器。

10.4　真空管集热器

减少热损失并实现高效率的一种常见方法是使用真空管集热器（板和盖之间是真空），因为它消除了上述加热集热器平板上面传导和对流热损失。然而，平板式的真空管集热器可能有问题，因为其结构对于承受真空是较差的。因此，平板式真空管集热器随着时间的推移可能会有外界空气进入。通常真空管集热器具有圆柱形的几何形状，以便获得更大的结构强度。

如图 10.4 所示，一个真空管太阳能集热器的例子。对于此集热器，21 根平行真空管由太阳光加热，并将热量传递给水再到储存罐。

图 10.4　真空管太阳能热水器

在许多情况下，真空管构成"热导管"，其中热量借助于相变，非常迅速地向管上方传导。图 10.5 为热导管操作的基本原理示意图，其中描绘的是真空管高度缩小的图像。太阳辐射入射在真空密封管引起所包含的挥发性液体汽化。热蒸气自发上升至导管的顶部进入"插管"（其上端的球泡），这是与热交换器中的水进行热交换。

正是在插管中，该蒸气冷凝为挥发性液体。然后由于重力，液体下降回落至热导管，完成循环。热导管传递热量比任何其他类型的装置都更加迅速（图 10.6）。

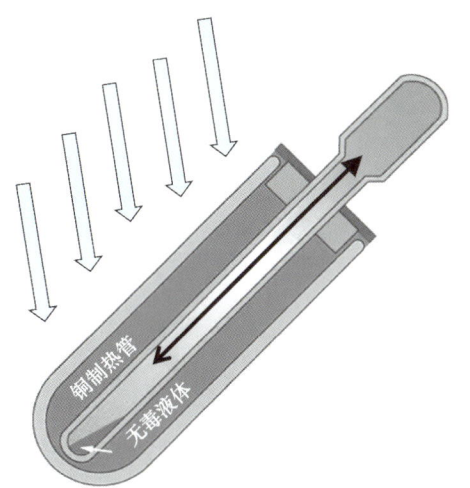

图 10.5 热导管操作原理示意图
当在热交换器中传递热量时，底部的挥发性
液体在吸收太阳热量之后蒸发，
上升的蒸气在导管的顶部进行热交换并冷凝，
然后液体向下流回底部从而完成循环

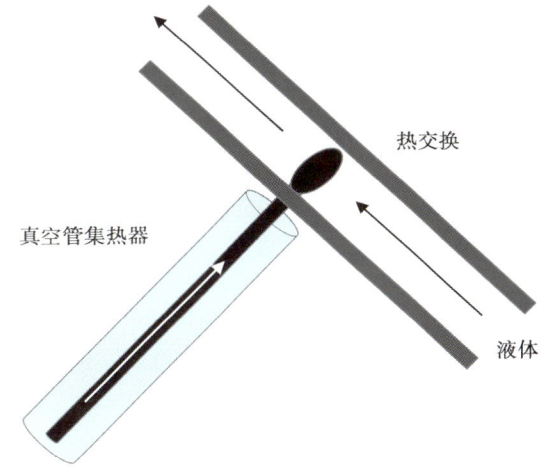

图 10.6 真空管及其热交换器内的插管

10.5 集热器和系统效率

为了确定集热器的效率，需要考虑能量平衡方程，即输入功率=输出功率。图 10.7 为平板集热器的横截面，显示了各种热功率的流入和流出。图中只有一个流入功率 G_0A，其中 G_0 是每单位面积的入射太阳能功率，其中 $\rho G_0 A$ 是被前盖反射的功率。为简单起见，假设是垂直入射。流出功率包括集热器的热功率损失 $\Delta T/R$，其中 R 是集热器的热阻。热功率损失主要是在顶部玻璃盖板外面，并且主要是辐射和对流。另外一个流出功率是由流体向下进入管道带走的功率，用 X 表示，而 X 显示在其中一个管中，代表垂直于页面平面的流

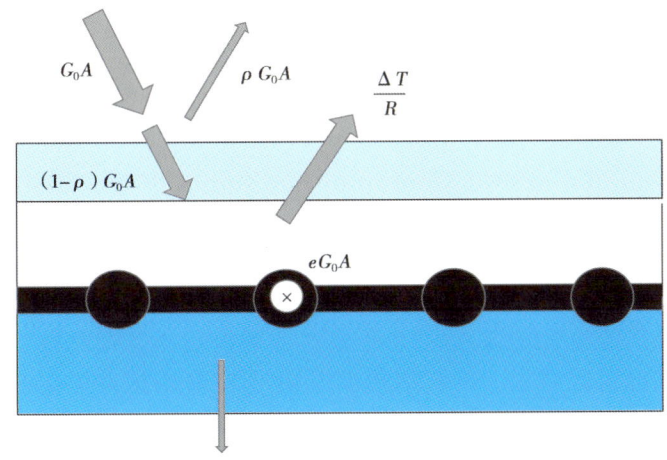

图 10.7 平板式太阳能集热器的能量流

出功率。由于该功率是指集热器的有用输出功率，把它写成输入功率乘以效率，即 eG_0A。

设定流入功率等于三个流出功率的总和

$$G_0A = eG_0A + \rho G_0A + \frac{\Delta T}{R} \qquad (10.1)$$

其中 ΔT 是超过环境温度的过余温度。求解效率，发现

$$e = (1-\rho) - \frac{\Delta T}{RAG_0} \qquad (10.2)$$

如果集热器净热阻与温度无关，那么效率 e 对应的过余温度 ΔT 的曲线是线性的，y 轴截距是 $1-\rho$，斜率为 $-1/RAG_0 = -1/rG_0$，其中 r 是集热器的 r 值，且 r 不随 ΔT 变化。

从公式（10.2）和图 10.8 应该明确：

（1）在具有较高的太阳辐照度的地区，效率 e 的下降速率随集热器温度上升变得更加缓慢，即曲线的斜率变小。

（2）在具有较低的太阳辐照度的地区，需要使用更加复杂（和更加昂贵）的集热器，具有更高的 r 值以防止随集热器温度的上升而导致效率降低。因此，如图 10.8 所示，真空管集热器在低辐照度的情况下产生一个合适的 ΔT。

（3）"临界温度"是指集热器可以达到的最高的温度（图 10.8 中 x 轴截距），随辐照度或集热器 r 值的增加而增加。

（4）在临界温度，集热器的效率为零，因为传送到平板的有用功率（以及流体）正好等于损失到环境的功率。如果辐照度保持不变，临界温度也是一个太阳能集热器的稳态操作温度。

（5）在这里所说的零效率的意义当然并不意味着所有的功率都被浪费，只是如果辐照度保持不变，平板和流体的温度不会再进一步上升。

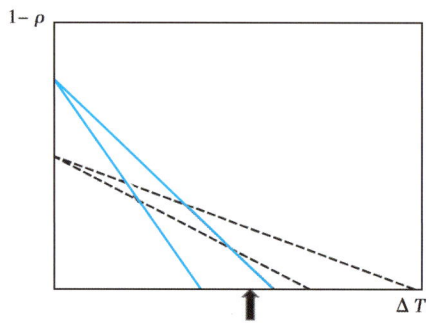

图 10.8 理想的效率对应高于环境温度的过余温度 ΔT 的曲线

两条实曲线为平板集热器和它们所对应的"高"和"低"值的辐照度 G_0。两条虚线代表更昂贵的真空管集热器。黑色箭头表示需要生产一些特定温度 ΔT 的热水。这里假定集热器电阻是恒量，不依赖于 ΔT 而变化。

现实中的效率曲线是非线性的，考虑了热阻随 ΔT 变化。如果只考虑 R 随一阶 ΔT 的变化，公式（10.2）可以写成

$$e = (1-\rho) - \frac{\alpha_1 \Delta T + \alpha_2 \Delta T^2}{G_0} \qquad (10.3)$$

其中常数 α_1 和 α_2 取决于特定集热器的性质，对于已知的 G_0 值，可以通过测量集热器在三种不同的温度下工作时的效率来确定。一些评估和认证各种太阳能集热器的独立机构报告了常数 ρ，α_1，α_2 以及其他参数的值。图 10.9 显示了平板和真空管两种类型的集热器的两条效率曲线的比较。由此可以看出，平板集热器（虚线）开始具有更高的效率。然而，当高于环境温度的过余温度上升时，平板集热器的效率迅速下降，因此它的临界温度低于真空管集热器临界温度的一半。两种类型集热器之间的这些特征的差异很容易理解。平板集热器较高的初始效率的出现是因为这种设计导致较低的反射率（较小的 ρ 值），较大的 y 轴截距

$1-\rho$ 表明了这一点。然而，当 T 上升，平板集热器比真空管集热器失去效率更快，因为平板集热器具有更大的热损失（较小的 r 值）。考虑到这两个差异，价格便宜的平板集热器往往在具有很高的太阳辐照度的气候温和的地区适合使用，而真空管集热器往往应用在寒冷地区。需要注意的是图 10.9 中真空管集热器仅在高于环境温度约 75℃ 的温度下具有优越的性能。

为了理解为什么真空管集热器具有非常低的初始效率，需要解释其较高的反射率。如图 10.10 所示，当光以掠射角入射圆柱表面，比更接近垂直入射时反射的更多。因此，反射系数是入射角的函数，即 $\rho(\theta)$。特定函数 $\rho(\theta)$ 依赖于材料特性和入射光的偏振。虽然本书对细节不感兴趣，但应该明确的是，当入射光线掠射角接近 $\theta=90°$，反射率接近 100% 或 $\rho(90°)=1$。正是由于这个原因，真空管集热器管的表面比平板集热器的平均反射系数 ρ 更大。

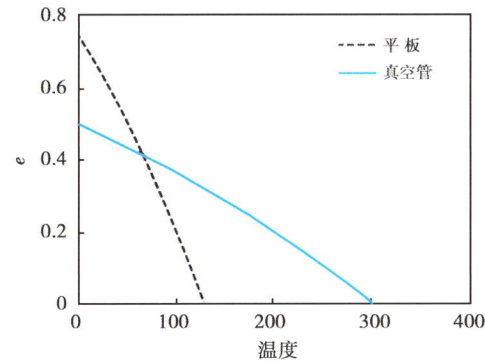

图 10.9 同一太阳辐照度两种集热器效率 e 的比较

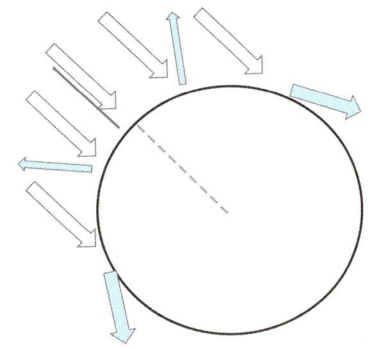

图 10.10 来自太阳的平行光线以各种角度入射真空管集热器的不同反射

不同入射角的反射率由黑色箭头的宽度表示。注意，随着角度变得更接近掠入射，更多的光被反射

例 1 平板集热器和真空管集热器

假设一个平板集热器 A 具有参数 $\rho_A=0.362$，$\alpha_{1A}=-4.26$，$\alpha_{2A}=-0.03$；一个真空管集热器 B 的参数 $\rho_B=0.689$，$\alpha_{1B}=-1.17$，$\alpha_{2B}=-0.01$，给出所有值都是 SI 单位。找出真空管集热器高于什么温度具有最高的效率；(1) 在辐照度为 1000W/m² 的地区；(2) 在辐射照度为 250W/m² 的地区。

求解

基于方程式 (10.3)，在所求的高于环境温度的过余温度，两个集热器具有相同的效率，由下式给出

$$e_B - e_A = 0 = (\rho_A - \rho_B) + \frac{(\alpha_{1A} - \alpha_{1B})\Delta T}{G_0} + \frac{(\alpha_{2A} - \alpha_{2B})\Delta T^2}{G_0}$$

所以当辐照度为 1000W/m² 时，发现

$$0 = -0.327 - 0.00309\Delta T - 0.00002\Delta T^2 \tag{10.4}$$

求解方程 (10.4) 得到两个结果：$\Delta T=453℃$ 和 $\Delta T=-144℃$，其中只有第一个结果有物理意义。在 (2) 情况中，辐照度为 250W/m²，求解二次方程为

$$0 = -0.327 - 0.01236\Delta T - 0.00008\Delta T^2 \tag{10.5}$$

该方程的正解是 $\Delta T = 355$℃。因此，在情况（2）中，相比于较高的辐照度的地区，真空管集热器在超过环境温度较低的水温具有更优越的性能。对地区辐照度的这种依赖性表明在辐照度低的地区使用真空管集热器的重要性，至少当集热器效率是一个问题的时候。另一方面，直到非常高的温度，真空管集热器都具有优异的效率。但是，对于普通的家用热水加热，价格低廉的平板集热器将是更好的选择。更典型的一对集热器参数可能会给出更低的 ΔT 值。

10.6 管道热损耗

虽然太阳能集热器的热损失可能比较显著，但热水通过管道输送到储水箱的损失可能更大，当然这取决于管道参数和流体流速。如果大量的热量在流体到达储水箱之前损失在输送管道，那么投资一个超高效集热器几乎没有意义。因此，通过管壁的热损失是判断整个系统效率的重要因素。

当加热的流体流过长度为 L 的管子，只要流体的温度比周围环境温度高 T_a，那么它的温度就会缓慢下降。考虑一根短管长度为 dx，流体管道温度下降 dT。如果单位长度管道具有热阻 R_1，那么长度为 dx 的管道热阻为 R_1/dx。在这种情况下，通过管壁损失的功率可以表示为

$$p = -\frac{T - T_a}{R_1/dx} \tag{10.6}$$

在稳态情况下，损耗功率等于流体穿过长度为 dx 的管道的损耗功率 $\rho \dot{V} c dT$，变换得

$$-\frac{\rho R_1 \dot{V} c dT}{T - T_a} = dx \tag{10.7}$$

一旦整个长度的管道的两侧结合，得到高于环境温度的过余温度随管道长度变化的表达式：

$$\Delta T = \Delta T_0 e^{-x/\beta} \tag{10.8}$$

其中 $\beta = \rho c R_1 \dot{V}$ 是进入管道时高于环境温度的过余温度的初始值沿着管道下降 $e^{-1} \approx 0.38$ 倍的距离。到管的底端温度将下降 f 倍，其中

$$f = e^{-L/\rho c R_1 \dot{V}} \tag{10.9}$$

显然，基于公式（10.9），如果热阻或者通过管道体积流率太低，长的非绝缘管可能具有过高的热损失。

例 2　管道热损失

流体通过长度为 10m，直径为 0.5in 的铜管，高于环境温度的过余温度下降不超过 2% 的最小流体流速是多少？假设网络上的数据可用，长度为 1m 的管的热阻大致为 $R_1 \approx 1.0$m℃/W。

求解

把 0.02 代入方程（10.9）中得 $0.02 = e^{-L/\rho c R_1 \dot{V}}$，求解该方程可得体积流速

$$\dot{V} = -L/\rho c R_1 \ln 0.2 = 1.48 \times 10^{-5} \text{m}^3/\text{s} = 0.23 \text{gal/min}$$

10.7 水箱和热容

在大多数太阳能加热热水的应用中，热水必须存储在一个热水箱供以后使用。没有储水箱，流过太阳能集热器的水将需要在单程通过时被加热，而如果有储水箱，可以使循环水多次通过集热器，并达到更高的温度。显然，为了实现显著加热，仅单程穿过集热器的水的流速需要很缓慢，但流速过慢管道的热损失将太大。

热水箱是热容的一个实例，非常类似于电容。因此，正如电容定义为加载的电荷除以两板之间的电压差，热容是加载到物体的热能除以物体与周围环境之间的温度差。根据这个定义，可以清楚地知道热容 $C=cm$ 是物体的比热和质量的乘积。现在考虑一个热水箱的热容（也被称为"热质量"）并研究其损耗。

假设热水箱是由一个功率为 p_h 的加热器加热，并且水箱的热量损失到环境中的速率为 $p_{Loss}=(T-T_a)/R$。水箱中水的能量平衡方程可以写为 $p_h=(d/dt)(mc\Delta T)-p_{Loss}$ 或

$$p_h = \dot{m}c(T_{in}-T_a) + mc\frac{dT}{dt} - \frac{T-T_a}{R} \tag{10.10}$$

例3 绝缘热水箱以减少热损失

考虑一个热水箱，其容量为 50gal（0.189m³），需要平均 25W 的电功率保持水温 50℃（高于环境温度 50K），即使没有从水箱中取水，即 $\dot{m}=dm/dt=0$。（1）加热器周围加上 R-10 隔热材料的隔热镀层后热阻会变为多少？（2）如果在晚上加热器关闭，水箱中水的温度下降 5℃需要多长时间？

求解

（1）由于 $\dot{m}=dT/dt=0$，方程（10.10）变为 $p_h=(T-T_a)/R$，或 25W = 50K/R，得到水箱的热阻为 $R=2.0$K/W。R-10 的隔热材料的 $r=10$ft²·Fh/（BTU）（相当于 $r=3.51$m²K/W）。为了得到用于水箱隔热涂层的热阻，假如知道该储水箱的表面积，可以利用关系 $R=r/A$。一个 50gal 的水箱通常具有高度 1.51m，直径 0.56m，从而得到侧表面面积为 0.371m²。如果忽略水箱的顶部和底部的热损失，发现隔热涂层的热阻 $R=r/A=3.52/0.371=9.48$K/W。因此，添加涂层的热阻与水箱本身的热阻串联，使热阻从 $R=2.0$K/W 增加到 $R=11.48$K/W，这意味着保持水温的功耗将减小几乎六倍。

（2）由于 $\dot{m}=p_h=0$，公式（10.10）变为 $mc(dT/dt)=-(T-T_a)/R$，得到结果

$$T-T_a=(T_0-T_a)e^{-t/Rmc} \tag{10.11}$$

如果初始过余温度高于环境温度 50℃，水温下降 5℃，可以利用公式（10.11）来求解时间，有

$$t=Rmc\ln\left(\frac{T_0-T_a}{T-T_a}\right)=(2.0)(189)(4186)\ln(50/45)=1.67\times10^5\text{s}=46\text{h}$$

> **知识盒　应该什么时候隔热热水器？**
>
> 美国能源署建议使用廉价的规格涂层来隔热热水箱，除非加热器的 r 值超过 R-24。如果制造商没有标明单位 r 值，一个简单的测试为触摸加热器的表面。如果感觉温暖，那么你应该使它隔热。通常情况下，采取这个简单的动作可以使待机损耗降低 25%~45%。

10.8 被动式太阳能热水系统

那些廉价、没有活动件易于安装甚至在停电时还可以运作的太阳能系统能够提供大部分家庭热水,这就是被动式太阳能热水系统(SWHs)。根据定义,被动式太阳能热水器可以在没有泵的帮助下使流体循环通过该系统,取决于流体因温度差异引起的密度差,这是非常简单的"热虹吸"原理。一个简单的热虹吸系统原理示意见图10.11。

在所有的被动系统中,水箱必须高于集热器。虽然未在图10.11中显示,大多数系统还有一个备用水箱(不必高于集热器),在太阳能加热不足时提供热水。注意,这里流过集热器的流体与储存在水箱中的流体是不同的水路,两路流体在热交换器汇合。采用这种方式,可以使防冻液流过集热器,饮用水流过水箱。通过太阳能集热器和热交换器循环的四个关键点编号如图10.11所示。

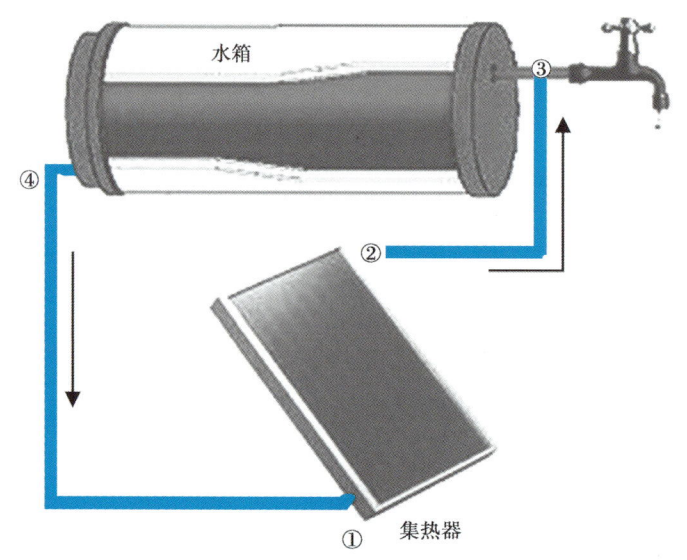

图10.11 被动式太阳能热水器热虹吸原理(图片来源于美国能源部)
①冷流体进入太阳能集热器的底部;②已被太阳加热的温热流体离开集热器的顶部;
③温热流体进入水箱的顶部或热交换器;④冷流体离开热交换器的底部

只要有足够的阳光,流体持续地向反时针方向流动,这是由比温暖流体先进入太阳能集热器的较重较冷的流体驱动。由于冷水和热水的密度差引起的驱动流动的压力(热虹吸压力)可以表示为

$$P_{\text{therm}} = \bar{\rho}_C g \Delta y - \bar{\rho}_H g \Delta y \tag{10.12}$$

式中,Δy是在循环点①和③之间的垂直高度差,即环路中的最高点和最低点。
$\bar{\rho}_C$和$\bar{\rho}_H$是在环路中冷端和热端的流体的平均密度。

根据平均密度的定义,沿环路顺时针方向(与实际流体方向相反)积分,方程(10.12)可以被表示为:

$$P_{\text{therm}} = \oint \rho g \mathrm{d}y \tag{10.13}$$

由于流体密度的变化非常轻微，可以使用线性近似：$\rho=\rho_0[1+\beta(T-T_0)]$，其中 T_0 是某个任意参考温度，$\beta\equiv(1/\rho_0)(d\rho/dT)$ 是体积膨胀系数。因此，热虹吸压力可以写成

$$P_{therm} = g\rho_0 \oint 1+\beta(T-T_0)dy = \beta g\rho_0 \oint T dy \tag{10.14}$$

公式（10.14）中第二个等式是基于围绕任何闭合回路的常数的积分是零，另一个有用的量被称为热虹吸最高点到出口的高度差 y_{therm}，可以基于热虹吸压力 $P_{therm}=\rho_0 g y_{therm}$ 来定义，从而有

$$y_{therm} = \beta \oint T dy \tag{10.15}$$

热虹吸最高点到出口的高度差，可以确定通过特定被动式太阳能集热器的流体的体积流速。例如，使用流体动力学，具有动态黏度 v 的流体由压力 $\Delta P=\rho g y_{therm}$ 推进通过直径为 D，长度为 L 的圆柱管的流速 u 是

$$u = \frac{D^2 \Delta P}{32 L v} = \frac{\rho g D^2 y_{therm}}{32 L v} \tag{10.16}$$

例4 求解热虹吸热水器中流体的流速

被动式太阳能热水器如图 10.11 所示。假设标记②和④的点比①高 0.5m，点③仍然比点①高 0.1m。假定流体的动态黏度 $v=8.9\times10^{-4}$ Pa/s，而太阳能集热器之上的水箱体积 $V=100$L 或 $0.1m^3$。进一步假设在太阳能集热器的入口处，流体的温度是 20℃，而离开顶部时是 23℃。通过系统许多次的流体需要产生家用热水。（1）计算热虹吸最高点到出口的高度差；（2）如果当水上升通过集热器，经过每根具有内径为 3.16cm 长度为 1.0m 的 16 根平行管，计算通过该系统的体积流速；（3）一满槽水通过集热器需要多长时间。

求解

水的体积膨胀系数 $\beta=0.000207℃^{-1}$。如图 10.12 所示，闭环路区域仅仅是四边形内的区域 0.9 m℃。从方程式（10.15）可以发现，热虹吸最高点到出口的高度差仅仅 0.00019m（或 0.19mm）——预期这不会驱动流体速率太快！事实上，从方程式（10.16）发现 $u=0.0065$m/s $=0.65$cm/s。为了求得通过 16 根平行管的水的体积流速，可以利用 $V=16Au=4\pi D^2 u=8.2\times10^{-5}$ m^3/s。最后，可以发现一满槽水通过集热器所需要的时间为 $t=V/\dot{V}=1220$s $=20.3$min。鉴于缓慢的速度，这个时间似乎令人惊讶的短，但别忘了那里有 16 根大口径的管道通往水槽。

本节开始列举了被动式太阳能热水器的一些优势，所以值得的注意是，同时它们也有一定的局限性和不足之处。如前所述，太阳能水箱需要放置在比集热器更高的位置，这通常意味着放置一个很重的充满水的水箱在屋顶上，可能导致问题。此外，被动式系统往往比主动式系统的效率低，因为在主动式系统中可以通过集热器控制流体流速，得到匹配太阳辐射的最好性能，全日照时流动会更快。在被动系统中，给定的流速很慢（见前面的例子），集热器可以达到非常高的温度，高温下系统的效率下降。最后，与前面关于被动系统没有移动部件的说法相反，一般包括一个控制器，在

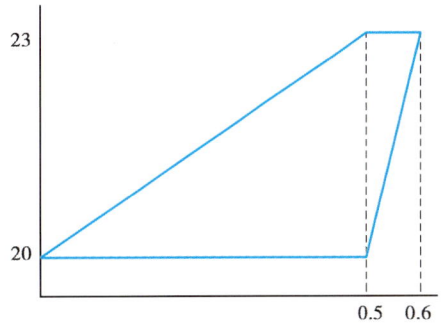

图 10.12 例 4 中 T 对应 y 的曲线图

太阳下山后阻止流体通过集热器。如果没有这种"主动"元件，流体将以相反的方向循环通过系统，这时系统会损失热量到环境中。

10.9　游泳池加热

太阳能热水器的另一大应用是利用太阳能加热室外游泳池。这里不是说这个应用有多重要，而是因为它代表了最简单和最经济有效的利用太阳能的方法。如果你家刚好有一个游泳池，事实上，为电动游泳池加热器更换太阳能系统的投资回收期只有 67 天那么短，比其他太阳能应用回收期短得多（图 10.13）。

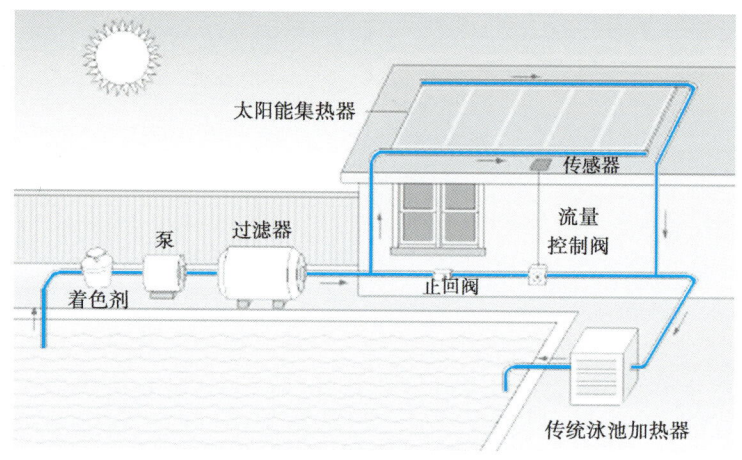

图 10.13　太阳能游泳池加热系统（图片来源于美国能源部）

对于游泳池，没有必要准备一个单独的热水储水箱，因为游泳池本身就可以满足这个功能。此外，热损失主要来自游泳池本身，而这部分热损失也正是必须由太阳能集热器来补偿的，鉴于比环境温度仅仅高相当低的温度，所以不必非常复杂。使这个太阳能加热应用相对容易的另一个因素是，一年当中最不利于太阳能加热时（冬季），房主一般也不会想去游泳。

游泳池本身作为一个太阳能集热器的有效性取决于底部瓷砖的颜色或暗度、水的深度以及最重要的是游泳池在夜间是否被覆盖，这样可以减少的损失高达 50%。除非气候非常温暖，否则将需要一个附加的太阳能集热器（除了游泳池本身），其集热面积将在很大程度上取决于气候。

10.10　空间加热和制冷

建筑物的空间加热和制冷代表了房主最大单一能量的消耗。例如，在美国，它代表了商业建筑平均四分之一和民用住宅近一半的能量消耗。与太阳能加热热水一样，空间加热和制冷可以是主动式也可以是被动式，当然也可以两种类型共存。被动式太阳能元件通常是建筑物原始设计的一部分，有时经过后期改造也可以。主动式系统包括太阳能集热器，但不要求家用机械或电气装置属于主动式系统的一部分。虽然太阳能用于家庭取暖非常普遍，同时太阳能也能促进制冷和通风。例如，早在古罗马时代已被使用的太阳能烟囱（在一些气候温暖的地区仍然使用）就是一个这样的应用。假设空气能够通过打开的窗口连续流入，当阳光使烟囱变暖，里面的空气被加热引起上升气流，密度较小的空气上升，由从建筑物吸入的空气来代替，从而产生连续流动。后面将讨论发电厂应用的巨大太阳能烟囱。

依靠被动式太阳能采暖的建筑物应包含五个关键要素（可能存在其他要素，但是这五个是必不可少的）。根据美国能源署，以下五个部件构成一个完整的被动式太阳能家居设计，每个部件运行一个独立的功能，五个部件必须协同工作：

(1) 集热器（aperture 或 collector）。大型玻璃（窗户）面积，太阳光通过它进入建筑物。通常情况下，集热器需要在正南方向的 30°范围内，并且在采暖期，每天的上午 9 点至下午 3 点，不能被其他建筑物和树木遮挡。

(2) 吸收器（absorber）。热量存储物体又硬又暗的表面。这种表面可以是一面砌筑墙体、地板或隔离物，也可以是水容器（放置在太阳光直接照射的地方），阳光照射表面并吸收热量表。

(3) 热质（thermal mass）。保留或储存太阳光产生的热量的材料。尽管吸收器和热质通常可能是同一堵墙或者地板，但吸收器和热质的不同在于：吸收器是外露的表面，而热质则是在表面下方或后面的材料。

(4) 热量散发（distribution）。存储在收集器和热质中的太阳能热量散发到室内不同区域的方式。一个严格的被动式设计将仅使用三种自然热量传递方式——传导、对流和辐射来循环热量。然而，在一些应用中，风扇、管道和吹风机可能有助于热量在室内的流动。

(5) 热量控制（control）。屋顶挑檐可以用来在夏季遮挡集热器面积。控制温度过低和（或）过热的其他元素包括电子传感装置，例如差分恒温器发出信号使风扇开启；操作通风口和火炉风门允许或限制热流；低辐射百叶窗；遮阳篷（美国能源部）（图 10.14）。

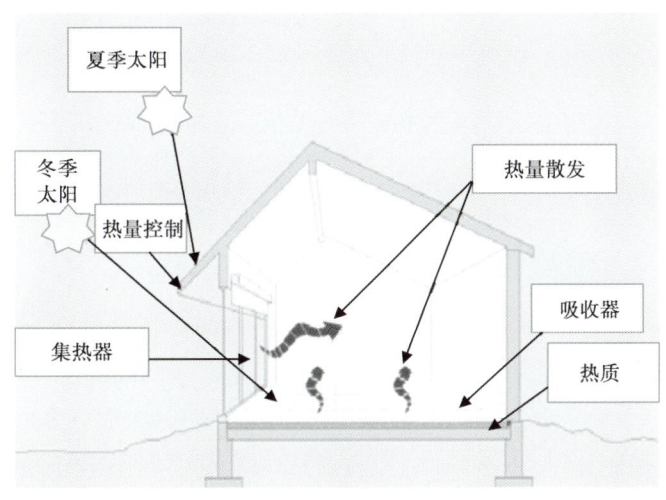

图 10.14　被动式太阳能设计的五个部件（图片来源于美国能源部）

10.11　非常适合发展中国家的三个应用

由于电力不足或完全无法利用电力，许多形式的可再生能源非常适合在发展中国家使用，利用当地的材料小规模实施。因为阳光不像水力或风力，它无处不在，太阳能光热是唯

211

一特别适合位于热带地区的许多发达国家。此外，这里所包括的三个应用都有助于改善人类的健康状况，特别是妇女。

10.11.1 农作物干燥

如果农产品（尤其是谷粒）在运输之前没有干燥，昆虫和真菌会使其无法食用。粮食在收获几天内必须干燥。在全球范围内，70%以上的主要农作物的病害都是由真菌引起的。例如，在尼日利亚，大多数农作物和粮食产量因真菌和微生物的攻击而降低。在许多农村地区，缺乏传统能源，所以依靠主动式干燥机的普遍干燥方法不能使用。被动式太阳能农作物干燥机通常依赖于两个方法：要么将粮食铺展开暴露在太阳照射下，粮食所包含的水分被蒸发；要么使用一个太阳能烟囱型的干燥机，粮食堆积成薄薄的可透气的一层，太阳能驱动的上升气流连续地流过它们，这样就达到了同样的目的。太阳能干燥机的简单设计如图10.15所示。人们需要测量太阳能集热器的大小，以达到特定的蒸发速度，因为每秒蒸发的水量不能超过 $\dot{m} = eG_0A/L$，其中 e 是太阳能集热器效率，A 是太阳能集热器的面积，L 是汽化潜热。基于各个量的单位，可以轻松地验证这个方程式。

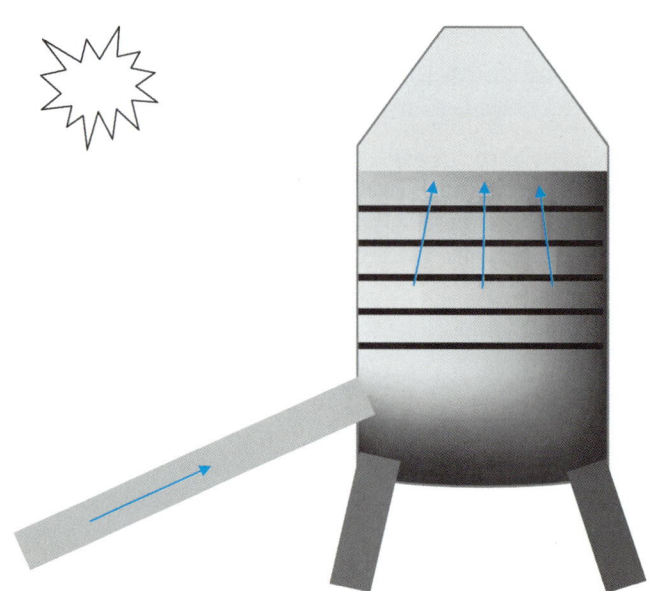

图 10.15　依靠太阳能烟囱原理的农作物干燥机
空气经一个倾斜的太阳能集热器吸入向上流过筒仓托盘上的农作物层

10.11.2 净化水

在发展中国家虫媒传播农作物病害可能是许多农产品的克星，而不卫生的饮用水是许多严重疾病的来源。简单地说，通过一些简单的低技术含量的过滤方法可以去除大部分有害物质，特别是微粒和细菌。然而，太阳能通过简单的蒸馏工艺能够处理这些有害物质。如果被困在一个阳光明媚的没有淡水的岛屿，太阳能仍然是一个有用的生存技巧（图10.16）。

在这个简单的设计中，一个透明的塑料片盖在一个容器上或咸水坑上，容器或在咸水坑中间放置一个小容器。用一块石头压着塑料片，下面的太阳能加热使水蒸发，凝结在塑料片

(a)一个简单的太阳能蒸馏器

(b)印度尼西亚SODIS项目

图 10.16　太阳能蒸馏器

的下侧,并滴入小容器。

另外,有一个更简单的方式利用太阳能来消毒少量的水,被称为 SODIS 方法(太阳能水消毒法),仅需要一个干净透明的瓶子和阳光。这种方法是由 Aftim Acra 于 20 世纪 80 年代初发明的,并被世界卫生组织推荐:含有污染水的密封瓶简单地暴露在阳光下 6 小时,紫外线辐射杀死导致腹泻的病菌。然而,如果水是混浊的,天空是多云的,或者瓶子是由阻挡紫外线的玻璃或塑料制成的,该方法便无法使用。尽管如此,该方法已被证明在减少水传播疾病方面非常成功,瑞士联邦水科学与技术研究所(Eawag)在 33 个发展中国家推行 SODIS 项目。

10.11.3　太阳能烹饪

通常情况下,生物质能被认为是可再生能源的一种形式,因为作物会被不断再植,树木也一样。然而,在发展中国家的许多地方,木材被用于烹饪,并且没有再种植,导致整个区域剥离裸露,人们(通常是妇女和儿童)需要走更长的路来收集木柴。在一些印度村庄,妇女每趟拾柴花费 2 小时。之后,印度政府采取了森林保护政策,阻止砍伐森林,拾柴路程从 5 小时减少到 2 小时(Agarwal,2001)。对很多女性而言,这不只是浪费时间的问题,因为长途跋涉,恶劣的地形使其筋疲力尽,容易遭受许多危害,包括疾病、动物的袭击、强奸等。此外,使用收集来的木头点燃明火烹调食物,只利用了释放能量 5%,而大约一半的世界人口这样做,这是显著浪费能量。

简单的太阳能炉灶可避免森林砍伐以及时间、精力的浪费以及与长途收集柴火相关的迷失与贫困的生活。基本箱式炉侧面绝缘,顶部有透明罩,能达到高达 100℃ 的温度。更复杂的聚光版本使用镜子来反射和聚集太阳能,可以获得高达 350℃ 的温度(图 10.17)。

10.12　发电

用于发电的太阳能集热器倾向于使用透镜或反射镜聚集太阳辐射。聚光型集热器能够将水加热到所需的高温,用于产生高压蒸汽,驱动连接到发电机的涡轮机。此外,因为卡诺定理给定的限制,温度越高效果越好,因此,需要重点考虑的是能够实现的聚光度,因为这与温度密切相关。这两个聚光太阳能辐射的基本几何形状取决于使用反射镜或透镜在一维还是

图 10.17　加纳农村的一位女性站在太阳炉灶旁边

二维聚集太阳光。

10.12.1　聚光比和温度

聚光型集热器必须跟踪太阳，因为相对于其他类型的集热器，它们只能利用太阳直接辐射。对于二维聚焦太阳辐射的集热器，太阳跟踪明显需求在两个维度；而对于一维聚焦太阳辐射的集热器，则需要一维跟踪。后者的一个例子是包含长槽形抛物面反射镜的太阳能集热器（图 10.18）。这里只要槽的角度适当地倾斜，来匹配地平线以上太阳的倾斜角，太阳光线将被聚焦到位于抛物柱面反射镜的聚焦轴上长长的充满水的管道。二维聚光的太阳能集热器，如那些抛物柱面反射镜的种类，也需要跟踪太阳的相位角以及倾斜角，以创建抛物面焦点附近的太阳成像。鉴于太阳不是一个点光源，它的光线不能被浓缩成比它的图像更小的面积，这意味着聚光度存在一个上限。

集热器的聚光比 X 定义为集热器本身收集器的面积，即太阳辐射的平面投影面积，与小得多的太阳成像面积（由反射镜或透镜形成）的比率。因此，在一个二维聚光的集热器，如抛物柱面聚光反射器，有

$$X_{2D} = \left(\frac{d_a}{d_i}\right)^2 \tag{10.17}$$

而对于一维聚光的集热器，如槽式抛物聚光反射镜集热器，得到一个较小的聚光比

$$X_{1D} = \left(\frac{d_a}{d_i}\right) \tag{10.18}$$

注意，在后一种情况下，没有真正的太阳成像形成在管道上，只是沿其长度的一个狭长的带。

图 10.18 槽形抛物面聚光型太阳能集热器（图片来源于美国能源部）

对一维和二维聚光型集热器，求出聚光比的最大值非常有用，因为这些涉及集热器可达到的最高温度。太阳是半径为 r_s 的球体，到达地球的太阳辐射，与太阳的表面距离为 r。辐射到达地球的时候，平方反比定律意味着辐射遍及整个地球，地球的面积 $(r/r_e)^2 = 1/\sin^2\theta_s \approx 1/\theta_s^2$ 倍大，其中 θ_s 是天空中太阳所成的角度的一半，或者是约 1/213 弧度。现在容易证明，地球上二维聚光器的最大可能的聚光比

$$X_{2D\max} = \frac{1}{\sin^2\theta_s} = 45300 \tag{10.19}$$

假设利用反射镜的一些巧妙的安排，可以聚集到达地球的太阳辐射更大的量，聚集的能量聚焦到完全吸收板。在这种情况下，由吸收板辐射的每单位面积的功率会大于由太阳本身辐射的功率，根据史蒂芬—波尔兹曼定律，温度肯定比太阳的表面温度高。这种情况违反了热力学第二定律，因为它将使太阳辐射能量从比表面更高的温度自发地流向某个物体。此外，通过比较方程（10.17）和（10.18），很明显，一维聚光器的最大聚光比必须是方程（10.19）右侧的平方根，或

$$X_{1D\max} = \frac{1}{\sin\theta_s} = 213 \tag{10.20}$$

实际中，真正的一维和二维集热器的聚光比可以达到该值的一半。集热器达不到极限是由于各种原因，包括光学器件的不完善、跟踪误差、反射系数达不到100%，还有由于大气散射或云层导致的一部分间接辐射。聚光型太阳能集热器系统的主要性能指标其实不是聚光比（聚光比决定了最高温度），而是整个系统的效率。系统效率的两部分是与集热器本身相关联的 e_{Coll} 和用于将热流体转化为有用的电能的效率，后者限于卡诺效率

$$e_{\text{Carnot}} = 1 - \frac{T_C}{T_H}$$

集热器效率可通过假设每单位面积聚集太阳能功率 XG_0 包含入射功率的有用部分（转变成热流），再加上通过含有温度 T_H 的流体的管道辐射浪费的功率。如果假定浪费的辐射部分发射率为 $\varepsilon=1$，这种条件下得到的每单位面积的功率 $XG_0 = e_{Coll}G_0 + \sigma T_H^4$，其中，解出集热器效率，有 $e_{Coll} = 1 - (\sigma T_H^4 / X)$。因此，对于整体的最大效率，采取集热器效率和卡诺效率的乘积

$$e_{Max} = \left(1 - \frac{\sigma T_H^4}{X}\right)\left(1 - \frac{T_C}{T_H}\right) \qquad (10.21)$$

假定公式（10.21）中冷温等于环境温度300K，使用一系列可能的聚光比 X，以便找到基于公式（10.21）的图10.19所示的效率相对于热源温度的一组曲线。

从公式（10.21）或图10.19曲线清楚地知道会存在最佳温度 T_H 在任何给定的聚光比下来运行系统，这个温度可以很容易地通过对等式（10.21）微分并将微分设置为零得到。最高效率的最佳温度是公式（10.21）中的两个因素竞争的结果。第一，集热器效率单调下降；第二，利用热量做功的热力学效率单调上升。流体的温度最容易控制和优化，通过改变槽式抛物集热器中通过管道的流体流速，流速越快，热被带走得越迅速，温度下降越快。

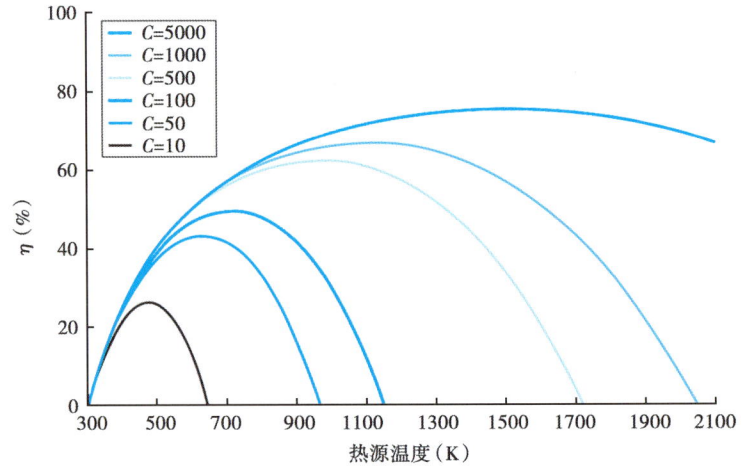

图10.19　最高效率对应各种聚光比从10~5000的热源温度

10.12.2　抛物碟式聚光系统和"发电塔"

二维聚集太阳能发电的一种方法是使用一个抛物碟式聚光器（抛物面），它被用于一些大型太阳能灶。在这种情况下，需要在两个维度追踪太阳，由于机械原因，导致使用一个非常大的碟片不切实际。如果希望通过加热流体的方法使用二维聚光器发电，有多种选择。一个选项包括有大量的抛物面碟，加热靠近每个碟面焦点处的小容器中的流体。然而，该方法需要用热流体来产生提供发电机动力所需要的蒸气之前将热流体从单独的集热器管道运输到中心存放地点。还有一个更简洁的选择，使用"电力塔"，如图10.20所描绘。

在发电塔设计中，在地面有大量的反光镜跟踪太阳，反射阳光到中央发电塔的顶部。发电塔顶部存在由聚集的太阳能辐射加热的流体。由于在两个维度聚光，可以获得高聚光比和高温。许多发电塔不使用水作为加热的流体，而是使用液体氟化物熔盐，可以加热到温度高

达 800°C。熔盐被存储在一个巨大的地下储存罐，其热量用于为蒸气驱动发电机提供动力。考虑到高热质和高温，这种形式的能量存储允许系统昼夜产生电力，从而避免或至少减少与太阳能相关的间歇性的问题。

图 10.20　发电塔太阳能聚光系统（图片来源于美国能源部）

太阳能发电塔的技术没有依托槽式集热器系统的技术先进，但其较高的温度和效率提供了一定的优势。目前，这些技术的高投资成本，使其与常规能源相比没有竞争性。然而，以该技术改进的速率，目前的成本约为 \$0.25/（kW·h），很可能在未来几十年成本减半。事实上，业内人士要乐观得多，认为 \$0.05/（kW·h）的成本在短短几年的时间内是可以实现的。如果这些希望得以实现，聚光型太阳能发电塔的未来确实是非常光明的。截至 2011 年，西班牙是这项技术领先者，具有 580MW 电力部署，但美国使用熔盐的 41 个太阳能项目即将完成，有望很快成为世界领先者。虽然到目前为止讨论的聚光器设计不适合个体业主或企业小规模使用，市场正开始提供太阳能聚光器，如与光伏系统一起工作的 Innovations 能源公司所生产的 Sunflower，可小规模发电。

10.12.3　太阳能烟囱

一种利用太阳能热发电的完全不同的方式是依靠太阳能烟囱发电或太阳能上升气流塔发电。太阳能烟囱前面讨论过，对于利用太阳能热发电需要聚光型集热器和高温的规则是一个重要的例外。在太阳能烟囱中，大面积的太阳能集热器以大片透明材料展开的形式，被放置在高于地面 1m 或 2m 的支撑物上，从而使空气能够绕圆形透明材料片的周边进入。因此，随着下方的空气被加热，在烟囱中上升，新的空气从外围进入代替。即使在太阳下山时，只要地面比外面的空气更热，连续流便会产生。在烟囱中上升气流的速度足够高可以驱动放置在烟囱底部的风力涡轮机，这就是能量如何转化为电能的过程。

虽然自从 1903 年西班牙军官 Cabanyes 首次提出太阳能烟囱作为发电的方式时，太阳能烟囱的想法就已经存在，但几乎没有太阳能烟囱被建成。1982 年建于西班牙的一个小规模的原型产生的电力峰值只有 50kW，并于 1989 年退役。集热器直径和烟囱的高度分别为 244m 和 195m，但效率远远低于 1%。这些事实似乎并不预示着这项技术的光明未来，特别是在强风导致固定长绳断开，高耸的烟囱倒塌之后工厂被遗弃（图10.21）。

尽管西班牙原型不幸倒塌，中国在2010年建立的太阳能上升气流塔已经开始生产200kW的电力。建成后，该项目预计将耗资2.08亿美元，利用覆盖277公顷的集热器产生200MW的电力。各个国家包括Australian Company EnviroMission正在计划或考虑其他项目，Australian Company EnviroMission一直寻求资金，以在美国建立一个。

EnviroMission 200 MW的设计设想有一个真正巨大的烟囱，高1km，将超过所有人造建筑。为什么（1）设计的烟囱需要如此高，（2）西班牙原型的效率是如此低小，（3）有些人仍然相信这一切具有良好的经济意义的原因是相互关联的，并且束缚于效率对烟囱高度的依赖性。在烟囱中上升气流的机械功率可以表示为 $p_{out} = (1/2)\dot{m}v^2$，大片透明材料下空气所吸收的热功率为 $p_{in} = C_p \dot{m} \Delta T$，其中 C_p 是定压比热容，ΔT 是空气

图10.21 西班牙太阳能烟囱

温度高于环境温度的值。因此，如果忽略在驱动风力涡轮机过程中的损失，发现烟囱效率的最大理论值为：

$$e = \frac{p_{out}}{p_{in}} = \frac{v^2}{2C_p \Delta T} \quad (10.22)$$

当然，这里也忽略了集热器效率。找到最大可能的烟囱效率的最后步骤是假定烟囱中轻快上升的气流因重力而具有修正的加速度，在Boussinesq近似中可以写成 $g' = g(\Delta T/T_a)$。因此，根据 $v^2 = v_f^2 + 2gy$，认为最后（出口）的空气流速非常小，可以得到最大可能效率的简单表达式：

$$e = \frac{gy}{c_p T_a} \quad (10.23)$$

显然，对于无限高烟囱，这个表达式会产生荒谬的结果，因为它忽略了通过烟囱壁的热损失，但它确实表明效率的显著提高与烟囱的高度成正比。基于方程式（10.23），对于在西班牙原型中使用的烟囱效率的理论极限为 $e = 9.8 \text{m/s}^2 (244\text{m})/1005 \text{J}/(\text{kg K})(300\text{K})$ = 0.008（0.8%），而1km高的烟囱将具有这个最大效率的五倍（4%），尽管实际值可能非常小。假设集热器区域非常大，即使预期的效率相当低，但那将足以产生相当可观的电力。更具争议的是，每千瓦时的成本实际上可能与具有更高效率的聚光型太阳能光热系统竞争。与聚光集热器系统一样，太阳能上升气流塔的能量成本主要由最初的建设费用决定，并且这些都依赖于利率和运转年份的假设。在不同的假设条件下，估价范围为5~15欧元/（kW·h）（Schlaich，2005）。

撒开对太阳能烟囱的费用概算是现实的还是有竞争力的，这种技术和其他类似的技术的效率随它们的大小变化，遭受着"鸡和蛋"的问题。只有大型工厂具有相当高的效率，可以产生相当可观的电力，而私人投资者不愿投资大型的工厂，因为没有看到技术上和经济上是可行的。虽然这种考虑对未经测试的技术在未获得利润之前跨越"死亡之谷"可能是一个严重的阻碍，但它们与政府支持的发展是不相干的。如经证明，它在经济上和技术上的成功，可能会给在其他地方的类似的项目带来好消息。

10.13 小结

太阳能辐射热技术可以服务各种各样的应用，并且是增长最快的太阳能应用之一。一些用途仅需要低温或中等的温度，例如家用热水加热，在这种情况下，可以使用平板或真空管式的简单非聚光型集热器。热水加热代表房主的应用有相对较短的回收期。为了达到高温，需要使用聚光型集热器，并且已经开发各种类型的系统，包括槽式抛物面集热器和发电塔。后一种类型的系统不同于前者，在两个维度聚集太阳辐射，并且可以用于实现最高温度。通常情况下，高温被认为是发电所必需的，但太阳能烟囱的概念是一个重要的例外。使用太阳能热发电与常规能源相比可能没有经济竞争力，但随着各种技术的成熟和更全面的发展，成本会逐渐降低。生产每千瓦电力需要很大的土地面积，这些技术往往对环境无害。太阳能热发电系统通常部署在不适于农业或人类居住的沙漠地区，但也有一些关注扰乱沙漠生态的环保团体提出反对意见。

附录　四种热量传递机制

热量传递的三种经典方式是传导、对流和辐射，但还有一种方式为质量传输。在许多情况下只有一种或两种机制是主导。

10.A.1 传导

当一块材料存在热梯度便会发生热传导。在这种情况下，热流的速率（热功率）正比于热梯度和材料的面积，比例常数是该材料的热导率 k，即

$$\dot{q} = \frac{\mathrm{d}q}{\mathrm{d}t} = kA\frac{\mathrm{d}T}{\mathrm{d}x} \tag{10.24}$$

对于一块板材，其有限厚度为 Δx，其整个表面的温度差为 ΔT，显然这个方程变为

$$\dot{q} = \frac{\mathrm{d}q}{\mathrm{d}t} = kA\frac{\Delta T}{\Delta x} \tag{10.25}$$

有三种可选方式来表示单位面积的热功率

$$\frac{\dot{q}}{A} = h\Delta T = \frac{\Delta T}{r} = \frac{\Delta T}{RA} \tag{10.26}$$

方程（10.26）用来定义三个密切相关的常量：h，导热系数，其倒数 r，为 r 值（单位面积的热阻的量度），R 为热阻。

图 10.22 热量流过具有不同厚度和不同热导率（阴影表示）相互接触的六块平板

一种常见的情况是具有相同表面积的 N 个平板相互接触，它们之间的温度差为 ΔT_j。在平衡状态下，相同的热功率流过每个平板，这样就可以利用公式（10.25）来表示横跨第 j 个平板的温度差（图 10.22）：

$$\Delta T_j = \frac{\dot{q} \Delta x_j}{k_j A} \qquad (10.27)$$

如果横跨所有平板的温度差相加，得到总的温度差为

$$\Delta T = \sum_j \Delta T_j = \frac{\dot{q}}{A} \sum_j \frac{\Delta x_j}{k_j} \qquad (10.28)$$

由于 $r_j = \Delta x_j / k_j$ 是第 j 个平板的 r 值，公式（10.28）可以改写为

$$\Delta T = \frac{\dot{q}}{A} \sum_j r_j = \frac{\dot{q}}{A} r_{\text{equiv}} \qquad (10.29)$$

因此，串联的 N 个平板的等效 r 值简单地是它们的和，就像 N 个电阻串联的情况。r 值的 SI 单位是 m·K/W，但在美国建筑行业，这个单位是尴尬的组合 ft²·°F·h/(BTU·in)。例如，聚苯乙烯板的 r 值为 5.0ft²·°F·h/(BTU·in)，这意味着厚度为 1in 或 3in 的平板将分别具有 R-5 和 R-15 的 r 值（美制单位）。

10.A.2 对流

当温度为 T_f 的流体流过不同温度 T 的表面时，热量被传递到表面或从表面传递给流体。如果流体流动产生浮力驱动的流体密度差，对流可以定义为自然对流（自发），如果流体流动是由外部装置引起的，例如风力或风扇，则定义为"强迫"对流。例如，风拂过水平的材料板。由于平板上面的空气分子与平板之间强烈的粘附力，它们将处于静止状态。随着平板表面上部空气分子与平面表面的距离的增加，平均分子速度将逐步过渡到风的速度。图 10.23 中所示的平滑速度剖面图，在平板上一定距离平均分子速度转换到恒定速度。

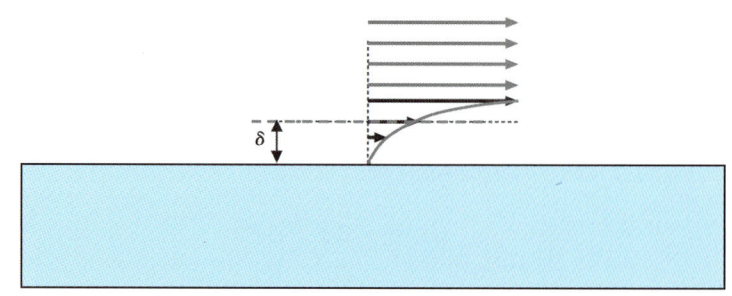

图 10.23 风吹过平板的速度剖面图

在边界层近似中，平板上实际速度分布被替换为阶梯函数。因此，假设一静止空气层，其厚度为δ。通过这种近似，对流传热的问题转化为通过一厚度为δ的静止空气层传导传热，因此，可以利用传导方程：

$$\frac{\dot{q}}{A} = h\Delta T = \frac{\Delta T}{r} \quad (10.30)$$

在对流情况下，公式（10.30）称为牛顿冷却定律。这里ΔT是边界层两端或平板表面与流过它的流体之间的温度差。能够利用应用于传导的相同的方程处理对流问题非常有帮助。然而，与传导情况不同，由于δ随流体的流速和平板的大小、形状、方向而变化，在已知厚度的边界层的对流情况中评估h或r不是一件简单的事。工程师已经开发了许多以经验为基础的公式来处理这些复杂的情况，在这里将不考虑。

10.A.3 辐射

辐射传热是通过空间或通过透明介质直接传输电磁能量。因此，它是唯一的可能发生在真空中的传热机制。如果物体的温度为绝对温度T（开尔文），被放置在均一温度T_a的环境中，离开物体每单位面积的净辐射功率由下式给出

$$\frac{\dot{q}}{A} = \sigma\varepsilon(T^4 - T_a^4) \quad (10.31)$$

其中，第二项是物体从周围吸收的功率，ε是物体的辐射率，其值在0~1的范围内。需要注意的是括号外的辐射率ε的因子分解说明相同的值意味着辐射和吸收相等，所以好的辐射体必定是好的吸收体。为了利用与传导和对流相同的方式来处理辐射问题，如果能找到公式（10.26）形式的公式将非常有利，公式（10.26）似乎与方程（10.31）的形式矛盾。然而，由于$\Delta T = T - T_a$与T相比往往较小，可以将式$(T+\Delta T)^4 - T_a^4$做一个泰勒展开。因此，对ΔT二阶求导

$$\frac{\dot{q}}{A} = \sigma\varepsilon[(T+\Delta T)^4 - T_a^4] \approx 4\sigma\varepsilon T_a^3 \Delta T + 6\sigma\varepsilon T_a^2 \Delta T^2 + \cdots \quad (10.32)$$

如果在公式（10.32）中只保留ΔT一阶项，在这种近似$\dot{q}/A = h\Delta T = \Delta T/r$中保持有效，用$h = 4\sigma\varepsilon T_a^3$给出的热导系数和热阻（$R = rA$），也将被视为是恒定的，不取决于$\Delta T$。但是，如果保留$\Delta T$二阶项，得到$h = 4\sigma\varepsilon T_a^3[1+(3/2)(\Delta T/T_a)]$。因此，很明显，随着物体的温度升高，当$\Delta T$增加时，一阶近似变得不合理。这种分解开始显示作为$h$随$\Delta T$线性变化或者等效为$\dot{q}/A$对$\Delta T$的二次依赖［基于公式（10.32）泰勒展开式中二阶项］。

例5 一阶近似的有效性

假设一平板，温度为T，辐射热量到温度为27℃的周围环境。到什么温度T，辐射电阻被认为是恒定值10%？

求解

近似的答案可以最容易找到，通过要求在泰勒展开式（10.8）中二阶项不大于一阶项的10%，即$6\Delta T_a^2 \Delta T^2 \leq 4\Delta T_a^3 \Delta T$，要求$\Delta T \leq (2/3)T_a = 200K = 200℃$。在这里，当处理温度的变化而不是温度，本身以单位K还是℃没有关系。有趣的是，如果平板的温度比环境温度上升200 K或200℃，恒定电阻的近似保持优于10%。因此，在许多SWH应用中几乎恒

定电阻的假设非常适用。

10.A.4 质量传输

最后的热量传递机制是质量传输。这里在提到通过管道输送加热流体的热量传递时使用质量传输这一术语，这种热量传递经常发生在太阳能和非太阳能热水器。考虑一个圆柱形管道，流体从管道一端进入时温度为 T_1，从另一端流出时温度为 T_2。在短时间间隔 Δt 内，流体质量的微元体 Δm，显示为进入管道一端的圆柱厚片，与其同等质量的厚片在管道另一端（图 10.24）。

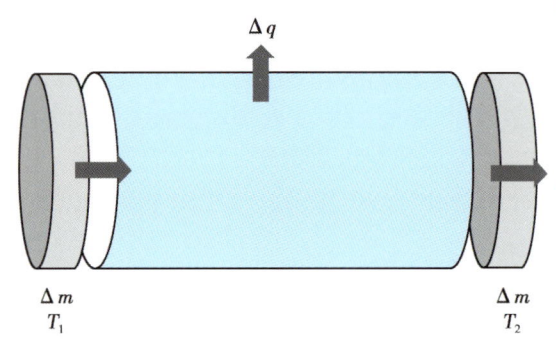

图 10.24 流体通过圆柱形管道的质量传输传热

这种情况下的能量平衡方程可以表示为

$$\Delta q = \Delta mc\overline{T} + \Delta mc(T_2 - T_1) \quad (10.33)$$

其中 $\overline{T} = (T_1 + T_2)/2$，质量流速 $\dot{m}$ 可以表示成体积流速乘以液体密度 $\dot{m} = \rho \dot{V}$。因此，方程（10.33）除以短时间间隔 Δt 之后，得到热能功率

$$\dot{q} = mc\frac{d\overline{T}}{dt} + \rho\dot{V}c(T_2 - T_1) \quad (10.34)$$

该方程的三个有趣的特殊情况将包括

（1）水的静止质量，即 $\dot{V} = 0$

（2）在输入的能量正好抵消热损失的情况下，其 $\dot{q} = 0$

（3）在管道中有一个流入或流出的净能量的情况下，管道中水的平均温度保持恒定，即 $d\overline{T}/dt = 0$

在情况（3）中，有 $\dot{q} = \rho\dot{V}c(T_2 - T_1)$，尽管具有较大的通用性，但也会考虑相位变化的可能性，释放的热功率为 $\rho\dot{V}L$，其中 L 是潜热。因此，如果有相变，情况（3）将被写为

$$\dot{q} = \rho\dot{V}[L + c(T_2 - T_1)] \quad (10.35)$$

问 题

（1）从方程（10.12）推导环路积分方程（10.13）。

（2）如果 5W/m² 热流经过平板，其整个表面的温度差为 10℃，求厚 1cm 的平板的热导率。

（3）一个长圆柱形管道热导率为 k，长度为 L，内半径和外半径分别为 r_2 和 r_1，推导出通过该管壁的传导热损失的热阻的表达式。$R = (1/2\pi kL)\ln(r_2/r_1)$。当然，总的热损失需要考虑对流和辐射。提示：以厚度为 dr 和长度为 L 的圆柱薄壳开始并运用传导方程［公式（10.24）］。

（4）证明，当三种热损耗机制并行起作用，并行应用的联合热阻的常规法则，即 $1/R = 1/R_1 + 1/R_2 + 1/R_3$。提示：热阻如何定义？

（5）假设太阳能热水器所产生的水至少比环境温度高 90°F。太阳能集热器 A（一种廉价的平板集热器），反射率为 0.1，并具有高于环境温度 80°F 的额定临界温度，太阳能集热器 B（一种更昂贵的真空管集热器）反射率为 0.5，高于环境温度 150℉ 的额定临界温度，你可以在两者之间选择。注意，这两个临界温度下，假设"标准"平均辐照度为 500W/m²。如果你住的地方那里的平均辐照度为 ①400W/m² 和 ②600W/m²，你会买哪一个？

（6）在什么温度，处于平均辐照度为 400W/m² 的地点，前面问题中的两种集热器具有相同的效率？

（7）仔细解释为什么具有低辐照度的地区你可能会使用真空管太阳能集热器，而在辐照度较高处的地区使用平板集热器为居民生活用水加热。提示：考虑这两种类型的集热器之间的反射率和热阻有何不同，以及对于给定的辐照度它们如何影响最高温度。

（8）假设有一个真空管太阳能集热器，反射率为 0.5，并且 r 值不是恒量，而是 $r=RA=(1-0.004T)$ K·m²/W，其中 T 为高于环境温度的温度。当入射辐照度为 500W/m²，确定临界温度。

（9）热虹吸太阳能热水系统通常不能很好地适用于具有集热器表面大于 10m² 的大型系统。使用一些现实选择的相关参数，解释这一点。

（10）一条经验法则是，对于每平方米集热器面积，通过太阳能热水系统中的流体流速约为 200gal/h。使用一些现实选择的相关参数，解释这一点。

（11）推导使用对于任何给定的聚光比的聚光型集热器的最佳温度（最高效率）的公式[公式（10.21）]。

（12）请说明使用聚光型集热器可以获得的最高温度，集热器的聚光比 X 可以写作 $T=T_S(X/X_{max})^{1/4}$，其中 X_{max} 是最大可能的聚光比。

（13）使用西班牙原型太阳能烟囱提供的数据，并假设当入射的太阳辐照度为 1000W/m² 时会产生峰值功率。该系统的效率是多少？达到最大烟囱效率的几分之几？

（14）假设用于产生电力的太阳能烟囱的所有尺寸按比例放大一个因子 F。因子为多大，可以使太阳能烟囱的最大功率增加多少？

（15）假设一个聚光比为 100 的聚光型集热器，并且熔融盐加热至 900K。如果热量被排放到温度为 300K 的环境中，求最大总体效率。

参 考 文 献

Agarwal, B. (2001) Participatory exclusions, community forestry and gender: An analysis andconceptual framework, *World Dev.*, 29 (10), 1623-1648.

Schlaich, J., R. Bergermann, W. Schiel, and G. Weinrebe (2005) Design of solar updraft tower systems—Utilization of solar induced convective flows for power generation, *J. Sol. Energy Eng.*, 127 (1), 117.

第 11 章　太阳能光伏

11.1　概述

太阳能电池，也称为太阳能光伏，缩写为 PV，简称光伏，提供了一种方法可以将到达地球的太阳能直接转换成电能，而不像涡轮驱动的发电机那样需要中间步骤。如第 1 章所指出，虽然对于大多数国家，光伏发电仍然代表所有电力生产的一小部分（全球约 0.2%），但由于太阳能电池价格的快速下降，在过去 35 年它一直呈指数增长，在未来一段时间可能会继续这样增长。图 11.1 显示了两种类型的晶体太阳能电池，尽管非晶（非结晶的）电池依然存在。多晶太阳能电池组件比单晶太阳能电池效率低，但更简单，制造成本更低。随着时间的推移，单晶太阳能电池由于制造成本很高，市场份额在逐渐下降。

PV 在发电中除了一般再生能源通常的优点外还具有许多独特优点。当然 PV 也面临一些挑战。表 11.1 略去了 PV 与其他大多数可再生能源共有的优势。

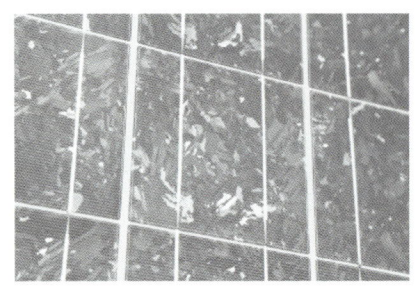
(a) 多晶光伏电池

(b) 由单晶硅制成的太阳能电池

图 11.1　太阳能电池

表 11.1 列出了光伏的"多元化用途"，是指在包括太空在内的遥远地区和发展中国家，使用的无论是并网还是离网，光伏都具有适用性。光伏还适用于千差万别的尺寸，从第三世界农村 50 W 面板（图 11.2）到中国正计划的 1000MW 巨大的太阳能装置。太阳能的可扩展性意味着可以从小的装置开始，通过添加新的太阳能电池板进而很容易增加功率，而这对于一些其他可再生能源，如水力发电或地热发电，十分困难。

表 11.1　太阳能光伏的优点与挑战

优点	挑战
提供巨大的电力总量（超过任何其他能源发电量）	昂贵（但成本不断下降）
随处可用（即使在阴天——德国）	前期成本高，但如果租借则低
不适合其他用途的最好地方（沙漠、屋顶）	间歇性（阴天、夜晚）

续表

优点	挑战
最环境友好的可再生能源	
不使用水（不像许多其他来源）	
一旦安装几乎不需要维护	
用途极其多样化	
需要升级时可轻松扩展	
在低温下正常工作（不像风力发电）	
成熟的技术（但仍需改进）	

图 11.2 哥伦比亚村庄屋顶上 50W 的太阳能电池板（图片来源于美国能源部）

光伏太阳能电池的原理基于光伏效应，光入射在材料上产生电流。这种效应由亚历山大·爱德蒙·贝克勒尔发现（1839），当时他 19 岁，在父亲的实验室工作。由年轻的贝克勒尔描述的装置示意图如图 11.3 所示。

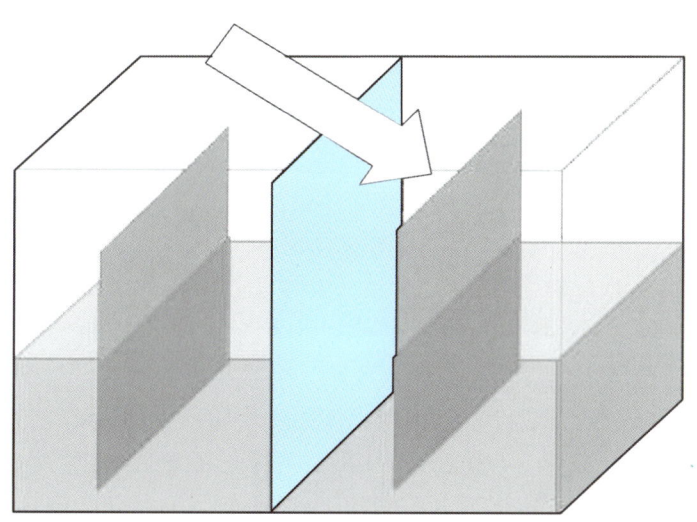

图 11.3 贝克勒尔用来发现光伏效应的装置

光照入射到一个部分浸在酸性溶液的电极导致发射电子，薄膜将含有溶液的盒子分隔成两半

光伏效应类似于光电效应，其中电子从暴露于波长足够短的电磁辐射的表面发射。两种效应之间的差别在于，光伏效应中存在本征（内部）电场维持电流，使得原则上 PV 装置通过直接将入射太阳辐射转化为电能来发电。然而，经过一个多世纪之后，随着掺杂半导体的出现，光伏用于发电变得可行。使用掺杂半导体可以创建内部电场的原因是有趣的物理学，需要讨论固体物质能带是如何形成的以及半导体的性质——依赖于量子力学原理的课题。

11.2　导体、绝缘体和半导体

孤立原子，例如那些在稀薄气体中的原子，有一组分立的（量化的）能级，但一块固体物质具有 N 个原子，则将具有能带。这些能带包括很多能级（$N \sim 10^{23}$），并且非常密集，它们的能量被认为在能带内是连续的。N 个能级中的每个能级最多由两个电子（一个自旋向上和一个自旋向下）占据，就像一个孤立原子的能级，所以填充位于 E 和 $E+\Delta E$ 之间的能级的电子数量与 N 成正比，因此它具有最大值，并且最大值取决于在这个能量间隔内的分立能级的数目。

注意，不是能带中所有的能级都必须被电子占据，在一般情况下，一些被完全占据，一些是空着的，还有些是部分被占据。同样可以说，在 E 和 $E+\Delta E$ 之间能级的"填充率"，取值范围在 0~1 之间。价带和导带之间有明显的区分。价带具有最高的电子能量，通常在绝对零度被电子占据，而导带则是在它上面的下一个能带。能带之间的区域或"带隙"是禁带，没有电子可以具有这种能量。在价带和导带彼此重叠的情况下，显然没有带隙。电导体的特征是无带隙结构。如果价带和导带之间存在带隙，该材料或者是绝缘体，或者是半导体，取决于带隙的大小，两种材料类型之间的分界线是 4eV（图 11.4）。

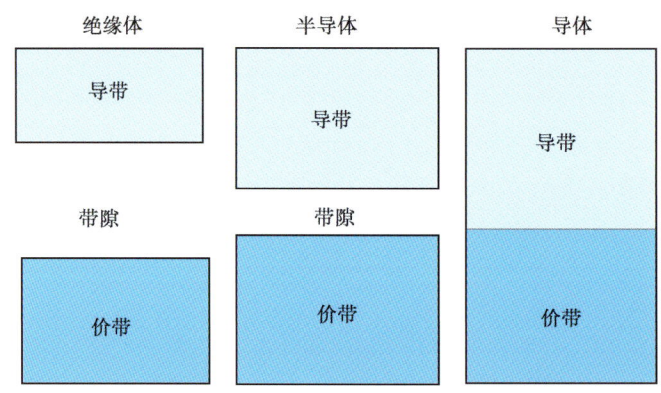

图 11.4　导体、半导体和绝缘体中的能带结构差异

为了理解这三种类型材料（导体、半导体和绝缘体）之间的差异，需要考虑填充率 $f(E, T)$ 如何依赖于能量和温度。你可能会想到电子占据能级从最低可供占据的能级开始，并按能量增加的顺序继续占据直到某值，这取决于有多少个电子，但这只有当材料处于绝对零度时才会发生。形式上，当 $T=0K$ 时，填充率是一个阶跃函数，即对于 $E<E_F$，$f(E, 0) = 1.0$，而对于 $E>E_F$，$f(E, 0) = 0.0$。其中阶梯发生的能量 E_F 被称为费米能量。

图 11.5 显示了三种材料的填充率 $f(E, T)$：（1）$T=0$；（2）$T>0$，导体；（3）半导体，其中价带出现在带隙下方，导带在带隙上方。需要注意的是描绘的曲线中 $f(E, F)$ 是横坐标，E 是纵坐标。因此，对于 $T=0$，填充率为 1.0 直至费米能量，在费米能量上方突然

下降到零，而对于 T>0，随能量增加填充率的变化逐渐缓慢。从这些图中可以清楚地知道，占据导带的电子的数量取决于带隙的大小和温度（影响阶跃的渐变度）。然而，与图不同，在室温下半导体中占据导带的电子数目通常非常小。

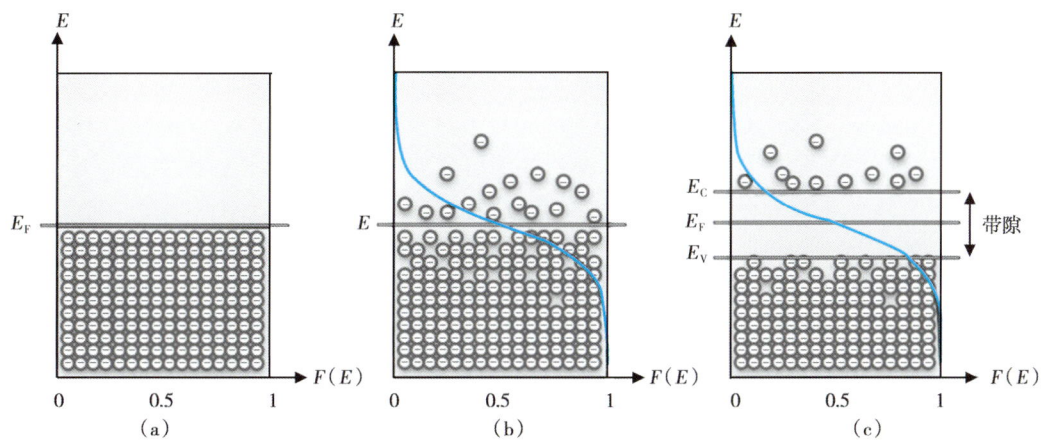

图 11.5 （a）T=0（绝对零度）时 $f(E, T)$；（b）T>0 时 $f(E, T)$，能态完全被电子填充 [$f(E, T) = 1$] 到所有能态是空的 [$f(E, T) = 0$]，过渡的突然性取决于温度；（c）T>0 时 $f(E, T)$，存在带隙，其中没有能级被电子占据（三个图全部由 Ed Woodward 创建）

当存在电压时，只有在导带的电子（而不是在价带的电子）可以作为电流中的电荷载体。原因是如果加载电场，导带中的电子可以接受能量（移动到附近一个更高的未填充的能级），而价带电子将需要接收足够的能量才能跃过禁带，但这是不可能的，除非该电场高到可以使材料分解并开始导电。导带电子也被称为自由电子，因为它们不局限于一个原子，可以在材料中自由移动。

恩里科·费米（Enrico Fermi）和保罗·狄拉克（Paul Dirac）分别独立发现了全同粒子如何像电子一样填充能级，以及填充率的推导公式（有时被称为费米分布）

$$f(E, T) = \frac{1}{e^x + 1} \qquad x = \frac{E - E_F}{k_B T} \tag{11.1}$$

其中 $k_B = 8.62 \times 10^{-5} \text{eV/K}$，是玻尔兹曼常数。注意，仅当 T=0K 时，图 11.6 中 $f(E, T)$ 对 E 曲线在各种温度下是一个阶跃函数，垂直阶梯随 T 的增加变得越来越圆润。还要注意的

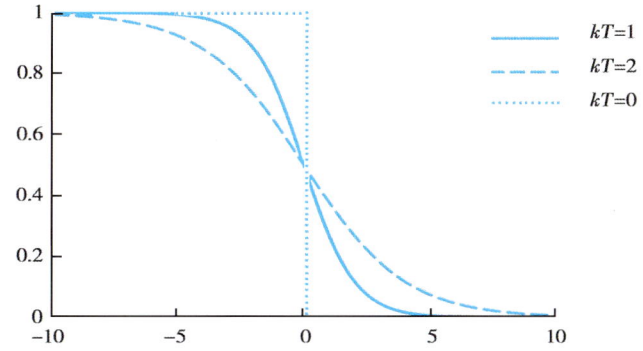

图 11.6 对应三个不同 kT 值的 $X = (E-E_F)/k_B$ 的费米狄拉克分布

是，对于任何温度 $T>0K$，在费米能级处 $f(E,T)=0.5$。

例 1 费米分布的应用

求在室温下硅元素导带底的填充率。

求解

室温约为 300K，硅的带隙为 1.11eV。在导带底，显然有 $E-E_F=\frac{1}{2}E_g=0.555\text{eV}$。因此，$x=(E-E_F)/k_BT=0.555/(8.62\times10^{-5}(300))=21.2$，从而有 $f(E,F)=1/(e^{21.2}+1)=6.21\times10^{-10}$。这就是说，只有 0.0000000621% 的可用空间被电子填充，确实是一小部分。

一种关于直观的未经推导的费米—狄拉克分布的研究方法是通过与汽车停车场类比。想象一下，一个停车场有很多层，几乎每层总是被占据一半。假设现实中每个人都倾向于在他们发现的第一个空位停车，停车场的入口在第一层。占据车位的分数如何随层数的函数变化？答案依赖于汽车到达停车场的时间和汽车平均停放时间的比值 R。如果 R 是一个非常大的数字（很少汽车到达，人们停车时间很短），那么几乎所有进入停车场的汽车都会在一半停车场的底部找到停车位，停车场楼层的"填充率"将是一个阶跃函数——正如费米函数，其中停车场楼层代表能级。现在假设 R 是一个很小的数值（汽车频繁到达，人们停车时间很长）。在这种情况下，许多抵达车辆将在停车场低楼层找不到停车位，将需要在最低利用率的较高楼层找到停车位。填充率分布将不再是一个阶跃函数，并且将变得更加圆滑——R 越小越圆滑。因此，R 在类比的停车场中是温度的倒数。但是，关于停车场已经讲了足够多了，让我们回到半导体。

半导体值得注意的四个属性：

（1）两种电荷载体。半导体中电流可通过电子和带正电的"洞穴"的移动发生。

（2）电导率。和导体相比，半导体具有非常低的电导率（由于导带电子数目非常小）。导体、半导体和绝缘体的电导率相差许多数量级：导体约 $10^8(\Omega\cdot m)^{-1}$，半导体约 $10^{-6}\sim 10^5(\Omega\cdot m)^{-1}$，绝缘体约 $10^{-14}(\Omega\cdot m)^{-1}$。

（3）带隙依赖性。半导体的电导率敏感地取决于带隙的大小。例如，硅的带隙为 1.1eV，电导率为 $0.00043(\Omega/m)^{-1}$，而锗的带隙为 0.67eV，电导率为 $1.7(\Omega\cdot m)^{-1}$。

（4）温度依赖性。半导体的电阻率和电导率的倒数随温度变化差异非常显著。实际上，温度越高，它们的电阻率越小，电导率越高，因为费米分布逐次跃迁随温度升高而增加，导致导带具有更多的电子。半导体的电阻率随温度上升而下降，刚好与导体相反。然而，掺杂半导体的电阻对温度的依赖性会更加复杂。

11.3 半导体通过掺杂电导率增加

掺杂半导体是故意在纯的半导体中加入杂质原子，为了改变其电学性能，尤其是电导率。对比纯的或本征半导体，掺杂半导体也被称为非本征半导体。通常情况下，掺杂量是相当小的，如"轻"掺杂一般需要每 1 亿个原子中添加一个杂质原子（掺杂物），而"重"掺杂可能需要每 10000 个原子中掺杂一个杂质原子。为实现最大功率输出，已经发现硅太阳能电池的最佳掺杂浓度为每立方厘米中，掺杂原子的范围在 $10^{17}\sim 10^{18}$ 内，这相当于大约一个原子掺杂在 $10^4\sim 10^5$ 原子中（LLES 和 Soclof, 1975）。硅用于大约 95% 的太阳能电池生产，由于成本低及带隙宽度合适，在将太阳辐射转化为电能方面它的效率几乎最优。

硅是一种半导体，化合价+4，也就是说，原子核外有四个电子与六个近邻共价原子中的四个原子配对成键。硅的纯晶体中原子排列成立方晶格。这样的原子的平面如图 11.7a 所示，与相邻原子共享一对电子，使其与最近邻原子成键。

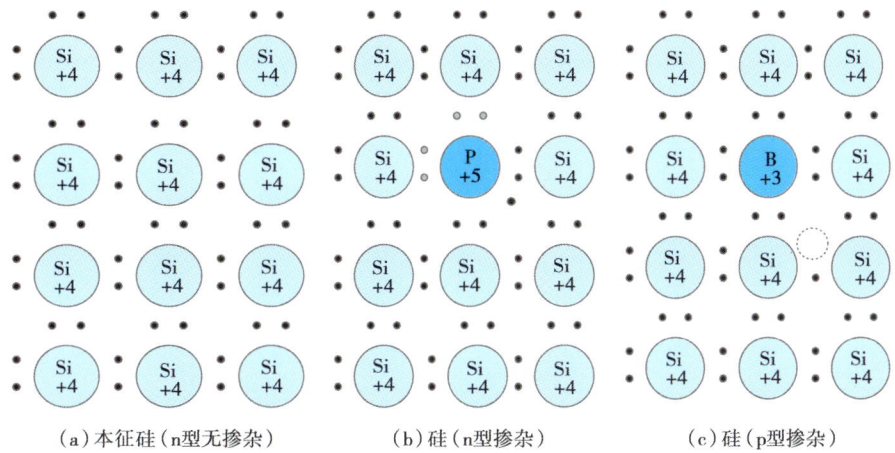

（a）本征硅（n型无掺杂）　　（b）硅（n型掺杂）　　（c）硅（p型掺杂）

图 11.7　（a）硅原子与最近邻原子通过共价键连接的平面（共享电子对）；（b）磷（化合价+5）掺杂硅和一个未共享的电子；（c）硼（化合价+3）掺杂硅和一个空穴（虚线圆）

当添加杂质时，图像会发生变化，如图 11.7b 所示，掺杂原子化合价为+5，例如磷。因为现在有一个额外的电子不能与四个相邻的硅原子配对成键，这个未成键的电子可以在晶体里自由移动，从而增加参与导电的电荷载体的数量，并提高材料的导电性。这里说的掺杂物磷是一个"施主"，因为它捐赠了导电电子，并且这种类型的掺杂被称为"n 型"（电子电荷为负电荷）。现在，考虑其他类型的掺杂"p 型"（正电荷），如图 11.7c 所示。这里的掺杂原子是硼（化合价+3），因此不是与最近邻原子成键时多一个额外的电子，而是存在一个缺陷或一个"洞穴"。硼是"受主"，而不是施主原子。你可能会认为该空穴显示在图中的错误地方，因为它应该显示为硼原子四个键中的一个。然而，像图 11.7b 中额外不成对的电子一样，这些空穴以和电子相同的方式在整个材料自由移动，并且它们也增加了电流，假定电子和空穴在相反方向上移动。

掺杂如何改变半导体中能级被填充的方式？首先考虑比以前有更多导电电子的 n 型掺杂。图 11.8 显示了电子在掺杂前（左图）和掺杂后（右图）在能级的分布。掺杂后导带中有更多的电子（顶部水平线上面）。与图 11.7 不同，图中显示电子几乎占满价带。实质上，整个 $f(E)$ 的分布向上移动，从而使 $f(E) = 0.5$ 处的能级（费米能级）不再处于掺杂前时带隙的中间，而是更靠近顶部。向上移动多少显然取决于掺杂水平。

例 2　掺杂对电导率的影响

作为掺杂在导带底部的结果，导电电子会改变多少，如果掺杂的结果是提高硅的费米能级到带隙能量的 0.8 倍呢？假设室温像以前一样为 300K，$E_g = 1.11\text{eV}$。

求解

$$E - E_F = 0.2E_g = 0.222\text{eV}$$

因此

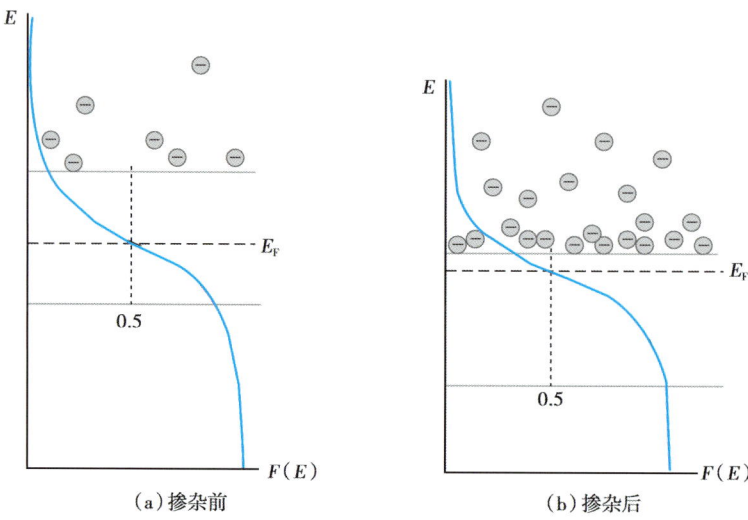

图 11.8 导电电子的分布
注意费米能量的位置与由两条水平实线所限定的带隙的顶部和底部有关

$$x = \frac{E - E_\text{F}}{k_\text{B}T} = \frac{0.222}{8.62 \times 10^{-5}(300)} = 8.58$$

$$f(E,T) = \frac{1}{e^{8.58} + 1} = 1.88 \times 10^{-4}$$

这代表对于本征硅该值增加了 $1.88 \times 10^{-4} / (6.21 \times 10^{-10}) = 303000$ 倍。鉴于电导率与电荷载体的数目成比例,电导率将增加相同的倍数。

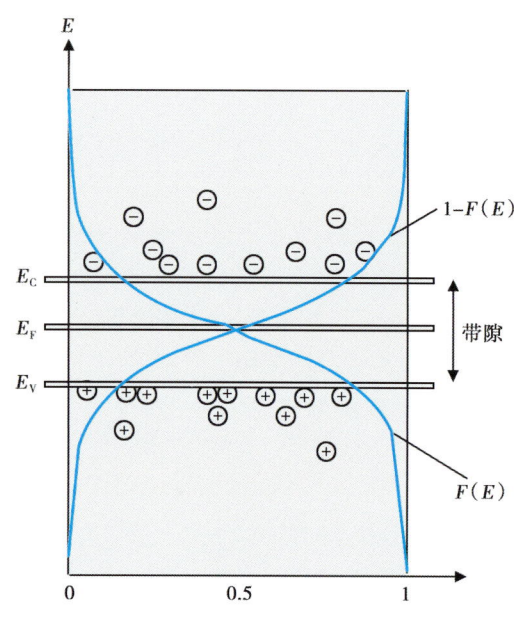

图 11.9 电子 $F(E)$ 和空穴 $[1-F(E)]$ 的填充分数分布(图片由 Ed Woodward 创建)

与停车场类比,n 型掺杂相当于添加更多的汽车到停车场,使得车库平均一半以上是满的。显然,汽车将更大程度的填充停车场更高楼层,因为较低的楼层比以前更加经常被填满,"汽车填充率"的分布中停车场楼层将向上移动。所述停车库的类比也适用于 p 型半导体中空穴的能量分布,因为空穴相当于空的停车位。p 型掺杂等效于停车场平均小于一半是满的,所以现在空的停车位的分布向下移动,而不是向上。由于空车位的存在,停车场的最高能级(而不是最低的)具有最大的空穴占有率。因此,空车位和汽车的分布具有相同的镜像关系,就像掺杂半导体中电子和空穴的分布一样(图 11.9)。请注意,在 p 型半导体中,空穴位于价带能级,在带隙底部而不是在带隙的上面。

11.4 pn 结

pn 结在 p 型半导体和 n 型半导体之间的边界形成。它们是太阳能电池以及许多其他固态电子元件,包括二极管、晶体管和 LED 的关键构件。实际上,太阳能电池在本质上和半导体二极管具有相同的基本结构。为了创建一个 pn 结,不能简单地将 p 型材料层放置在 n 型材料层上与其接触,因为这样的话原子将不够接近。相反,pn 结的形成通过生长晶体,并且通过各种方法,如外延生长法,突然改变作为深度的函数的掺杂类型来形成,外延生长法涉及在基片的顶部沉积连续的原子层。为了理解 pn 结的性质,假设 p 型材料层和 n 型材料层能够紧密接触。

在结形成之前(图 11.10 顶部图片),没有净电荷存在于任何垂直平面通过 p 型材料(右)或 n 型材料(左),因为移动的导电电子(或空穴)和固定原子核之间的电荷处处存在平衡。然而,一旦结形成(底部图片),显然节附近的移动电子和空穴会相互吸引,在它们的碰撞中形成光子,或者可以说,电子遇到空穴时填补价带的空缺,价带的空缺由空穴代表。随着导电电子和空穴远离,pn 节附近形成一个"耗尽区",宽度为 d 并且以节边界为中心。然而,只有当 n 型和 p 型材料的掺杂水平相同的时候,净电荷在边界处消失,边界在耗尽区的中心。在耗尽区,自由电子和空穴的迁移暴露了留下的剩余电荷的垂直层:正电荷在结的 n 型材料一侧,负电荷在节的 P 型材料一侧(图 11.10)。

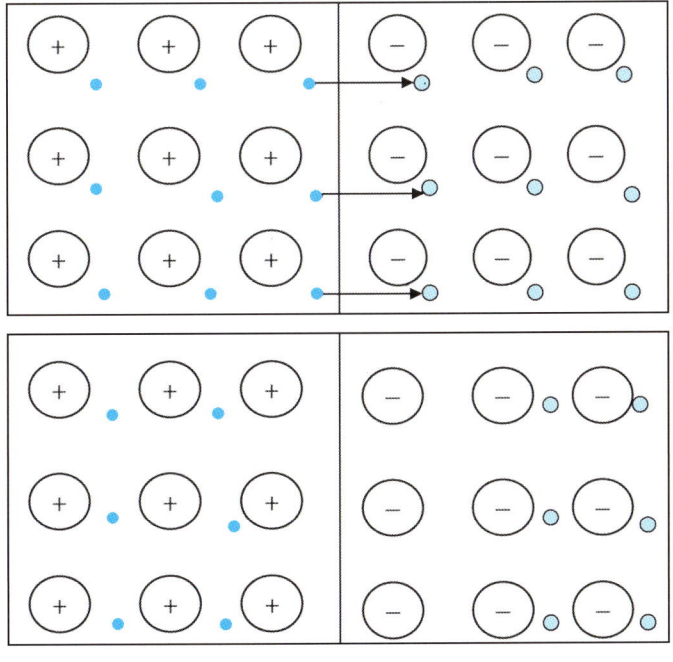

图 11.10 pn 结的形成:顶部图(形成前)和底部图(形成后)
小实心圆代表移动电子,空心圆代表移动空穴

这些电荷层在它们之间而非外面的空间创建了一个电场 E——就像一个带电的平行板电容器。该电场方向从 n 型材料指向 p 型材料,因为正电荷层在 n 型材料一侧。伴随电场,pn

节两端产生巨大的"内置"电压：$V_{bi}=Ed$，n 侧具有高电位。

内部电压的存在作为势垒，趋于保持空穴在结的 p 侧和电子在结的 n 侧，但有少数"错误"类型的电荷载流子总是被发现在两侧，即空穴在 n 侧，电子在 p 侧。这些"少数载流子"之所以存在，是因为建立的耗尽区的平衡是动态的，因此除了电子和空穴相遇并创建光子，反向过程也以相等的速率发生，由热激发在 pn 节中创建新的电子—空穴对。然而，几乎没有空穴有足够的能量穿过耗尽区（"上坡"）迁移到 n 型材料，电子同样类似，所以少数载流子与多数载流子的比例在 p 侧和 n 侧是非常小的。

pn 结内部电压的存在修正了之前以一种有趣的方式分别考虑的 n 型和 p 型材料的能级图。图 11.11 显示了当移动通过 pn 结，能级及其电子和空穴占位如何发生变化。

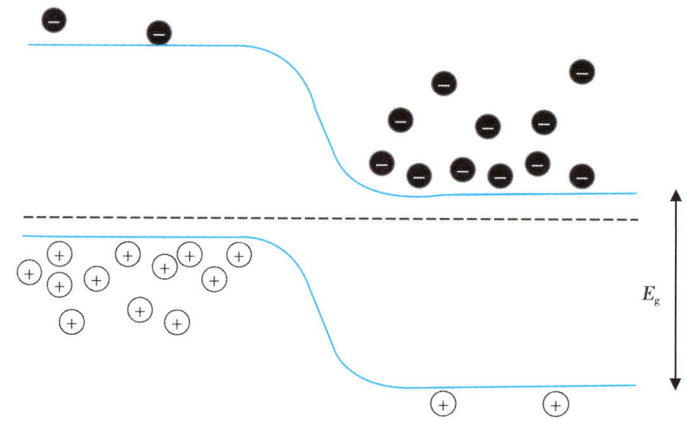

图 11.11　能级的移动跨越 pn 结的带隙（p 型在左侧）以及每种材料中的多数载流子和少数载流子
E_g 是带隙能量，虚线表示费米能级

在图 11.11 中，p 型材料再次在左边，n 型材料在右边。从左到右移动穿过 pn 结导致势能下降 qV_{bi}，其中 q 是电子电荷。当穿过 pn 结势能的下降具有降低所有能级的效果——带隙的顶部和底部以及费米能量。n 型材料中的导电电子和 p 型材料中的空穴占据先前确定的能带，这里显示在每一侧有极少数载流子。注意如何使用能量转移使 pn 结两侧的费米能量在相同的水平。

11.5　通用光伏电池

太阳能光伏电池基本上由一块半导体与一个或多个 pn 结构成，pn 结可以通过在 p 面和 n 面上的金属接触与外界电连接（图 11.12）。作为 pn 结内建电场和内建电压的结果，太阳能光伏电池可以通过入射光子产生电力，当入射光子到达 pn 结，提供的光子具有足够的能量在那里产生电子—空穴对。pn 结通常只有几百纳米，在电池前表面的下方处，所以光可以很容易地穿透并到达 pn 结。

内建电场将推动自由电子迁移到 pn 结的 n 侧，自由空穴迁移向 p 侧。电子和空穴促成电流，只要存在入射辐射和一个完整的电路，电流便可持续，即电池与其他电池串联，并最终通过负载。实际上没有空穴流经耗尽区外的电池，因为它们一旦到达 n 型一侧便与电子结合。然而，复合电子必须进入 n 型区域的另一侧，这样电流在整个电路中才能持续。

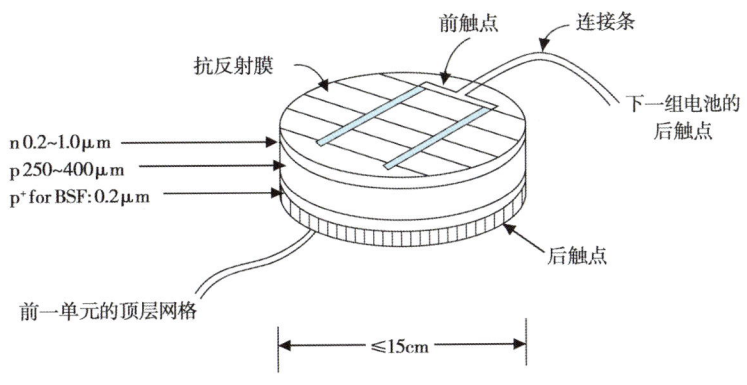

图 11.12 典型的太阳能电池（图片来源于 Twidell 和 Weir）

11.6 太阳能的电学性能

典型的太阳能电池的电流—电压曲线看起来像图 11.13 中的顶端曲线。注意，电流在一系列电压范围内几乎保持恒定，这就是为什么可以把太阳能电池作为恒流源，不同于电池，是一个恒压源。太阳能电池两端的电压值完全取决于其所连接的外部负载——零电阻负载显然表明整个电池零电压，而在该点的电流是 I_{SC}（SC 为短路）。当外部负载电阻增大到无穷大，电流停止流动（$I=0$），电池两端的电压为 V_{OC}（OC 为开路）。图 11.13 的功率曲线紧随 I—V 曲线，由于 $p=IV$。你明白为什么当 $I=I_{SC}$ 和 $V=V_{OC}$ 的时候功率等于零吗？你明白为什么在电流恒定的区域功率随电压线性增加吗？电池产生功率最大值的点对应所述曲线的"拐点"。这就是曲线斜率为-1 的点，与 I-V 曲线相切。记住，当图上绘制斜率-1 的曲线，如果水平和垂直坐标轴是不同尺度时将不会出现 45°角。关于图 11.13，另外有一点要记住的是由电池产生的电流取决于其照明——显然在黑暗中不会产生电流。在一般情况下，曲线水平部分的高度与入射到电池的垂直辐照度及电池的面积是成正比的。

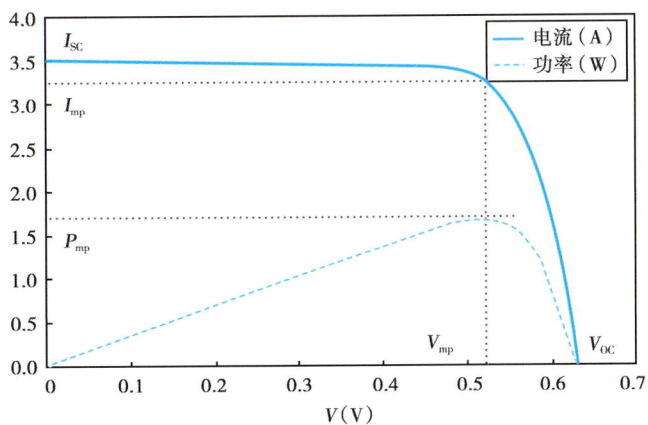

图 11.13 光伏电池的电流 I 与功率 p 对电压 V 的曲线图（图片由 Eget arbejde 创建）

11.7 太阳能电池及太阳能系统的效率

太阳能电池的效率定义为输出电功率除以垂直入射电磁波的入射功率，或入射太阳能功率转化为电功率的分数。效率取决于四个关键因素，下面即将讨论。

11.7.1 填充因子

太阳能电池的填充因子（非填充率）是最大可获得功率与开路电压和短路电流乘积的比率。$V_{OC}\times I_{SC}$的乘积是矩形的面积，其水平尺寸是V_{OC}，垂直尺寸是I_{SC}（图11.13），而实际的最大功率是虚线矩形的面积，其水平尺寸是V_{mp}，竖直尺寸是I_{mp}（最大功率）。显然，可能的最大填充因子（ff）为1.0，$I-V$曲线图是一个阶跃函数，但填充因子与电池效率是不一样的。对于图11.13中描述的电池，ff为0.8左右（80%），事实上，对于硅，该值高达88%。通常情况下，A级商用太阳能电池$ff \geq 0.7$，而效率较低级的B级电池$ff=0.4\sim0.7$。

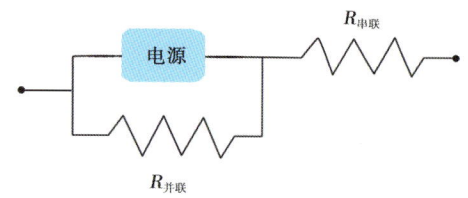

图11.14 未连接外部负载的PV电池串联内部电阻和并联电阻的电路图

理解高填充系数重要性的一个方法是通过认识到太阳能电池（就像电池）具有可降低其性能的内部电阻。太阳能电池（或蓄电池）实际上有两种电阻：串联电阻和分流电阻（图11.14）。串联电阻越小，曲线的第一部分越接近水平，而分流电阻越高，曲线趋近于零时下落越陡。因此，理想的情况下，$R_{并联}=1/R_{串联}=0$，$I-V$曲线将是矩形，与尺寸为$V_{OC}\times I_{SC}$的矩形相同，并且填充率为1.0。

从这个图清楚地知道希望串联电阻要尽可能的低，并且分流电阻要尽可能高，以使当电池连接到负载时，浪费的功率尽可能少。顺便提及，若蓄电池相当长的时间不使用，它的分流电阻可自我放电。

11.7.2 效率的温度依赖性

与其他半导体器件一样，太阳能电池受温度的影响，并且随着温度升高而效率降低。参数对温度最敏感的是开路电压V_{OC}，但短路电流I_{SC}也受到轻微的影响，如图11.15所描绘。

基于理论考虑和经验数据，硅太阳能电池的最大输出功率随温度变化而变化，这是根据

$$\frac{1}{p_m}\frac{dp_m}{dT}\approx -0.0045(\text{℃})^{-1} \qquad (11.2)$$

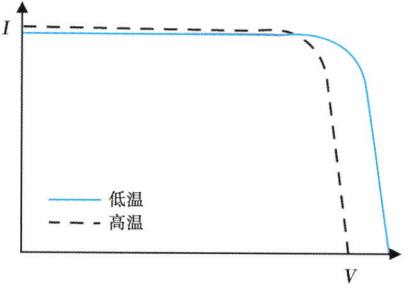

图11.15 温度变化对太阳能电池$I-V$曲线的影响

需要注意的是在较高温度下，开路电压下降，短路电流也下降，但下降得非常少

例3 温度对效率和输出功率的影响

在20℃，给定的太阳能电池板功率为200W。如果温度升温10℃，在相同的辐射下输出功率将是多少？

求解

由公式（11.2），有$dp_m/dT \approx -200W\times 0.0045/℃ = -0.9W/℃$。因此，温度上升10℃会

导致输出功率下降9W，下降4.5%。

11.7.3 光谱效率和材料的选择

对于任何给定的材料，例如硅，给定波长的辐射从耗尽区喷射电子和空穴的效率取决于入射光子的能量和材料带隙大小之间的关系。图11.16适用于硅的情况，硅的带隙是$E_g=1.1\text{eV}$（垂直虚线）。实线显示了$T=6000\text{K}$时的黑体光谱（太阳表面温度被地球大气层适当修饰）。该曲线是太阳辐照度在海平面的光谱分布的近似，并且它图示为光子能量，而非波长的函数，但两个量是相关的，通过下式

$$E = hf = \frac{hc}{\lambda} = \frac{1240\text{eVnm}}{\lambda} \tag{11.3}$$

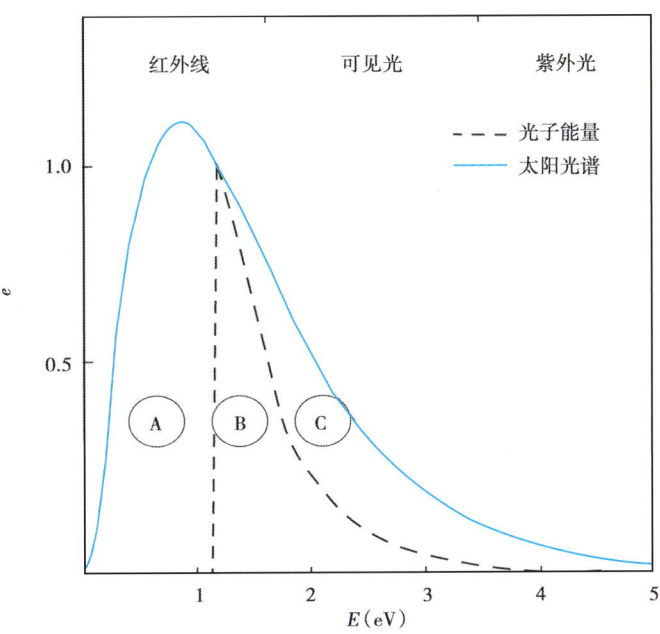

图11.16 太阳辐射硅太阳能电池的光谱效率e对应光子能量E

任何给定波长或光子能量创建电流的光的分数由虚线表示。因此，光子能量$E=E_g$，效率100%，因为当它们被吸收时，所有的能量用于产生电子—空穴对，电子从价带顶部跃迁到导带底部空缺能级，同时空穴沿相反的方向跃迁。这就是为什么当$E=E_g$时虚线突然上升，而在$E=E_g$之下光子根本没有足够的能量传给电子使其跃迁的原因。对于$E>E_g$，光谱效率的下降比增加更加平缓，是因为这些光子具有足够多的能量使电子跃迁，但当E增大时过量的能量以热的形式损失一直到越来越大的程度。如果你试着想象对于带隙能量比硅较高或较低的材料虚线是什么样子的，你会很容易定性地了解为什么硅的带隙非常接近于理想状态。威廉·肖克利和汉斯·奎伊瑟（William Shockley 和 Hans Queisser），首先在1961年计算了肖克利—奎伊瑟极限（Shockley-Queisser limit），这给出了作为带隙函数的最大可能效率，假设6000K黑体光谱，他们发现效率曲线的峰值约1.4eV，但它并没有下降很多到1.1eV，太阳能转换效率可高达33.7%。真实的硅太阳能电池不能达到这样高的效率，因为它们具有其他损失，如前表面反射和表面上细导线电阻。典型的单晶硅太阳能电池只有约

22%的转换效率，但是这并不包括电池本身的外部损失。

11.7.4 多结太阳能电池的效率

太阳能电池效率的肖克利—奎伊瑟极限仅适用于具有单个 pn 结的电池。多结太阳能电池可以达到更高的效率，多结太阳能电池选择具有合适带隙的连续层，每一层从光谱的不同区域吸收光子（图 11.17）。多结电池中，设置以具有最高带隙的顶层开始，连续层具有逐渐降低的带隙是极其重要的。这样具有能量 $E<E_g$ 的入射光子可以简单地通过第一层而不被吸收。如果层的顺序被颠倒，那么在第一层最高能光子将撞击电子进入导带，但因为 $E>E_g$，由于发生在图 11.15 中区域 B 的效率降低非常多的能量将以热能的形式损失。图 11.17 显示了满足上述条件的一个可能的层的顺序，并且每一层易于吸收光谱中某个区域的光子。

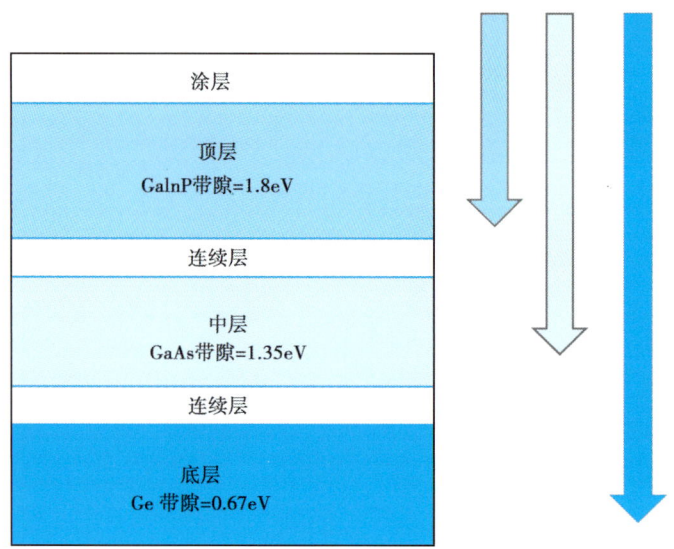

图 11.17　多结太阳能电池中 p 型和 n 型材料的连续层

除了根据层的带隙安排它们的先后顺序，每一层产生的电流相互紧密匹配也很重要。如果此条件不成立，多结电池具有一系列电源，每一层都有自己的内部电阻（图 11.14），这将导致内部电流环路浪费能量和效率更低。截至 2011 年，已经生产的多结太阳能电池的效率超过 43%，但是，它们比效率低的电池更加昂贵。

11.8　太阳能系统的效率

为了发电，一系列太阳能电池需要串联连接以形成太阳能模块或面板，然后一系列面板连接在一起以形成阵列。一个典型的太阳能面板可以产生 200W 的功率，所以阵列所需的面板的数量由应用决定。对于家庭使用的在线太阳能系统计算器已经存在，如光伏瓦特程序计算器，可以为您量身定做需求系统的大小。一些在线应用程序允许用户进入"谷歌地球"，将你的屋顶的四个角落数字化，这样才能看到屋顶可以安装的最大太阳能系统的尺寸。这些计算器还要考虑到你的纬度、屋顶倾斜度、屋顶方向和底纹程度，逐月估算系统可以产生多少电。除了考虑单独的太阳能电池的效率，人们还需要考虑整个系统的效率，包括表 11.2

中的因素。

请注意，在表 11.2 中总的系统效率是所有适用于该类型的系统的单独效率的乘积；然而，这个总数不包括单独的太阳能电池效率，它们必须相乘。

表 11.2　平均 PV 系统构成和总效率

构成	效率	并网	离网交流	离网直流
PV 阵列	80%~85%	X	X	X
逆变器（将直流电变换为交流电）	80%~90%	X	X	
导线	98%~99%	X	X	X
控制器	98%~99%		X	X
蓄电池（循环）	65%~75%	X	X	X
总计		60%~75%	40%~56%	49%~62%

11.9　电网连接和逆变器

导致迈向更多的使用光伏系统的重要一步是发明于 20 世纪 80 年代初的逆变器。逆变器是将太阳能电池板或阵列面板产生的可变直流电转换为多级交流电的设备。逆变器的一个用途是允许系统把电力返回到电网，这需要逆变器与电网频率和相位准确匹配。这样的并网系统还必须包含从电网自动断开控制器，因为如果断电，必须保障进行修理的架线员的安全。这种系统的一个缺点是在发生停电时它们不能提供备用电源。逆变器的另一个用途是在电网连接不到的远程位置利用由太阳能电池阵列充电的电池提供交流电力。

太阳能电池阵列使用逆变器的两个配置是将阵列中所有面板的直流电输出合并，然后发送到单个逆变器，或交替地使一个单独逆变器连接到每个面板。这后一种结构，也称作"微型逆变器"，一般用在较小的系统中。微型逆变器允许一对一控制单个面板，这样使增加面板变得更加容易，以便扩展系统的大小。另外一个优点是，单个面板或在一连串面板中的逆变器的故障不会使系统离线，因为阵列面板是并联连接的。由于效率提高，并且微型逆变器允许分布式体系结构，它们已在近几年越来越受欢迎。在将来，可以预期微型逆变器将与产生交流电力的太阳能电池板模块完全整合（图 11.18）。

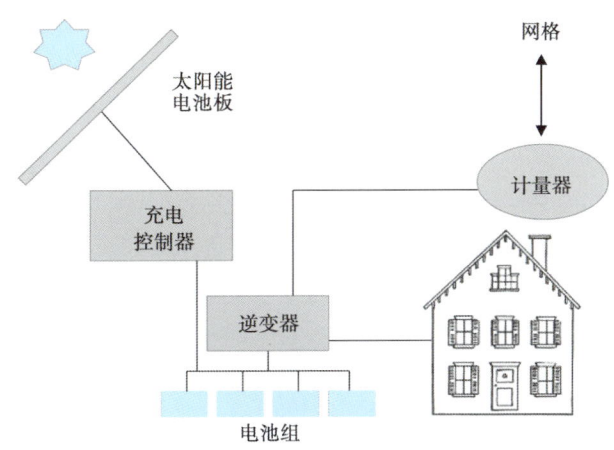

图 11.18　具有备用电池的并网系统

充电控制器的功能是防止电池的过度充电。显然，缺乏备用电池的并网系统也没有充电控制器或电池

11.10 其他类型的太阳能电池

11.10.1 薄膜

薄膜太阳能电池涉及在衬底上沉积一层或多层光伏材料。它们比传统的太阳能电池更容易制造，因此更便宜，但它们的效率显著较低。尽管一些用于生产电池的薄膜效率高达12%~20%，生产模块的效率往往是9%左右。薄膜太阳能电池在光伏市场的份额一直在稳步增长，在过去5年里翻了一番，在2013年达到30%。用于家庭的光伏系统，除了效率和成本，消费者还需要考虑屋顶的面积，因为薄膜的低效率可能会限制电力生产达到所需要或期望的量值。薄膜太阳能电池板可以利用各种材料制成，并且可以制造成柔性片材，甚至是屋顶瓦的形式（图11.19）。

图11.19 薄膜太阳能电池的柔性片材（图片来源于Fieldsken Ken）

11.10.2 染料敏化太阳能电池

染料敏化太阳能电池（DSSCs）是一种特定类型的有机太阳能电池，是使用有机材料制成的光伏电池（图11.20）。染料敏化太阳能电池发明于20世纪90年代，目前被认为是效率最高的第三代太阳能电池。这是一种新的薄膜技术，包括一层在光敏阳极和电解质之间的半导体。因此，染料敏化太阳能电池不包含pn结。相反，它们模仿光合作用的过程，来分散吸收太阳能（由含二氧化钛的染料吸收），并通过电解质实现电荷传输。染料敏化太阳能电池的效率已经达到11%，这的确没有最佳薄膜电池（5%~13%）或传统的硅板（12%~15%）效率高。然而，2012年当"石墨烯"片被创造出来的时候，在一次实验中达到了更高的效率，而"石墨烯"片是将二氧化钛与石墨混合并将所得糊状物在高温下烘烤制成的。石墨烯，一种奇妙的材料，由形成蜂窝阵列的单层碳原子组成，具有许多有用的电性和机械性能，包括高强度和非常高的导电性，使得它非常适合在可再生能源技术和能量存储的应用。

传统太阳能光伏电池的最大缺点是成本高。染料敏化太阳能电池制造工艺简单，原材料成本低。因此，以每美元功率输出比计算，有望使其尽快实现与传统能源的电网平价。

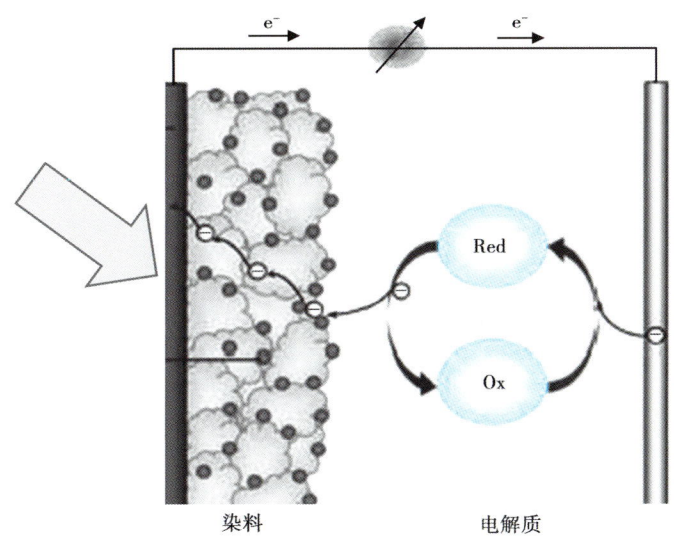

图 11.20 染料敏化太阳能电池

纳米尺寸的染料分子捕捉光线，显然光线在这里被扩大了。这些染料分子层与相邻的电解质交换电子

11.11 环境问题

太阳能光伏电池对环境的影响几乎都是正面的：二氧化碳的排放减少，无噪声污染，以及弥补了对稀有良性能源的需要。然而，所有能源都会存在一些环境问题。其中之一是制造过程是能量密集型的，尽管这种光伏发电系统产生的能量要大得多，但要达到盈亏平衡点最多约 6 年，仅仅是系统寿命的 1/4。还有一些关于在光伏电池制造过程中暴露在危险化学品的工人的健康和安全问题，以及安装系统的工人面临的可能跌落或者触电的危险。此外，当系统达到其使用寿命，还存在处置问题，这也带来了一定的环境危害。最后，还有土地使用的问题。尽管光伏发电系统通常安装在无法他用的区域（屋顶）或沙漠，这些地方也不适合农业用地，有可能因环境原因（干扰沙漠野生动物）或文化遗产的理由遭到团体反对。

11.12 小结

本章回顾了光伏太阳能电池的基本原理，其中包括半导体的性质，掺杂的影响，以及 pn 结。本章考虑了影响太阳能电池效率的各种因素，以及使它们成为太阳能系统一部分的方法。

附录 基本量子力学和能带的形成

我们不再认为电子在围绕原子核的轨道，而是用一个三维波函数 $\Psi(x, y, z)$ 来描述它们。波函数的平方绝对值给出在空间中的特定点发现电子的概率密度，因此，在位于 (x, y, z) 的小体积元 dV 发现电子的概率是

$$dP = |\Psi(x, y, z)|^2 dV \tag{11.4}$$

对于给定的系统，特定波函数和它们的相关分立能级是原子核周围空间的一些区域里电子束缚的结果。如果限制寻常波，例如绳子上的波或一定空间区域的声波，它类似于发现的驻波。然而，与这些情况不同，$\Psi(x, y, z)$ 除了概率密度，没有任何物理意义。

11.A.1 求解能级和波函数

在特定情况下，求解 $\Psi(x, y, z)$ 的数学过程涉及选择一个合适的势能函数 $U(x, y, z)$ 求解薛定谔方程：

$$-\frac{\bar{h}^2}{2m}\nabla^2\Psi = (E - U)\Psi \tag{11.5}$$

其中

$$\nabla^2\Psi = (\partial\Psi/\partial x^2) + (\partial\Psi/\partial y^2) + (\partial\Psi/\partial z^2)$$

式中，E 是能态的总能量；$U = U(x, y, z)$；m 是电子质量；$\bar{h} = h/2\pi$。

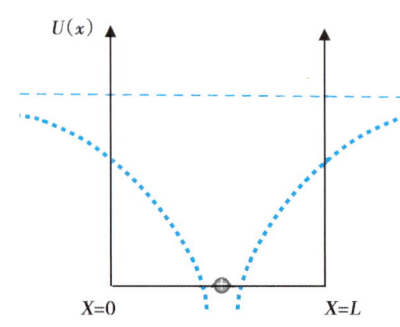

图 11.21 无限方势阱和 $1/r$ 库仑势表示原子对比中心带正电的原子核

除了最简单的情况，所有求解波函数和它们的相关能量都具有挑战性。因为本书主要是介绍基础知识，设想不限于一个真正的原子，其中的势能 U 是 $1/r$ 库仑势，取而代之一个电子只能被束缚在一维而不是三维空间。尤其是，假设有一个电子束缚于间隔 $0<x<L$ 内，不受任何力，也就是说，在该间隔内势能 $U(x)$ 是常数（假定为0）。这种情况被称为一维方势阱（图11.21）。由于电子被绝对束缚，假设势阱外 $U(x) = \infty$。采用了简化的方势阱意味着求得的波函数和相关的能级与那些用真实的库仑势获得的没有关系，但在这里讨论的问题仅仅是展示空间电子束缚如何导致量子化的能级，而不是寻找一个真正的原子的能级。

> **知识盒　方势阱物理上是怎么实现呢？**
>
> 　　一个显而易见的选择可能是电子被困于距离为 L 的一对非常大的平行板之间。在这种情况下，被充电的电子会导致每个平板带电，因此将受到电场力的作用（一种非恒定电位）。电子由不带电的中子所取代，中子被限制在近似方势阱中。

由于势阱是一维的，有 $\Delta^2\Psi(x) = \partial\Psi(x)/\partial x^2$，$U(x, y, z) = U(x)$。因此，等式（11.5）可以被简化，得到下面二阶微分方程：

$$\frac{\partial\Psi(x)}{\partial x^2} = -k^2(x)\Psi(x) \tag{11.6}$$

其中函数 $k(x)$ 是

$$k(x) = \sqrt{\frac{2m|E - U(x)|}{\bar{h}^2}} \tag{11.7}$$

我们将讨论电子在势阱壁之间来回弹跳，但要记住我们是用波函数来描述。在这种情况下很容易求解方程（11.6），由于 $k(x)$ 在势阱内是一个常数，即

$$k = \sqrt{\frac{2mE}{\hbar^2}} \tag{11.8}$$

你可以轻松验证，一般的解决方法是

$$\Psi(x) = \pm A\sin kx \pm B\cos kx + C \tag{11.9}$$

方程（11.9）需满足两个边界条件 $\Psi(0) = \Psi(L) = 0$，因为在势阱的边缘概率变为零，假定势阱壁是不能穿透的。正如你可以验证，这些条件分别需要 $B=C=0$ 和 $kL=n\pi$。因此，从公式（11.8）和（11.9），发现正确的无限方势阱的波函数和相关能级是

$$\Psi_n(x) = \pm A\sin\frac{n\pi x}{L} \tag{11.10}$$

$$E_n = \frac{k^2\hbar^2}{2m} = \frac{n^2\pi^2\hbar^2}{2mL^2} \tag{11.11}$$

$n=1$ 的能态，也称为基态，具有最低的能量，并且通过等式（11.11）知道"激发"态能量（$n>1$）可表示为 $E_n = n^2 E_1$。

如果你还记得固定两端的绳子上驻波的模式，你可能会注意到，在图 11.22 中的波函数看上去与其相同。在各个区间发现电子的概率可以很容易地建立为 x 的函数 $|\Psi(x)|^2$。求解有限深方势阱的问题比求解无限深方势阱的问题更具挑战性。但看起来波函数类似于图 11.22 中的波函数，区别在于在 $x=0$ 和 $x=L$ 处 $\Psi(x)$ 不再变为 0。取而代之的是，在势阱边界之外波函数指数衰减为零。此外，要求 $\Psi(x)$ 和它的一阶导数在势阱两个边界连续。

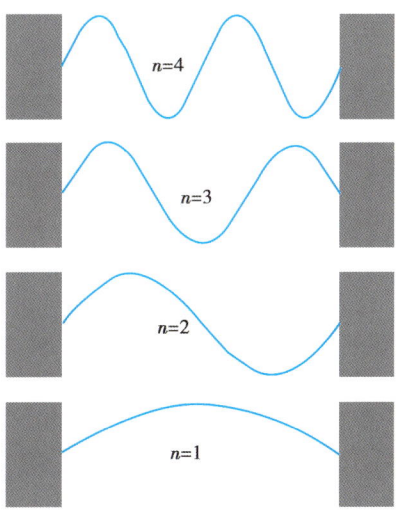

图 11.22 无限深方势阱的最初四个波函数

11.A.2 耦合系统和能带的形成

现在假设，不是一个单一的孤立原子，而是有两个相互靠近的原子，它们足够近以致一个原子可以小范围地影响另一个原子的能级。在这种情况下，不是考虑每个原子自己的量子态，而真正需要分析的是作为一个系统的联合系统。对每一个原子，再次使用方势阱（而不是真正的 $1/r$ 库仑势）。也就是说，有一个双方势阱，在势阱之间存在有限高度的势垒。想象基态波函数是什么样子。一个好的近似被称为紧束缚模型，包括各个孤立的原子波函数的叠加。这种近似的基础是，相邻原子对彼此波函数的影响非常小。

因此，双势阱的基态波函数可以由单势阱波函数组成，但需要稍作修正，因为单势阱波函数在有限深势阱边缘不等于零。至于对基态波函数看起来像什么的猜想，可以尝试将两个独立的势阱波函数对称组合：$\Psi_S(x) = \Psi_{1左}(x) + \Psi_{1右}(x)$，即这将产生类似于图 11.23

中的虚线。另一方面，一个同样好的猜测可能是反对称组合 $\Psi_S(x) = \Psi_{1左}(x) - \Psi_{1右}(x)$，像图 11.23 中的实线曲线。薛定谔方程的正常解产生了两个波函数，与 S 和 A 组合非常相似，但能量略微不同。

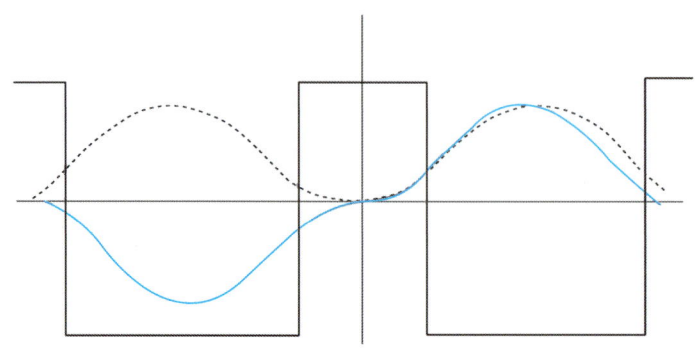

图 11.23　双势阱和两个最低能量波函数

你能告诉这两个解决方案中是 S 还是 A 将有更高的能量？提示：这两个中哪个在右侧势阱具有较长的波长？获得两个波函数的过程如图 11.23 中所示，有一点烦琐，利用每个势阱内的正弦函数 $\Psi(x)$ 和势阱外的指数，然后要求在每个势阱边界 $\Psi(x)$ 和它的一阶导数的连续性。

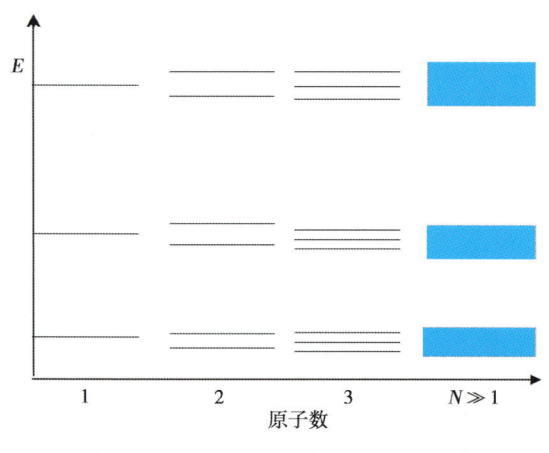

图 11.24　当 2 个、3 个、$N \gg 1$ 个耦合原子存在时单原子能级分裂

在前面讨论中的唯一重要的一点是，对于单势阱的单一波函数和能级在组合（耦合）的双势阱系统产生了两种能量稍有不同的波函数。如果现在考虑三个邻近的方势阱（代表三个相邻原子）的情况，会发现对于单个原子系统中的每个能级，现在分裂成三个独立的能级。如果有一排 N 个原子，其中 N 非常大，每个能级将分裂成 N 个能级。这正是晶体的情况，其中 N 是 10^{23} 数量级。当然，晶体是三维的，而不是一维的，但基本的分析是一致的。鉴于 N 的数量级巨大，节级非常接近，图 11.24 中的黑色矩形就是我们所说的能带。

问　题

（1）图 11.23 所示的两个双势阱波函数中哪个具有较高的能量？请说明。

（2）请画出三方势阱的三个最低能量波函数的图形。

（3）砷化镓（GaAs）的带隙为 1.4eV。请找砷化镓太阳能电池光伏发电的入射光最佳波长。

（4）考虑一个单晶硅侧边为 1 cm。导带能级之间的间隔是多少？假设导带宽 1eV。

（5）找出在室温（300K）未掺杂 GaAs 的带隙上方的能级被填充的概率，并将其与硅相比较。

(6) 在什么温度下未掺杂的硅（带隙为 1.1eV）的导带的底部间隔的 ΔE 中电子的数目和在室温下未掺杂的砷化镓（带隙为 1.4eV）的一样多？

(7) 证明在 I（电流）相对于 V（电压）曲线中功率最大的点处，斜率为 -1 的直线与曲线相切。提示：考虑在该点和在最大功率点两边任一侧距离 $\pm dV$ 的两点处的功率是多少。

(8) 太阳能电池通常串联以形成太阳能电池板。如果它们是并联可能会出现什么问题？提示：为什么电池通常串联？

(9) 电流源（如太阳能电池板）与电压源（如电池）之间的差异是什么？

(10) 当比较 PV 电池在夏季和冬季产生的能量，有两个竞争的效果：①在夏季，白天更长，②温度也较高。使用方程（9.11），（9.12）和（11.2），评估这两种效应的相对重要性，并确定它们的相对大小。假设比较北纬 45°，7 月 1 日和 1 月 1 日，在这两天中午倾斜的太阳能集热器分别获得了相同的最大辐照。假设一月和七月平均温度分别为 0℃ 和 25℃。提示：首先需要找出这两天白天的长度。

(11) 参照表 11.2，整体系统效率（表的最后三行）由适用于各种情况下的单个部件效率产生。

(12) 在离 pn 结平面的任何距离 x，空穴和电子密度的乘积为常数，与 x 无关。为什么是这样？

(13) 考虑每立方厘米掺杂有 10^{17} 个原子的 p 型材料和 pn 节的另一侧每立方厘米掺杂 10^{18} 个原子的 n 型材料。远离 pn 节的每侧多数载流子与少数载流子的比率是多少？

(14) 对自由电子和空穴的密度作为与 pn 节的距离 x 的函数作定性的修正，显示正的和负的 x 值，对于两个密度利用对数标尺。

(15) 电池、充电的电容器、pn 结这三者之间的异同是什么。

(16) 假设在垒宽度为 L 的无限方势阱中一个电子在 $n=6$ 的能态，找到电子的最大概率的所有的 x 值是多少。

参 考 文 献

Iles, P. A. and S. I. Soclof (1975) Effect of impurity doping concentration on solar cell output, 11th *Photovoltaic Specialists Conference*, Institute of Electrical and Electronics Engineers, Phoenix, AZ, May 6–8.

Shockley, W. and H. J. Queisser (1961) Detailed balance limit of efficiency of p-n junction solar cells, *J. Appl. Phys.*, 32, 510–519.

Twidell, J. and T. Weir (2006) *Renewable Energy Resources*, 2nd edn., Taylor & Francis Group, Boca Raton, FL, p. 183.

第 12 章 节能和能源效率

12.1 概述

能源效率和可再生能源被称为能源政策可持续发展的两大支柱。有很多理由需要追求节能和效率，在增加能源供应方面被形容为"低挂的果实"，或者更恰当的表述为使现有能源供应的时间加长。2008 年的一个研究指出到 2020 年因增加的节约和效率，美国潜在的非交通运输节能大约是 1.2 万亿美元，占美国能源预算的 23%（麦肯锡，2008）。但是，经济是在提高节约和效率的工作中的受益之一。实际上几乎所有生产和输送能量的方法都对环境有影响，有些方法远远比其他方法更有害。通过避免或减少生产和输送能量的需求，可以减少这些环境影响。如果设备没有在使用，自动将设备设置成低功率"休眠"模式，那么节能和效率也可以延长设备的使用寿命。最后，可以为后人留下更多的世界上有限的不可再生能源，并有助于减少国际冲突。

物理学家听到"节能"这个词首先想到的可能是："怎么可能不这样——能量是永远守恒的！"当然，在这里使用这个词在另一种意义上描述人类如何使用能源，并努力减少使用的数量。节能和效率这两个概念是密切相关的，两者都值得支持，但它们有不同的内涵。效率是指达到同样的目的使用更少的能源，而节能是只需使用更少的能源，即使最后我们不得不妥协。效率一般涉及一种技术解决方案，而节能涉及一种行为。因此，我们在家里可以通过调低恒温器和穿着毛衣来节约能源，或者可以通过具有可编程的自动调温器，当我们不在家的时候降低加热或冷却系统，进而更有效地使用能源（少用能源）。当然，在这种情况下，完全有理由遵循两个方针：第一，节能需要较小的牺牲，第二，效率既不需要改变行为方式，也不需要牺牲，只需要学习使用可编程恒温器！虽然效率和节能往往是相辅相成的，但有时它们被看作是冲突的，这取决于个人的世界观。

这里是针对一些人某种态度和方法的实例，而这些人主要强调节能或者效率，如表 12.1 所示。实际上，大多数人可能在节能和效率这两种方式中都发现优点，并且找出一些相当简单的鲜明的选择。例如，做出能源决策时始终把环境放在经济之前的想法像空谈一样愚蠢。然而，许多人往往强调一种态度超过另一种，即使对于列出的建议添加一句"是的，

表 12.1 主要强调节能或者效率的人们的观点

节能强调者	效率强调者
使用较少的能源	更高效地使用能源
强调人类行为	强调科技
教育公众环境问题	教育公众成本和利益
如果这样经济将增长缓慢	不会导致经济增长缓慢
禁止浪费行为和产品	市场会选择最好的产品
这是第三世界的机会	保持美国的优势
科技是敌人	科技是救星

但是……",如"公共教育的成本和收益是重要的,但我们确信不仅包括在经济上量化的成本和收益,也包括无形的成本和收益,如物种的灭绝。"

> **知识盒　人类能源呢?**
>
> 在考虑提高能源利用效率,目前还不清楚是否包括人类能源。过去许多杂事由人力劳动完成,在现代社会由有效率的机器来代替完成,从而节省大量繁重的工作,解放劳动力去完成其他任务。当任务是由人工劳动而不是使用这些机器完成时,最终的结果是燃料的额外支出,即人类需要摄取更多的食物来进行工作,以及需要各种能量去种植粮食,并把粮食运到市场。这些因素在评估自行车或其他人力车的能源效率的时候通常不考虑,理由是这样的车辆不会消耗任何燃料,但事实上应该也消耗燃料。

能源、人力和自然资源是一个国家经济的三个主要驱动力,前两个可能更重要,一些成功的国家证明了这一点,如缺乏许多自然资源的日本。能源促进经济的重要性可以通过对国家在全球各地人均国内生产总值(GDP)和人均能源使用量之间的关系来说明。

两个变量的比率表示不同国家(地区)每单位 GDP 的能耗或能源强度(图 12.1),这是一个国家(地区)如何有效地将能量转化成财富的衡量,数值越小代表效率越高。由此可以看出,图 12.1 的两个变量具有很强相关性,人均使用的能源多往往意味着更大的人均 GDP。同样有趣的强相关性是很多异常值,或远远高于能源强度平均水平或远远低于能源强度平均水平。前一类国家(地区)由于各种原因具有高能量强度,不仅仅是因为他们能源使用效率低。高能源强度的其他原因还可能包括恶劣的气候、长途通勤(分散的人口)、更多的房屋所有权或国内能源的过剩。相反,具有低能源强度的国家(地区)可能受益于温和的气候、人口集中、更多的公寓居民或一种稀缺的国内能源的供应。显然,能源强度涉及的因素很多,不依赖于国家(地区)如何有效地使用能源。但是,最低能源强度使用的"十大名单"上大多数国家(地区)是能源高效使用的典型:日本、丹麦、瑞士、香港、爱尔兰、英国、以色列、意大利、德国和奥地利。最后,有趣的是,美国不在名单上,因为它不习惯被认为自己是"平均"的,并落在近乎趋势线上。

人均能源消耗和人均 GDP 之间是否有强相关性没有提及。例如,更高的人均能源消耗是否能推动经济增长,或是人均能源消耗更多是经济增长的结果,或者这两者是一些其他变量的结果,如具有高科技社会或受过高等教育的人口?一种表达该关系的方式如图 12.1 所示,通过方程

$$\frac{\text{GDP}}{\text{人口}} = \frac{\text{GDP}}{\text{能源}} + \frac{\text{能源}}{\text{人口}}$$

可以简写为

$$G_P = E_P \cdot G_E \tag{12.1}$$

式中,G_P 是人均 GDP,E_P 是人均能耗,G_E 是单位能耗所产生的 GDP。

迄今为止,这些国际数据比较中忽略的一个关键变量是国家人口的相对多少。计入该变量的一种方式是将 $E_P = E/P$ 代入公式(12.1),其中,E 是一个国家使用的总能量,P 是总人口,则有

$$E = \frac{P \cdot G_P}{G_E} \tag{12.2}$$

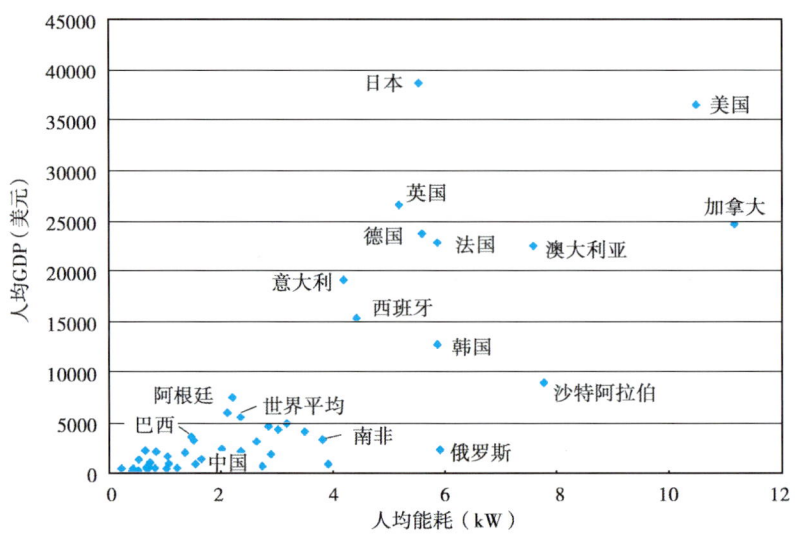

图 12.1 各个国家人均 GDP 对应人均能耗

理解公式（12.2）中每个变量如何改变是相互关联的，很有启发性。如果利用关系式

$$\Delta E = \frac{\partial E}{\partial P}\Delta P + \frac{\partial E}{\partial G_P}\Delta G_P + \frac{\partial E}{\partial G_E}\Delta G_E \tag{12.3}$$

发现每个变量的分数变化满足

$$\frac{\Delta E}{E} = \frac{\Delta P}{P} + \frac{\Delta G_P}{G_P} - \frac{\Delta G_E}{G_E} \tag{12.4}$$

例 1 出了什么问题？

一个国家的政府希望通过 10 年能源发电量增加 20% 来提高公民的生活标准，同时国家的能源效率提高 10%。在这段时间结束时，国家领导人都失望地发现，人均国内生产总值（GDP）只增加了 3%，而不是预期的 30%。遗漏了什么？

求解

求解方程（12.4），得出超过 10 年的人口分数变化，发现

$$\frac{\Delta P}{P} = \frac{\Delta E}{E} - \frac{\Delta G_P}{G_P} + \frac{\Delta G_E}{G_E} = 0.2 - 0.03 + 0.10 = 0.27$$

政府忘了人口的增长，在这 10 年期间人口共计增长了 27%。

12.2 除了效率之外影响能源相关选择的因素

能源效率的通常定义是产生期望结果所消耗能源的分数。例如，白炽灯泡的效率大约是 2.6%，因为电能的 97.4% 变为不可见的红外辐射，而不是光。红外辐射可以加热房子，在冬天这是有用的，但在夏天是不利的，所以我们就放弃考虑这个。考虑另一个例子：如果利用电力来加热水，可以说该方法的效率几乎是 100%，但在另一种意义上电加热器或许只有天然气效率的三分之一，因为愚蠢地忽略了在发电厂生产电力并传输到家中的能量损失。显

然,有意义的效率的定义,需要考虑从生产到使用终端所有过程中每一个步骤中的能量损失。此外,明智的使用能源不仅仅注重能源效率,时间、安全、方便、可行性、成本、环境甚至文化等因素可能同样重要。在这里,考虑两个案例来说明除了效率以外的诸多影响有关能源决策的因素,以及其他因素如何比效率重要得多。

12.2.1 骑自行车上班

骑自行车是交通运输中一种非常有效的手段,因为它不使用能源,还能节约能源,并且它可以帮助你保持健康。在欧洲许多城市,大部分人上下班都骑自行车,例如,哥本哈根的比例估计为55%。在美国,即使在有健康意识和对自行车友好的地方,这种做法也不常见。在全国主要的城镇和城市,这个数字相当小:俄勒冈州波特兰市6%,居全国前列,其次是博伊西4%,西雅图3%。美国是一个拥有巨大开放空间的国家,沉迷于汽车,其中90%的人口每天在他们的汽车中要花1.5小时,并且上班的平均距离为16mile。对于美国大多数地区,要么是通勤来往的路程太长,或者自行车需要与汽车交通竞争,而汽车交通可能不会太热心地为慢的两轮闯入者让路。尽管如此,美国超过35%的人上班的通勤距离不到5mile,但由于缺乏自行车道,有些司机对骑自行车的人抱有敌意。

骑自行车上班肯定比驾驶汽车耗费更多的时间,但骑自行车真的更危险吗?统计数据显示,在美国骑自行车约占出行次数的1%,但占交通死亡人数的2%。因此,至少对于像美国这样一个国家,骑自行车是不常见的,并且司机不习惯留神提防骑自行车的人,骑自行车上班确实使人们的安全面临更大的风险。虽然骑自行车上班非常节能,但其安全性和实用性,考虑到许多通勤距离远和许多美国人久坐的生活方式,对于大多数上班族来说这是一个糟糕的选择。最后要考虑的特别具有讽刺意味,因为很多有钱的美国人为了减轻体重保持体型花在饮食和健身会员的钱很多。高价汽油时代促进更多地使用自行车的抽象概念具有极大的吸引力,但在美国它需要相当大的文化变革才能被广泛采用。尽管如此,美国人增强的环保意识和配合可能变得会习惯于该想法,甚至选择电动自行车,这种交通模式在交通拥堵城市是一种理想的交通方式。可能基于安全理由,它们在一些美国城市的街道上已被禁止(图12.2)。

图 12.2 YikeBike 折叠电动摩托车

速度可达 25 km/h,是世界上最小、最轻的车辆,重量只有 22 lb,并且足够小以至于可以放在一个背包内。
遗憾的是,在世界任何地方都不认为它符合交通法规,同时价格也非常昂贵($3000)

12.2.2 更高效的太阳能集热器

除了效率以外，能源的选择如何被其他众多因素所影响的另一个例子，可以考虑太阳能集热器。市场上的大多数商业太阳能光伏电池（PV）的效率大约为 15%。近年来，利用多结太阳能电池使电池效率越来越高，生产的市售电池效率大约是上述太阳能光伏电池的三倍。然而，更高的效率显著增加了成本，通常是以前成本的 5 倍。因此，目前高效电池生产单位电能的单位成本没有优势。对于房主决定安装什么样的太阳能时，若考虑了安装成本以及太阳能电池的寿命，情况变得更加糊涂。如果安装成本占总成本的比例显著，那么安装更高效、更昂贵的电池板是明智的。另一个极端，可以考虑使用非常廉价的太阳能光伏电池板，利用非晶硅喷射在衬底制成，这甚至可以做成屋顶瓦片或墙面板。然而，这些廉价的太阳能电池的效率大约只有 7%，并且寿命低于晶体硅太阳能电池。很显然，人们可能需要权衡所有的变量（成本、效率、寿命、产生的总功率等），以确定最佳的选择。事实上，对可再生能源，其原料丰富、免费、高效率是完全不相关的！也许最重要的标准是该系统使用寿命里生产每千瓦时电力的成本。有两个重要的注意事项。首先，系统的容量必须足够大进而满足客户的需求；第二，前期成本可能比较重要，或者说非常重要，比生命周期成本还重要。事实上，高昂的前期投资是大量投入使用可再生能源的主要障碍，即使它们一生具有成本效益。

12.3 最低的低挂果实

2008 年美国能源信息署委托麦肯锡公司进行的一项研究，试图确定到 2020 年除运输因素之外最具成本效益的地方以节约能源（麦肯锡，2008）。虽然麦肯锡的研究是针对美国经济，但其结论可能适用于其他一些发达国家，许多欧洲和亚洲国家已经做出了很多的更改。例如，根据美国能源部，在 1980 年以前，只有 20% 的家庭有足够的隔热材料，而在英国这个数字是 80%。

12.3.1 房地产市场

麦肯锡的研究确定了可能的成本效益提高的方向，住宅部门占全部节约的 35%，其余部分工业占 40%，商业部门占 25%（表 12.2）。

表 12.2 潜在能源节约

分类	潜在能源节约（占美国能源的%）
电气设备	1.48
灯光照明	0.25
可编程恒温器	0.57
地下室保温	0.72
管道密封	1.29
楼宇保温	0.49
采暖通风与空调维修	0.34
热水器	0.38

续表

分类	潜在能源节约（占美国能源的%）
窗户	0.23
空气密封	0.68

注：表中的顺序根据家庭能源使用的最大节约量。需要注意的是列出的数字没有包括在 2008 年的麦肯锡报告中，而是根据麦肯锡报告所包含的图推断出来的。

表 12.2 中目录的顺序是根据其成本收益比，即花费每美元避免了最大的成本，并且超过十年，表中所列的项目将节省至少两倍的初始费用。在麦肯锡研究分析的基础上，表中每项旁边的数字表示节约的能量所占美国能量预算的百分比。"电气设备"应具有最大的节能潜力。这毫不奇怪，因为这些家庭电气设备的数目较多并且能量效率低下。只举一个无处不在的电子设备——计算机，其未来潜在节约的能源将非常可观。据加州大学伯克利分校研究人员的研究，采用磁微处理器代替硅基芯片的新兴技术，可以使每个操作比现有计算机消耗的能源少上百万倍的潜力（Lambson，2011）。

全体家庭的节能措施，涉及整个经济所有部门能源改善前期投资的一半，约 2290 亿美元。虽然这是一个可观的数字，然而在家庭里最小的低挂果实将需要的投资很少。

一个房主需要采取许多节约能源的具体行动，包括涉及没有任何牺牲或初始投资的简单的行为，包括

（1）离开房间时关灯；
（2）设置冰箱和冰柜"向下"，即温度上升；
（3）设置洗衣机为温水或冷水模式，而非热水模式；
（4）调低恒温热水器；
（5）只有当充分利用和不利用干燥循环中的热时运行洗碗机；
（6）房间不要过热或过冷；
（7）关闭闲置房间的通风口，窗帘和门；
（8）对比空调，更加依赖吊扇。

其他行动涉及非常便宜的物品和最低量的劳动，如

（1）清洗或更换火炉和空调的过滤器；
（2）使用廉价隔热毯包裹温水加热器；
（3）填隙并利用挡风雨条堵塞漏气缝；
（4）隔热管道；
（5）为楼宇或地下室添加隔热材料；
（6）使用节能照明（节能灯或发光二极管灯）。

有许多好的网站上有详细的节能措施推荐，许多屋主发现这些网站非常有用，可以请一个专业人士为家里做能源审计以确定最具成本效益的措施。虽然有很多廉价的方法来节约能源，但有些可能需要大量的费用。然而，通常这样的代价是，房主最终将需要采取行动，如购买新的、更高效的大家电，如洗衣机、烘干机、冰箱或热水器。最后一类，许多业主可能考虑选择太阳能式，虽然初始投资更昂贵，但可以在几年内付清，不过这取决于气候。很多很好的网站根据家电本身的能效来评估它们，在美国"能源之星"标签用于识别那些家电是否符合一定的标准。当然，除了购买节能电器，购买那些足以满足需求的电器，而不是购

买最大或功能最强大的电器，同样重要。

> **知识盒　我们周围的"吸血鬼"**
>
> 　　关于装置，备用电源也有问题，有时它们被称为"电力吸血鬼"，因为它们只要插上电源，即使不使用时也会耗电。据估计，每台电气设备的"电力吸血鬼"可高达20W，相当于住宅能源消耗的10%。一些州和国家政府规定家电消耗的待机功耗不超过1W，但业主当然也可以采取自己的行动，在设备不使用时简单地拔掉电源。由于这样做可能有点烦琐，但这可能是值得的，以确定这些设备的低待机功耗，而这可能是必要的。其中家里最严重的"吸血鬼"是等离子电视，待机状态可以消耗高达20W；另一个主要"吸血鬼"是有线电视频道的接线盒，这些消耗大约10W。相比之下，现代高清液晶电视的消耗要少得多（在待机模式下约1W），所以不需要拔掉电源。在一般情况下，任何装置若触摸时感到温暖，消耗的待机功率可能比所需消耗的功率更大。

　　家庭中最大的单个能量消费者通常与空间加热和（或）空调相关联，二者加起来占能量成本的50%~60%。在这方面减少损失的最便宜的方式，如前面所提到，即确保家庭具有很好的隔热性，任何裂缝都要被密封。许多空气泄漏发生在窗口的周围，使用充满氩气而非空气的双层玻璃窗取代单层玻璃窗非常有利（但很昂贵）。在某些时候，可能需要更换火炉或空调机，并且在这里再次强调效率和容量应该是除了成本之外主要考虑的因素。然而，不像其他大家电，关于火炉选择能源的补充事项：例如电力、天然气、石油、地热，这些选择既有环境问题也有经济影响，可能不是完全清楚。例如，在第6章中，我们看到高效率的燃气炉可能比地热热泵减少二氧化碳排放，因为后者需要电力来运行热泵。

12.3.2　照明

　　节能照明对家庭以及商业部门都很重要，令人惊讶的是照明是最大的单一能源消耗者，是空调的三倍。据估计，家庭和办公室两者的照明消耗占所使用的总能量的20%~50%之间。由于传统的白炽灯泡效率低，在这方面潜在的能源节约是巨大的。虽然紧凑型荧光灯（节能灯）已经出现了一段时间，并在能源效率方面表现出显著的改善，但发光二极管（LED）照明技术有可能追上他们。LED利用太阳能电池中使用的相同的pn结。当太阳辐射入射LED时，不是产生电流，而过程是相反的：电流通过pn结导致发光，其颜色或波长（单位为纳米）由pn结的带隙能量 E 确定，根据

$$\lambda(\text{nm}) = \frac{hc}{E} = \frac{1240}{E} \tag{12.5}$$

式中，E 的单位是电子伏特（eV）。如图12.3所示，当pn结上的电压足够大，在任一侧的电子和空穴都将朝着它们相反的方向移动。当它们在pn结中复合后消失并创建一个光子，其波长由方程（12.5）给出。在能量方面，电子向下跃迁穿过带隙，而空穴向上跃迁。或者可以说，电子向下跃迁穿过带隙的过程只是填补空穴。

　　除了电脑芯片之外，更好更便宜的LED技术进步的步伐是前所未有的。如图12.5所示，对于过去的30年，每个LED的发光量已经增加了30倍，惊人的改进速度被称为Haitz定律。与LED效率提高相媲美，同样令人印象深刻的是成本随时间呈现指数递减，每10年

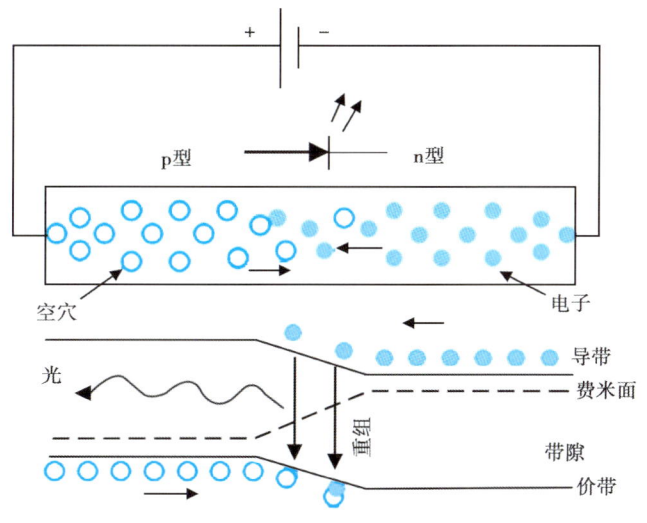

图 12.3　LED 内部工作方式

顶部图像显示穿越 pn 结的电子流和空穴流；底部图像显示了能级跃迁电子和空穴跃过带隙

降低 10 倍（图 12.4）。

此外，LED 的使用寿命极长，约 60000h，相比之下，白炽灯泡只有约 1200h，这使得 LED 非常适合用在不方便或难以更换灯泡的地方。此外，LED 的失效与大多数其他灯泡不同，是随着时间的推移逐渐失效，而不是突然的，这通常代表了另一种优点，再加上比其他灯泡不易碎。当然，LED 的最大优点是效率高，截至 2010 年达到每瓦 208lm（流明），约是典型 100W 白炽灯泡的 14 倍。

LED 通过两种方式之一可以实现高效率：通过红色、绿色和蓝色 LED 的混合得到白光或者通过使用荧光体，以荧光灯泡类似的工作方式将入射光从蓝色 LED 转换成白光。在这两种情况下，所产生的大部分光谱在人眼可见光范围，不同于白炽灯泡，其中大部分是红外线。LED 的主要缺点是它们比白炽灯或节能灯的初始成本高，目前这是它们在住宅使用的一个显著障碍，即使它们一生节约的能源远远超过其初始成本。

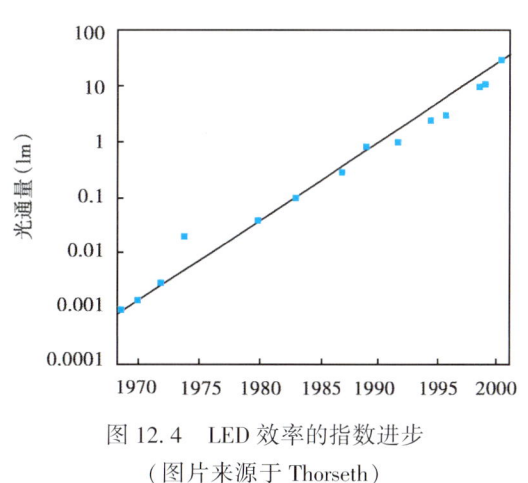

图 12.4　LED 效率的指数进步

（图片来源于 Thorseth）

在效率方面，相比现代替代品，即使白炽灯照明是最糟糕的形式，但也可能是过去 200 年里最大的一项发明。这个评价肯定会引起那些支持其他更现代候选发明的人们的争议，如个人电脑、手机或互联网。不起眼的灯泡的重要性远远超出了发明本身，不过，由于其广泛的使用需要发电和配电系统，并且在家庭和工厂中现成的电力是所有其他电气设备的刺激因素，而这些电气设备我们已经习惯使用。现在生活在发达世界的人们很难想象没有电的生活是什么样子，虽然在大停电的时候可以短暂的体验一下。

> **知识盒　爱迪生和白炽灯泡**
>
> 多产的爱迪生持有创纪录的 1093 项美国专利,他可能不是第一个提出电灯泡想法的人,但他坚持不懈地在大量的材料中实验寻找可以作为灯丝的材料,最终找到不会迅速燃烧且可以作为实际灯泡的主要元素,这是他第 1880 项专利。尽管爱迪生的第一次成功的尝试利用碳质灯丝只持续了 40h,但这相对于之前的材料是一个巨大的进步。有趣的是,爱迪生从来没有尝试过钨丝,因为当时制造钨丝的技术并不存在(图 12.5)。

图 12.5　1879 年爱迪生首次向公众成功展示灯泡(图片由 Alkivar 提供)

12.3.3　照明成本比较

使用表 12.3 提供的数据,计算(1)使用 LED 或紧凑型荧光灯(CFL)代替白炽灯泡,房主在超过 25 年期间节约的成本;(2) LED 超过白炽灯泡的初始成本的回报时间。假定一个典型的家庭使用 30 个的白炽灯泡,每个 60 W,并且这些灯泡每天开 3.65h。假设电的成本为每千瓦时 0.10 美元。可以发现,许多不同的能源,其数值不同,因此该例子仅作为一个"实例"。

表 12.3　具有相同发光度的三种类型灯泡的数据比较

参数	LED	CFL	白炽灯泡
寿命(h)	60000h	100000h	1200h
功率(W)	6	14	60
成本(美元)	16	3	1.25

求解

灯泡每天开 3.65h，25 年大约 60000h，这恰巧是一个 LED 灯泡的平均寿命，是 CFL 寿命的 6 倍，白炽灯泡寿命的 50 倍。因此，25 年间的成本为购买灯泡的初始成本加上能量成本或

LED　　$30\times(\$16+\dfrac{0.1\$}{kW\cdot h}\times 0.006kW\times 60000h)=\$1560$

CFL　　$30\times(6\times\$3+\dfrac{0.1\$}{kW\cdot h}\times 0.014kW\times 60000h)=\$3060$

白炽灯泡　　$30\times(50\times\$1.25+\dfrac{0.1\$}{kW\cdot h}\times 0.060kW\times 60000h)=\$12675$

可以通过设置在一个未知的时间 t 节约的能量等于灯泡的价格差，求得 LED 超过白炽灯泡的投资回收期：0.1 美元/kW·h×（0.060kW－0.006kW）×t＝16－1.25 美元。求解时间 t，为 2731h 或 4 个月。显然，根据这些数据，考虑到投资回收期时间短，则前期投资是合理的。但在某些地区可能更好。有些地方，例如夏威夷州，电力价格是本实例中的三倍。在这种情况下，通过继续使用白炽灯泡替代的 LED，夏威夷的房主会忽略 6 周回报时间的投资，并在 25 年的时间支付约额外的 $40000。基于"70 法则"，6 周投资回收期相当于做一个金融投资，每年增加 600%！

12.3.4　能源管理

适用于商业和工业部门的能源管理是节约能源的一个最大的方式。房主也可以使用能源管理这概念，但也许是以一种非正式的方式。能源管理的方法，包括以下四个步骤：

（1）收集能源使用情况的详细数据；

（2）确定能源节约的条件和可以节约的数额；

（3）根据这些条件采取行动，对最具成本效益的首先采取行动；

（4）追踪这些行动的影响，回到第一步。

作者所在的大学（乔治·梅森）具有这样一个能源管理计划，已经相当有效，因为它导致能源的使用显著减少，使乔治·梅森大学在能源使用方面低于美国高等院校平均每平方英尺使用能源的 16%。梅森大学采取的具体行动包括：安装更高效的照明灯，安装感应器，以便当房间无人时关掉灯，几小时后关闭 HVAC（供暖、通风和空调），并为温控器设置合理的值（夏天不太冷，冬天不太热）。此外，梅森大学拥有高效节能的混合动力汽车的车队，要求所有新建筑进行 LEED 认证，与电力公司签署了特殊的节省成本的协议。有一些电能使用阶梯计价的大型机构，可能会与电力公司达成协议，在需求高峰时根据临时通知暂停一定量的负载（梅森大学为 1 MW），以换取所消耗电力的更低费率。这种结果可能不包括为客户节约的能源，因为消费被简单地重新安排，但它代表了因能量而花费美元的节省，并且也意味着电力公司可以不需要增加新的发电量，所以它本身就是一种真正节约的形式。可以想象，"智能电表"可能会允许这样的阶梯耗电量出现在个别业主以及大机构。

12.3.5　热电联产

虽然某些发电的方法效率非常高，如水力发电，总之，在大多数国家产生电力的过程主

要是利用化石燃料和核燃料的组合来完成。虽然一些发电厂的效率可高达60%，但电力生产的平均效率仅为33%。初始能量的剩余部分61%是热能，通常散发到环境中，3%用于运行发电厂，另有3%在将电力传输到消费者的过程中损失。发电所产生的热量，在美国和其他许多国家，是最大的单一能源浪费。

热电联产涉及同时产生电力和热能，其中后者被用于有用的目的，例如加热住宅或商业。不幸的是，热能不像电能，不易被远距离输送而没有显著损失，因此，它必须被使用在靠近发电厂的区域或用于区域供热，如在一些北欧国家，还有在纽约市，由爱迪生电力公司生产的千万磅蒸汽为10万建筑供暖。通过热电联产和用于有用目的热能的回收，发电厂的效率可以高达89%。通常热电联产涉及热能的使用，热能作为发电（所谓的至顶循环）的一个副产品，它也包括相反的过程，电力被作为高温工业加热过程回收废热的副产品（底循环）。

热电联产在欧洲相当普遍，其中11%的电力是由它生成，丹麦起示范作用，其55%的电力由热电联产生产。事实上，丹麦通过"集中供热"，由热电联产产生的热能为60%的房屋充分供热。在美国，直到1978年通过立法推动热电联产，这种做法虽不太常见，但它现在已经上升到约8%，而1980年只有1%。讽刺的是，美国热电联产开始于托马斯·爱迪生的1882年第一家商业发电厂，因为热电联产效率达到50%。不幸的是，美国后来的发展，涉及集中式电站的建设，由区域电力公司管理，而区域电力公司偏向阻碍热电联产，在接近大的人口密度区的小电站，热电联产是最可行的。事实上，处于领导地位的世界各国在热电联产中确实可以从分散的资源获得更高份额的电力。随着世界利用可再生能源生产越来越多的电力，分散发电厂比化石燃料发电厂进行热电联产更可行，应该变得越来越可行。热电联产不是有效利用热量的唯一方式，但其他方式热能会被浪费。

> **知识盒　核能海水淡化：热电联产实例**
>
> 由于20%的世界人口无法获得安全的饮用水，因此水的缺乏成为一个重大并且日益严重的公共卫生问题。尽管热电联产主要用于加热家庭和企业，而利用热产生淡水是另一种可能性，主要为使用海水或含盐地下水的国家进行淡化。海水淡化可能并不是建立一个新核电厂的很好的理由，但对于现有工厂它是一个很好的应用。已经证明利用核反应堆的废热来淡化海水具有成本竞争力。海水淡化通常依赖于反渗透过程中的化石燃料，在反渗透过程中利用高压泵使半碱水通过半透膜。这一过程通常生产每立方米纯水需要 $6kW·h$ 电力。印度和日本已经证明利用核反应堆的废热来淡化海水的可行性，但并没有大规模实施。当然，人们也可以使用可再生能源淡化海水，可再生能源因具有间歇性非常适合这个目的。事实上，在澳大利亚珀斯，一个风电场每天生产 $130000m^3$ 的淡水。太阳能是另一种可能性，尤其是许多地区缺水却有充沛的阳光。然而，风能和太阳能驱动的淡化海水都不是热电联产的例子，因为不像核能那样，它们不利用发电的副产品热能。

12.3.6　热电效应：使用热电联产的另一种方式

利用热能发电的常规方式是使用热量来产生高压蒸汽，进而驱动发电机的涡轮机。与此相反，热电效应包括热能到电能的直接转换（Seebeck效应），以及使用电力产生温度差的逆过程（Peltier 效应），在两种材料之间存在温差，从而两种材料之间会产生电压（图 12.6）。

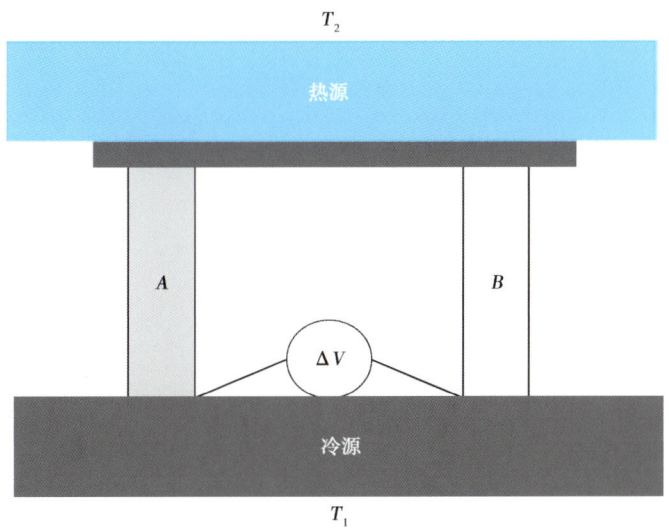

图 12.6　Seebeck 效应的基本原理

根据热电效应，当两种不同的导电材料 A 和 B，分别连接到温度 T_2 的热源和温度 T_1 的冷源，它们将具有不同的电压。如果顶端电压相同（通过连接黑条的方式），那么只要存在温差 $\Delta T = T_2 - T_1$，底端之间则具有电压差 ΔV，电流可以在它们之间流动。描述热电效应大小的参数是 Seebeck 系数 S，定义为

$$S = \frac{\Delta V}{\Delta T} \tag{12.6}$$

或者说每单位温度差 ΔT 可以获得多少电压 ΔV。材料是否适合在 Seebeck 效应中产生电能取决于它的电性能和热性能，特别是电和热的传导性，σ 和 κ 与"品质因数"Z 被定义为

$$Z = \frac{\sigma S^2}{k} \tag{12.7}$$

虽然基本热电效应早在 1821 年由托马斯·塞贝克（Thomas Seebeck）发现，但在近几十年通过利用半导体材料代替两种金属材料 A 和 B，热电效应的实际可行性大大提高，因为半导体具有最佳的电导率和热导率的比例。尽管如此，由这种方法发电的效率通常仅为 3%~7%，无法与传统方法，如核能、地热能或燃烧化石燃料相比。迄今热电效应有两个主要用途：利用宇宙飞船放射性同位素产生的热量和汽车的废热来发电。

12.3.7　交通运输节能和高效

在美国大致所生产能量的 28% 被交通运输部门使用，而且因交通运输部门存在的低效率，所以是该领域中最有希望节能的部门。在交通运输部门，75% 的能源被浪费掉，在汽车和轻型卡车的特定情况下这个数字更差（85%），占交通运输所使用能量的主要部分。例如，在美国，运输能量的 75% 是由汽车和卡车消耗掉，而剩余四分之一的运输能量在其他

所有模式之间进行分配。许多其他发达国家的运输效率比美国略高，因为那些国家较少地依赖汽车，比美国具有更高效的汽车以及更短的平均驾驶距离。

几乎所有（95%）的运输都以石油为燃料，使用的内燃机是柴油机或者是燃气涡轮机。虽然近几十年来效率已有所提高，但目前汽车大约只使用所提供的能量的19%~23%用于有用的目的。根据美国政府结合城市公路数据，主要的损失在发动机本身，70%~72%能量以热能的形式浪费（Fuel-economy，2007）。当电力通过传动系统到传输时轮轴进一步发生5%~6%的损失。真正"有用"的电力，有2.2%用于所有的配件，包括车灯和收音机，只有区区17%~21%用于实际驱动车辆。当然，即使有用的部分最终作为热量随风飘散（图12.7）。

有各种各样的可能性来提高整体效率，包括
(1) 回收由热电效应产生的一些废热；
(2) 再生制动和再生减振器；
(3) 提高发动机效率；
(4) 更轻，更小的车辆；
(5) 替代燃料；
(6) 替代内燃机；
(7) 少用汽车和卡车或更有效地使用它们。

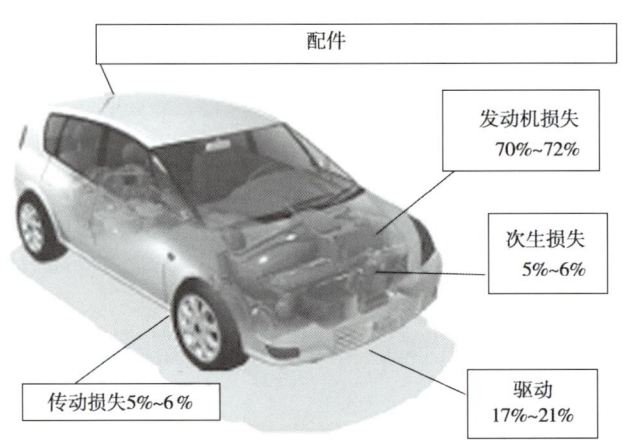

图 12.7　汽车能量消耗分配（图片由美国能源部提供）

对于城市/高速公路上行驶的汽车，主要的损失在内燃机。寄生损失包括水泵、交流发电机等。驱动车轮的电力，大部分（8%~10%）因风的阻力耗散，而5%~6%消耗在滚动阻力，4%~5%消耗在制动

12.3.7.1 热电能量回收

汽车废气足够热到可以熔化铅，它们可通过热电效应直接用于生产电力。

使用汽车热电发生器（ATG）在汽车行业里是一个活跃的研究领域。

例3　热电发电机的效率需要是多少？

(1) ATG的效率 e 要达到多少才能驱动所有的汽车配件；(2) 这种ATG的油耗将改进多少？假定用于所有配件燃料的能量值为2.2%，用于推进的能量为19%，浪费的热量为71%。

求解

为了求出 e，可以用两种方式来描述所有配件所需要的电力：$p_{acc} = 0.022 p_{fuel}$，$p_{acc} =$

$0.71ep_{fuel}$。结合这些关系，发现 $e = 0.022 \div 0.71 = 0.031$（3.1%）。鉴于现在可用于推进的能量是19%，再加上配件不再需要的2.2%，那么现在用于推进的燃料能量为21.2%。因此，油耗的改进是 $2.2 \div 19 = 11.5\%$，显著改善。

12.3.7.2 再生制动系统和再生减振器

在正常的制动系统中，当汽车要停止时汽车的动能通过制动器摩擦转化为热能。与此相反，再生制动器使用车辆的初始动能来驱动发电机，然后发电机的电力被存储在汽车电池中，并不浪费。有些混合动力（天然气和电力组合）车辆已经使用再生制动，这是其油耗改善的一个主要原因。显然，使用再生制动获得最大能量回收的关键是只要有可能，就慢慢停下来，因为所产生的电流取决于减速时的速度有多快，并且汽车电池有一个可以操控的最大充电电流。再生减振器利用车辆的上下运动来发电（并在此过程中避免振荡）。再生减振器是另一个能量回收系统，但比再生制动的潜力小得多，至少对于在平滑地面上的客运车辆是这样。但是，也有应用，包括军用车辆在泥路上行驶，通过使用再生减振器可以改善燃料效率高达10%。

12.3.7.3 提高发动机的效率

鉴于主要能量损耗（62.4%）发生在发动机本身，降低该部分损失是最有希望的方式。内燃机操作的四冲程循环包括吸气、压缩、做功和排气。四冲程发动机可以根据奥托（Otto）循环和狄塞尔（diesel）循环再细分，在狄塞尔循环中，燃料—空气混合物不需要火花可以自燃。它可以证明，理论上最大的发动机效率由下式给出

$$e = 1 - f(\gamma)/\gamma^{\gamma-1} \tag{12.8}$$

式中，r 为压缩比，即燃料—空气混合物被点燃前的压缩因子。$f(\gamma)$ 是变量 γ 的函数，$\gamma = C_P/C_V$，即定压比热容和定容比热容之比。

对于奥托循环，具体的函数具有简单的值 $f(\gamma) = 1$；而对于狄塞尔循环，函数比较复杂。注意，对于所有实际的燃料—空气混合物 γ 的值限定在 1.00~1.66 之间。如等式（12.8）的一个例子，如果有一个奥托循环 $r = 10$，$\gamma = 1.4$，这样的发动机的最大理论效率为 $e = 1 - 1/10^{0.4} = 0.601$ 或 60.1%，但实际上没有这么高效率的发动机。对公式（12.8）仔细观察发现，较高的理论效率可以通过增加 r 或 γ 获得。大多数奥托循环发动机的压缩比大约为10，这个值不能被显著增加而不会引起发动机"爆震"（燃料的自燃，可以导致发动机损坏）。柴油（狄塞尔）发动机被设计成自动点火操作，往往具有较高的压缩比，其效率更高，约30%~35%，比奥托循环发动机更好。

提高效率的另一种方法是提高 γ，这在奥托循环发动机更容易实现。γ 可以简单地通过使用"更稀"的燃料—空气混合物（空气较多，燃料较少）提高。然而，如果燃料混合物太稀，则可能无法自燃。因此，一个活跃的研究领域是提高稀燃料混合物可燃性。

12.3.7.4 更轻更小的车辆

车重和燃油效率之间存在着很强的逆相关性，因为较大的重型车辆需要有功率更强大的发动机。欧洲和日本的汽车比美国的汽车具有更好的燃油效率的最主要原因正是欧洲和日本的汽车更小、更轻。还有要考虑车辆的安全问题，而在现实世界中重型车辆往往是更安全的，特别是如果你生活在一个大部分司机都驾驶重型车辆的社会。这是真实的，即使"作用力与反作用力"（牛顿第三定律）认为当车辆碰撞时，无论它们的相对大小，作用于车辆的力始终相等。然而，作用力相等的事实，决不意味着对汽车有相同的效果。在发生碰撞

时，两车中较轻的车由于较大的减速将承受更多的变形。虽然车辆重量在安全性方面非常重要，但安全性也多取决于其设计、安全特点，以及最重要的是驾驶员的人口特征、知识和技能。如果每个人都驾驶小型汽车（如欧洲和日本），驾驶轻型汽车的安全隐患将大大减少。

12.3.7.5 替代燃料

燃料的最小变化可能将会涉及柴油发动机，这正如前面提到的比汽油的效率高30%～35%。在环境方面，清洁燃烧的柴油发动机在正确方向迈出了一步，至少在短期内是这样的。其他的可能性包括生物燃料驱动的汽车，如乙醇。与美国不同，巴西已经率先使用100%的乙醇驱动的发动机，乙醇来自非食物来源——甘蔗工厂的废料。生物燃料和氢燃料的车辆在其他章节中讨论。在这里，考虑另外一种可能的燃料，即天然气，既便宜（约为汽油的三分之一），而且更环保，因为它比汽油排放的二氧化碳少29%，微粒少92%。最重要的是，对于像美国这样的国家，非常关注获取石油，目前国内天然气的储量是巨大的，在过去的20年里已经大大扩大。天然气汽车（NGV）的储存燃料为高压缩气体（约3000psi），而天然气在进入汽缸之前被减压。天然气汽车发动机的工作原理与传统内燃机的工作过程大致相同。如果你是关心高压可燃性气体的危害，实际上高压箱被认为比汽油箱更安全。虽然汽车发动机转换为使用天然气的发动机可能很昂贵，但是，天然气燃料便宜得多。在欧洲国家，现在道路上有大约50万辆天然气汽车，在某些国家，如亚美尼亚，天然气汽车占全部汽车的20%～30%，而在美国只有11万辆天然气汽车，主要是公交车。

12.3.7.6 内燃机替代品

内燃机的主要替代品是电动汽车，并被证明非常受那些不需要长途通勤上班，或长途旅行的人们的欢迎。对于一般的驾驶员，全电动车的可行性被电池或燃料电池的进一步发展所束缚，这个问题将在第13章中详尽地讨论。在这里简单地说说发展现状，当它们首次亮相看起来似乎是有前途的，但由于担忧汽车可行驶里程和充电问题，还有待观察电动汽车有多少能渗透进入市场。混合动力（油—电混合）车很可能将有更大的市场吸引力，尽管强烈的动机或汽油价格的上涨很可能改变这种状况。

12.3.7.7 少用汽车和卡车或更有效地使用它们

有很多简单的方法可以较少的使用汽车，比其他方法需要更多的妥协。简单的行动永远和使命结合在一起，所以用更少的驾驶实现同样的目标。对于那些可以"远程办公"的人们，有可能探索每周在家工作一天或在雇主同意的条件下一周工作4天，而每天延长工作时间。许多雇主也鼓励拼车，这对非常大的机构特别有吸引力，并且可以显著的节省能源。在一些城市，有等人拼车的专门线路，这些驾驶员可以在某些专用的公路车道上行驶。最后，大多数城市和许多郊区有公共交通代替个人驾驶的可能性。例如，轿车和公共汽车的相对效率，在很大程度上取决于后者的客座率，城市与城市之间可以相差多达5倍。如果城市的公共交通很少，每英里旅客的燃油效率可能比载有几个人的轿车明显小，但如果公共汽车载满乘客，其效率远高于轿车。当然，即使城市公交线路上客流量很少可能使公共汽车比轿车效率低，但它们的存在有其他正当的理由，如贫困城市居民较少拥有汽车，而依赖公共交通去上班。

关于货物运输，卡车是四大运输方式（其他三个包括铁路、航空、船舶或驳船）之一。目前卡车的效率比火车的效率低大约3倍，但火车不适合某些目的地或货物，所以提高卡车的效率非常重要。卡车的短期改善是通过政府激励转向由天然气驱动。有人已经提出，考虑到卡车非常低的效率和更远的行驶距离，每辆18轮大型卡车转化为天然气驱动，对环境的影响相当于路上少了 325 辆汽车。空运当然是运输货物最昂贵的方式，但对于时间紧迫的货物非常重要。

12.4 效率和节能的障碍

提高能源效率和节能可能节约相当多的能源，但令人惊讶的是迄今为止只完成了很少。这里考虑在实现效率和节能道路上的众多而艰巨的障碍，例如，影响能源决定的竞争压力，像安全性、舒适性和方便性，这些可以合理地压倒效率方面的考虑，特别是如果能源的成本很低。从本质上讲，像节能这种问题，涉及许多小部分的解决方案和许多不同的决策者（房主、企业、事业机构和各级政府），想要解决非常复杂。然而，从某种意义上说，节能问题的多面性也有其优点，因为个体业主、企业或地方政府可能会尝试采取许多不同的方案，并且可能会报告更有前途的方案，而这些方案会被别人效仿。

一些在节能方面缺乏行动的原因可能是简单的惯性，尤其是面对大量的信息，一般的房主或公司可能会产生混淆，不确定最大的节能在哪。即使对于特定的应用，例如照明，各种各样的替代产品，包括多种类型的 CFL 和 LED，很容易使人们混淆。房主也可能有过期的信息（如认为 LED 是仅限于定向照明），也可能是他们不信任过度宣传的产品（一个 6 W 的 LED 亮度相当于一个 60 W 的白炽灯泡），或者他们可能不知道一些能源效率的支出存在回扣。事实上，调查显示，很多市民对于哪些行动方案可以最有效的节能没有想法（Attari，2010）。

关于节约能源没有行动的其他原因与人们的信仰体系有关，并且人们提出了节能的方式。如果节能被简单的描绘成"降低自己的碳足迹"，这主要对那些很关心人类造成气候变化的人们非常重要，另外有些人持怀疑态度（显然包括美国两个政党之一的许多成员和几乎所有的领导者），那么节能的吸引力将非常有限。

但是，节能工作最重要的障碍，可能是它的前期成本，在某些情况下非常显著。许多个人和公司坚持相当短的时间内收回这些最初的支出。LED 灯泡的例子再次给人们启发。一般房主可能会问，这样昂贵的产品价值何在，即使它可以持续使用 25 年，但如果她可能不会在这所房子住那么长时间呢？当然，如果她意识到在这种情况下投资回收期有多短，可能会产生不同的结论，除非她恰好在严酷的经济形势下有更高的优先考虑的事，如支付抵押贷款。

提高效率和节能工作的另一个障碍包括缺乏一致的激励，这意味着支付前期费用的人却不是获得利益的人。有些青少年当他们离开房间的时候很可能忘记关灯，而电费却是他们的父母支付。本着同样的精神，房东可能不愿意更换低能效家电，因为是租户在支付电费。公司也有类似的问题，取决于个别部门的预算分配，以及是否包含能源成本。最后，电力公司为什么要鼓励其客户节能？所有这些不恰当的激励还是有解决方案的，特别是最后一个电力公司的利润可依赖于通过立法来促进节能。

我们认为能源效率和节能最后的障碍是不足的或错误的政府政策。两个例子，包括美国颁布的"旧车换现金"的政策旨在促进更高效的汽车，之前没有这样的政策，和一些美国主要城市的街道禁止电动自行车的政策。据推测，电动自行车禁令是因安全相关的理由，这具有讽刺意味，因为电动自行车可能比合法的普通自行车更安全，他们可以更容易地跟上交通，远离更快速路上的危险情况，并保持一个合适的速度上坡。

> **知识盒　旧车换现金**
>
> 　　2009 年，美国政府启动了一个项目，非正式的称为"旧车换现金"，这既是为了刺激经济同时也是为了改善道路上汽车效率的一种方式。这项计划拨款 30 亿美元，为用旧车置换新车的购买者提供 2000 美元的折扣，新车至少增加 22mile/gal。这一方案的最终结果确实改善了油耗，因为新的汽车平均行驶里程超过那些旧车 9mile/gal，但对整个美国车队的影响是微不足道的，因为涉及的汽车数量不多。因此，很可能汽车在项目结束的 7 个月销售量下降，是该项目存在 2 个月刺激销售的直接体现，并且有研究得出该方案的成本比收益多 14 亿美元，而该项目对环境的影响并不清楚。因此，虽然汽车的每加仑里程数确实因为该项目得到改善，但如果购买者不因为该项目而几个月后换新车，这种改善无论如何都会发生。此外，在环境方面，生产一辆新的汽车具有一定的成本，不仅需要能源还需要原材料。例如，由于制造和运输新车引起的碳足迹，新车每加仑增加了 9mile，则一般司机将需要驾驶 5~9 年才能抵消这些碳足迹。

　　虽然政府满怀好意，但可能走得太远，节约能源的努力适得其反，他们在某些非常重要的领域做得还不够。这样的例子包括关于燃油税的问题。1850 年英国财政大臣问迈克尔·法拉第——发电机的发明者，关于电力的实用价值，他回答说："先生，有一天，你可能会对它征税"（MacKay，1982）。事实上，现在大多数国家都非常清楚地意识到这笔收入的重要性，以及税率会如何影响消费者的选择，以提高能源效率。对这个普通规则有一个例外，是美国，在任何大国中汽油税最低。事实上，根据美国的政府数据，截至 2011 年美国比 21 个工业化国家中第二低的国家的汽油税低五倍。同样引人注目的是美国计算联邦汽油税的方法，是作为固定的金额，而不是百分比。结果，税收随时间没有增加，汽油的有效税率不可避免地因通货膨胀而下降，与通常发生在利用"纳税等级"的国家的所得税恰好相反。截至 2011 年，联邦汽油税在美国达到了 18 美分，使得它按实值计算其价格只有 1993 年价格的三分之一。除了汽油税非常低并按实值计算不断减少，美国汽车的平均效率也非常低，其每加仑里程数是欧洲或日本汽车的一半左右，虽然奥巴马政府规定到 2025 年汽车的平均每加仑里程数标准增加一倍（54.5mile/gal）。

　　汽油的价格显然对推动节能汽车具有一定影响。如果昂贵的汽油使人们更加意识到需要节能，那么可以肯定便宜的汽油和低燃油税会产生相反的效果。燃油税，至少在美国已经远远超出鼓励节约能源的意义；他们还涉及国家支付公路和桥梁的能力，在某些情况下公路和桥梁是陈旧基础设施的一部分。在美国，25% 的桥梁都被认为存在"结构缺陷"，因为缺少不断下降的汽油税提供的联邦收入来修复它们。没有预言未来的水晶球，没有人可以说美国国会议员可能会在某个姗姗来迟的时候提高特别低（按国际标准）的汽油税。在写本书的时候，政党厌恶新税种和能源公司游说使前景显得黯淡。

12.5　能源效率和节能最终会徒劳吗？

　　虽然大多数人支持提高效率和节约能源，尤其是当他们在经济上可行，但同时我们也看到缺乏行动的许多理由。然而，最根本的障碍是相信整个计划是徒劳的，所以"何必呢"？

　　名正言顺的经济学曾经被称为悲观科学。威廉·斯坦利·杰文斯（William Stanley

Tevons）是 19 世纪的经济学家，观察了詹姆斯·瓦特发明了燃煤蒸汽发动机之后，大大改善了蒸汽动力的效率，其结果并不是减少了煤炭的使用，反而适得其反。当突然发现该动力源当年比之前的动力源更加有用时便巨大扩张。从这个观察杰文斯得出一个结论：技术进步，当它使一个过程依赖于一些更有效的资源，将不可避免地导致该资源的更大消费，而不是减少。一个违反直觉的观点，被称为杰文斯悖论。与此类似，一些人认为，在节能方面的所有改进最终注定是徒劳的，因为它们会使能源更加被需要，因此导致更大的消费。除了杰文斯的最初例子，的确可以找到案例支持他的假设；然而，这种支持的例子是最有可能在当大宗商品尚未得到广泛使用时的技术的早期阶段被发现，并且技术还不成熟。杰文斯悖论如何适用于我们现今的情况一点都不清楚。

例如，汽油的价格在影响人们驾驶私家车多少以及多远方面确实很重要，尤其是在经济困难时期，增加每加仑里程数（一种效率的衡量）会对人们在经济上与天然气价格的下降有同样的效果。不过，经济学家们认为，价格变动的影响是适度的，相对于需求，他们称其为价格缺乏弹性（或不敏感）。他们认为，汽油价格上涨的主要影响是其他方面的支出将减少，而不是驾驶里程数减少。因此，假设每加仑里程数加倍，同样对人们驾驶私家车的行驶距离影响不大（当然不是近 2 倍）。然而，汽油效率的提高，最终可能导致人们在他们下一次做出这样的购买决定时不太自觉的购买高能效的车辆，所以在这个意义上，这"反弹效应"会抵消一些对效率更高的车辆的需要，并为杰文斯假设提供部分支持。

说明杰文斯悖论应用于能源效率是好是坏的另一个例子可能是更高效的 LED 灯泡替代许多白炽灯泡，LED 灯泡的效率是白炽灯泡的 10 倍。这似乎不可思议，这种替代将使灯光的使用增长 10 倍，抵消了效率的提高，因为我们会照亮我们希望照亮的几乎所有东西。因此，当效率提高的非常大时，反弹效应也必然是相对不重要的。此外，在可再生能源领域，杰文斯悖论似乎特别不适用。因为燃料源是免费的，所以即使效率的提高应导致更多的利用太阳能，太阳能永远不会出现短缺，只是不属于有限的不可再生资源。最后，即使杰文斯对不可再生能源而言是正确的，但这不是一个避免效率改进的有效论点，因为虽然它们可能使资源更广泛的应用，但同时还通过提高生产效率改善人们的生活。

12.6 小结

本章介绍可以通过强调能源效率和节能获得的诸多好处，牢记除了能源效率以外多方面考虑可以指导我们能源相关的决定，并且其中的一些其他因素可能比效率更重要。本章还认为，特定地方的节能和效率的提高可能具有最大的影响，尤其要注意最具成本效益的四个经济方向：住宅、商业、工业和交通运输。本章讨论的主要焦点是美国经济，因为许多其他发达国家已经实现了许多改变。本章最后讨论了采取行动节约能源的障碍。

问   题

（1）证明等式（12.4）是根据等式（12.3）得出的。

（2）一个国家的人口在 10 年期间内每年增长 1%，其能源生产量和 GDP 在同一时间内分别达到两倍。请问在 10 年期间内这个国家的能源强度发生了什么变化？

（3）假设要选择一种材料制作 LED，通过发射红、绿、蓝三种光的 pn 结组合体产生白光。为三个相关波长选择近似值,并计算所需的三个带隙能量。在网络上搜索确定一些可选的材料,用来匹配这些带隙的 pn 结。

(4) 参见图 12.4,显示了 LED 亮度增加的速度。根据这个图,估算每年增长的速度,时间增加一倍结果是什么。你的结果与从"70 规则"获得的结果比较如何?

(5) 发电厂由化石或核燃料产生的热进而产生电力的效率由卡诺定理限制。假定热量被排出到温度为 300 K 的环境中,燃烧温度为 800 K,最大可能的效率是多少?

(6) 汽车发动机的压缩比为 10,并为燃料—空气两种混合物,比热容比为 $\gamma = 1.30$。假设通过使用稀混合物(空气较多而燃料较少),比热容比的值升高到 $\gamma = 1.32$。假设非常近似奥托循环,效率可提高多少?如果对效率有同样的效果,压缩比会变成多少?

(7) 当驾驶一辆带有再生制动的汽车,你想要轻轻踩下刹车,因为通过电池充电回收的动力如果超过一定量则不能被吸收。假设对于 12V 电池,想保持低于 40A 的充电电流,1000kg 的车正在以 20m/s 的速度行驶。如果你希望把它停下来,并回收尽可能多的动能,最短的停车时间是多少?

(8) 假设我们希望将一个 1000MW 的核反应堆的废热用于海水淡化的目的。如果反应堆的效率为 33%,一半的废热用来蒸发海水,每天可以产生多少加仑的淡水?利用两种方法求得结果:①反渗透;②水的直接蒸发。

(9) 解释为什么定义热电的品质因数 Z 的三个术语数字出现在分子(σ 和 S)或分母(κ)。

(10) 对于一个设备,待机功率消耗 p,当不适用它时拔下它的话每年可节约多少美元?

(11) 已经提出,对于每辆 18 轮卡车,转化成以天然气为燃料,对环境的影响将相当于 325 辆汽车离开公路,由于货车的效率非常低,并且旅行的距离非常远。在网上找到卡车和客车的数据,还有使用天然气和汽油的相关排放量(各种)的数据,看看这些数字是否合理,如果你估算的数字在 2 倍以内即可。

(12) 假设 15 gal 的油箱只剩 3gal 油,为了每加仑汽油节省 5 美分,你愿意把车开出多远?如果 1gal 汽油能节省 10 美分你会开出多远?

(13) 据估计,如果你体重超百磅,极度肥胖可以使你的汽车油耗里程损失 2%。假定对空气阻力的工作量与车辆加上乘员的重量成比例,请通过估算说明前述是否正确。顺便说一下,在这方面日本全日空航空公司为了省油,要求所有乘客登机前去厕所。

参 考 文 献

Attari, S. Z. (2010) Public perceptions of energy consumption and savings, in S. Z. Attari, M. L. DeKay, C. I. Davidson, and W. B. de Bruin (Eds.), *Proceedings of the National Academy of Sciences*, http://www.pnas.org/cgi/doi/10.1073/pnas.1001509107 PNAS.

Economist (2011) http://www.economist.com/blogs/freeexchange/2011/02/energy_ prices

Ehrlich, P. R. (1968) *The Population Bomb*, Ballantine Books, New York.

Fuel-economy (2007) The U. S. government data is based on the three publications listed on their web site, http://www.fueleconomy.gov/feg/atv.shtml.

Fuel-taxes (2011) http://www.afdc.energy.gov/afdc/data/index.html#www.afdc.energy.gov/

Gilding, P. (2011) *The Great Disruption: Why the Climate Crisis Will Bring on the End of Shopping and the Birth of a New World*, Bloomsbury Press, New York.

Lambson, B., D. Carlton, and J. Bokor (2011) Exploring the thermodynamic limits of computation in integrated systems: Magnetic memory, nanomagnetic logic, and the Landauer limit, *Phys. Rev. Lett.*, 107 (1), 010604.

MacKay, A. L. (1982) The harvest of a quiet eye: A selection of scientific quotations, p. 56.

McKinsey & Company (2008) Unlocking energy efficiency in the U.S. economy.

第 13 章　能源储存与运输

13.1　能源储存

13.1.1　概述

本章探讨的两个主题形成自然对：能源运输涉及在空间上传输能源，而能源储存涉及时间概念——之前生产的能源可以在稍后的时间存储和运输。众多储能技术，每一个都是由特定的技术来完成。例如，发条弹簧对玩具汽车和手表可能都很适用（至少在微型电池出现之前），但是它们不可能为真正的汽车提供能源。同样，抽水蓄能是非常适合存储水力发电厂所产生的能量，但很难想象它在任何需要便携式能源的应用中使用，例如用于车辆推进。对各种能量存储的不同技术的相对优点做出明智的决定是一个复杂的问题，因为可用的标准至少有十多个。这种情况不同于涉及发电有效替代方式的决策，其中两个因素至关重要：每千瓦时的生产成本和对环境的危害。

与发电有关的能量储存尤其重要，因为核能或燃煤发电厂的发电量不能迅速改变来满足人们对电力不断变化的需求。因此，通过能量储存可以将之前生产的能量输送到另一个电网——特别是有时白天用电高峰期。这种在人们需要的时间供应能源的能力被称为调度。当可再生能源及其高度可变输出能力占发电的比例越来越高时，调度就会变成一种更有价值的财产。能量储存可以提供调度电力的方式包括抽水蓄能发电与可再生能源（如风力）发电的结合。风力涡轮机可以泵水到海拔较高的一个蓄水池，并在以后需要时向下回流驱动涡轮机按照所要求的速率来发电。对于存储大量的可调度能量，抽水蓄能水力发电在经济上远远优于其他方法（图 13.1）。

图 13.1　德国 Hamm-Pelkum 的废物堆，一个通过综合风力及抽水蓄能发电的发电厂，可以提供 15~20MW 电力（图片由德国 RWE 公司提供，Hans Blossey 摄影）

采用廉价且可靠的能源储存方法的最重要的原因之一是为汽车提供电力。因为缺少"长的接线板"可以连接到架空电力线路或者一些电动火车的第三条轨道的形式，所以电源必须随车携带。与工业、商业和住宅行业不同，许多国家运输行业经济上几乎完全依赖于一种能源——石油。当然，石油或天然气的燃料本身就是能量存储的一种形式，因为它们所存储的化学能在燃烧过程中释放，但它们也有众所周知的环境和供应问题，因此，能源储存技术的兴趣是基于清洁可再生能源。地球上最大的可再生能源存储库由活的植物体内太阳能驱动光合作用组成。植物和藻类产生的生物燃料是另一个主题，在这里将不作进一步的讨论，但它们是将要考虑的一些方法的竞争者，如电池、压缩空气和燃料电池。

有几种方式来描述众多能量存储技术，其中之一是它们的物理性质：（1）机械性质（或热学性质）；（2）电学性质（或磁学性质）；（3）原子核。一个同样重要的分类涉及基于该技术的设备能够储存能量或将其提供给负载的时间间隔。前面提到的两个过程，存储能量和输送能量是对设备进行"充电"或"放电"的过程。因此，这里的分类是基于充电一次和放电一次需要多长时间。充电/放电时间是很重要的，因为一些应用需要充电/放电时间很短，即高功率，而有一些则时间很长。一种有用的划分是（1）"长"时间充电/放电（几分钟到几个小时），（2）"短"时间（几秒到几分钟）和（3）"非常短"时间（小于1s）。短和非常短时间的能量储存应用与长时间的能量存储应用之间可以更简单地划分为两部分，由于能量若在很短时间可输送通常都是高功率。下面的例子与基于最初三部分划分的发电厂生产电力的存储相关：

（1）能源管理（长时间）：能源管理也被称为负载均衡，允许在一天中需求不足时生产的电能在数小时后的需求高峰期释放。

（2）提供备用电源（短时间）：切换能源时保持服务的连续性至关重要。例如，在停电期间，由电网输送电力到本地柴油发电机立刻过渡到备用电源，以便在发电机达到全功率之前覆盖时间延迟。

（3）保持电源质量（非常短时间）：监控和校正在发电厂生产的电力质量对于许多最终用途是非常重要的。检测和校正过程需要的时间远小于每秒60个周期，一个周期的时间。

> **知识盒　保持电源质量**
>
> 理想的情况下，生产的电力应具有一个固定的电压、频率和完美正弦曲线形状，也就是说，没有谐波的单一频率。电源质量指的是与标准电压和频率值，或一个正弦电压波形偏离的大小。电源质量还包括存在（非周期）瞬变的程度，如功率尖峰或低谷，还有最后不考虑负载，在不中断连续的基础上保持电源。对许多类型的电气设备而言，质量差的电源可以导致严重的问题。如果电源在发电厂具有质量问题可以被处理或"调整"，从而迅速地检测任何异常并进行自我校正。如前所述，这需要具有一个存储电源，能够在非常短的时间内增加或消除电能。差的电源质量也可以由最终用户来校正，如使用浪涌电压保护器保护计算机避免过高电压（高于正常电压），或使用备用电池以允许临时电力故障时可以继续操作。但是，便宜的浪涌电压保护器可能会有自己本身的质量问题，特别是在建立谐波方面。

13.1.2 机械能和热能存储

许多机械能和热能存储方法操作时间很长（如抽水蓄能、压缩空气和热能存储），我们将首先考虑这些。机械能存储方法的一个指标是抽水蓄能发电占全球所有发电量的5%。考虑到抽水蓄能提供了作为与发电相关的能量存储方法的独特的优点，因此非常有帮助。

13.1.2.1 抽水蓄能

如第8章所讨论的，抽水蓄能往往是标准水力发电厂的一个辅助，由向后运行水力涡轮机存储能量，所以不是利用机械动力使水从蓄水池下来发电的正常功能，而是涡轮机利用电网或其他外部电源的电能将水抽到一个更高的蓄水池，从而势能增加。由于所有蓄水池、大坝、涡轮机和发电机早已作为发电厂的一部分，抽水蓄能涉及高于水力发电厂本身的最小的额外成本。当然，如果抽水蓄能与其他来源，如风力发电结合使用，安装成本会大大增加。抽水蓄能最显著的优点可能是可以存储大量的能量。

例1 水库储存的能量

考虑水电站大坝后面形成一个湖。涡轮机低于湖表面 $y=20m$，湖面的表面积为 $A=20km^2=2\times 10^6 m^2$。假设当发电站从涡轮机抽水到水库，水库的水位最终将提高 $d=0.5m$。0.5m厚的水层能存储多少能量？储存同样的能量需要多少个12V、60A·h的铅酸蓄电池呢？

求解

首先考虑存储在铅酸电池的能量。由于 $P=iV$，$E=Pt$，有 $E=Vit$。电池为60A·h清楚地代表了电流乘以时间的乘积，或"it"代表公式中的能量，这样一个完全充满电的电池的能量为：12V×60A·h×3600s/h = $2.59\times 10^6 J$。这听起来可能令人印象深刻，直到我们将它与存储在水库中升高的水的势能比较：$E = mgy = \rho Vgy =\rho Adgy = 1000\times 20\times 10^6\times 0.5\times 9.8\times 20 = 1.96\times 10^{12} J$。因此，它需要不到100万铅酸蓄电池存储额外0.5m水所存储的能量。

鉴于蓄电池在需要更换前可能只有800次充放电周期，在经济上利用100万个电池进行能量存储将是不可能的。那样的话，更换电池的成本可能是每年1亿美元左右，还不包括劳动力成本。此外，电池的充放电效率可能会低至50%，这意味着一半的充电能量将会丢失在放电过程中，抹去了所有将电力转向高峰时期的优势。相比之下抽水蓄能的效率在70%~85%范围内，这将远比蓄电池便宜。$1.96\times 10^{12} J$有多大？按多数标准衡量，它代表了一个巨大的能量。然而，如果水力发电厂生产2000MW，这很寻常，生产这么多电力只要发电厂全功率生产18min。

13.1.2.2 热能存储

热能的存储大多数只需一个装满高温液体的绝热良好的容器，如许多家庭中的热水器。然而在这里，将特别考虑与发电相关的热能存储。如第10章所述，太阳能热发电可以有效地利用反光镜聚集阳光到水平管或"发电塔"。在这种设计中，热能足够强烈可以熔化在塔中被运送到存储罐的盐化合物。盐在这种应用中是有用的材料，因为它价格低廉、无毒、不可燃烧，并且在很高的温度不需要高压的情况下保持液态。2009年第一个这样的工厂建在西班牙的安达卢西亚，为20万西班牙人提供电力。熔融盐被存储在绝热良好的存储罐，含有足够的热能，可长达一周，甚至允许发电厂在夜间发电。事实上，使用存储的熔融盐允许工厂产生电力的时间加倍，而成本仅增加5%。

例 2 熔融盐存储罐

太阳热能发电厂利用含有最初在 300℃ 的熔融盐的储存罐来发电。发电厂需要最低熔融盐的温度大约为 150℃,以产生蒸汽来驱动涡轮机。如果圆柱形存储罐高 9m,直径 24m,存储在熔融盐的热能要多久才能够在 100MW 的发电厂产生电力,假设效率为 30% ($e=0.3$)。假设该盐密度 $\rho=2300kg/m^3$,比热容 $c=1800J/℃$。

求解

盐的质量为 $m=\rho V=\rho(\pi d^2h/4)=2300\times3.14\times24^2\times9\times0.25=9.36\times10^6$ kg,因此,熔融盐所含高于所要求的最低温度的热量为 $E=mc\Delta T=9.36\times10^6\times1800\times(300-150)=2.53\times10^{12}$ J,足够运行效率为 30% 的 100MW 的发电厂的时间为 $t=eE/p=0.3\times2.53\times10^{12}/10^8=7590$ s 或刚刚超过 2h。很显然,如果需要昼夜以及在恶劣天气发电,则需要更高的温度或更大的存储罐。西班牙发电厂存储罐实际上明显大于在这个例子中所提到的,工厂功率只有 50MW,储存的热量可供涡轮机以全功率运行接近 8 小时(图 13.2)。

图 13.2 世界上第一个商业化太阳能光热发电厂(照片由 BSMPS 提供许可)
利用熔盐存储发电,2009 年建于西班牙安达卢西亚。一排排设备是抛物面反射镜,
可以聚集太阳能到传送熔盐至中间的储存罐的管道

13.1.2.3 压缩空气储能

通过压缩空气储存能量非常像压缩弹簧。在这两种情况下,当弹簧或压缩气体被允许扩大时储存的能量被释放。实际上存储在压缩空气中的能量(CAES)比存储在弹簧中的能量大得多,因为存储体积非常大的空气并将其压缩至非常高的压力比建造能存储相同能量的弹簧更容易。事实上,弹簧驱动的动力汽车是不可行的,利用压缩空气驱动汽车在商业上是可行的。与传统的内燃机通过点燃汽油驱动活塞不同,压缩空气汽车活塞的驱动是靠空气的扩张,在某种程度上类似于蒸汽引擎工作方式。压缩空气运行的汽车有一些优点,显著的是没有排放量,使用压缩机中途加油相对容易,并容易获得燃料。

不幸的是,尽管有这些优点,缺点还是非常严重的,主要是仅仅依靠压缩空气驱动范围有限。尽管印度公司(塔塔汽车公司)在 2008 年承诺几年内将有一辆使用压缩空气驱动的汽车准备出售,该车可一次行驶 125mile,就笔者所知截至 2011 年塔塔汽车公司没有商业销售这样的汽车。此外，2005 年公布的一项研究表明，最先进的锂电池汽车性能比压缩空气汽车和燃料电池汽车好过三倍还多（Mazza 和 Hammerschlag，2005）。最后，排放问题有误导之嫌。汽车本身不产生废气，而压缩机压缩空气需要电力运行，而排放在发电厂产生，这平均比内燃汽车排放的温室气体要多。虽然压缩空气汽车在技术上是可行的，加州大学伯克利分校的研究结论是"即使在非常乐观的假设下，压缩空气汽车的效率仍然比电池电动车明显低……"（Creutzig 等，2009）。

压缩空气储能的一个应用已经得到确认并比压缩空气汽车争议少，涉及在需求高峰期释放存储的能量用于提高发电厂的效率。人们可以利用电力来驱动涡轮机向后运行以压缩空气（通常是在一个很大的地下洞穴或盐丘），然后再除去压力，在所要求的时间释放空气驱动涡轮机（和发电机），从而产生电力。往返效率可高达 75%，可以和抽水蓄能相媲美。许多较小的储能应用已经在世界各地开发，一个更大的（300MW）项目正在加利福尼亚州开发。压缩空气储能的最高效率类型包括使用等温（恒温）压缩和膨胀，但是这仅在低功率水平是可行的，因为它涉及一个缓慢的过程，与环境之间有效的传递热量。

另一个压缩空气储能的应用涉及提高燃气发电厂的效率（图 13.3）。这些工厂常常在用电需求高峰期提供电力，因为不像燃煤或核电站仅仅通过改变气体流在炉子中的速度就可以迅速改变其功率输出。压缩空气蓄能电站是一种燃气发电厂，压缩空气存储在发电厂下的地下山洞或废弃矿井。电动压缩机在电力需求的非高峰时段在储气罐中压缩空气，同时工厂本身不发电，直到用电需求最大（"尖峰"）时期。在用电需求高峰期，电力稀缺而且最昂贵，压缩空气被释放后与天然气混合燃烧推动涡轮机发电。最终的结果是，压缩空气储能发电厂生产每兆瓦的电力比传统涡轮机少使用 60% 的气体，传统的涡轮机利用燃料的 2/3 生产的电力用于压缩燃烧之前的空气。当然，在压缩空气储能燃气发电厂，压缩空气需要电力，

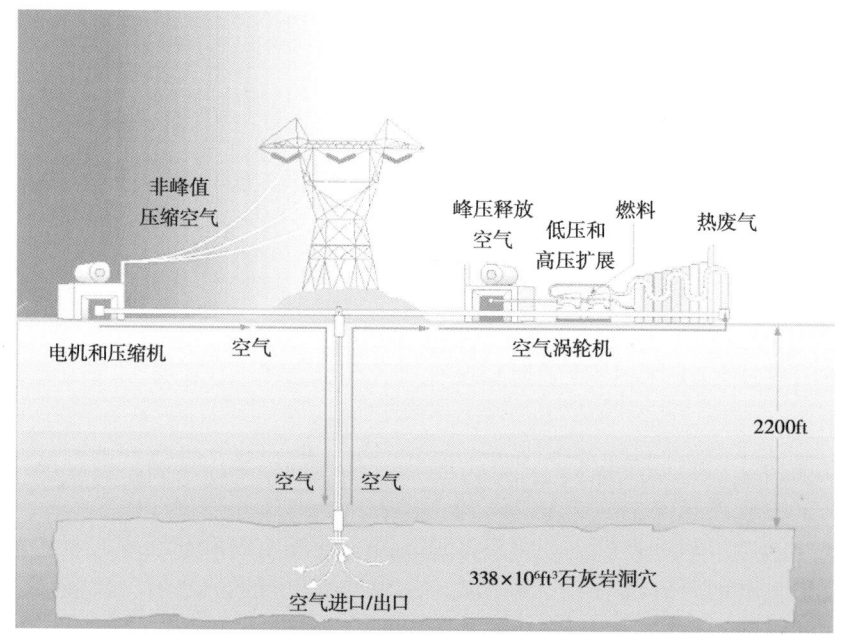

图 13.3　利用地下压缩空气储能的燃气发电站（图片由美国能源部提供）
图像的左侧部分显示了在夜间（非高峰时间）空气被压缩并送入地下存储罐，而右侧部分显示了在白天（高峰时间）从储存器抽出

但那是通过使用非高峰时期廉价的电力，从而导致总体成本更低。

> **知识盒　需求高峰**
>
> 用电需求高峰也称为峰值负荷，是指发电厂或一些电力公司服务地区的最大功率要求。对电力的需求变化在所有时间尺度几乎是可以预测的：季节性、一周中的某天、每一小时和更短的时间，每种情况的变化依赖于一个地区的气候、空调使用程度、重工业的存在和其他因素。除了相对可预测的变化，当然还有其他难以预测的因素，最重要的就是天气。可预测的需求高峰的时间往往是傍晚的几个小时，那时大多数人下班回家。在一些电力市场消费者面对实时定价（基于变量批发价格），但通常（至少在美国），他们在平均每年费用的基础上按固定价格支付。副作用是，消费者不像大型商业和工业用电的用户，他们没有在高峰期批发价格时减少需求的动力或改变他们的需求至非高峰需求时段。如果所需电力的最小数量（基本负荷）和由于意外大量需求导致的最大峰值负载相差很大，结果可能是限电、停电和（或）非常昂贵的费率，包括在高峰时段进口电力。

13.1.2.4　飞轮储能

飞轮的起源可以追溯到古代。最初，陶器是用泥条以螺旋式的方法由下向上盘筑而成器形。大约公元前 3500 年，中东一些聪明的陶工想出了用一个巨大的转轮，用手或脚缓慢驱动，相比于使用较早的盘圈技术，可以让人们更有效地塑造泥陶。在最近的 19 世纪的用法中，詹姆斯·瓦特发明蒸汽机的实用版，包括一个巨大的飞轮，可以使发动机的旋转速度保持均匀——陶工转盘达到同样的目的。近年来，工程师们已经打算在未来用飞轮来替代储能装置，从字面上理解为"重新发明轮子"。这些超高速轮子（对比其低速的后代）可以旋转的速度高达每分钟 100000 转。如果一个飞轮被用作能量存储装置，高速旋转是非常重要的，假定所存储的能量取决于旋转速度的平方。

13.1.2.4.1　飞轮物理原理

以角速度 ω（单位：rad/s）旋转的飞轮存储的能量和转动惯量（单位：kg·m²）由下式给出

$$E = \frac{1}{2}I\omega^2 \tag{13.1}$$

其中转动惯量或惯性矩可以写成

$$I \equiv \int_0^R r^2 \mathrm{d}m = kMR^2 \tag{13.2}$$

式中，M 和 R 是飞轮的质量和半径；$\mathrm{d}m = 2\pi r\rho(r)\mathrm{d}r$ 是半径 r 与 $r+\mathrm{d}r$ 之间飞轮的质量；常数 k 取决于飞轮的形状或飞轮的密度（每单位厚度）$\rho(r)$（r 的函数）。

为了求出常数 k 为何种形式，需要使用等式（13.2）一些已知的 $\rho(r)$ 积分。方程（13.2）具有两种明显的特殊情况，一是几乎所有的质量距旋转轴相同的固定距离 R，即一薄的圆环（环或箍），则 $k \approx 1$；另一种情况是几乎所有的质量非常接近旋转轴，则 $k \approx 0$。一个不太明显但很重要的情况是，半径为 R 的厚度均匀密度恒定的圆盘，对方程式（13.2）积分会给出 $k = 1/2$。

以前的（速度慢）飞轮最初的目的是保持恒定转速，那么飞轮要非常大、重，由致密的材料，如石头（波特轮）或钢（瓦特的蒸汽机）制作而成。但是，如果飞轮是用于存储最大量的能量，那么使用致密的材料并不是必要的条件，而高转速才是至关重要的。使用非常致密的材料可能会限制可能的最高旋转速度，因为那样会产生更大的离心力从而导致飞轮崩解。事实上，现代最好的高速飞轮往往是由具有优异的抗张强度、较轻（密度较小）的材料制作而成。例如，通过碳纳米管纤维的许多线圈制作的飞轮，转速可以高达约100000r/min。

> **知识盒　碳纳米管**
>
> 　　碳元素，生活中不可缺少的物质，可以产生一些令人惊讶的各种各样的结构，从特别坚硬、透明的金刚石到铅笔中柔软的黑色石墨。碳纳米管是近年来发现的令人惊奇的纯碳结构之一。碳纳米管是由一个原子厚的原子片（被称为石墨烯）卷成直径大约1nm的中空圆柱体，由于位于六边形顶点的碳原子之间具有非常强的键（图13.4b），碳纳米管具有非凡的抗拉强度。单个纳米管长度高达约10cm，是其直径的100万倍。一束纳米管（自我粘附）可以组合在一起形成绳索或纤维。目前存在各种技术用于制备数量可观的碳纳米管纤维，其成本近年来也在急速下降。碳纳米管纤维除了具有较高的拉伸强度，还具有其他一系列优异的热和电性能，这使得它们适于多种应用，包括一些能量存储和发电领域。另外一个新的应用最近由麻省理工学院的科学家发现，可以以化学形式直接存储太阳能，使用该技术实现体积能量密度不亚于最佳锂离子电池（Grossman 和 Kolpak，2011）。

(a) (b)

图 13.4　(a) 美国航空航天局用于太空应用的飞轮转子（深灰色部分）及其密封圈内悬浮液的剖视图（图片来源于美国航空航天局）；(b) 碳纳米管的截面图

考虑飞轮最大可能的旋转速度如何取决于它的组成材料的性质，特别是密度 p 和拉伸强度 σ，拉伸强度是破裂之前每单位截面面积的最大拉伸力。为简单起见，考虑飞轮几乎所有的质量在距轴线半径 R 的圆环，圆环具有非常小的横截面积为 A。考虑圆环的一小段弧长对应的角度为 ϕ，则弧长为 $R\phi$（13.5）。在飞轮旋转的坐标系，作用在这段圆弧上的三个力是向上的离心力 F 和来自车轮其余部分的两个张力 T。为了找到尽可能大的旋转速度值 $\omega_{\max}$，将 T 设置为它的最大可能值 $\sigma A = \sigma \Delta R^2$；因而

$$T = \sigma \Delta R^2 \tag{13.3}$$

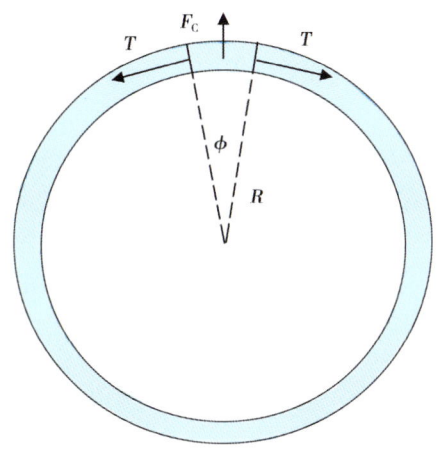

图 13.5 半径为 R 的飞轮的所有质量集中靠近边缘

三个力作用在对应角度 ϕ 的飞轮上的一小部分。三个力分别是作用在飞轮向左和向右的张力 T，向上的力 F_C 代表飞轮向外的离心力。张力与水平线之间存在角 $\phi/2$

其中假设张力作用在环面 ΔR^2 中的一个方形横截面上。这一小部分的体积为 $V = R\phi\Delta R^2$，则可以写出此离心力为

$$F_C = m\omega_{max}^2 R = \rho V \omega_{max}^2 R = (\rho R\phi \Delta R^2)\omega_{max}^2 R = (\omega_{max} R \Delta R)^2 \rho \phi \tag{13.4}$$

在车轮旋转的坐标系，小弧段上的净力消失，所以有 y 轴净分力：

$$F_C - 2T \sin\frac{\phi}{2} = 0 \tag{13.5}$$

将方程（13.5）代入（13.4）得到

$$(\omega_{max} R \Delta R)^2 \rho \phi - 2\sigma \Delta R^2 \sin\frac{\phi}{2} = 0 \tag{13.6}$$

最后，角度 ϕ 很小，有 $\sin\frac{\phi}{2} = \frac{\phi}{2}$，因此等式（13.6）变成

$$\omega_{max}^2 = \left(\frac{\sigma}{\rho}\right)\frac{1}{R^2} \tag{13.7}$$

这个最大转速（单位：rad/s）的结果只适用于理想的情况，所有的质量距旋转轴线的距离几乎是相同的。对于其他形状，质量分布作为径向距离的函数，类似的公式将适用，几何常数 K 乘以方程式（13.7）的右侧部分。从方程（13.7）可以看到对于固定的几何形状，最大转速取决于材料的性质（抗拉强度与密度的比率）和飞轮的半径。为了可以存储最大化的能量，选择最好的材料来制作飞轮，也就是寻找一种 σ/ρ 值最大的材料。

例 3　飞轮发电

碳纳米纤维飞轮是均匀的圆盘，质量为 1.2 kg，半径为 0.4 m，密度为 2600 kg/m³，旋转速度为 100000 r/min（10500 rad/s）。请问需要多长时间可提供 1 kW 的电力？

求解

旋转飞轮的能量为 $E = (1/2) I\omega^2 = (1/4) mR^2\omega^2 = 1/4 \times 1.2 \times 0.4^2 \times 10500^2 = 5.29 \times 10^5$ J，提供 1kW 电力需要 $t = E/p = 5.29 \times 10^6 \text{J}/1000\text{W} = 5290\text{s}$，将近 1.5h。

13.1.2.4.2 飞轮技术与应用

作为可以实现高旋转速度的结果，现代飞轮可以存储相当大的能量——通常 360～500kJ/kg，是铅酸电池每千克存储能量的 3～4 倍。使用组合电动发电机，能量可以存入飞轮也可以从飞轮释放，它不需要与飞轮有物理接触，可以在第 7 章中找到感应电动机的描述。许多现代飞轮除了材料具有质量轻、性能强的特点，还拥有另外两个特点，使其能够以非常高的速度旋转：（1）封闭在真空室（即避免了空气阻力）；（2）具有磁悬浮悬浮液，以便消除机械悬浮与移动表面接触引起的摩擦。如果没有这两个特征，飞轮在 2h 的过程中可以失去 20%～50%的能量，但是有它们的话损失仅为百分之几。现代高速飞轮由于缺乏机械磨损几乎不需要维修并且具有无限长的寿命，相当于铅酸蓄电池 10000 次的充电/放电循环的数量。飞轮的优势有利于频繁充/放电循环。放电过程飞轮的能量回收效率可达 90%，对铅酸电池也是一个显著改进。总之，能量密度高，不需要维护和寿命长的高速飞轮在许多应用上是电池的一个强大的竞争对手。

（1）推进汽车。飞轮已经被用于汽车，但除了短距离驱动，它们缺乏足够的存储能量。公共汽车是一个例外，实际上在 20 世纪 50 年代已在瑞士使用（图 13.6）。公交车的可行性主要是安装在巴士车顶的飞轮在通过繁华的路线途中客运站频繁充电。虽然飞轮可能不适合作为推进汽车车辆的唯一手段，但当汽车需要快速加速时可以提供动力。飞轮也可以在再生制动时回收能量，使得可能不必在旅途中充电。实际上在一些赛车上飞轮已经被用于提升功率。正在考虑飞轮可能使用在商用汽车上，但是也有缺点，最重要的是安全问题，飞轮可能会由于脆弱或车辆发生碰撞导致崩裂。如果飞轮罩被破坏的话，碎片可能以极高的速度飞向四面八方。不过，几乎所有具有高能量密度的技术都存在安全问题，目前还不清楚高速飞轮的危险是否确实比其他技术（如电池）更危险。

图 13.6　比利时安特卫普博物馆中的飞轮车（建于 1955 年，照片由 Vitaly Volko 提供授权）

（2）空间应用。飞轮非常适合应用于宇宙飞船，因为其寿命长，可靠性高，质量轻，效率高，并可快速充电/放电。它们额外的好处是可以提供由快速旋转轮的陀螺效应引起的姿态基准。显然，在太空中飞轮不需要一个密封的真空罩，这将进一步减少重量。

（3）电网断电和质量校正。大量的高级飞轮可以在电网临时断电期间在启动应急电源之前提供电力，应急电源如柴油发电机开始工作需要 15~20s。飞轮能够快速地放电，也许在那段时期可达到 100 kW。因此，拥有 200 个这样飞轮的"农场"可以提供 20 MW 的电力。飞轮可用于校正发电厂生产的电力质量，在电力被输送到电网之前如果不同于标准频率，可将频率移动。出于这样的目的，世界上最大的飞轮储能系统建在纽约 Stephen 镇，能够生产 20 kW 的电力。

（4）不间断供电（UPS）。除了要保持发电厂电力的品质，个人最终用户也要避免电源中断。对于最终用户，飞轮几个小时可能会提供 1kW 或更多电力。

13.1.3　电磁储能

考虑能量可以被电和磁存储，包括电池、燃料电池、电容器和磁场的方式。从技术上说，燃料电池本身不存储能量，例如氢，添加到电池中时便可以产生能量，因此认为氢本身作为存储化学能的存储库是更好的。

13.1.3.1　电池

电池是第一种人造的电源，由 Alessandro Volta 在 1800 年发明。电池的发明是在发电机之前，仅次于莱顿瓶，本质上是一个电容器。现在电池是非常普遍的电源，应用广泛，要求具有便携性，或独立于电网。其中一个非常重要的应用是电池驱动汽车，迄今为止这一直是传统汽车行驶范围和成本的全电动车辆主要的障碍。在一般情况下，电池有两种基本类型：可充电和不可充电。"一次电池"为不可充电的，"二次电池"为可再充电的，这些术语有时也是有用的。一次电池不能充电是因为发生的化学反应是不可逆的。我们的重点是可充电电池，因为大规模储能背景下人们不能很好地考虑非充电电池具有成本效益。当然，不可再充电电池在许多小规模的存储应用中起重要作用，如手电筒、手表、便携式收音机。在考虑了大量的电池和它们的相对优点之前，更要考虑所有电池共有的属性和功能。

电池通常包含由不同的金属制作的两个电极。正电极称为阳极，负电极称为阴极。电池内部电极之间是一种由正离子和电子溶解在溶液中形成的电解质。某些类型的电池实际上包含两种不同的电解质，在每个电池的一半各含一种。电子（小圆圈）和离子（大圆圈）可以到达或离开电极的表面，离开或进入溶液，而且它们也可以慢慢通过电解质，电解质可以是一种液体（湿电池），也可以是一种糊状物（干电池）。

图 13.7 显示了放电过程中发生在每个电极上的反应。带正电荷的离子从阴极进入电解质，而电荷守恒，电子向上流过阴极，然后再流经一些设备（以下简称"负荷"）。当离子到达阳极，则会发生相反的过程，在阳极的表面电子与该离子结合。对于某些电池化学反应涉及多电荷离子，在这种情况下，每个电极发生的反应包括多个电子而不是一个。图 13.7 所示的情形被描述为，电流向左通过负载，与电子移动的方向相反。对该图做一点改变来描述电池充电（而非放电）过程，是将所有箭头反向，并认为该装置不是负载，而是能量来源，通过其他方式驱动电流穿过电池（"上坡"）。

电池原本是指一系列单独的电池，而不仅指一个，但现在它常用来指一个单电池（图13.7），或者许多串联的电池，如12V 汽车电池，8 个 1.5V 电池串联在一起，包含在一个单电池里。一般蓄电池中的每个电池的电压取决于该类型电池内部特定的化学反应，而这又取决于所选的两个电极和电解质的材料。E_A 为离子和电子在阳极结合时释放的能量（每个电子），E_C 为离子和电子在阴极分离时所消耗的能量（每个电子），然后将 $E_A - E_C \equiv \varepsilon$ 的差值，称为电动势（EMF），在放电期间驱动电流流动。电动势的数值代表电动力，而实际上并不是一个力，但它有电压的单位，在没有电流通过的限制下它可以用电压表在电池两端测量。

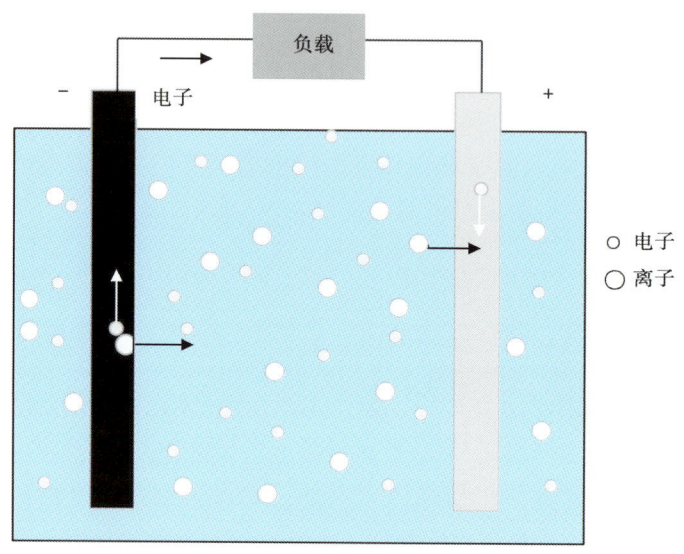

图 13.7　放电过程中电池的基本元素和功能

当电流 i 流经电池，两端的电压或负载的电压为

$$V = \varepsilon \pm ir \tag{13.8}$$

其中 r 为所有电池在不同程度具有的内阻，使用的符号取决于电池是充电（+）还是放电（-）。

因此，当电池输出电流通过负载时，终端电压总是比电动势小，而当它充电时终端电压大于电动势（图 13.7）。电池可以是一个电阻为 R 的负载提供的电流（图 13.8）：

$$i = \frac{\varepsilon}{r+R} \tag{13.9}$$

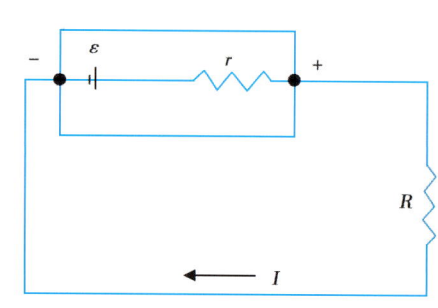

图 13.8　内部电阻为 r 的电池连接到电阻为 R 的负载

当 $R=0$ 时，电流有最大值 ε/r，即短路。理想的情况下，电池充放电过程发生的化学反应应该是完全可逆的，使得电池可以无限次充电和放电，但实际上由于气体的释放、腐蚀和电极的劣化，电池与这一理想状态相距较远。

例 4　求电池的最大电流

电压表测量电池两端的电压为 12V，当负载连接到电池时电流为 10 A，电压表读数下降到 8.8 V，请问电池的最大电流是多少？

求解

求解方程（13.8）（负号）来求内电阻，发现 $r = (\varepsilon - V)/i = (12.0 - 11.8) \div 10 = 0.02\Omega$。当负载电阻 R 是零时有最大电流，在这种情况下，$i = \varepsilon/r = 12 \div 0.02 = 240A$。

电池终端电压 V 与电流 i 作图如图 13.9 所示（倾斜直线）。电压被绘制为电动势的百分比，电流被绘制为当外部负载 $R=0$，它的最大值 $i = \varepsilon/r$ 的百分比。因此，电压随着电流下降的速度取决于内部阻力的大小。这就是为什么具有较小 r 的大型电池比小型电池能够提供大电流的原因。电池的内阻还可以随着年龄的增长、使用或低温增加，从而无法提供大电流。倒抛物线是由电池提供的电力。可以看到，当 $i=0$ 时功率为零，但当 $V=0$（最大电流）时它也变为零，因为 $P = iV$。

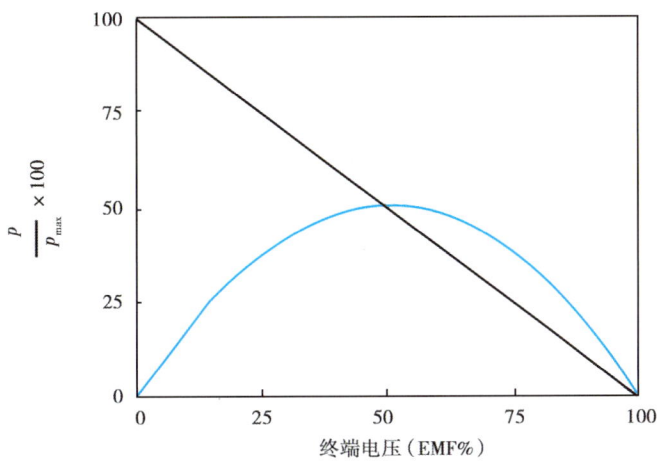

图 13.9　电池的终端电压（电动势百分比）与电流最大值百分比（斜线）
倒抛物线显示传送到负载的功率。很容易看出在 $r=R$ 点传送到负载的功率为最大值

13.1.3.1.1　铅酸蓄电池

铅酸蓄电池是最古老的可充电电池，由法国物理学家加斯顿·普兰特在 1859 年发明。完全充电时，阳极由铅（Pb）组成，而阴极由氧化铅（PbO_2）组成，电解质是稀硫酸（H_2SO_4），是正的氢离子（H^+）和硫酸氢根负离子（HSO_4^-）的混合物。在放电过程中，每个电极发生下面的两个反应：

阳极反应　$Pb + HSO_4^- \rightarrow PbSO_4 + H^+ + 2e^-$

阴极反应　$PbO_2 + HSO_4^- + 3H^+ + 2e^- \rightarrow PbSO_4 + H_2O$ （13.10）

阳极反应释放（每电子释放）的能量超过阴极消耗的能量 1.5eV，所以该电池具有 1.5V 的电动势。在充电过程中发生在每个电极的反应仅仅与方程式（13.10）相反，即两个方程式里的箭头反向。当铅酸蓄电池放电时，久而久之两个电极的表面逐渐变成硫酸铅（$PbSO_4$），而电解质变得越来越稀（酸变少而水越来越多），而在充电期间反应反向发生。原来的铅酸蓄电池由于每个电极的表面积有限，不能产生非常高的电流，但现在设计改进，使用塑状填充矩阵或网格极大地增加了有效面积，同时也加快了反应速率。目前在汽车中使用的铅酸蓄电池能够产生的电流高达 450A。

> **知识盒　铅酸蓄电池的悖论**
>
> 当铅酸蓄电池是新的，它们是不带电荷的，并且两个电极是由相同的材料——铅做成的，这和电池要用不同的金属从而产生电动势的观念相左。在电池初始充电时，下面的一对反应发生在电极处，并且最终结果是电极由铅和氧化铅组成，以致随后产生电动势。
>
> 阳极反应　　$2H^+ + 2e \rightarrow H_2$
>
> 阴极反应　　$Pb + 2H_2O \rightarrow PbO_2 + 2H^+ + 2e$　　　　　　　　　　　　(13.11)

汽车电池在需要更换之前也许只能经过 800 次充放电循环，但这个数字取决于"放电深度"。如果电池适度放电 30%，它可以持续大概 1200 次循环，而如果深度放电 100% 则电池寿命会缩短到大约 200 次。铅酸蓄电池深度放电确实可以实现完全放电，但不能提供汽车电池所需要的同样高的电流，因为它们的内部电阻较大。铅酸蓄电池可以产生非常高的电流（用于启动发动机），并且成本相对低，使得它们是内燃机车辆中最常见的电池类型。然而，对于电动汽车，铅酸蓄电池不是很好的选择，因为它们有两个重要的缺点：能量密度低和每次充放电循环效率有限（50%~92%）。当然，对于给定重量的电池，能量密度低意味着能量含量（车辆可行驶里程）是有限的。

13.1.3.1.2　锂离子电池

锂离子电池在 20 世纪 70 年代首次被提出，是目前电动车辆的选择，许多消费电子设备也使用锂离子电池。由于其具有最佳能量密度（超过铅酸蓄电池的三倍），在不使用时电量损失缓慢，寿命长，并且每次循环效率高（80%~90%）。当前版本锂离子电池（Akira Yoshino 在 1985 年发明）内，锂离子携带电流穿过锂盐溶液电解质，从由多个锂金属氧化物之一制成的阴极到通常由石墨制成的阳极。本质上，放电时锂离子从阳极脱嵌，并嵌入到阴极，而充电时反应反向发生。尽管由于锂离子电池在手机和其他常见的电子设备中使用，使得它们无处不在，但锂离子电池的使用确实有一些缺点，如成本高和有安全隐患。锂离子电池暴露在高温下会燃烧甚至爆炸。锂离子电池的高成本可能并不是它们在电子器件中使用的太大的障碍，但它们在需要非常大容量电池的电动汽车中的使用完全是另一回事。截至 2011 年，锂离子电池在汽车成本中占相当大比重。

13.1.3.1.3　其他电池

除了铅酸蓄电池和锂离子电池，很多电池基于化学组成存在，包括镍—镉（NiCd）电池，镍金属氢化物（NiMH）电池和镍—锌（NiZn）电池。最后一种是比较新的技术，还没有广泛用于商业用途。每个不同类型的电池都具有其自身的优点和缺点，这往往依赖于应用。电池的三个特性是特别重要的：成本、能量密度和电池电压（表 13.1）。成本和能量密度的重要性显而易见，但电池电压的重要性可能不明显。相同的电流情况下，电池电压高可以提供更大的功率。

表 13.1　基于三种重要标准各种化学可充电电池的比较

化学组成	电压（V）	能量密度（MJ/kg）	成本
NiCd	1.2	0.14	$
铅酸	2.1	0.14	—
NiMH	1.2	0.36	$

续表

化学组成	电压（V）	能量密度（MJ/kg）	成本
NiZn	1.6	0.36	—
Li 离子	3.6	0.46	$$$

注：成本列所使用的符号是：—最便宜，$ 比较便宜，$$ 比较昂贵，$$$ 非常昂贵。

液态金属电池是一种现代的、非常新颖的电池，由麻省理工学院材料化学教授唐纳德·萨杜威（Donald Sadoway）发明。这种电池的电极由两种金属（镁和锑）组成，电池操作所处高温（700℃）时该金属为液体。当一种盐的电解质溶液添加到三种不同的液体密度的混合液时，会导致自动分层，最重层（锑）在底部，它上面是氯化钠溶液，镁在最上面，构成正极。这样有效的设计允许电池去除习惯于分离活性材料的传统电池中非常多的空间，并且可提供的电流是传统电池的 10 倍。此外，基于原型，这些创新性的电池的成本预计非常低，只有不到传统电池费用的 1/3，这是因为用的普通材料，设计简单，还可扩展至非常大的尺寸。这种电池可以在非常高的温度下工作，因为高的工作电流可以产生大量的热量。这种新型的电池为可再生能源提供大型能量存储的可能性，这将使它们对电网更加兼容（图 13.10）。

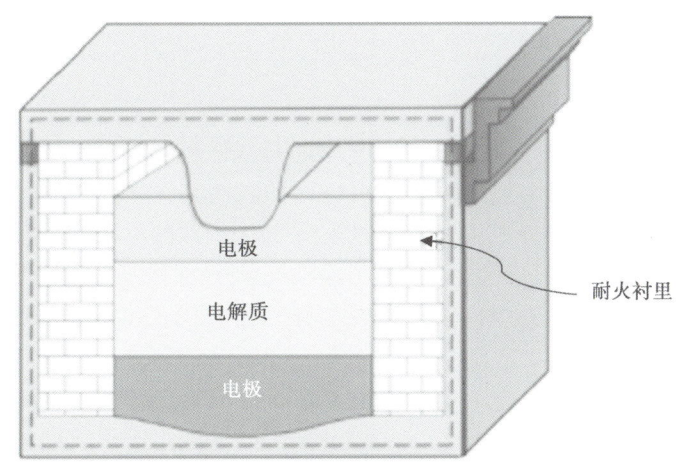

图 13.10 液态金属电池

在这种设计中上电极是液体镁（Mg），下电极是液体镁—锑（Mg-Sb）合金，电解质是镁盐溶液。当电池放电时，电子离开上部负极，经过外部电路，然后进入底部正极，在那里它们结合电解质中的 Mg^{2+} 离子。充电时，发生相反的过程

13.1.3.2 超级电容器

超级电容器像普通电容器一样，通过分离位于一对电极板的正负电荷来存储电能，直到电极板连接负载，电流流过负载，电容器放电。与电池不同，超级电容器在充电或放电过程中不会发生化学反应，并且因此没有化学能转换为电能。

简单回顾一下电容的基础知识，这对大多数读者应该是最熟悉的。电容器的一种形式，一对电极板面积为 A，距离为 d，介电常数为 κ 的电介质（绝缘）材料填充电极板之间的空间。每个电极板上正负电荷 q 的数量与它们之间的电压 V 成正比，从而电容器的电容定义为 q/V，对于一个平行板电容器可以有下面的表达式：

$$C \equiv \frac{q}{V} = \frac{\kappa \varepsilon_0 A}{d} \qquad (13.12)$$

其中，C 的单位为法拉（F），$1F = 1C/V$（库仑/伏特）；$\varepsilon_0 = 8.85 \times 10^{-12} F/m$，一个普适常数，称为真空介电常数。

电容可以存储的能量由下式给出

$$E = \frac{1}{2}CV^2 \qquad (13.13)$$

能量通常被认为存在于电极板之间电场。根据公式（13.13），增加存储的能量有两种方法，增加电压 V 或电容 C。无论电极板之间的绝缘材料如何好，如果两极板相距一个给定的距离 d，它们之间将有一个最大电压。例如，如果电压超过每英寸 10000 V，空气将被击穿。鉴于此极限和普通电容器的典型电容，存储的能量往往相当低，例如，与蓄电池相比能量密度可以被忽略不计。

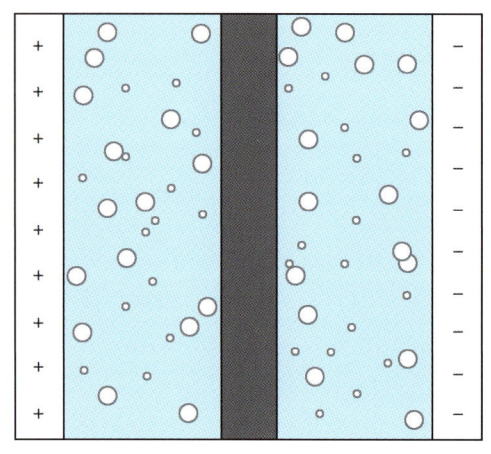

图 13.11　超级电容器

存储电荷的电极包括极板和它们之间的多孔导电材料，灰色分离器是一种介电材料，圆形表示各种大小的孔

超级电容器（ultracapacitor，supercapacitor），也称为双电层电容器，最早于 1966 年开发，它显著增加了一个电容可达到的最大电容。截至 2010 年，已经实现的最大电容值可到 5000 F，高于传统电容器几千倍。超级电容器的构造见图 13.11，包含和传统电容器一样的两个电极板，但是，电荷吸附的实际电极不仅包含电极板，还包括它们之间的多孔海绵状导电材料，正电荷和负电荷由该装置两半之间的分离器分开。由于填充体积的微小纳米级孔的累加表面积远远大于该板本身的表面积，由公式（13.12）和（13.13）可知，电容和存储的能量比传统电容器高几百倍。由于分离器的厚度小于电极板之间的距离，能量密度的提高小于电容的提高，这导致相比于传统的电容器，最大电压较低。

即使能量密度大大提高，超级电容器仍然达不到蓄电池的能量密度，在蓄电池中只要化学反应继续便可以产生能量。然而，超级电容器在能量密度的缺乏多于对功率密度的弥补，因为与蓄电池不同，蓄电池中离子的缓慢迁移限制了能量的供应（功率）速率，对于放电容器这种限制更高，仅涉及快速移动电子流。大多数读者都知道，电容器的放电时间由时间常数 RC 控制，其中 R 是电容器放电通过负载的电阻。考虑到各种电存储设备中，通过化学方法储存能量（如电池和燃料电池）设备的能量密度和功率密度之间关系反向，而像超级电容器那样的设备则不同，关系如图 13.12 "Ragone 图" 所说明。

因为超级电容器能够在很短的时间提供大量的能量，适用于各种高功率应用，例如在电源故障的情况下提供短期备用电源。已经证明通过快速调整风力涡轮机叶片的桨距以响应快速改变的风向和风速，提高风力涡轮机的效率，以优化涡轮机的性能。电池也可以被用于此目的，但它们缺乏超级电容器的能力；（1）提供高功率脉冲；（2）循环次数多（通常为 20000 次充放电循环）；（3）温度范围宽。目前，超级电容器比电池更贵，但由于更好的制造工艺差异会随时间不断减小。与电池相比，它们具有更低的能量密度（大约只有锂离子电池的5%），但这种差异也将随着试图合并这两种最好技术的超级电容器—电池混合电源的出现而缩小。混合电源的应用将涉及应用于车辆——为了再生制动的目的，并提供了突然加速器（多以飞轮的方式）。

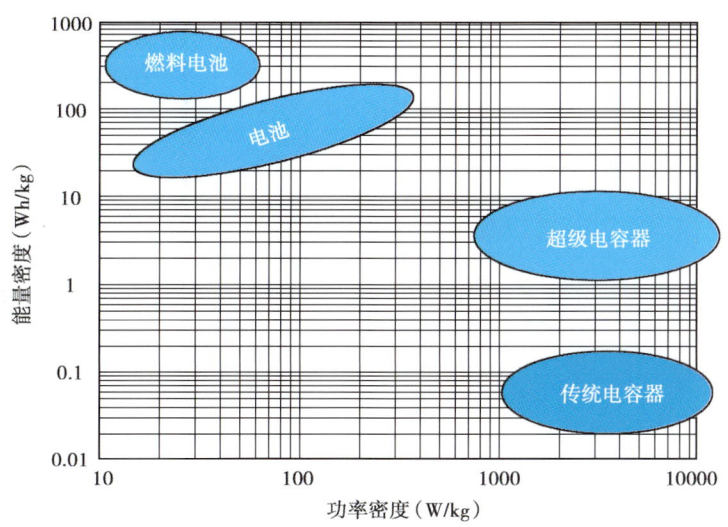

图 13.12　各种电气设备的能量密度对功率密度图

例5　超级电容器的能量密度

某公司销售超级电容器，质量为 0.1 kg，电容为 5000 F，最大电压为 4 V，它们可以存储多少能量，能量密度是多少？

求解

由公式（13.13）得到，$E = (1/2) CV^2 = (1/2) \times 5000 \times 4^2 = 4 \times 10^7$ J，能量密度是 $4 \times 10^7 \div 0.1$ kg $= 400$ MJ/kg

13.1.3.3　燃料电池

燃料电池的基本想法是由德国科学家 Christian Friedrich Schönbein 在 1838 年发现的。燃料电池与蓄电池有一些相似之处，它们都是由相同的三个基本要素组成：阳极、阴极和电解质，而且它们也是利用化学反应将化学能转化为电能。然而与蓄电池不同的是它们需要燃料的流动，通常是电池外部的氢气，所以燃料电池本身不存储能量，只要燃料继续进入电池，电力就会产生。连接到负载的燃料电池的结构图如图 13.13 所示。

氢原子进入燃料电池后通过阳极催化剂去掉一个电子变成离子。被释放的电子通过连线到外部负载，而带正电荷的氢离子通过电解质迁移至阴极。在到达阴极时两个氢离子结合空气中的氧原子和已通过负载的电子进而产生水（H_2O）。因为在阳极输入去掉电子的氢原子的能量小于在阴极反应中释放的能量，从而产生电能。燃料电池还可以使用许多其他燃料，除了氢气还包括天然气，但是氢是特别有吸引力的选择，因为它唯一的最终产物是水。当然氢是一种极其活泼的元素，在自然界中不存在游离态。出于这个原因，不应完全把氢看作燃料，因为获得它需要电解水，需要的能量不低于之后燃料电池释放的能量。因此，实际上氢是一种能量存储介质。产生氢气更好和更有效的方法是分解水分子，这是一个重要的研究领域，并且尺寸小于 1nm 的微小金属颗粒似乎是一种特别有前途的催化剂。如果可以通过太阳能来为氢分离提供动力，那么生产氢和随后燃料电池生产电力的循环则是完全无污染过程。

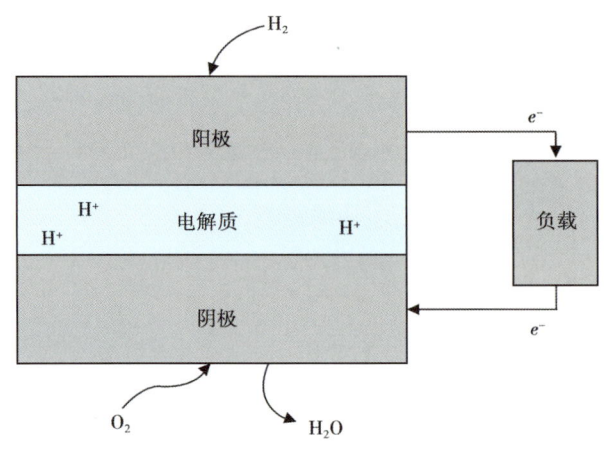

图 13.13　以氢为燃料的燃料电池连接到负载

13.1.4　储氢及由其驱动的汽车

除了制氢，还有在使用之前氢气存储的问题，在使用燃料电池利用氢气为车辆提供动力的可能性中这是至关重要的。用于存储氢气的三种方法如下：

（1）液化氢气。液化氢气的能量密度非常高，以体积为基准甚至比汽油高（表 13.2）。然而，直到冷却至-253℃氢气才液化，这可能是其在汽车推进的过程中无法克服的问题。

（2）金属氢化物。氢化物是存储氢原子的金属化合物，通过加热可以释放氢气。过去利用金属氢化物存储氢的方法没有特别成功，但这里纳米科学可以提供一个更好的方法，因为科学家一直在研究使用纳米粒子来实现更高的能量密度。然而，要实现适用于车辆的高能量密度还有很长的路要走。若能量密度根据每单位质量存储的能量为定义，金属氢化物的能量密度比汽油低超过两个数量级，这主要是因为需要计入金属氢化物本身以及很轻的氢的质量。

（3）高压气体。这可能是最有前途最可能的储氢方法，但如表 13.2 所示，存储在罐中的气体需要加压甚至高达 150 bar（150atm）才使体积能量密度达到汽油的 1/24，这意味想存储罐相同的能量将需要 24 个标准气体罐。

表 13.2　氢气和汽油的质量和体积能量密度的比较

存储介质	体积能量密度（W·h/L）	质量能量密度（W·h/kg）
液态氢	2600	39000
氢气（150atm）	405	39000
镍氢电池	100	60
汽油	9700	12200

上述对汽油和压缩氢气存储之间的比较可能忽视了未来氢燃料电池汽车的想法，但这不是那种情况，由于三个被忽视的因素。

（1）更强的储存罐。原来的氢气储存罐都是由金属（铝或钢）制成，可承受最大压力约200 bar，因此，表13.2中使用的是150 bar。碳纤维飞轮已经实现更高速旋转飞轮的可能性，同样也可以制造更高强度的储氢罐，可以承受661 bar的压力甚至更高。相比150 bar的储氢罐，使用600 bar的储氢罐可以使每单位体积存储的能量提高4倍。

（2）电动汽车的效率。在第12章中了解到，一般由内燃机驱动的汽车整体效率只有15%左右，62.4%的燃料能量损失在发动机，另有17.2%损失在空转待机。与此相反，燃料电池具有约50%的效率，由它们驱动的电动车辆效率在90%以上。从这些数据发现燃料电池驱动的电动汽车的整体燃料效率大约是内燃机汽车效率的三倍，鉴于内燃机汽车需要经常停下加油。

（3）混合动力汽车。燃料电池并不是汽车的唯一电源，特别是对于短途出行较多而长途很少的司机，所以大多数汽车可以由燃料电池驱动。然而，除非由燃料电池提供动力的车辆行驶里程非常显著，对于大多数司机来说并不是受欢迎的选择。

基于这些考虑，假定能量密度提高四倍（由更强储氢罐实现），电动汽车的效率提高三倍，效率总共提高12倍。这意味着，一个和标准汽油罐相同体积的氢气储存罐将能够提供足够的燃料来驱动汽车行驶仅由燃料电池驱动内燃机汽车一半的里程，大概225mile这里非常可观的距离。

图13.14　1937年兴登堡灾难的氢填充飞艇（照片由Gus Pasquerella提供）

读者都知道1937年的兴登堡灾难（图13.14），利用氢气高空飞行的德国客运飞艇完全被烧毁，因此不情愿在他们的汽车上放置高压储氢罐，但鉴于高压储氢罐更大的强度，一直声称可能比标准汽油罐更安全。不幸的是，燃料电池驱动汽车的成本相当高。尽管使用各种能源获取氢的费用并没有与生产汽油的成本不同，但制造汽车本身的成本是另一回事。最近的一项研究认为生产一辆以燃料电池为动力的发动机的汽车将花费 \$300000（Copeland，2009）。最后，除了成本问题，目前还有一个问题，即缺乏加氢站基础设施及为它们所配电网，对于电池为动力的电动汽车这大概不算太严重。尽管存在这些问题，2012年燃料电池汽车已由至少一个汽车公司（梅赛德斯—奔驰）在实验的基础上生产。

13.1.5 蓄电池驱动的电动汽车

目前对电池驱动汽车有很大的兴趣，但它们的历史可以追溯到汽车开始的时代。事实上，在 20 世纪最初几年电池驱动的电动汽车是首选，因为它们比内燃机汽车更清洁，更安静，更容易操作，而内燃机汽车早年需要手摇起动柄才能开始运行。然而，由于内燃机技术的改进，电池驱动的电动汽车开始退出舞台，主要是因为行驶里程有限，同样的问题直到现今一直阻碍了其市场接受程度。然而近年来，出现了各种各样的因素导致了电动车辆的复苏，包括汽油的成本、对环境的关注和对不稳定区域能源的过度依赖的担忧。尽管电动汽车在许多国家很流行，但在美国却没有那么流行，截至 2011 年电动客车约占 0.04%。现在电动汽车的主要负面问题与 20 世纪早年的问题相同，即有限的行驶里程、高成本、和成本相关的问题以及电池的能量存储容量。截至 2012 年，全部电动车将可以自由驾驶 100mile。100mile 可能不足以消除一些司机"里程焦虑"的问题，但具有 600mile 的混合动力电动汽车在 2012 年上市。

关于"里程焦虑"的问题，已提出了关于快速充电站可行性的相关事项。这个问题正在以各种方式解决，虽然存在安全问题，但有提议设立一些站，在几分钟内简单地为汽车交换电池，梅赛德斯在 20 世纪 70 年代试图实现这一想法（对公交车），但后来由于安全问题放弃了。另一种满足便捷有效的快速充电的方式是通过家庭充电站，至少有一家公司推出 \$1000 以下的紧凑型高功率产品，但对旅途中需要充电的司机没有帮助。

> **知识盒　电动汽车的"长排气管"**
>
> 电动车辆通常被称为无排放，除非电能是利用核能或可再生能源所生产，其温室气体排放由生产电力为电池充电的发电厂产成。这种发电厂额外的排放比那些由内燃机汽车的排放可能差不多，取决于发电厂所使用的能源。可以想象，在美国电动汽车可以取代大部分的汽车，并且认为电源是美国电网，与能源组合作为一个整体。根据麻省理工学院的研究，如果我们使用非高峰时期的电力为电动汽车的电池充电，温室气体的排放量将下降超过一半（Kromer 和 Heywood，2007）。其他类型的排放量的情况则更为复杂：一氧化碳和挥发性气体的排放量将下降超过 90%，颗粒物和 SO_x 的排放量将增加。从排放的角度来看（包括发电厂的排放），利用压缩天然气（CNG）驱动的汽车在二氧化碳排放量方面几乎和全电动或混合动力电动汽车一样好，在大多数其他排放物方面也相当好（Yuhnke 和 Salisbury，2010）（表 13.3）。

表 13.3　不同类型发动机 CO_2 排放的比较

发动机类型	每年 CO_2 排放量（t）
内燃机	4.98
CNG	2.85
混合电动	2.23
全电动	2.59

13.1.6 磁存储

能量可以直接存储在磁场，和存储在电容器的电场的方式类似。存储在大小为 B（单位为特斯拉）磁场的单位体积的能量可以写成

$$\frac{能量}{体积} = \frac{1}{2\mu_0} B^2 \qquad (13.14)$$

式中，$\mu_0 = 4\pi \times 10^{-7}$ TM/A 是一个普适常数。如果该磁场是由线圈电流产生的，其大小将与电流的大小成正比。通常，由于电阻的损耗，想要在导线中维持大电流需要电源的持续输入，但是通过使用超导导线的话这些损耗不仅可以减少，而且实际上可以达到零。在无任何电源输入的情况下，超导体（电阻完全为零）内的电流可以无限期保持。可以通过外部电源提供的电力增加线圈的电流从而对线圈进行充电。

因此，可以创建非常大的磁场并无限期存储能量而不担心损失过多或线圈过热的任何问题，因为线圈电阻为零。在放电过程中电流退出线圈，工作方式相同。除非线圈冷却到低于某一温度，否则超导将不会发生，该温度取决于特定的材料。超导由荷兰物理学家海克·卡默林·昂内斯（Heike Kamerlingh Onnes）于 1911 年发现，当时他将汞慢慢地冷却到接近绝对零度测量汞的电阻。当温度到达高于绝对零度的 4.2K，缓慢下降的汞的电阻突然急剧下降到零！因此，4.2K 被称为汞的临界温度。现在有大量的研究确定材料具有最高的临界温度，最终目标是室温超导，从而避免为获得非常低的温度而付出的代价。

超导磁储能系统（SMES）由线圈、制冷系统和功率调节系统组成，功率调节系统可将从外部电源提供的直流电源转换为交流电源进而创建磁场。在充放电循环过程中唯一的损失是功率调节系统 5% 的损失，因为超导线圈没有损失，所以使得每个循环的总效率达 95%。除了它的高效率，SMES 比其他能量存储系统具有一些独特的优点，包括充电和放电期间延迟时间很短，而没有活动部件，这意味着可靠性和寿命都非常好。至今主要应用是保持供电品质，快速响应时间也非常重要。大型超导磁储能系统可以提供 20 MW·h 的能量，比如说 2h10MW 或更短时间提供更多的电力。超导磁储能技术可能不适用于小规模的应用，利用超导材料制作电线的相关成本很高，制冷系统也很昂贵，以及为他们提供电力的成本，这些因素导致至今其使用相当有限。

13.1.7 核电池

核电池不是微小的核反应堆（这是不可能的，你知道为什么吗?），相反，它们利用从某些同位素放射性衰变产生的热量，并利用它通过第 12 章所讨论的热电效应产生电力。核电池已被使用多年，主要是在需要很长的寿命和高能量密度的应用，如外层空间或水下军事系统。虽然大多数现有的核电池非常昂贵，并且又大又重，有研究正在进行以创造更小、更轻、更有效的版本。美国密苏里大学的一个研究小组发明了比硬币更薄的核电池，并在未来希望产生比人的头发更薄的电池（图 13.15）。虽然许多人可能回避利用核电池为起搏器供电，因为电池具有放射性，所发射的辐射缺乏逃逸的范围，这种装置已被用于移植医疗设备。用过的核电池的处置对低放射性废料的处理增加非常小的量。相比之下，如果单纯地将汽车电池对倾倒在垃圾填埋场则是更大的环境问题。

图 13.15 核电池与 10 美分硬币尺寸对比（图片由 Jae Wan Kwon 提供授权）

13.1.8 反物质

反物质将是能量存储的极限。虽然不是在科幻小说的境界，在可预见的未来使用它来储能的可行性似乎很遥远。反物质是普通物质的一种镜像，亚原子粒子，例如电子、质子和中子各自都有它们对应的反物质，具有相同的质量，但是电荷相反——因而反电子也称为正电子，是正电荷的，而反中子像中子一样是中性的，但是又和中子完全不同。反粒子甚至可以结合，以形成所有的反元素，如反氢。在粒子加速器中发生非常高的能量碰撞可以产生反物质。当反粒子在这种碰撞中产生，数量相等的普通粒子也会产生，同时在质子—质子的碰撞中产生了一对正负电子：$P+P \rightarrow P+P+e^{+}+e^{-}$。只要不与普通物质接触，反物质是稳定的，但是当它和普通物质接触的话，结果可能是两者完全湮灭，质量被完全转换为能量，表示为：$e^{+} e^{-} \rightarrow 2\gamma$（两个伽马射线光子）。为此，寻找能够找到反物质矿井的可能性完全为零。如果高能量加速器产生的反物质可被存储在"磁瓶"，那么它永远不会与瓶壁物理接触，人们原则上可以积聚大量的反物质（Brown，2000）。如果反物质在实际中能大量积累，将是储存能量的极限，可能将有最大的能量密度。根据爱因斯坦方程 $E=mc^2$，有能量密度 $E/m=c^2=9 \times 10^6 \text{J/kg}$，约是铅酸电池的 7000 亿倍。这种神奇的能量密度明显的应用是太空旅行，美国航空航天局的一些研究者一直在研究有一天可能会依赖于反物质的推进计划。然而，在可预见的未来这些将不可能。例如，为创造 1kg 的反物质，用已知的技术加速器，使用地球一年全部供应的能量，将需要 100 万年。

13.1.9 总结

本章的前半部分认为能量存储由于很多原因非常重要，包括改善发电效率和质量，在停电的情况下提供后备电源，为便携设备和车辆提供电力，并可能更有效地利用可再生能源，尽管它们会断断续续。用于存储能量的技术很多，根据它们的物理性质可以将它们分组：机械、热、电、磁或核。何种存储装置最适合于特定应用取决于许多因素，其中包括能量密度和功率密度（以质量或体积为基准）、效率、寿命、可靠性、安全性、温度依赖性、存储容量、每次循环的成本和生命周期成本等！在一些情况下，各种技术组合使用——一种具有高功率密度而另一种具有高能量密度，可能是最好的选择。例如，对于汽车，最重要的能量存储应用之一是人们可以利用超级电容或飞轮来快速的提升功率或再生制动（电源应用）以及电池用于汽车推进，假定电池具有更大的能量密度。

13.2 能量传输

不同的能源都有自己的技术输送到能量被使用的地点，并且这个问题在前面章节中对一些资源进行了讨论。本章的重点是电能的传输和分配。当然，电力与热能或化石燃料本质上不同，因为尽管在需要使用之前它们可以很容易地被储存，但存储大量电能的容量却非常有限。虽然很多读者会认为术语"传输"和"分配"几乎没有区别，但在电力行业却有重要的区别，前者是指使用电线连接发电厂到区域变电站长距离大容量运输电力，而后者则指的是来自变电站的功率到周围居民中心的分布。

13.2.1 电力传输

用于分配电力的传输网络（电网）从19世纪后几十年到现在一直在发展。最初，没有国家电网，只有发电厂供应一些周围局部区域的需求。当本地网络或电网变得相互连接，达到超过300000mile，由500个不同的公司运营相互连接的传输线路（在美国）时，电网在不断地发展。这些传输线通常为电力从发电厂到达客户提供多种途径。这种冗余为系统提供了容错特征，这样单个设备出现故障（通常）并不会致命。

该系统的一个显著特性是供给与需求之间的平衡。在每一个时刻通常使用的总电力和生产的电力之间存在一个平衡，因此当您打开电灯开关，某处的一台发电机必须检测到额外负载并"知道"要更加努力才能生产更多的电力。与允许从未来借款的金融系统不同，在忽略不计线路的功率损耗的情况下，电能的供应和需求应该在任何时候都是平衡的。对本地同等需求，电源的瞬间断电，将导致需要从连接电网进口电力，或者如果去掉负载不可能（"限电"），或者在极端情况下大面积停电。

当然，生产的电能稍微大于客户接收到的电能，因为无论怎样电力都要通过电线传送，而电线的电阻不是零，一些能量将被转换成热量或以电磁波形式辐射出去。这些损失取决于电线的长度和将要讨论的其他因素，但是总体上它们降低了系统的效率。整个系统传输线的平均损失可以通过比较生产的电量和传送给所有客户的电量来估算，各地不同，美国为7%。

13.2.2 交流电的传输和分配

早些年发电厂生产电力，直流电和交流电（DC与AC）的支持者之间关于哪一种电流是上乘之选有相当不愉快的斗争（后称"电流之战"）。由尼古拉·特斯拉（Nikola Tesla）和乔治·威斯汀豪斯（George Westinghouse）带领的交流电支持者战胜了倡导直流电的托马斯·爱迪生（Thomas Edison）。交流电的优势在于交流电传输电线可以用非常高的电压远距离传输大量电力，并且损失很低。回想一下，电线的功率损失为 $p_{Loss}=i^2R$，其中 R 是电线的电阻。因此，对于给定的电线电阻，为了最大限度地减少功率损耗，线路中电流应该尽可能小。减小电流可以通过在电力到达线路之前增加电压（使用变压器）进行，因为无损变压器中乘积 $p=iV$ 为常数。变压器原则上是非常简单的设备，初级线圈和次级线圈的电压之比与线圈的圈数成反比：

$$\frac{V_S}{V_P} = \frac{N_P}{N_S} = \frac{i_P}{i_S} \tag{13.15}$$

公式（13.15）的基础是感应电动势的楞次定理，并且要求磁通量全部在变压器的铁芯里。图 13.16 中所描绘的变压器（显然有 $N_P>N_S$）将作为一个"升压"变压器，只要输入电压连接通过次级线圈，而传输到线路的输出电压被连接通过初级线圈，电压便可增加。当电力在电线中已经输运相当远的距离之后便到达一个变电站，其中"降压"变压器降低了它的电压，然后才分发到某些局部区域。完全相同类型的变压器可用于升高或降低电压，在两种情况下初级线圈和次级线圈的作用相反。如前面提到的，将来自变电站的电力提供到一些区域的局部电线通常称为"分配"电线，而不是"传输"电线。历来相同的公司拥有并管理传输和分配电线，但最近几年美国出现了两个功能的分离。

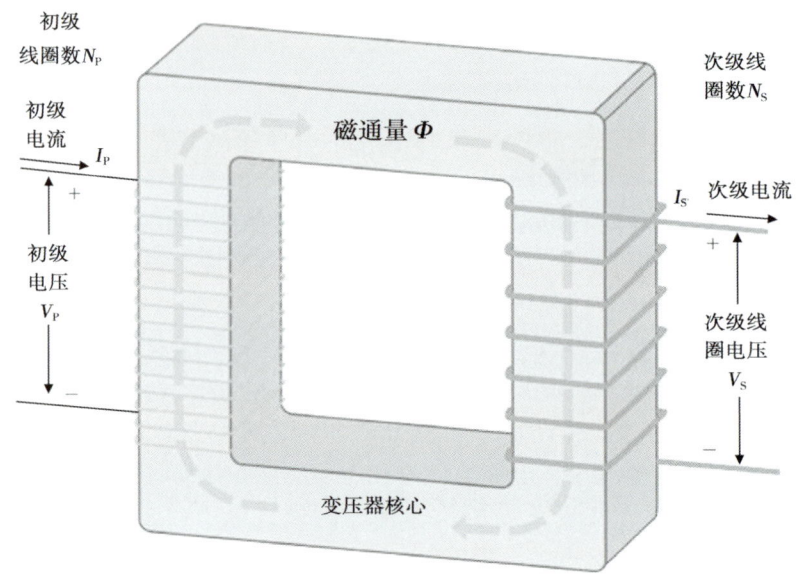

图 13.16　变压器用于增加或降低交流电压值

13.2.3　交流电与直流电

特斯拉和威斯汀豪斯提倡的交流电的生产和传输超过直流电占据优势，主要是因为在交流电的情况下变压器提供了一种简单的方法来增加或降低电压。但对于直流电，在那时没有这样简单的设备用于升高或降低电压。结果，直流电源必须由特定的设备在固定的电压下供给到传输电线，并且不同设备需要不同的电压，将根据其所需的电压每个设备需要单独的一对电线。在直流电而非交流电使用的早期时代的街景图片显示，电线杆有多套电线，各自具有不同的电压（图 13.17）。直流更大缺点是，由于设备，例如灯和发动机，所使用的电流需要相对低的电压，大概 100V，对于固定功率，低电压就意味着高电流。因此，如果传输高电流，$i^2 R$ 损耗将非常大，除非电线相对短从而电阻小。因此，发电厂不能距离使用直流电的客户太远，而为一个广泛的地理区域（基于经济规模）的客户提供电力的想法是不成问题的。建立和维护大型发电厂比小型发电厂通常更便宜（生产每兆瓦），而且服务更大的客户群意味着负载变化随着时间会减少，并且效率更高。

知识盒　电流的战争

　　托马斯·爱迪生是一个天才，有史以来也许是最多产的发明家，但电流的战争使他的声誉受损，最终他的商业帝国为此付出了代价。这不只是说他是失败的一方，而是爱迪生的动机值得怀疑，他对交流电的理解有缺陷，在战斗中他的战术应受谴责。拥有首创直流发电和配电，爱迪生看到特斯拉的新三相交流发电机损害了他的商业利益和直流电专利的股份。当时爱迪生不是拥抱为他工作的特斯拉，而是不屑一顾的态度将特斯拉推向具有智慧和商业资金为交流电而战的乔治·威斯汀豪斯。在电流的战争中，爱迪生采取一些应受谴责的手段，包括用交流电公开处决动物企图描绘交流电是唯一的危险。事实上，用于执行死囚的电椅是爱迪生的一个雇员在他进一步尝试在公众心目中将交流电与巨大的危险连接在一起时发明的。如果不是威斯汀豪斯使用特斯拉的设计，利用尼亚加拉大瀑布的力量，在1896年成功地建立交流发电机的话，爱迪生的努力可能会成功。当时特斯拉认为这种大规模的发电机将产生足够的电力来供应整个美国东部地区。他可能是正确的，由于19世纪最后10年电力的使用有限。如果当初爱迪生获得了电流战争的胜利，许多从电脑到手机到电视的现代发明，依赖于交流电路组件（包括电容、电感、二极管和晶体管），可能会被推迟很长时间。

图 13.17　记忆中 1890 年纽约市街头的一幕

13.2.4　高压输电线路

　　高压输电线路通常架在铁塔上，并且在地面之上，由于地下线路要贵得多，尽管在某些情况下经常用于变电站的低压配电网。如图13.18所示，最常用的三相电线必须悬挂在绝缘体上并远离金属结构，以避免任何短路或"闪络"，因此而失去供给。已经发现，当存在大约 $E_{max}=3\times10^6$ V/m 电场时，干燥空气会被击穿（变成导电）。对于均匀的电场，在两个导体之间的距离为 d，电压为 V，在击穿之前则有 $d=V/E_{max}$。然而，在实践中，这个简单的公式为电线所需的真实最小安全距离提供了指导，因为电场肯定不是均匀的，如支撑结构尖锐的边或点的存在，还必须考虑空气的湿度。

对于765 kV的输电线路（常规使用中电压最高），安全的最小间隔需要多少米。若天气不好，尤其是大风造成的线路摇动或非常高的温度会使它们下垂的结果是不能为高压电线保持足够的间隙。传输电线通常不绝缘，并且由铝制成，铝是几乎和铜一样好的导体，但它具有更低的重量和更低的成本。典型的电线直径范围从约3.7 mm 至3.2 cm，这取决于线路要承载的电力的最大金额。显然，更高的功率或更远的距离需要更大直径的电线，以避免大量的 i^2R 损耗。然而，有一个收益递减点，需要增加导线直径以便应对更大的功率，不得不处理所谓的集肤效应。

图13.18　高压输电线路

13.2.5　集肤效应

与流过导线的整个横截面的直流电相反，交流电将更集中在电线的表面，并且电流密度随与电线表面距离的增加呈指数规律减小。集肤深度是电流密度减小到导体截面表层电流密度的 $e^{-1}\approx0.37$ 处的深度。集肤效应之所以发生，是因为交流电随时间变化在整个电线的内部引起涡流从而产生磁场，并且这些涡流倾向于集中在表面附近，而在内部抵消。可以看出，当频率为 f（单位 Hz）的电流穿过一个电阻率为 ρ、磁导率为 μ 的导体，集肤深度大致由下式给出

$$\delta \approx \sqrt{\frac{\rho}{\pi f \mu}} \tag{13.16}$$

因此，对于非常高的频率集肤效应是最重要的（$f \gg 60$Hz），其中电流容易集中在电线表面的薄鞘。如果频率为60 Hz 的交流电通过铝线，根据公式（13.16），趋肤深度是1.10cm，因此集肤效应仅在较粗的传输线里很显著。

即使集肤效应导致电流按照深度的连续函数减小，这里简单地假设电流是恒定的，然后在集肤深度突然下降到零，可以想象电流穿过的横截面是一个环形，环的外半径是导线本身的半径 r，其内半径为 $r-\delta$，其横截面面积为 $A=\pi[r^2-(r-\delta)^2]$。当然，由此推得当 $r<\delta$ 时电流通过全部横截面 $A=\pi r^2$。用这个环近似以确定由于电线的电阻导致的功率损失分数作为其半径的函数如何变化。鉴于电阻通常的公式 $R=\rho L/A$，可以轻松地得到对于直流电和交流电传输，长度为 L 的电线的功率损失分数为

$$\left(\frac{p_{\text{Loss}}}{p}\right)_{\text{AC}} = \frac{C}{r^2-(r-\delta)^2} \tag{13.17}$$

$$\left(\frac{p_{\text{Loss}}}{p}\right)_{\text{DC}} = \frac{C}{r^2} \tag{13.18}$$

其中在这两种情况下 $C=\rho Lp/\pi V^2$。这些函数的曲线如图 13.19 所示。从图中可以清楚地看到如果电线半径比集肤深度小，交流电和直流电传输的能量损失分数几乎没有差异，然而，一旦电线半径超过集肤深度，交流电和直流电之间的功率损失分数间隙就会扩大，交流电的功率损失分数越来越大。另外，假定 $C=\rho Lp/\pi V'$，对于更长的长度 L、更高的功率 p 和更低的电压 V，使用交流电所支付的费用更高。因为这个原因，实际上有很多重要的特别应用，需要优先选择直流电而非交流电，尽管大多数电线确实使用了交流电。

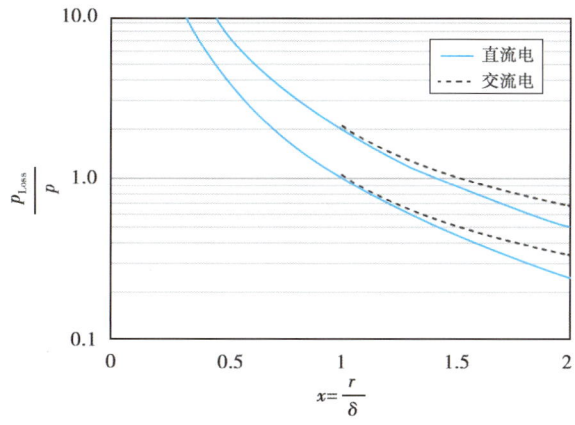

图 13.19　交流电和直流电的功率损耗分数 p_{Loss}/p 相对于 $x=r/\delta$ 的曲线图
上面一对曲线的 C 值比下面一对曲线的大两倍。注意对于半径大于趋肤深度，即 $x>1$，
交流电和直流电曲线是如何开始分开的

13.2.6　直流输电

如果爱迪生已经知道一些提高和降低直流电压的简单方式，直流电的远距离传输将更加切实可行。如今，有合适的技术，不基于提高或降低直流电压，而是基于设备（如整流器），是能够将交流电转换成直流电或反向转换的固态器件。发电厂生产的低电压交流电首先通过变压器提高电压，然后通过包括大量整流器的电路，以便在输送到电线之前产生高压直流电（HVDC）。该技术使高压直流电传输已经成为现实。

当导线半径超过集肤深度时直流电将导致较少的传输损耗，对于远距离大功率输电时，相比交流输电这一优越性变得特别明显。因此，直流电最长的经济高效的传输距离是

7000km左右，而交流电只有4000km，但大多数线路远远达不到这些值。然而直流电也往往会被保留用于特定的应用，因此在美国大概有2%的电线使用直流电。一些特殊情况下，直流电是传输电力的首选方式，包括

（1）远距离大功率点对点传输（没有中间阀门）；

（2）增加功率，一条电线可以承载，而不必安装任何新的电线；

（3）功率传输的两端交流系统不需要同步（它们之间没有固定的相位关系）；

（4）大功率远距离海底传输。

最后一种情况需要解释一下。与陆上电力传输不同，海底电缆必须是绝缘的，这样的结果是两条平行电缆线之间有相当大的电容，不像陆上电缆之间刚好有空气间隙隔开。对直流输电更高的电容没有关系，但对于交流输电它会导致额外的"无功"功率损耗。

鉴于其较低的损耗，海底直流电缆线分布在欧洲不同的国家，约600 km（挪威和荷兰之间）。对直流电和交流电输电线路的成本效益的分析不仅考虑在两种情况下相对功率损耗，而且还要考虑施工成本。例如，直流电线不太昂贵，因为它们比三相交流电需要较少的电线。但是，弥补这一点的是在输送到电线之前交流电需要额外的硬件把原始的交流电转换为直流电，然后在到达另一端之前将其转换回交流电。这些竞争因素的结果是通常会有一些盈亏平衡的电线长度，超过该长度直流电是更便宜的选择。

例6 交流输电和直流输电线路的功率损耗

使用765kV输电线路从水力发电厂输送多达2000MW电力到1000km以外的城市。由铝制成的电线最小半径为多少可以保持线损在8%以下？如果使用直流电来代替交流电，功率损失是多少？铝的电阻率$6.2 \times 10^{-8} \Omega \cdot m$，集肤深度为$1.1cm = 0.011m$。

求解

公式（13.17）中C值为

$$C = \frac{\rho L p}{\pi V^2} = \frac{6.2 \times 10^{-8}(10^6)(2 \times 10^9)}{3.14 \times (7.65 \times 10^5)^2} = 6.75 \times 10^{-5} m$$

利用公式（13.17），可以求出r

$$\left(\frac{p_{Loss}}{p}\right)_{AC} = 0.08 = \frac{6.75 \times 10^{-5}}{[r^2 - (r-0.011)^2]}$$

知识盒　高压电线会导致癌症吗？

对这个有争议的事件进行了大量的研究，但是美国国家科学院的一份报告由美国国会起诉审查这些研究报告得出的结论是"没有可靠的证据来证明2mG的电场对生物是有害的"（Academy, 1997）。此外，2mG的电场对细胞是有害的这个观点与物理学最基本的定律矛盾，包括热力学第二定律，可以计算一个细胞的热噪声电平。这种热噪声的能量比电线外磁场相关的能量大八个数量级，并不能创造DNA的突变链（Mielczarek和Araujo, 2011）。

最后，在任何一个大的社区，都能找到"癌症集群"，而且很容易理解一个人的家庭成员正好是这样一个住在电线附近的集群中不幸的一员，他会深信这是癌症的病因。然而，集群随时都在发生，远远超过你的想象，只是基于概率的规律，只有仔细的统计分析才能揭示是否真正由环境原因造成（Ehrlich, 2003）。

由此可得 $r=0.044$ m $=4.4$ cm。直流电线具有较大的电流流过的横截面积，电阻损耗按比例减小。从公式（13.17）和公式（13.18）可得，直流输电的功率损失会减少：$r^2/[r^2-(r-\delta)^2]=2.29$，或只有 3.5%。

13.2.8 电网问题

现有的电网以带有某种技术东拼西凑的方式有机地发展，在某些情况下已经半个世纪之久。人们已经反复要求升级电网，美国土木工程师学会 2012 年的一份报告称从现在起到 2020 年，估计需要 6730 亿美元来完成这项任务。升级电网的日益紧迫性促使呼吁一个"智能电网"。然而请注意，智能电网将不会取代现有的电网，而是一个重大升级，以解决目前存在的问题。现有电网存在的问题包括：

（1）容量不足。在美国，近几年增加的发电量已经超过了输电线路增加的容量，其他许多国家也是如此。在一些地区，增加更多的传输或配电线路具有相当大的阻力，这可能破坏有意义的项目，包括增加得克萨斯风力涡轮机能力的计划。新的输电线路容量不一定需要新的通行权或扩大它们的"足迹"，因为目前存在的技术可以提高现有生产线的容量。包括动态输送容量（根据环境条件提高电线的最大功率电平），由那些下垂不大的电线代替现有电线，增大电线电压。

（2）效率低。目前，在需求高峰期产生的电力比其他时间产生的电力更加昂贵，但通常大多数的客户都被收取同样的平均价格，无论他们何时使用电力。这个弊端是由于使用的计量系统造成的，如果标准测量仪采用考虑了电力购买时间的"智能仪表"取代，该弊端可以被纠正。如果顾客都知道电力在某些时候成本更高，这将是更可取的，并有可能推迟某些电量的使用。电力公司和客户或公司的设备之间的双向通信系统甚至可以允许电力公司在需求高峰期将选择的设备短时间关闭。

（3）停电。现有的电网因自然和人为破坏十分脆弱，过去的一些停电，如 2003 年美国东北部和加拿大部分地区停电，影响了 5500 万人，这是由于操作失误以及与树的接触导致的传输线路故障，引起了一系列通过系统级联的升级失败。虽然 2003 年的停电可能是美国历史上最大的停电，但影响至少 50000 人的小规模停电发生的更加频繁。在过去的 20 年里，根据明尼苏达大学的研究停电已经上升了 124%。

知识盒　太阳耀斑

在某些时候太阳发出巨大的耀斑，耀斑的发生往往与太阳 11 年太阳黑子周期相关。太阳耀斑包括大量的电磁辐射，尤其是 X 射线和高能粒子（图 13.20）。它们往往是非常定向的，所以有一个方向直接朝着地球，造成了严重的问题——对电子器件而非活的生物体。根据美国国家科学院的一项研究：

在美国发生的一件严重的空间天气事件（重大事件，发生在 1859 年）诱发地电流，在 90s 内毁坏 300 个主要的变压器，切断 1.3 亿人的电源。

报告"严重的地磁风暴"的影响可能高达 2 万亿美元，这只是地磁风暴之后的第一年。美国国家科学院报告提出恢复时间需要 4~10 年，并指出美国是否会恢复原状值得怀疑（国家科学院，2008）。

许多其他国家，包括日本、中国和欧洲国家受到地影响同美国一样严重。

图 13.20　在太阳耀斑期间太阳发射的带电粒子撞击地球磁层（图片来源于 NASA）
太阳的图像是真实的，但地球磁层和颗粒流是一个模拟图像（NASA）

（4）灾难脆弱性。许多网络安全专家担心，有针对性的人为破坏电网（恐怖袭击或战争），可能很长一段时间削弱电网。计算表明，高空核武器爆炸的电磁脉冲是电网的一个主要问题，许多的部件需要更换，例如非常高的电压变压器，可能需要数年来更换。

（5）集中式发电。当电网的主要部件设计时，该模型是连接到传输线的大型发电厂之一，而不是许多可能由个人拥有的小型发电机。目前的电网不适合分散式发电，尤其是可再生能源。风能和太阳能目前特殊的问题是，对它们来说最好的位置往往远离人口中心，而那里可能没有输电线路。由于输电线路容量不足，得克萨斯州一个主要的风力发电场项目（约美国风力发电的 1/4）已经停滞。类似的瓶颈阻止风力发电场在若干美国其他风力资源丰富的地区安装。

（6）单向信息流。当需要增加发电量，电网在大多数情况下依赖于电力使用时得到的数据，这是一种单向信息流。双向信息流可能包括通知客户实时需求，允许他们直接参与优化系统并选择推迟在需求高峰期使用电器消耗电量（如热水器），从而降低成本，这可以很容易地做到。智能电网可能需要在住宅和企业使用智能电表，将对消耗在不同的时间的电力收取不同的费率，并且可能（得到客户的许可）允许电力公司定期控制某些设备（如热水器）的开启和关闭，以便白天拉平电力负载曲线。

13.2.9　智能电网的目标

智能电网将仅仅是现有电网根据目前存在的问题的升级，各个国家关于智能电网的优先级和目标应该是什么的问题还在规划阶段。截至 2011 年美国只有少数几个州实现智能电网的一些组件。还必须牢记的是，某些目标隐含上述列表中的问题实际中可能会有冲突。例如，双向通信的电网，更有效的同时由于网络攻击因灾难脆弱性也更容易被破坏。即使没有主谋黑客，如果所有客户有能力可以实时地与电力公司直接沟通，基于电力目前的价格，有研究显示结果可能是电网崩溃（Biello，2011）。我们甚至可以设想"快闪族"通过社交媒体沟通带来崩溃，对于一些抢劫，认为这样的结果可能"有趣"或有用的。

显然，不同的地区（客户、电力公司、政府的监管机构）对追求哪个目标是最重要的也许有非常不同的看法。在美国，电力公司垄断输电线路，作为政府调控的回报是保证基于其成本的具体盈利。考虑到多条远距离传输电线的低效率，这种安排是可以理解的。尽管如此，垄断经营与固定回报率并不可能促进创新。新的智能电网由电力公司设计可能是一个严重的错误，类似于新的"智能手机"由电话公司而不是一些灵活、创新的电脑公司设计和发明。

最后，智能电网也需要伴随着智能策略。例如，美国要求电力公司根据2005年能源政策法案参加"净计量"，要求他们参加一个项目："在这个项目中，电力消费者利用一个合格的现场发电设施发电并输送到当地分配设施，用于抵消在适用的计费周期内电力公司提供给电力消费者的电能"。该法案的目的是鼓励业主和企业更多地使用分布式可再生能源，是非常优秀的。它的实现已经留给了美国，而其真正的影响在一些国家是微不足道的。

13.3 小结

我们讨论了电力从发电厂到客户的输电和配电的一些要求，以及目前电网的演变。在早期交流电对直流电激烈的"电流战争"打响，交流电胜出，因为它可以更容易远距离传输，并且损失很少。我们还注意到，现今高压直流输电也是可能的，并且由于"集肤效应"，在一些情况下它是优先选择。在最后一节，考虑电网的问题，需要进行重大升级成为"智能电网"。

问　题

（1）文中 Ragone 图（图 13.12）是各种技术的能量密度对功率密度的双对数坐标图。证明在这样的图中，恒定放电次数的轨迹是具有单位斜率和能量密度轴线上的截距等于放电时间的对数的直线。复制这个图，并在图上显示有放电时间等于 10 小时的这样一条线。

（2）存储 40MWh 的能量将需要多少个容量为 60Ah 的 12V 铅酸电池？这些电池一次释放 100kW 功率需要多长时间？

（3）位于弗吉尼亚州的水力发电厂具有抽水蓄能的能力。那有两个蓄水池，它们具有相等的表面积 110 公顷，中间相距 10m。在操作过程中上游的蓄水池中的水位可变化 30m 的高度。上游的蓄水池高度为 30m 时比为 0m 时多存储多少能量？当水从上游蓄水池排放到较低的蓄水池，如果溢洪量为 850m³/s，流动的水的功率是多少？

（4）一个 50MW 的太阳能热发电厂采用熔盐技术昼夜发电。如果该厂的效率是 20%，盐加热至 300℃，如果可以从熔融盐来生产电力的最低温度为 150℃，存储槽必须多大才能在没有太阳的 8 小时产生电力？

（5）考虑一个形状为固体均匀圆盘的飞轮，半径为 0.65m，质量为 140kg。它需要以多快的速度旋转，所具有的能量才相当于 10kg 汽油（3.6gal）的能量，大约是 140kWh。用钢制成的这样的飞轮可以吗，钢的拉伸强度为 $\sigma = 8.5 \times 10^8 \text{N/m}^2$？

（6）由高强度钢制成的直径 0.5m 飞轮可旋转的最大速度是多少？$\rho = 7850 \text{kg/m}^3$，拉伸强度为 $\sigma = 8.5 \times 10^8 \text{N/m}^2$。

（7）证明一个均匀磁盘形状的飞轮的最大体积能量密度为 $\sigma/2$。

（8）在一个半径为 0.2m，质量为 m=2kg 的磁盘形状的飞轮以 100000r/min 的转速旋转能量为多少？这是在轮辋的一个点的切线速度？作用在飞轮边缘的粒子的离心力是多少"g"？

（9）在一压缩空气存储罐，假设 $100 \times 10^6 \text{mol}$ 的空气最初为一个大气压，温度为 300K，被等温压缩到10bar。那么存储了多少能量？在这种情况下将需要一个多大的洞穴？提示：你需要利用理想气体定律：$PV=nRT$。

（10）证明电池连接到负载，当负载的电阻等于电池的内阻时电池将提供最大功率，并且那时的效率为50%。

（11）利用13.1.4节中给出的数据证明燃料电池驱动的电动汽车的效率大致是内燃机驱动的汽车的效率三倍。

（12）迄今（截至2011年）所获得的最高磁场的大小为91.4T。假设长1m，直径为1m的线圈的内部空间有如此庞大的均匀磁场。该线圈具有多少能量？

（13）电容器被充电到电压V，然后使其通过一个电阻器R放电。通过随时间积分证明，放电期间所消耗的功率等于最初存储在电容器中的能量。

（14）为什么没有办法储存比反物质更高的能量密度的能量？

（15）考虑碰撞束加速器的一对质子。质子以相等的动能K迎面碰撞。如果碰撞产生质子与反质子对，K的最小值是多少？（质子反质子对的质量可以写为$938.2\text{MeV}/c^2$）。如果每个碰撞的质子有2000MeV的动能，在碰撞中会产生多少反质子？

（16）证明，当电池被连接到电阻$R=r$的负载，电池提供最大功率。

（17）推导公式（13.17）和（13.18）。

（18）求携带60Hz电流的铝电线的集肤深度，假设铝的磁导率是1.0，电阻率是$2.7\times 10^{-8}\Omega\text{m}$。交流电的电线电阻是直流电电线电阻的两倍（在60Hz），前面所述的电线的直径需要多大？

参 考 文 献

Academy（1997）Committee on the Possible Effects of Electromagnetic Fields on Biologic Systems et al. *Possible Health Effects of Exposure to Residential Electric and Magnetic Fields*, National Academy Press, Washington, DC.

Biello（2011）http：//www.scientificamerican.com/podcast/episode.cfm？id=what-if-the-smartgrid-isnt-so-smar-11-08-07（accessed Fall, 2011）.

Brown, D.（2000）*Angels and Demons*, Washington Square Press, New York.

Copeland, M.（2009）The hydrogen car fights back, *Fortune Mag.*, October 14.

Creutzig, F., A. Papson, L. Schipper, and D. Kammen（2009）Economic and environmental evaluation of compressed-air cars, *Environ. Res. Lett.*, 4（4）, 044011.

Ehrlich, R.（2003）Eight Preposterous Propositions：*From the Genetics of Homosexuality to the Benefits of Global Warming*, Princeton University Press, Princeton, NJ, pp. 30-31.

Grossman, J. and A. Kolpak（2011）Azobenzene-functionalized carbon nanotubes as highenergy density solar thermal fuels, *Nanosci. Lett.*, 11（8）, 3156-3162.

Kromer, M. and J. Heywood（2007）*Electric Powertrains*：*Opportunities and Challenges in the U.S. Light-Duty Vehicle Fleet*, MIT Laboratory for Energy and the Environment, Cambridge, MA.

Mazza, P. and R. Hammerschlag（2005）Wind-to-wheel energy assessment, presentation at the Lucerne Fuel Cell Forum, http：//www.efcf.com/reports/E18.pdf.

Mielczarek, E. V. and D. C. Araujo（2011）Distant healing and health care, *Skeptical Inquirer*,

May/June, 35 (3), 40-44.

NAS (2008) *Severe Space Weather Events—Understanding Societal and Economic Impacts: Workshop Report*, National Academies Press, Washington, DC.

Yuhnke, R. and M. Salisbury (2010) Ozone precursor and GHG emissions from light duty vehicles: Comparing electricity and natural gas as transportation fuels, Report by the Southwest energy efficiency project, http://www.swenergy.org/publications/category.aspx? CategoryID = 4 (accessed Fall, 2011).

第 14 章 气候和能源：政策、政治和公众舆论

14.1 国际条约的重要性

减少 CO_2 的排放可以在各个层面采取行动，从个人到州和地方，最后到国家乃至世界。个体行为很有必要并且可能使你感觉这非常有道德，但对于全球 CO_2 排放的影响微乎其微。更糟糕的是它们可能影响你努力促进集体行动。也许个人可以采取最好的行动是在教育领域，有助于提高自己和教育他人认清问题的本质。教育需要将基础牢固的科学和经济学相结合。政治家在一个民主国家做决定的方式，不可避免的通过国家政策来提倡减少 CO_2 排放的解决方案，比如能源税或碳排放总量控制与交易体系。事实上，过去美国政党在这些问题上已经改变了他们的立场，直到这些变化在国家层面上发生，州一级的地区可以采取许多有意义的行动。许多州，尤其是美国加利福尼亚州，已经采取行动不同程度地促进节约能源和可再生能源。总之，美国 29 个州已经制订时间表规定可再生能源发电的具体占比，另外 7 个州有这样做的计划。

国际减排协议达成共识要比国家一致同意更加困难，但显然由于温室气体（GHG）的排放而人为造成气候的改变需要全球做出回应。在 2011 年最后几天，200 个国家的代表于南非德班开会，制定限制温室气体排放的协议。会议讨论的结果是一个达成共识的协议，该协议将在 2015 年签署，其"法律效力"将在 2020 年生效。对该协议的制定有不同反应，一些人认为这是一个伟大的成就，而另一些人则认为地球正走向灭亡，因为如果不立即开始大幅削减 CO_2 的排放，地球的气候会遭受不可挽回的伤害。专栏作家尤金·罗宾逊提出一个深思熟虑的评价，他指出："…在气候变化峰会上，南非德班可能会被证明是一个非常大的交易。"（罗宾逊，2011）。

现有唯一的国际气候条约《京都议定书》截至 2011 年生效，是 1997 年由 191 个国家包括美国签署的，这是唯一的签约的条约，但从未获批准。事实上，《京都议定书》从来没有向美国参议院提交申请批准，因为它的失败已成定局。该条约要求 37 个工业化国家到 2012 年 CO_2 排放量比 1990 年排放量平均低 5%。有趣的是，减排目标在国与国之间差别很大，例如，美国减少 8%，俄罗斯没有减少，澳大利亚允许增加 8%。尽管《京都议定书》签署国承诺达到这些目标，但实际上《京都议定书》对限制碳排放的影响可以忽略不计。例如，除了美国，已经批准《京都议定书》的 27 个欧盟国家之间排放的区别，这些年来保持相对稳定（图 14.1）。这表明，具体涉及作为《京都

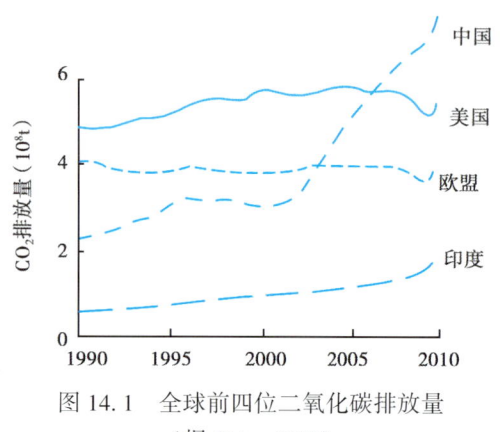

图 14.1 全球前四位二氧化碳排放量
（据 IEA，2009）

议定书》批准的国家的任何行为的改变可能是最小的。

具有约束力的国际协议对经济或国家安全有巨大的影响，是出了名的难以实现。一些乐观主义者把成功的蒙特利尔议定书（美国—加拿大协议限制破坏臭氧的氯氟烃）作为一个反例。不过，和关于逐步淘汰化石燃料的条约相比，该条约涉及最少的经济破坏，也只涉及有相似目标、理念和经济地位的两个友好邻国。同样，国际禁止使用 DDT 也是一个类似。因为对经济影响最小，这个协议有可能实现，和其他蚊虫控制方法一样，在缺乏可替代有效控制手段的疟疾流行地区，DDT 禁令豁免。很难想象类似的具有约束力的国际协议，将严格限制环境领域内二氧化碳排放量。也许一个相似之处可能是在安全区域，例如核不扩散条约（NPT）。这个条约的经验表明，之前和之后任何未来的气候变化条约的签署都将面临许多挑战。回想一下，该条约是一些国家拥有核武器而另一些国家不拥有核武器，无核国家同意不寻求核弹，以及有核国家同意协助无核国家并与之和平利用核技术。它还要求有核国家随时间而努力裁减核武器。可以想象在气候条约中为了使大工业国同意类似的规定（1）通过技术援助来支持发展中国家；（2）摆脱化石燃料；（3）适应气候变化；（4）随着时间的推移减少自己国家的排放量。

气候变化条约和核不扩散条约存在许多有用的相似之处。和气候变化一样，随着越来越多的国家获得核武器，裁减核武器协议的解决方案越推迟，出台解决方案就变得越难。此外，在这两种情况下可能有一条"不归路"。对于核武器，某些国家拥有的话很可能掀起一连串的事件，最终在该地区将导致军备竞赛，甚至是真正的核战争。在气候变化的情况下，人们可能在某些时候会面临一个不稳定的"引爆点"，导致迅速不可逆转的气候变化。

此外，在核和气候两个情况中，真正"绑定"条约的有效性尚不清楚。由于主权国家可以自由退出任何条约，真正的危险是该条约将被证明这种解决问题的方案不过是摆摆样子。一些国家在国家安全利益驱使下寻求核弹，无论他们是否已经签署了该条约。在核不扩散条约的情况下，对条约签署者所谓的好处是"核富人"将协助"穷核国"和平利用核能源。然而，当方便的时候这一条约被撤销，违反条约者不承担任何后果，如美国与印度的核合作，印度是一个从未签署该条约的国家，但建立了自己的核武器。从技术上讲，违反条约的是美国，而不是不受条约限制的印度。人们可以想象如果一个气候变化条约对违反者处罚严厉，在这种情况下，如果处罚变得过于繁重的话，那个国家只会退出该条约。因此，这之间要有一个微妙的平衡，一面是惩罚足够严厉，这样它将限制行为，另一面惩罚过多会促使受罚国家选择废除条约。

裁减核武器条约和气候变化条约的另一个相似之处是一些政党所处状态不同。在核武器方面，目前八个国家拥有核武器（很多有能力建立核武器的国家没有选择这样做）。然而，大量的武器主要在这八个核国家中的两个国家（美国和俄罗斯），这两个国家核武器的数量大大超过其他所有国家联合起来的数量，即使有许多国家的核武器库的规模具有相当大的不确定性。与此类似，在任何依赖于化石燃料排放温室气体的国家中，美国和中国这两个国家排放的二氧化碳占全球二氧化碳的42%。加上排名第三的印度，这三个国家产生了近一半的全球温室气体。因此，就这一点与限制核武器库，美俄（或美苏）双边协议被证明是富有成效的替代200个国家之间的国际协议，对限制温室气体协议可能持有相同立场，限制温室气体协议可能是前两个或三个排放国家之间的追求。

所有国家极端重视他们的主权，仅当条约符合他们自己的利益并没有造成严重的经济或安全成本，他才会签署一项国际协议，一旦这些条件不再适用他们将会废除条约。因此，只有相信如果没有条约地球所受威胁将非常严重，国家的遭遇将比它们为签署这项条约所做出的任何牺牲（货币或其他）更严重，主要参与国（特别是最大的二氧化碳排放国）才可能会同意签署条约来限制二氧化碳排放。实际上是条约减缓气候变化还是通过国家主动采取行动来减缓是一个悬而未决的问题。显然，真正推动应对气候变化的行动很可能取决于未来全球平均气温的增加是否大于或小于现在的预计，同样重要的是，二氧化碳排放量最大的国家的公众和政府要意识到这些影响的严重程度。

> **知识盒　碳排放总量控制与交易体系**
>
> 　　用于控制温室气体排放的政府工具之一，包括"碳排放总量控制与交易体系"，即一旦政治家设置国家允许排放量的限制，限制由一个市场强制执行，允许排放温室气体的具体数量的许可被拍卖掉。如果排放许可的价格足够高，则排放—生产电力公司更加有利可图，要么改用可再生能源要么淘汰燃煤电厂，最好采用污染较少的天然气。这样一个系统深受美国一些领导人赞成，但不是追求，因为它在国会可能失败。然而，在欧洲排放交易已经实施了一段时间，但是该系统可能有一些不幸的后果，也许是因为自2009年以来太多的许可发放和电力需求明显软化。因此，排放许可的价格下跌，公司没有财务激励投资新技术来减少排放，使交易系统毫无意义。

14.2　三大温室气体排放国在干什么？

14.2.1　中国

　　世界上最大的温室气体排放国——中国，由于快速的经济扩张，在2007年其排放量超过美国成为冠军。从环境的角度看，中国能源政策是矛盾的。这是事实，例如，中国在绿色能源项目，如风能和太阳能的投资比其他任何国家（美国的两倍）都多，但随后一周之内又继续建设了惊人的2~3个新的燃煤电厂，远远超过任何国家。此外，虽然中国建立了一些绿色技术，如国内使用的风力涡轮机，而在其他情况下，如太阳能光伏电池板，几乎全部用于出口。尽管如此，中国仍是世界上最大的太阳能消费国，廉价的住宅太阳能热水器远远多于太阳能光伏电池板。

　　中国严重依赖化石燃料，尤其是煤炭，其提供了2/3的电力能源，促成其在2020年之前建立一个全国性的电网的目标。除了温室气体导致气候的变化，中国人民为他们对煤炭的严重依赖付出了很沉重的代价，自己的健康和环境的污染。与二氧化碳排放影响整个世界不同，煤炭颗粒物排放主要影响排放国家及其邻国。2011年，中国还计划从一个只有11个核反应堆的非常小的基地扩大核电工业。中国政府的这些计划似乎并没有受福岛影响。中国现在的目标是到2030年其核电生产能力提高20倍，到2050年提高40倍，扩展计划高于任何国家。中国应该受到赞扬，因为他最后承认发展中国家和工业化国家一样，排放需要受到限制。

14.2.2 印度

另一个亚洲巨人印度，二氧化碳排放量排名世界第三，刚刚超过了俄罗斯。印度温室气体排放的增加速率几乎等同于中国，但由于其较小的基数，绝对的年度增长明显小。然而，印度未来很可能像中国那样戏剧性的增加，考虑到计划生育限制的可能性在这个民主国家几乎没有被授权，因此印度的人口增长明显高于中国。印度有望在2035年成为世界上第二大能源消费国。与中国不同，印度更依赖进口能源，因为它没有中国丰富的煤炭储量，比美国进口石油的比例更高（80%）。印度政府也认识到，随着时间的推移必须转移对化石燃料的依赖，它制定了雄心勃勃的计划，未来必须依赖于更多的可再生能源和核能源。事实上，印度计划将其核电厂的容量增加一倍，在未来10年达到37座反应堆，扩张的速度仅次于中国。

14.2.3 美国

前面已经有很多章节讨论关于美国能源的使用情况和政策，这里就总结几大亮点。在过去，美国可能更关注减少对石油进口的依赖，而不是和化石燃料划清界限或减少其二氧化碳的排放量。虽然由于经济原因，美国最好不那么严重依赖进口石油，能源独立的目标，或至少能源不依赖于从不稳定地区（例如中东）进口可能是个幻想。石油是一个全球性的大宗商品，因此世界作为一个整体仍然受制于石油主要供应突然中断，即使特定国家对中东石油的依赖程度有所下降。通过各种措施减少石油消费是唯一的长期解决方案，当全球石油供应无法跟上需求时使得这一解决方案更加紧迫。相对于减少二氧化碳排放量来减少气候变化，美国一些地区的经济现实可能会更具紧迫性。事实上，减少二氧化碳排放的目标已经越来越党派化，许多共和党公民、候选人和官员不相信人类可以引起气候变化。其他能源和环境相关问题面临尖锐的党派分歧，包括开采美国新发现的天然气储量，对可再生能源进行补贴，以及强制节能措施，尤其是当它们涉及能源税。由于被政治僵局阻挠，奥巴马政府采取更多的行政命令，例如，一项美国环保署的规定要求清洁器安装在火力发电工厂从而遏制二氧化碳排放量。对这一规则，煤炭企业自1990年以来一直游说反对。在一项2012年的裁决中，美国环保署还要求所有新建电厂排放的二氧化碳不能超过1000lb/（MW·h），从而有效地禁止新建燃煤电厂没有二氧化碳封存，但不针对新的天然气发电厂。

虽然美国已经采取一些适中的措施，通过税收减免和政府支持贷款来补贴可再生能源，甚至最突出的补贴（玉米乙醇）更多是由政治带动，而不是充分考虑了成本和收益。在美国，最有前途的支持可再生能源和节能的措施已在州及地方级别以可再生能源贷款的形式实行，但州与州之间差异很大。然而，近期联邦一级已经采取了一些重要的行动，包括"2007年能源独立与安全法案"，这促进了节能减排的目标，包括增加了对汽车平均油耗的新规定——奥巴马政府已经进一步加强的一项措施。在美国，联邦一级促进清洁能源的主要行动不太可能成功，尤其是在经济放缓时，环境问题往往在经济问题之后。从图14.2中可以看出，2010年，美国公民第一年认为在担忧环境之前，需要关注能源生产。不过，根据EIA的数据，在2012年之前的3年，非水可再生能源在美国已经集体提高55%。关于核能，似乎福岛之前有可能的任何扩张，现在都具有很大的不确定性，尤其是在过去10年发现了大量的新天然气储量。

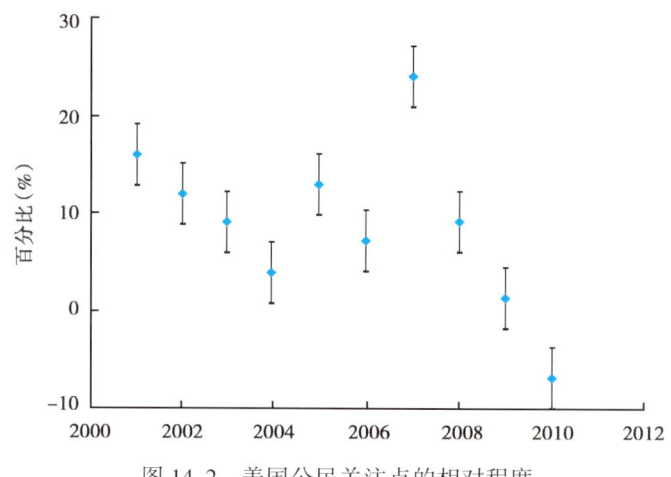

图 14.2　美国公民关注点的相对程度

应该优先关注环境问题与能源生产。绘制的数量是受访者认同环保比能源生产具有更高优先级的百分比之差，误差棒表明基于所调查样本大小的一个标准偏差的限制。2010 年的负值表示第一年能源生产被评为具有较高优先级，甚至不惜破坏生态环境的风险"到一定程度"。数据是基于对该问题 10 年的盖洛普投票

14.3　世界摆脱化石燃料需要多长时间？

摆脱化石燃料的紧迫性强烈地依赖于人类对未来人为造成的气候变化灾难的看法。回想一下，政府气候变化委员会反映的气候科学家的一个共识，预计下一个世纪某些地区温度很可能升高 1.1~6.4℃，并且即使没有任何一个新的二氧化碳分子进到大气中，已经存在的温室气体仍将导致全球气温升高约 0.6℃。比较熟悉华氏温标的读者应该记得，也就是增加华氏度为 1.8（约 2）倍。预计大范围温度升高是计算机模型的不确定性以及对未来温室气体排放的不确定性的反映。显然，如果在下一个世纪温度实际增长接近预期范围 1.1~6.4℃ 的一端或另一端，对地球上生命的影响将是截然不同的。根据政府气候变化委员会，在下一个世纪增幅超过 2~3℃ 可能是"危险的"。

政府气候变化委员会的那句"可能是危险的"远不如一些环保主义者首选的不祥语气"将是灾难性的"，环保主义者相信，要么（1）采取行动制止不可逆转的气候变化已经是为时已晚；（2）我们至多还有几年时间，必须采取一些有力措施努力减缓温室气体的排放。这种信仰通常伴随着全球气候"引爆点"的概念，我们要么像金星一样经历一次失控的温室效应，要么最好体验与现在本质上不可逆转的气候截然不同的气候。美国宇航局的气候学家詹姆斯·汉森一直是引爆点概念的主要支持者，他认为到 2100 年仅仅增加 1℃ 也将是灾难性的。然而，回想一下，即使没有新的二氧化碳排放，根据现在"正在酝酿"的温度，到 2100 年温度预计增加 0.6℃，这说明了节能减排的迫切性。在汉森的观点中，大气中的二氧化碳浓度需要限制在最多 450mL/m³，这个值随后降至 350mL/m³（低于现在的 385mL/m³）（汉森，2007，2008）。根据汉森等人的观点，"若温室效应气体的排放持续增长十年，则几乎消除了临界灾难的大气成分短期回归的可能性"（汉森，2008）。

这些不祥预言的科学依据是什么？汉森承认气候模型只能提供有限的支持，因为"…很难证明模型实际上包含了所有的反馈过程"（汉森，2008）。因此，他主要依靠根据冰心

数据记录的古气候，提供了1900年之前400000年的作为时间函数的古代温度和温室气体水平。其相关性可以用来计算预期的大气中的二氧化碳上升一倍的温度，被称为"气候敏感度"，并得到$\Delta T=6℃$。之后，汉森假设类似的气候敏感度值适用于现在，认为当前和未来预期更高的温室气体水平最终将驱动系统超过这个转折点，可能涉及格陵兰冰盖的融化。

汉森推理的一个缺陷是，古气候数据中温室气体水平也许更有可能是温度变化的结果而非原因，因为当海洋变热后，其溶解的更多的二氧化碳返回到大气中。实际上，二氧化碳既是温度变化的结果也是温度变化的原因，但在现在与在古代的量不同。关于出现一个引爆点，汉森可能是对的，甚至到2100年只增加1℃也可能是对的，是长期的灾难性，但这些说法还没有被证实。另外一个原因是对有关来自气候数据的引爆点只有1℃的怀疑，甚至早于汉森的言论：发生4.5亿年前的奥陶纪末期。在那个时代的温室气体水平非常高——可能高达$4000mL/m^3$，或超过10倍于目前的水平！显然没有失控的温室，也不是一个引爆点，但也应该指出，极高的温室气体水平没有办法反驳温室气体对全球气温的影响。因此，对汉森的1℃引爆点的科学依据缺乏的基本观点仍然存在。毫无疑问，目前大多数气候科学家认为非常严重的气候变化可能发生在未来的世纪，除非我们立即采取行动减少温室气体，否则"灾难性的影响等着我们"的断言仅仅是一个经常重复而科学不支持的观点。

有趣的是，汉森作为一个著名的科学家，确实有超越了主流的气候科学支持的言论的历史，大概是为了影响公众舆论。1988年6月，他向国会委员会证明全球正在变暖，他认为困扰我们国家的异常炎热的天气是由全球变暖引起的（汉森，1988）。这种说法导致了媒体比之前更加关注全球变暖问题。气候变化可能很严重但又是长期的问题，与区域气象之间的这种联系在当时远远超出了大多数气候学家敢于公开声明的内容，但它引起了公众的关注，正如他最近的对引爆点的言论。面对即将到来的环境威胁，科学家们提高警惕，在提醒公众被低估了的威胁中充当了非常有用的角色，但是当他们的警报无法被科学证明，他们可能被视为危言耸听者，实际上削弱了对现实环境问题的信念，而该问题似乎希望通过公众采取激烈的行动来解决。

尽管对引爆点持怀疑态度，但只要假设汉森证明是正确的，地球确实经历了温度的急剧上升，然后呢？通常的回答是，届时这将为时已晚。然而，如果一切失败，可能有各种各样的"地球工程"的解决方案，例如，通过海洋铁施肥或者减少太阳入射辐射的总量，进而可以降低大气中的二氧化碳。后者可能是可取的，因为它可以更快地完成，例如，将空间反光镜或许多精美反射粒子放入轨道。大多数环保人士非常怀疑地球工程，因为这些方法都是未经证实的，可能会产生意想不到的副作用。他们还担心，如果地球工程可行，则需要从减少温室气体转移注意力。然而，尽管地球工程技术不应该被视为可以替代减少温室气体，在全球变暖达到灾难性水平的情况下也不应被排除作为一种重要的备用方案。再次重申，地球工程不应被视为忽视减少温室气体排放措施的理由，而应被乐观地看作是如果在未来几年内不采取激烈行动以减少温室气体排放，地球也注定不会发生灾难性气候变化的原因。

14.4 公众舆论如何发展

14.4.1 气候变化

在民主国家，舆论在塑造政府政策，特别是选择各级领导具有重要作用。与一些评论员的观点相反，调查显示，美国对全球变暖或气候变化担忧的整体水平虽然低于一些国家（特别是拉丁美洲和亚洲的发达国家），但与其他许多国家相当。事实上，根据 2010 年的盖洛普调查，美国认为问题严重或非常严重的受访者的比例是 11%，高于调查的所有国家的平均水平（美国为 53%，世界为 42%），这代表相比于 2007 年差距缩小了（美国为 63%，世界为 41%）（盖洛普，2010）。

尽管美国公众可能不会比其他大多数国家公众更加怀疑全球在变暖，但近年来在美国怀疑的程度无疑增加了。例如，根据盖洛普民意测验数据，美国人将近 2:1（61%:33%）认为人类活动而非自然原因是全球变暖的主要原因，到 2010 年，意见分歧所占比率几乎相同（50%:46%）（盖洛普，2010）。此外，随着时间的推移舆论也越来越政治化。作为极化水平不断提升的证据，考虑随着时间的推移投票结果如何发生了变化，以及响应如何与党派关联。1998 年在媒体是否夸大全球变暖的危险性问题上，民主党和共和党之间的差距相对适中，为 12%（共和党＝35%，民主党＝23%）。然而，到 2009 年，这一差距已经成为一个鸿沟（共和党＝66%，民主党＝22%），共和党（和无党派人士）一面全部发生了转变。

更要强调的是，这些盖洛普民意调查的问题本身不相信全球变暖，而是公众对媒体如何处理这一问题的感知。事实上，美国保守派经常攻击有政治偏见的主流媒体，他们经常喜欢看和听自己的"公正的"媒体。还有一个信念，媒体夸大危险可能与危险实在是没有那么糟糕的信仰相关。在另一方面，对这种结果更微妙的解释可能是，虽然大多数市民清楚地认识到气候变化是一个严重的长期威胁，但他们认为媒体过分夸大威胁要么是耸人听闻，要么是为了促进一个政治议程。事实上，2010 年的调查中 63% 的美国公民认为全球变暖是一个"严重"或"比较严重"的威胁，一个更大的比例（67%）对问题的回答是"不""在你的一生中全球变暖将对你和你的生活方式构成严重威胁"，达到 1998 年对该问题开始调查以来的最高水平（图 14.3）。

为什么美国关于全球变暖的怀疑和政治极化的水平在上涨？这仅仅是这种趋势的一部分吗，其中许多问题已经极化了而以前没有过。不完全是。很可能一些极化是全球变暖否认者和一些抵制任何限制二氧化碳排放和能源税的化石燃料公司的非常成功的假情报活动的结果。美国也有许多其他具体因素可能导致在需要应对气候变化问题上分化，包括以下：

（1）对政府干预普遍不信任；
（2）喜欢汽车，在郊区生活而上下班时间很长的传统和极低的燃油税；

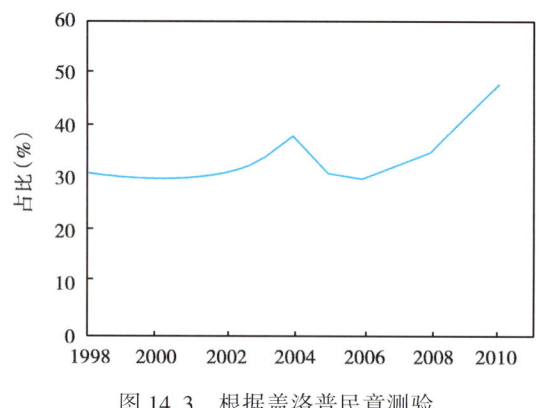

图 14.3 根据盖洛普民意测验
比例上升的美国人说，媒体夸大了全球变暖的严重性

（3）个人自由的传统（"如果我想买便宜的低效灯泡，哪个政府来告诉我，我不能！"）。
（4）有线电视和互联网网站的崛起迎合每一个政治派别和在全球变暖问题上的立场。全球变暖否认者甚至创建了 NIPCC（非政府国际气候变化专门委员会），他们的网站声称，因为"我们不倾向于认为气候变化是由人类排放温室气体引起的，我们可以看一下政府间气候变化专门委员会（IPCC）忽略的证据"（NIPCC，2012）。
（5）科学家对气候变化问题的不信任

程度提高了，尤其是这一说法被一些全球变暖否认者不断助长，并得到一些富人的支持。

最后，一些科学家可能通过构架一个长期严重的环境威胁作为迫在眉睫的危险，已经促成政治两极分化，而这个危险需要立即采取行动。此外，他们似乎太关注环境，以至于被视为反对商业甚至是反对自由企业——一个致命的立场，如果他们希望拉拢不受约束的中立人群。

14.4.2 可再生能源

尽管过去几年，在美国绝大多数的公众赞成对可再生能源提供资金支持，但支持水平（仍占多数）已经软化，用同样的党派来划分人们看全球变暖问题。2006 年，可再生能源的研究得到 81% 的民主党和 83% 的共和党人的支持。然而，2011 年的一项调查显示，民主党的支持基本上维持在 83% 不变，但共和党的支持已下降到 53%，以上来自佩尤民意调查（Pew，2011）。从某种程度上来说，发展可再生能源的原因是严格（或主要）避免二氧化碳排放，这两个问题的联系是可以理解的，但是政治和预算方面的考虑也可能起着重要的作用，特别是在奥巴马政府时代高度宣传后 Solyndra 太阳能公司破产了。

14.4.3 核能

在 1986 年切尔诺贝利事故之后，全球对核能的态度变得更加消极，虽然在美国这种变化在 1979 年三哩岛（TMI）事故后发生的，之后在接下来的 30 年没有安排新的反应堆。公众对核能的反对在美国三哩岛事故后稳步上升，并在未来 15 年将持续上升。根据路易斯·哈里斯民意调查，1975 年只有 19% 的公民反对核能，但这一数字到 1990 年上升到 62%。最近的盖洛普民调数据告诉我们一个截然不同的故事。2001 年，反对和赞成的比例大致相等，但到 2010 年，反对的比率大约是支持者的一半：62%（支持）和 33%（反对），接着是福岛事件。显然，福岛事件后支持率已经大幅下降，不过在国家与国家之间差异非常大。在福岛事件发生之后对 24 个国家的居民进行了调查，对核能的支持已下降到 38%，甚至比煤的支持率（48%）还要低（Harris，2011）。然而，对核能做的民意测验结果往往是非常复杂的。例如，根据 2011 年 3 月哥伦比亚广播公司新闻民意调查显示，70% 的美国人认为美国的核电站是安全的，几乎相同的比例（67%）的人们表示他们担心可能发生重大核事故，30% 的人"非常担心。"在这个问题上仍然有强烈的性别差异，大多数男性赞同新核电项目，而大多数女性反对，性别分歧甚至比政党内的性别差异更加明显。

14.5 最好的出路

显然，随着时间的推移我们必须戒掉对化石燃料的依赖，这不仅是因为它们对气候变化的影响，而且还有许多其他原因——对环境和经济的影响。还有化石燃料带来的安全挑战，和为争夺化石燃料的战争。就像日本在第二次世界大战和其他战争中一样。最后，还有"石油峰值"的问题，即当钻井发生在日益挑战的环境时，石油供应可能会开始耗尽（价格继续上涨）。过渡推迟的时间越长，将会越难，并且在此期间对环境的危害更大。

远离化石燃料过渡的一部分，可能的话应包括使用更清洁的天然气代替煤。现在新的二元天然气发电厂的电力甚至比煤更便宜，所以环境和经济两方面的原因迫使能源的转换。考虑到最近发现的巨大规模的页岩矿床，这显然对美国是可行的，但对于中国这样的国家来实现能源的转换可能更困难。显然，"水力压裂"过程有环境危险，但这些可能比不上煤炭造成的危险，并且在适当的政府监管下危险应该能够减少。美国的运输行业越来越依赖于世界不稳定地区的进口石油。在过去的几十年里我们可能希望燃料过渡远离天然气以及煤炭和石油，特别是气候变化似乎变得非常严峻，但与此同时它可能是一个非常有用的"备用"燃料。太阳能、风能和其他可再生能源都是美好的，应该积极地追求，但当这种能源断断续续时天然气可以替补它们来提供电力。

资助一些可再生能源直到它们完全具备竞争力是非常重要的，但政府在各种候选中挑选赢家和输家也是一个错误，这可能会适得其反，伤害公众对清洁能源的认知，正如发生在美国的给 Solyndra 太阳能公司的不幸贷款担保。类似的故事可能适用于获得政府强有力支持的全电动汽车，由于它们的价码（即使有政府的退税）和混合动力电动汽车相比范围有限，到目前为止似乎很难吸引很大一部分市场份额。为支持新技术（很少有公司能够负担得起）的基础研究，在使用纳税人的钱支付新技术方面，这可能是更合适的。

> **知识盒　基础能源研究的益处**
>
> 太阳能电池的最初发展与政府资助的太空计划相关，并且太空是第一个广泛使用的地方。如果没有由政府资助研究的几个关键发现，最近可开发的天然气储量不可能大量的增加。水力压裂技术最早于20世纪70年代由美国能源部开发。水平井钻井的另外两个关键技术和新的绘图工具在政府的支持下也将成为可能。该政府机构继续为可再生（和不可再生）能源所有领域中数百个能源相关的项目提供资金支持。

在另一个领域有许多需要做的工作是节能减排，在成本效益方面是"低挂的果实"，在这方面美国落后于其他许多工业化国家。在前面的章节中介绍过住宅、商业、工业和运输行业的许多具体措施，在这里将不再重复。智能电网也急需改进，这样不仅有助于节约能源，而且提升安全性和在发生全球灾难性的失败时的重建能力。该灾难或是人类造成的或是一个巨大的太阳耀斑引起的。从理论上讲，这样灾难的后果可能是数十亿人死亡，并且社会将回到石器时代。一年不能使用电网的影响肯定会比气候变化造成的影响更糟糕。

读者应该对作者关于核能的观点不会感觉奇怪，他们对核能的认识已经远远超出了这本书的介绍，同时我相信应该以尽可能安全的方式积极追求它。当然，核能不产生二氧化碳，所以在这个意义上是"干净"的，但是它确实会带来危险。然而，正如前面已经指出的，即使考虑到福岛和切尔诺贝利核事故，实际核能对健康和环境造成的破坏与煤炭相比就相形见绌了。在情感的层面上许多人害怕核能，而在其他方面没有危险。在某种程度上，人们对核能的恐惧，是因为大部分公共对它知之甚少——它无法被感官察觉以及由基因突变造成的"怪物"图像的误导。一部分恐惧也可以归因于我们测量辐射最小水平的能力和误导性的言论"没有辐射水平是安全的"这种说法，既没有被证明是真实的也没有被证明是虚假的，简单地说就是危害与辐射量成正比，因此非常微小的辐射量可能会导致非常小的伤害，对暴露在大多数危险中可以这样说。例如，福岛发生核灾难时，有广泛的新闻报道了美国的辐射水平，来自于漂流了半个地球的福岛辐射。尽管一位电视新闻记者非常有帮助地指出当时一个美国公民从福岛事故所受到的辐射相当于他或她从吃一个香蕉所受到辐射，但大部分的媒体报道指出实际危险的大小不确定。我们显然需要能够判断和其他危险同等规模的核险，而不是期望或要求核能绝对安全零危险。

现在核能的主要问题可能是经济问题而不是安全问题。当然这两个问题是相关的，但是因为意识到核能的危险，投资者在投资新核电站时他们将要求更高的风险溢价，这就推高了成本。鉴于核能与其他生产电力的方式相比投资费用非常高，并考虑到建造时间非常长，再加上部分由于安全问题，诉讼和担心核能的公民的抗议，至少在美国，核能与其他发电方式相比已经越来越没有竞争力。一种可能的方法，可以大大降低核电成本而同时又可提高安全性，是强调小型模块化反应堆（SMR），这在第4章讨论过。

> **知识盒　新一代环保主义者？**
>
> 大部分的环保主义者对核能仍然持非常怀疑的态度，一般对技术投出偏见的眼光——通常视它为环境的敌人而非朋友。然而，新一代的环保人士已经意识到我们不能简单地让时光倒流，返回地球早期的原始状态。以斯图尔特为典型的新的"科技环保主义者"（2009）信奉科技（包括核能、基因工程作物，甚至地球工程）。他们认识到人类已经造成了地球的变化，我们现在必须采取积极的行动管理它进而达到一个理想的结果。用Joel Achenbach的话，书写新环保，人类的"掌舵"地球的时代已经到来（Achenbach，2012）。

14.6　小结

本章考虑了各种能源和气候相关的政策，以及政治和舆论话题。关于如何控制人类引发的气候变化的国际协议，讨论了许多成功达成条约的障碍，并介绍了一个证明控制排放如何成功的不可知论者的观点。该章还讨论了在美国和世界各地的公众舆论，以及随时间公众舆论如何发展。在美国关于气候变化问题的两极分化不断上升，并且还有许多其他环境和能源相关的问题。最后，讨论了关于什么可能是最好的出路的作者个人的意见。

14.7　一些结论性的思考

这本书主要面向科学或工程专业的本科生，这里比较适合这个即将结束自己职业生涯的教育家对读者提几句建议。首先，正如在第1章所述，我真诚地希望你能考虑一个涉及能源领域，最好是可再生（或核）能源、节能和能源政策的职业。在未来这是一个极其重要的领域，机会应该是非常光明的，当然该领域可以雇用所有想做出改变有才华的人。你的科学或工程学位应该为这样的职业准备好，但比你所学的具体科目要多，这些学科培养的思维习惯也同样重要。思维习惯和什么特别相关？我会说出三种：

（1）客观评价证据的能力。能源和气候领域非常复杂，缺乏相对稳定领域的结局，如经典物理学。你需要能够客观评价证据，并准备好考虑所有的利弊，从而改变你的想法。

（2）自我批评的能力。始终寻找你自己信念的缺陷，而不只是寻求支持它们的证据。科学的本质是寻求证据反驳一种理论，而不仅仅是寻求证据支持它——一个人类中很常见的陷阱。

（3）战略思考的能力。战略思维考虑大局和政策的长期影响。适合当前的实用性当然不容忽视，但如果世界要生存和发展，必须从长远的角度出发，结合经济和环境领域目标的平衡考虑。不同国家有不同的文化的特性，例如中国，可能是以其实用性和长远的战略思考。模拟特定的令人钦佩的特点对西方人而言非常可取。当然，如果中国人已经在一定程度上模仿西方自由市场经济体和政治体制将是同等重要的。朱棣文博士，诺贝尔物理学奖获得者并且是当前美国能源部部长，在接受《时代》杂志采访时指出，美国和中国在未来 10 年所作所为将决定世界的命运。你对朱博士的说法怎样认为呢？

> **知识盒　成为战略思想家：学会下围棋**
>
> 　　有些读者可能会发现对于一本能量的书我最后的总结很奇怪，但它是与我的生活爱好围棋相关，它与我希望读者将养成更多的战略思考的习惯相关。最后一部分已经获得了美国围棋协会的许可（图 14.4）。
>
> 　　围棋是一种有趣的棋盘游戏，起源于中国 4000 多年前。如今数百万人都在玩这个游戏，其中包括成千上万的美国人。在日本、韩国、中国大陆和台湾地区，它远比国际象棋更受欢迎。它在美国受欢迎的程度不断增长，美国围棋协会成立超过 50 年。有人说，围棋的规则，可以在几分钟内得知，但可能要花一生的时间去掌握这个游戏。规则简单得不能再简单。两个玩家轮流将黑色和白色棋子放在一个大的（19 线×19 线）画有平行线条的棋板，目的是包围地盘。棋子不动，如果它们完全被包围将会从棋盘上拿掉。
>
> 　　这个游戏讲究耐心和平衡，而非侵略和贪婪；围棋的势力平衡和地盘在游戏中可能改变很多次，一个优秀的围棋棋手必须准备好采取灵活而非武断的方式。像东方武术一样，围棋可以传授专心、平衡和纪律。每个人的下棋风格反映了他们的个性，并且可以作为自我反省的媒介。围棋结合了美丽和智慧的挑战。"好形"是对围棋比赛中棋招的最好称赞之一。由黑色和白色的棋子形成的模式可以造成视觉冲击力，并且当一个人在不断变化的位置"看见"越来越多时可以发挥一种近乎催眠的魅力。游戏吸引了各种思想的人们——音乐家和艺术家，数学家和计算机程序员，企业家和期权交易商。孩子很容易学习游戏并能达到熟练的高水平。

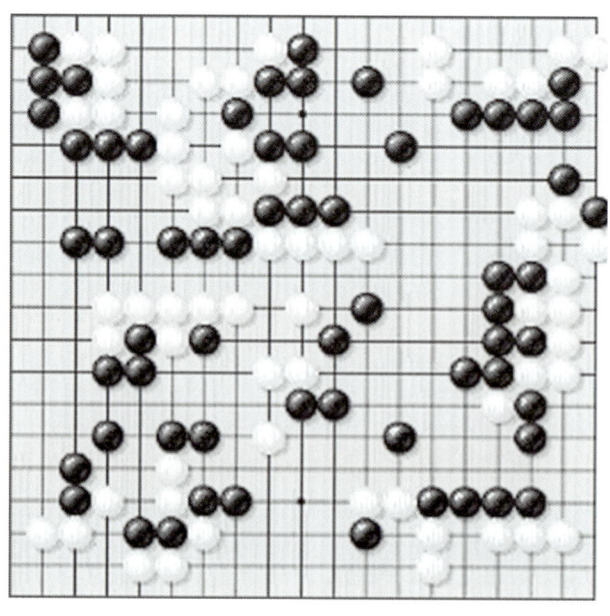

图 14.4　正在进行中的围棋比赛的棋盘棋子

问 题

（1）你认为解决能源—环境竞争的最好方法是什么？

（2）日前，詹姆斯·汉森指出："如果加拿大开采焦油砂，文明将处于危险之中"（汉森，2012）。你认为这个和汉森其他声明，将有可能使更多的公众同意对全球变暖观点两个最常见的类别，即"关注"或"谨慎"多多少少起到"报警"的作用吗？

参 考 文 献

Achenbach（2012）Spaceship Earth：A new view of environmentalism, *Washington Post*, January 3, 2012.

Bisconti, A. S.（2010）*The Gender Gap in Attitudes toward Nuclear Energy Widened during* 2009, Bisconti Research Inc., Washington, DC.

Gallup（2010）http：//www.gallup.com/poll/126560/Americans-Global-Warming-Concerns-Continue-Drop.aspx

Hansen, J.（1988）McCright & Dunlap 2000, p. 500.

Hansen, J.（2012）*New York Times*, May 10, 2012.

Hansen, J., M. Sato, P. Kharecha, D. Beerling, R. Berner, V. Masson-Delmotte, M. Pagani, M. Raymo, D. L. Royer, and J. C. Zachos（2008）Target atmospheric CO2：Where should humanity aim? *Open Atmos. Sci. J.*, 2, 217-231.

Hansen J. et al.（2007）Dangerous human-made interference with climate：A GISS model E study, *Atmos. Chem. Phys.*, 2007（7）, 2287-2312.

Harris（2011）Recent cririrs in Japan has had little impact on Americans, views on nuclear power：Poll, Harris Interactive, March 31. http：www.harrisinteractive.com/NewsRoom/PressReleases/tabrid/446/mid/1506/articleId/774/ctl/ReadCustom%20Default/Default.aspx

IEA（2009）Data through 2009 is taken from the 2011 edition of the report CO2 emissions from fuel combustion, by the International Energy Agency. The 2010 data is based on unpublished IEA data.

NIPCC（2012）http：//www.nipccreport.org/about/about.html

Nuclear（2007）First Annual World Environment Review Poll Reveals Countries Want Governments to Take Strong Action on Climate Change, *Global Market Insite*, published 2007-06-05.

Pew, P.（2011）http：//pewresearch.org/pubs/2129/alternative-energy-solar-technology-nuclearpower-offshore-drilling

Robinson, J. M.（2011）*Washington Post*, December 12, 2011.

Stewart, B.（2009）*Whole Earth Discipline：An Ecopragmatist Manifesto*, Viking Press, New York.

Wines, M.（2011）*New York Times*, December 23, 2011.

附录　问题答案

第1章

（2）假定没有停机时间：9×10^9 kW·h

（4）0.56%

（10）600 km，假设每天太阳照耀 12h

（12）根据特别计划，他们将支付 10.97 美分/(kW·h)，所以一定要选择标准的计划

第2章

（2）卡诺循环由两个等温线和两条绝热曲线组成。在 T—S 曲线上等温线是用两条水平线表示的。绝热曲线 $\Delta Q=0$；由熵的定义 $\Delta S=\Delta Q/T$，有 $\Delta S=0$，因此在 T—S 图上为水平线

（8）后者大约是前者的 46 倍

（10）不是；第一个（T 较高）；$e=e_1+e_2+e_3-e_1e_2-e_1e_3-e_2e_3+e_1e_2e_3$

第3章

（2）18 事件

（4）27.5MeV

（6）6.58h；349Bq

（12）4.267MeV；$E_\alpha=4.19$MeV；$E_{Th}=0.08$MeV

（16）衰变 1.26×10^{-15}

（20）从多个核散射

（22）13.1rad

（24）每千克材料聚变释放的能量是裂变的 3.5 倍

第4章

（6）25.2；29.8；114.3（假设每种情况下的能量损失是 180 散射预测的一半）

（8）27.8K

（10）1360rad/s

（14）94.9cm；32000fm^2

（16）1.38m

（18）702000gal/min

（20）1.00kg

第5章

(4) 8.8 kW

(6) 0.367μmol/（min·cm²）

(8) 约 12t/acre，假设木材的碳含量约为 50%

(10) 3.0×10⁶ acre，假设干生物量产量约 8000Btu/lb

(12) 较高的压缩比将 20%的效率提高到 22.3%，这不足以抵消 38%的能量密度下降

(16) 约 4%

第6章

(4) 使用 $k=80W/(m·K)$ 的值，以及来自图 6.3 的内芯半径和梯度，发现内芯的热流约为 1.7TW，而地球表面的热流为 31TW，这大约是放射性热量的 18 倍

(6) $c\rho = 3.24×10^6 J/(K·m^3)$；$1.94 EJ/km^3$

(12) 3.40

第7章

(4) 使用累计分布 $e^{-v^2/2v_0^2}$ 和 $v_0 = 2\bar{v}/\sqrt{\pi}$，我们发现括号内的概率 $\bar{v}=4m/s$（0.8%），$\bar{v}=5m/s$（4.6%），$\bar{v}=6m/s$（11.8%）

(6) 15.2 m

(8) ë = 0.073

(10) 1.107km

(12) 1.75 ×10⁵ MW·h

(14) $v>12.93$ m/s（在涡轮机的额定风速之上，功率保持恒定）

第8章

(14) 13.2 亿年，假设地球是不均匀密度的球体

第9章

(2) 根据"70 规则"，大约 13.4 倍，469 年

(4) 202 光子/s

(6) 71.0°

(10) 0.58K

(12) 1.00, 106.5, 184.9, 123, 400。这些值不考虑不同的大气寿命，因此不符合价值观

(20) 如图 9.7 所示一年四日的"方程式"时间：4 月 15 日，6 月 13 日，9 月 1 日，2 月 25 日

(22) $\Delta T = 0.23K$

第10章

(2) 50W/(m·K)

(6) 40.4 ℉

(8) 高于环境温度 125℃

(14) 8 倍

第 11 章

(4) 5.0×10^{22}

(6) 236 K

(10) 由于气温较高，7 月份电力下降 11%，但是由于白天较长，温度较高，相差 4.0 倍。后一种影响更重要

$$0, \frac{L}{6}, \frac{2L}{6}, \frac{3L}{6}, \frac{4L}{6}, \frac{5L}{6}, L$$

第 12 章

(2) 升高 1%

(4) 10 年增长 30 倍，相当于每年增长 40.5%。按照"70 规则"，因此有一个 1.72 年的倍增时间，这意味着 10 年是 5.78 倍。这比原来假设的要多一点，因为五次加倍相当于增加了 32 倍。

(6) e 提高 0.022；r 增加 0.012 会有同样效果

(8) $4.0 \times 10^6 m^3$；$38.3 \times 10^6 m^3$

(12) 节省 5 美分/gal 可以开 4.07mile，或节省 10 美分/gal 可以开 4.13mile，假设汽车 20mile/gal，汽油 3.00 美元/gal。这个估计忽略了额外的成本，包括发动机的磨损，你的时间，额外的事故机会等

第 13 章

(2) 55，556

(4) 30×10^6 kg，假定比热容为 1560J/(kg·℃)

(6) 1.73×10^6 rad/s

(8) 2.19MJ；2093m/s；2.24×10^6

(12) 2.61GJ

(18) 1.19mm，4.06mm